CREATIVE ACTS

Wie Sie auf unkonventionelle und
überraschende Weise denken,
gestalten und führen

Sarah Stein Greenberg
Mit einem Vorwort von David. M. Kelly
Illustriert von Michael Hirshon
Übersetzt von Jana Fritz

TEN SPEED PRESS
California | New York

HASSO PLATTNER
Institute of Design at Stanford

Verlag Franz Vahlen München

Inhalt

Vorwort vi
Einleitung viii

Die Reise beginnt 6
Die Übungen: Finden Sie Ihren Weg 24

1 Blindzeichnen 30
2 Mit Fremden reden 32
3 Dérive 34
4 Handeln mit Bedacht 36
5 Eintauchen und Einblicke gewinnen 38
6 Shadowing 41
7 Grundprinzipien 44
8 Das Sehen üben 46
9 Redner und Zuhörer 48
10 Unterhaltung ohne Worte 51
11 Meine liebsten Aufwärmübungen 54
12 Grundlagen der Gesprächsführung 56
13 Party, Park, Panne 61
14 Reife, Stärke und Vielfalt 64
15 Empathie in Bewegung 66
16 Was ist in deinem Kühlschrank? 68
17 Expertenblick 70

Vom Nicht-Wissen zum Wissen 72

18 Das Lernen lernen 74
19 Bewusst machen, anerkennen, hinterfragen 78
20 Metaphern verwenden 81
21 Lenken Sie Ihre Neugier 84
22 Weißt du noch …? 86
23 Die Monsun-Challenge 89
24 Mit Buchstaben zeichnen 92
25 Reflexion und Offenbarung 94
26 Das Mädchen auf dem Stuhl 98
27 Wie wir sind 100
28 Bisoziation 102
29 Der geheime Handschlag 104
30 Den Designraum kartieren 106
31 Das Schere-Stein-Papier-Turnier 109
32 Erstes Date, schlimmstes Date 112
33 Die Lösung existiert bereits 114
34 Wie geht es dir wirklich? 116

Den Blick weiten 118

35 Mit frischem Blick zeichnen 124
36 Auspack-Übungen 126
37 Rahmen und Konzept 130
38 Den Morgenkaffee zubereiten 133
39 Fünf Stühle 136
40 Die 30-Meter-Erfahrungslandkarte 138
41 Wir alle sind Designer 142
42 Protobot 144
43 Experten und Annahmen 146
44 Stakeholder-Mapping 149

45 Die Bananen-Challenge 152
46 Achtsamkeitsübungen für zwischendurch 154
47 Ein Tag im Leben von … 156

Lernen mit Gefühl(en) 160

48 Sich an einen Ort ketten 168
49 Lösungs-Tic-Tac-Toe 171
50 Standpunkt „Aktentasche" 174
51 Film ab! 178
52 Erzähl deinem Großvater davon 181
53 Distributions-Prototyping 184
54 Eine andere Haltung einnehmen 188
55 Prototyping als körperliche Erfahrung 190
56 Der Schweige-Test 193
57 Richtig Feedback geben 196
58 Was? Was heißt das? Was nun? 200
59 Hohe Wiedergabetreue, geringe Auflösung 202

Produktiver Umgang mit Denkhürden 206

60 Mir hat gefallen – ich hätte mir gewünscht 212
61 Wie es sich zugetragen hat 215
62 Ihr innerer Ethiker 218
63 Das Zukunftsrad 221
64 Kritik üben wie ein Marsianer 224
65 Mehr mutige Menschen 228
66 Bau dir einen Bot 230

67 Tools für Teams entwickeln 235
68 Diese Übung ist eine Überraschung 238
69 Das finale Finale 242
70 Ihr persönliches Projekt 244
71 Lernlandkarten 246

Die Teile zusammenfügen 250

72 Der Haarschnitt 254
73 Das Ramen-Projekt 255
74 Ein Abend mit der Familie 258
75 Die Dreißig-Millionen-Wörter-Lücke 259
76 Die Organspende 262
77 Das Stanford-Community-Programm 264
78 Kredite für Katastrophenopfer 266
79 Verantwortung übernehmen 268
80 Eine eigene Challenge planen 270
81 Früher dachte ich – heute denke ich 272

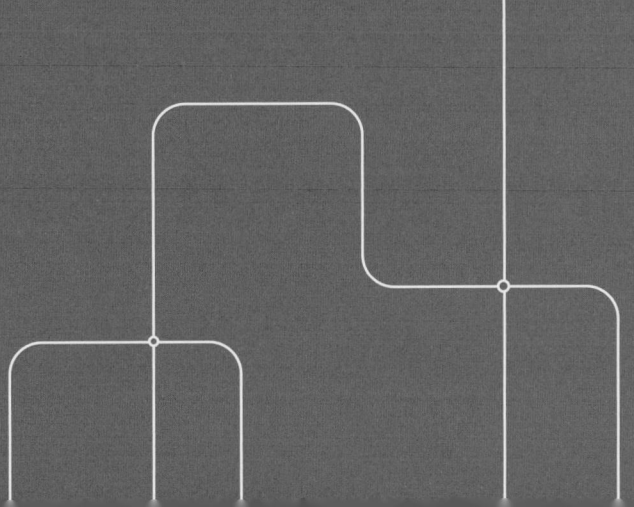

Vorwort

Während der mehr als 30 Jahre, die ich nun an der Stanford University tätig bin, war und ist es immer wieder etwas Besonderes, mit den Studierenden der *d.school* zu arbeiten. Sie kommen zu uns in der Erwartung, dass wir ihnen fertige Ideen einflüstern. Doch tatsächlich entdecken sie ihre eigene Kreativität und Widerstandsfähigkeit. Wir haben einfach das Glück, an den Momenten, in denen sie ihr Potenzial erkennen, teilzuhaben. Dafür bin ich sehr dankbar.

Diese Art von Erkenntnis kommt einem nicht einfach dadurch, dass man eine Idee verstanden hat, sondern durchs Ausprobieren, Scheitern und Nochmal-Ausprobieren. Besonders schwierig fand ich es immer, dies Menschen näherzubringen, die keine Gelegenheit haben, unsere Kurse oder Workshops zu besuchen. Doch zum Glück gibt es jetzt dieses Buch. Es ist prall gefüllt mit Rezepten für diese besonderen Momente. Wir nennen sie „Creative Acts" und wie bei jedem guten Rezept liegt der Zauber nicht in den Anweisungen selbst, sondern darin, sie in die Tat umzusetzen.

Ich sage meinen Studierenden immer, dass es bei kreativer Arbeit weniger darauf ankommt, welche kreative Methode sie einsetzen, als vielmehr darauf, dass sie überhaupt über eine solche verfügen. Damals haben wir das „sich den Prozess bewusst machen" genannt. Das Ergebnis ist natürlich wichtig, doch wie man es erreicht, ist mindestens genauso wichtig, wenn nicht sogar wichtiger. In *Creative Acts* geht es genau darum: den Weg zum Ziel.

Kreatives Arbeiten beinhaltet, Dinge greifbar und real zu machen. Doch was man wirklich mit ins nächste Projekt oder den nächsten Job nimmt, ist nicht, *was* produziert wird, sondern *wie* es produziert wird – sowie das Wissen darüber, wie man es das nächste Mal *wieder* produzieren kann. Die Anleitungen in diesem Buch sind genauso vielfältig wie die *d.school* selbst und die Menschen, die sie beigesteuert haben. Das Buch enthält sehr viel Weisheit – sowohl von alteingesessenen *d.school*-Mitgliedern als auch von einer neuen Generation von Dozentinnen und Dozenten, Designerinnen und Designern, auf die ich sehr stolz bin.

Und ich könnte mir keine Bessere vorstellen, die Sie durch dieses Buch führt, als Sarah Stein Greenberg. Ihr ist es gelungen, einige der faszinierendsten, einzigartigsten und nützlichsten Übungen aus den transformativen Kursen der ersten 15 Jahre der *d.school* zusammenzutragen. Bei uns ist sie dafür bekannt, den Studierenden diesen speziellen – und manchmal schwierigen – Schubs zu geben, der ihnen hilft, ihr kreatives Selbstvertrauen und Potenzial zu entdecken. Sie hat die besondere Gabe, tief ins Innere der Menschen zu blicken und zu erkennen, was ihnen Sinn stiftet, und sie zum „Singen" bringt. In jeder Übung in diesem Buch sowie in den erklärenden Zwischenkapiteln ist etwas von Sarahs Magie zu spüren und ich bin gespannt, zu welchen Creative Acts sie Sie, liebe Leserinnen und Leser, anstiftet.

David M. Kelley
Stanford, Kalifornien
10. Februar 2021

Einleitung

Als Kind war ich besessen von *Peter Pan*. Ich hütete mein in Leinen gebundenes Exemplar wie einen Schatz und las es so oft, bis der Einband irgendwann ausgefranst war. Und trotz der kalten Winter in Philadelphia ließ ich das Fenster nachts immer einen Spalt breit offen, damit Peter problemlos ins Zimmer gelangen könnte, sollte er sich eines Nachts entschließen, auf meinem Fenstersims zu landen. Peter war für mich die Verkörperung all dessen, was furchtlose und großartige Kinder ausmacht. Er sang einen Flugplan zu einem Ort in meiner Fantasie („die zweite rechts und dann geradeaus bis morgen"), der selbst vollkommen fantastisch war und die Grenzen zwischen Fiktion und Wirklichkeit verschwimmen ließ. Gemeinsam mit Wendy schufen sich Peter und seine Bande der Verlorenen Jungs ihre eigene Gesellschaft – einfach indem sie sie lebten. Diese Idee hat mich nie wieder losgelassen.

Ein weiterer wichtiger Lehrmeister war Fred Rogers, den ich jeden Tag im Fernsehen „besuchte". Als erfahrener Erwachsener (auch wenn seine coolen Markenturnschuhe subtil etwas anderes suggerierten) wusste er, dass Kinder einen sicheren Ort in ihrer Vorstellungskraft brauchen, an dem sie ihre Gefühle erkunden oder den Unterschied zwischen Gut und Böse erforschen können. Die Fernsehsendung *Mister Rogers' Neighborhood* war alles andere als temporeich, doch ich war jedes Mal gespannt, wenn die Trolleybahn klingelte und es wieder Zeit war, ihr auf den Gleisen in die Nachbarschaft des Scheins (The Neighborhood of Make-Believe) zu folgen.

Wenn ich heute, viele Jahrzehnte später, zur Arbeit gehe, betrete ich jedes Mal einen Ort, der sich für viele Menschen so anfühlt, als entspringe er einer dieser fantastischen Welten.

An der Stanford *d.school* haben wir eine Umgebung geschaffen, in der die normalen Regeln ausgesetzt sind und wir unsere Fantasie nutzen. Unser Ziel ist es, Menschen dabei zu helfen, ihrer Kreativität freien Lauf zu lassen. Dazu schaffen wir besondere Formen der Interaktion. Wir räumen Gefühlen sehr viel Raum ein. Und wir handeln so, als sei das wie bei jedem anderen Job. Wir ermutigen uns gegenseitig. Wir arbeiten hart, gehen aber weich mit unseren Mitmenschen um und begegnen ihnen mit Wohlwollen, ohne dadurch schwach zu sein. Wir probieren Dinge aus, bevor wir wissen, was genau passieren wird, und wir reflektieren und diskutieren anschließend über das, was da gerade passiert ist. Ach ja, und unsere Büroausstattung hat Rollen.

Unsere Lebens- und Arbeitsweise ist eine ständige Einladung an andere, mitzumachen. Fast ausnahmslos gelingt es uns, unsere Teilnehmenden dazu zu motivieren, gemeinsam mit einem Partner spontan einen „geheimen Handschlag" (siehe Seite 104) zu erfinden. Wir wissen, wie wir einen Raum voller Erwachsener dazu bringen, leidenschaftlich und lautstark eine Runde „Schere, Stein, Papier" zu spielen (siehe Seite 109). Wir setzen Ihnen eine Kiste voller Bastelmaterialien vor und zeigen Ihnen, wie Sie damit etwas erschaffen, das die Welt verändert. Und wir helfen Ihnen, Ihren inneren Kritiker zu bändigen.

Mit diesen Methoden unterstützen wir jedes Jahr viele tausend Menschen dabei, ihre kreativen Fähigkeiten auszubauen und in der Praxis anzuwenden. Und diese vielen tausend Menschen helfen wiederum vielen weiteren tausend Menschen, das Gleiche zu tun. Was verbirgt sich hinter diesem gemeinsamen Tagtraum? Ganz einfach: Wir sind überzeugt, dass Menschen Kreativeres und Bedeutenderes erschaffen, wenn sie sich gegenseitig dabei unterstützen, aus eingefahrenen Denkmustern auszubrechen und sich als schöpferische Individuen zu betrachten. An der *d.school* entscheiden wir uns jeden Tag aufs Neue, unsere Arbeit auf diese Weise anzugehen. Sie können das auch.

Auch wenn die Methoden der *d.school* Spaß machen, habe ich einen Großteil dieses Buches während eines eher traurigen und ernüchternden Jahres meines Lebens geschrieben. Manchmal erschien mir die Kluft zwischen meinem Ausgangsmaterial und der Welt um mich herum riesig. Unser Ansatz des kreativen Arbeitens basiert auf Zusammenarbeit. Doch wie gestaltet sich diese, wenn wir uns nicht physisch treffen können? Des Weiteren verfügt Design noch nicht über ein breites Repertoire an Tools zur Bewusstmachung und Bekämpfung von systematischem Rassismus. Wenn bei uns jedoch der Mensch im Mittelpunkt stehen soll, brauchen wir dieses. Wenn wir allen Menschen Zugang zu Design ermöglichen wollen, wie gehen wir dann mit einer immer weiter auseinanderdriftenden, polarisierten Welt um? Und wenn das Land in Flammen steht, kann man es retten, indem man mehr kreative Menschen ausbildet?

Design bietet keine Methoden für eine *veränderte* Welt, sondern für eine *sich ständig verändernde*. Angesichts aktueller und zukünftiger Herausforderungen müssen wir in der Lage sein, auch unter Unsicherheit zu handeln. Wir müssen jederzeit aus unserem Reservoir an kreativen Fähigkeiten schöpfen können und Wege finden, diese Fähigkeiten auf die jeweilige Situation anzuwenden.

Dieses Buch enthält eine breite Palette an Methoden, die an der *d.school* entwickelt wurden und dort gelehrt werden, sowie einige Methoden, deren Erfinder aus der erweiterten *d.school*-Familie stammen. Mittlerweile gibt es eine Vielzahl hervorragender Design-Toolkits und -Templates. Mit diesem Ratgeber möchte ich Ihnen Einblick in die Erfahrungsreisen geben, die wir an der *d.school* zu verschiedenen Themen unternehmen. Sie erleben, wie wir an der *d.school* lernen – eine Erfahrung, die Sie auf die unterschiedlichsten Kontexte Ihres Lebens anwenden können. Die Skills, die Sie erwerben werden, sind zur Erweiterung Ihrer kreativen Fähigkeiten essenziell. Sie lernen zum Beispiel, sich Ihren inneren Kritiker bewusst zu machen, schnell in Beziehung zu kreativen Mitstreiterinnen und Mitstreitern zu treten und Menschen dazu zu ermutigen, mehr über ihr Leben zu erfahren und neue Ideen hervorzubringen.

Diese Erfahrungen, die ich „Übungen" nenne, bilden den Hauptteil des Buches. Sie folgen einem Bogen, der dem ähnelt, was Sie in einem Kurs an der *d.school* erleben würden. Hier finden Sie jedoch wesentlich mehr Übungen, als in einem Kurs Platz finden würden. Manche Übungen dauern nur zwanzig Minuten oder eine Stunde, andere können Wochen in Anspruch nehmen – je nachdem, wie tief Sie einsteigen möchten. Zwischen den Übungen finden Sie immer wieder Textpassagen, in denen ich erläutere, welche Erkenntnisse wir bei der Entwicklung dieser Lernerlebnisse gewonnen haben. Das hilft Ihnen, die Hintergründe der jeweiligen Übung zu verstehen, damit Sie sie besser einsetzen und auf Ihre Situation übertragen können.

In diesem Buch beziehe ich mich auf das Konzept „Design" – einen Begriff, der (von unterschiedlichen Personen) unterschiedlich gebraucht wird. Die d.school ist Teil einer globalen Verschiebung: von einer Welt, in der Designerinnen und Designer einen sehr spezifischen, eng umrissenen Auftrag haben, der auf der Annahme basiert, im Design gehe es im Wesentlichen um die ästhetische Veredelung, hin zu einer Welt, in der Design eine weitergefasste Rolle spielt. Ein Aspekt dieser Verschiebung betrifft das Thema Inklusivität: Wir sind der festen Überzeugung, dass jeder Mensch kreativ ist und seine Umgebung mithilfe von Design verändern kann. Diese ehrgeizige Interpretation von Design beschrieb der ungarische Maler László Moholy-Nagy in den 1940er-Jahren wie folgt: „Design ist kein Beruf, sondern eine Haltung ... [Es sollte] von der Vorstellung einer spezifischen Funktion in eine allgemeingültige Haltung von Ideenreichtum und Erfindungskraft überführt werden." Im ersten Teil des Buches zeige ich anhand einer illustrierten Geschichte, wie diese weitergefasste Definition von Design aussehen kann. Sie erzählt, welche Höhen und Tiefen eine Gruppe Studierender beim Anwenden von Designtools und -Mindsets durchlebt hat, um ein Problem in einem indischen Krankenhaus zu lösen.

Eine weitere wichtige Folge der wachsenden Rolle von Design ist die damit einhergehende Verantwortung, auf Grundlage dieser Haltung von Ideenreichtum und Erfindungskraft Produkte, Erlebnisse und Systeme zu erschaffen, die die Welt um uns herum verändern. Wenn Sie designen, verändern Sie die Welt für andere – ob das nun der gemeinsame Familienabend oder das öffentliche Gesundheitswesen ist. In vielen Übungen geht es darum, Ihr Bewusstsein für die Art und Weise, wie Sie arbeiten, zu schärfen, damit Sie Ihre Umwelt mit Umsicht gestalten können. Fachleute sprechen hier von „Citizen Creator".

Der Ansatz der d.school bereitet Sie auf das Angehen jeglicher Herausforderung im (Berufs-)Leben vor, bei der Sie nicht wissen, *wie* Sie es machen, bevor Sie es nicht *tatsächlich* gemacht haben. Die Welt verändert sich so rasend schnell, dass Sie all das, was Sie über das Leben wissen sollten, nicht in der Schule lernen können. Zu wissen, wie man lernt, ist die entscheidende Kompetenz, um im 21. Jahrhundert erfolgreich zu sein. Wie eine Designerin oder ein Designer zu denken und zu lernen verleiht Ihnen Gestaltungskraft und die Übungen in diesem Buch helfen Ihnen, lebenslang zu lernen.

Viele Übungen mögen Ihnen fantastisch erscheinen; sie sind jedoch sehr praktisch und nützlich. Das sollten Sie im Hinterkopf behalten, wenn Sie der *Bananen-Challenge* (Seite 152) begegnen oder sich in *Meine liebsten Aufwärmübung*en auf die Zombie-Apokalypse (Seite 54) vorbereiten. Die Übungen verkörpern spielerische, aber sehr rigorose Ideen und Sie helfen Ihnen, sich aktiv eine neue kreative Wirklichkeit zu erschließen. Insofern überrascht es nicht, dass einige unserer Ideen seltsam klingen, wenn man ihnen außerhalb der d.school begegnet, die im Vergleich zu vielen Unternehmen und Umgebungen ein alternatives Universum darstellt. Wenn Menschen erwachsen werden und aufhören zu glauben, erschaffen sie Schulen, Berufe und gesellschaftliche Normen, die kreatives Denken und Handeln beschränken.

Wir schätzen uns glücklich, diesen besonderen Ort direkt im Herzen einer der weltweit führenden Forschungsuniversitäten geschaffen zu haben – einen Ort, an dem wir die Bedingungen für das Entfachen von Kreativität bestimmen. Das ist ein Geschenk und eine Herausforderung zugleich: Unsere Methoden stützen sich auf fundiertes Wissen und den wissenschaftlichen und technologischen Erfindergeist, der den Stanford-Campus durchdringt. Gleichzeitig hinterfragen wir die Normen und Lehrmeinungen einer 125 Jahre alten Institution mit 16.000 engagierten Studierenden und 2.200 äußerst talentierten Lehrkräften.

Der Erfolg der *d.school* ist ein Beleg dafür, wie wichtig es ist, hin und wieder ein bisschen verrückt zu sein, und eine Aufforderung dazu, alternative Möglichkeiten der Ideenfindung zu erkunden.

Unser Designansatz erzeugt positive, kreative Spannungen: der Fokus auf das Menschliche in einer technikgetriebenen Welt; die Offenheit für naive, unvoreingenommene Fragen in einem Umfeld, das sich auf Expertenantworten spezialisiert hat; und das Vermengen unterschiedlicher Hierarchien und Positionen, um fachliche Grenzen zu überwinden und unerwartete Verbündete zu finden.

Wenn wir unsere Lern- und Arbeitsmethoden anwenden, unterrichten und weitergeben, entstehen außergewöhnliche Ideen. Je öfter wir bestimmte gewünschte Verhaltensweisen trainieren, desto natürlicher erscheinen sie uns. Gleichzeitig hoffe ich, dass Sie beim Durcharbeiten der Übungen auch die schiere Freude verspüren, die mit dieser menschlicheren, verbundeneren, ja manchmal auch kindlicheren Art zu arbeiten einhergeht.

Wie ein Kind sein zu dürfen hat den Teilnehmenden an der *d.school* geholfen, Großes zu schaffen: Sie haben Therapien und Ressourcen entwickelt, um Kinder, die mit einem Klumpfuß geboren werden, vor einem Leben voller Stigmata und Beeinträchtigungen zu bewahren. Sie haben florierende kreative Hubs in Ländern gegründet, in denen politische Unterdrückung herrscht. Sie haben neue Formen der Zusammenarbeit zwischen Journalistinnen und Technikern entwickelt, Unternehmen gegründet, die Arbeitsplätze und ökonomischen Wert schaffen, und die staatliche Verwaltung mit mehr Menschlichkeit und Effizienz ausgestattet. Dabei haben sie sich mit neuartigen Informationsrecherchen für Anwälte, Ökologie (Solarbeleuchtung, die mehr als hundert Millionen Menschen weltweit eine erschwingliche Alternative zu umweltschädlichen Kerosinlampen bietet) und Ökonomie (Storytelling und Medien-Services, die lokalen Unternehmen zu US-weitem Erfolg verhelfen) befasst.

Diese Ergebnisse sind beeindruckend, genauso wie die Innovationen, die sie ermöglicht haben. Noch beeindruckender ist aber: Die Menschen hinter diesen Lösungen waren absolute Anfänger – ohne oder mit nur wenig Erfahrung in Design und kreativer Zusammenarbeit. Doch indem sie diese Methoden erlernt und ausprobiert haben, eröffneten sich ihnen ganz neue Perspektiven. Darin liegt der besondere Beitrag der *d.school*: Wir fungieren als Türöffner für Menschen, die sich bislang nicht für besonders kreativ gehalten haben.

Erfolg basiert jedoch nie auf einem einzigen Aha-Moment. Diese Beispiele eignen sich deshalb, weil die Gründer der *d.school* Zeit in einer Umgebung verbracht haben, die ihre natürlichen kreativen Fähigkeiten förderte, und weil sie dieses erworbene Verhalten auch nach dem Abschluss weiter praktizierten. Sie glaubten an eine andere Zukunft und erschufen diese Schritt für Schritt durch ihr Handeln.

Für einige von uns ist dieser Raum ein physischer und wir nennen ihn *d.school*. Doch letztlich können wir alle eine *d.school* in unserer Vorstellungskraft eröffnen.

Ich hoffe, dieses Buch hilft Ihnen dabei. Indem Sie eine neue Übung ausprobieren, die Ihnen ein altes Verhaltensmuster vor Augen führt. Indem Sie eine Denkgewohnheit hinterfragen, die Sie auf Ihrem Weg behindert. Indem Sie eine neue Methode finden, die Ihre Fantasie beflügelt. Indem Sie das Buch nutzen, um den Einfallsreichtum und die Experimentierfreude der Menschen zu fördern, die Sie führen, unterrichten oder mit denen Sie arbeiten. Dieses Buch richtet sich nicht ausschließlich an Menschen, die professionelle Designerinnen und Designer werden wollen, sondern hilft allen Interessierten, Designprinzipien und -methoden auf alle möglichen Tätigkeiten und Vorhaben anzuwenden.

Vielleicht arbeiten Sie wie unsere Studierenden an umfangreichen, komplexen Themen und möchten ihre Fähigkeiten genauso erweitern, wie diese es tun. Oder Sie suchen nach Lösungen für Fragestellungen und Herzensangelegenheiten, die Sie persönlich, Ihre Familie oder Ihre Community betreffen. In welchem Kontext auch immer Sie sich bewegen: Unser Ziel ist es, dass Sie aus jeder Übung mit dem Gefühl herausgehen, ein bisschen mehr zu können als vorher, ein bisschen besser geworden zu sein.

Wie Sie dabei vorgehen, entscheiden Sie. Keine der Übungen müssen Sie Schritt für Schritt befolgen. Sie können sie modifizieren, anpassen und neu kombinieren. Blättern Sie durch das Buch und probieren Sie etwas Neues aus, legen Sie es dann zur Seite und nehmen Sie es wieder zur Hand, wenn Sie einen neuen Gedankenanstoß brauchen.

Der Mehrwert besteht vor allem im Machen. Es geht nicht darum, Tools oder Methoden zu beherrschen, auch wenn Sie einige kennenlernen werden. Das Tool oder die Methode ist lediglich der Ausgangspunkt. Es kann aber auch zu oft oder falsch verwendet werden oder in Vergessenheit geraten. Doch das dahinterstehende Mindset oder Konzept und die Selbstwahrnehmung, die Sie dabei erfahren, sind flexibel und nachhaltig. Verstehen Sie die Übungen einfach als Input, der Sie zum Handeln motivieren soll. Durch ein wenig kreativen Anstoß und Struktur können Sie zu neuen Sichtweisen gelangen, die Ihnen sonst verborgen geblieben wären.

Ich hoffe, dass wir uns irgendwann einmal in Ihrer *d.school* treffen. Die Fantasie macht's möglich.

Die Reise beginnt

Erinnern Sie sich noch an eine Situation, in der Sie kürzlich versucht haben, etwas zu ändern, zu reparieren, zu entwerfen oder ein Problem zu lösen, ohne zu wissen, was am Ende dabei herauskommen würde? Vielleicht mussten Sie im Zuge Ihrer Beförderung eine schwierige Aufgabe meistern oder Sie haben eine Wohnung in einer neuen Stadt gesucht oder versucht, ein Problem in Ihrem Viertel gemeinsam mit Ihren Nachbarinnen und Nachbarn zu lösen. Dabei haben Sie wahrscheinlich ein ganzes Potpourri an Gefühlen empfunden: Aufregung, Motivation, Nervosität – alles gleichzeitig. Vielleicht waren Sie sich Ihrer Kompetenzen sicher und haben einen kreativen Ansatz verfolgt und doch kamen Sie sich vor wie ein Anfänger. Damit sind Sie nicht allein: Wenn Menschen mit einer Herausforderung konfrontiert sind, für die es nicht die eine richtige Lösung gibt, fühlen sich viele von uns wie Anfänger. Und es stimmt ja auch: Wir sind unerfahren, was dieses konkrete Problem angeht. Wenn wir jedoch gelernt haben, Situationen mit offenem Ausgang zu meistern und mit den damit verbundenen komplizierten Gefühlen umzugehen, können wir unseren Weg durch jede Herausforderung improvisieren.

Dies ist die Geschichte einer Gruppe von Anfängerinnen und Anfängern, die mit einer großen, unstrukturierten, kreativen Herausforderung konfrontiert waren und alles gegeben haben, um sie zu meistern. Es ist die Geschichte einer riesigen Chance, die sich direkt vor ihren Augen verbarg, eine Geschichte, in der es darum geht, in einem lauten, komplexen System ein Signal wahrzunehmen, indem man dem Wehklagen von Menschen in Angst und Not zuhört.

Es geht um Widerstandsfähigkeit, Erfindergeist, Improvisation, Demut und viele Sprünge ins Ungewisse.

Es ist auch die Geschichte von Edith Elliot, Katy Ashe, Shahed Alam und Jessie Liu, vier Doktorandinnen und Doktoranden der internationalen Politik, Bau- und Umweltingenieurwissenschaften sowie Medizin. Ihr Leben nahm eine ungeahnte Wendung, als sie sich an der *d.school* im Kurs „Design for Extreme Affordability" kennenlernten. Im Rahmen des Kurses arbeiteten sie mit dem Narayana Health Hospital, einer Kette von Herzzentren, im indischen Bangalore zusammen, gegründet von dem charismatischen Chirurgen Dr. Devi Prasad Shetty. Das Doktorandenteam erhielt die Aufgabe, nach Indien zu fliegen und vor Ort Chancen und Lösungen für eine bessere Steuerung der Patientenströme zu identifizieren und der Klinik dabei zu helfen, einer großen Anzahl von Menschen eine hochwertige, bezahlbare Gesundheitsversorgung zu ermöglichen.

Als das Team seine Arbeit aufnahm, erfreute es sich bereits großer Unterstützung und hatte einen engagierten Partner an seiner Seite. Zudem hatten die Vier bereits einige der Übungen in diesem Buch ausprobiert, zum Beispiel *Die Monsun-Challenge* (Seite 89), *Mir hat gefallen – ich hätte mir gewünscht* (Seite 212) und *Das Stanford-Community-Programm* (Seite 264). Ihr größter Vorteil war jedoch, dass sie nicht auf das konkrete Problem fixiert waren, das es zu lösen galt. Das, wovon die Vier zunächst dachten, dass es nötig sein könnte, und das, was sie tatsächlich vor Ort vorfanden, waren zwei Paar Schuhe. Egal wie talentiert Sie sind oder wie umfangreich die Herausforderung ist: Indem Sie sich dem Unbekannten mit Forschergeist und Forscherwerkzeugen nähern, entdecken Sie größere und vielversprechendere Chancen, als Sie jemals gedacht hätten.

So funktioniert Design. Es kann Sie auf eine Reise schicken, in der Sie nicht nur lernen, ein Problem zu lösen, sondern auch herausfinden, welches Problem so lösenswert ist, dass Sie all Ihre Zeit und Energie darauf verwenden werden.

Dort sollte die Geschichte idealerweise enden. Ihren Anfang nimmt sie jedoch andernorts. Wie so viele wunderbare Geschichten beginnt auch diese Geschichte mit einem Missverständnis.

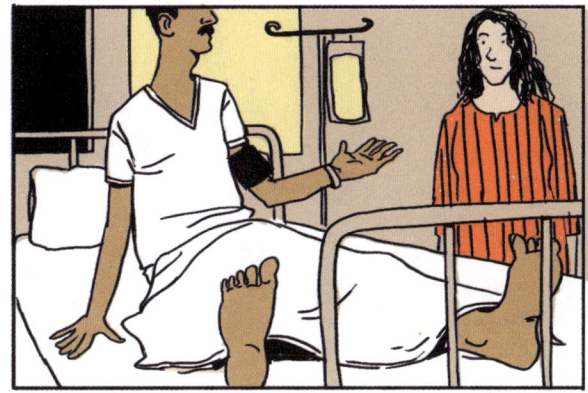

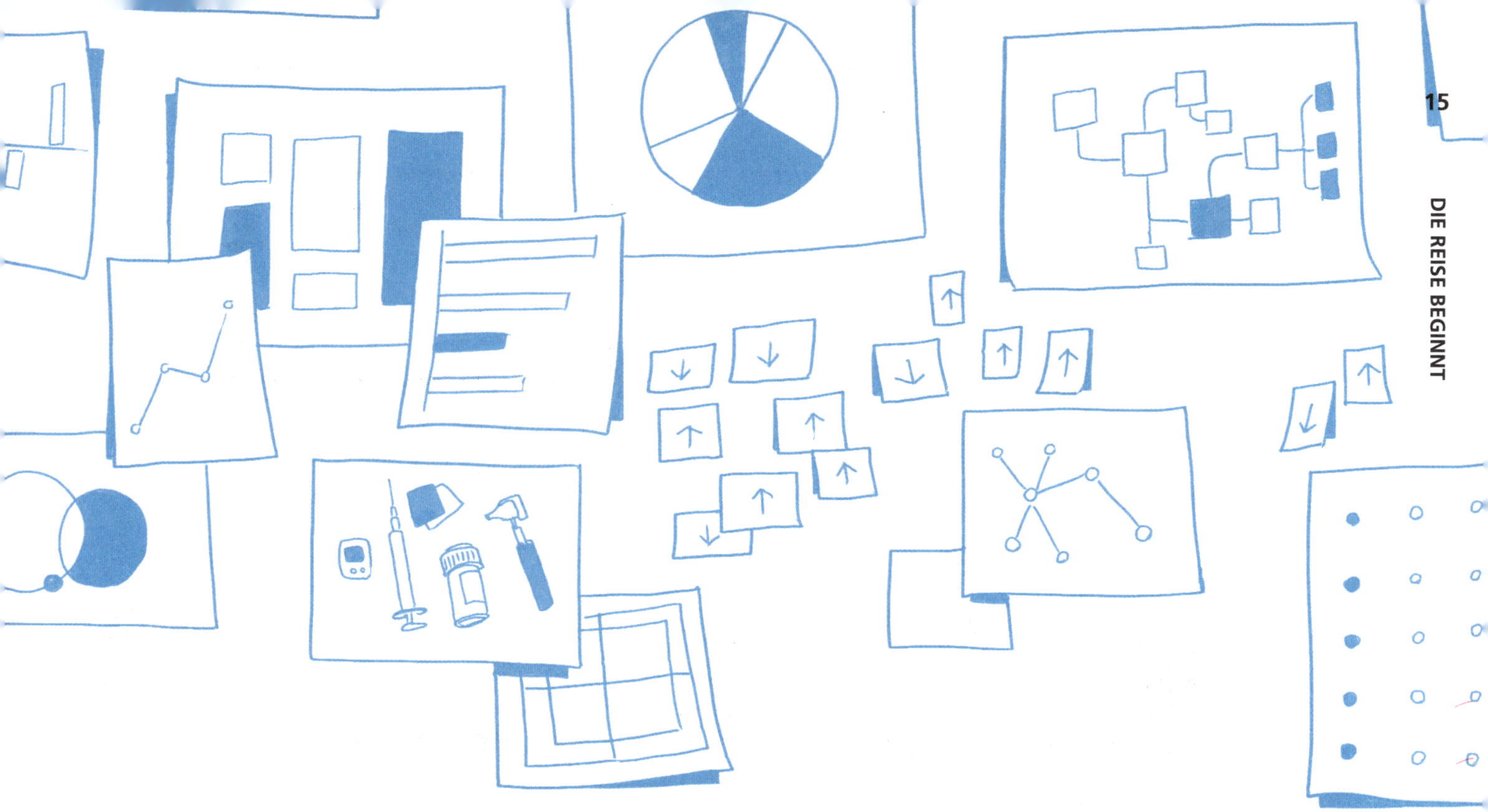

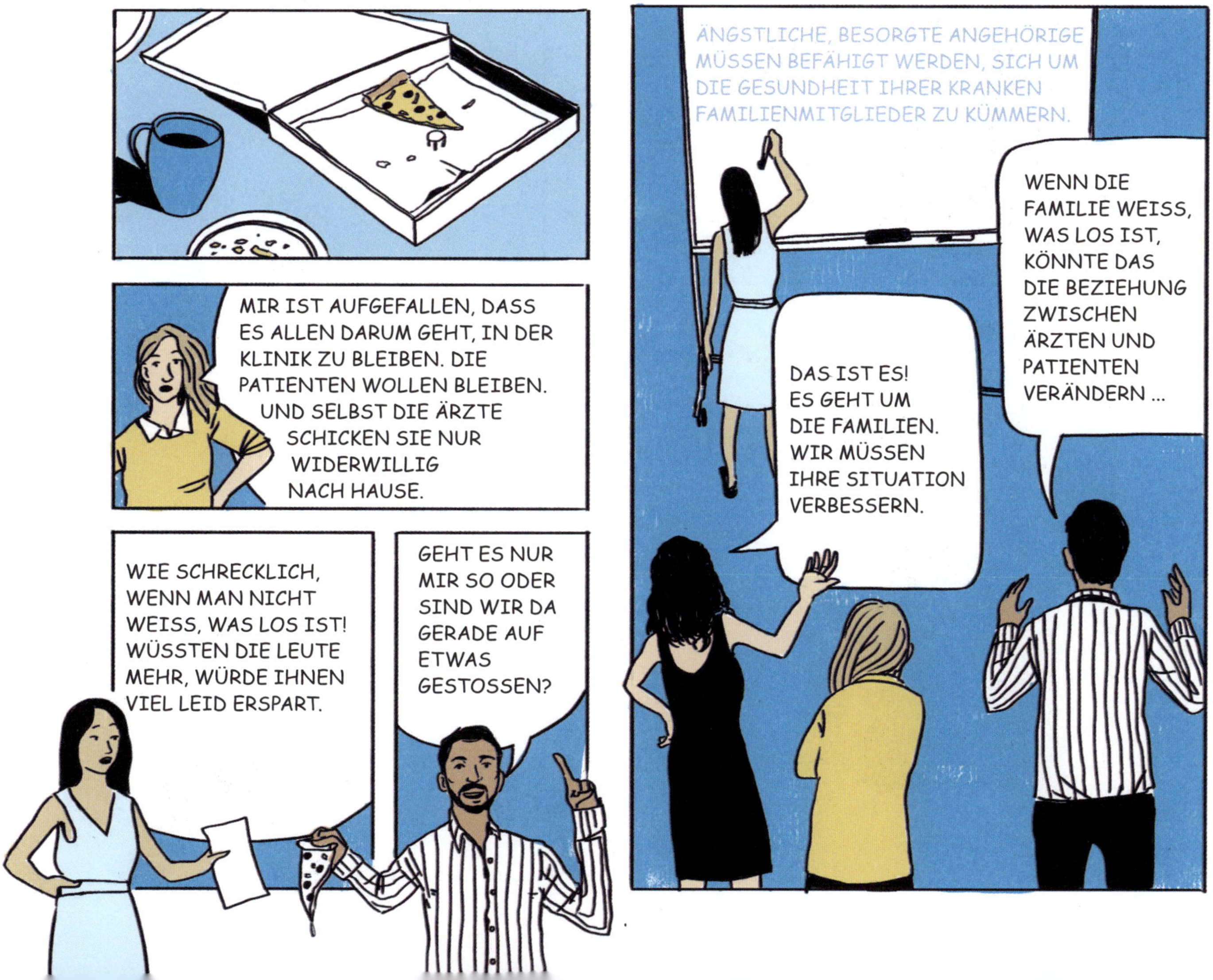

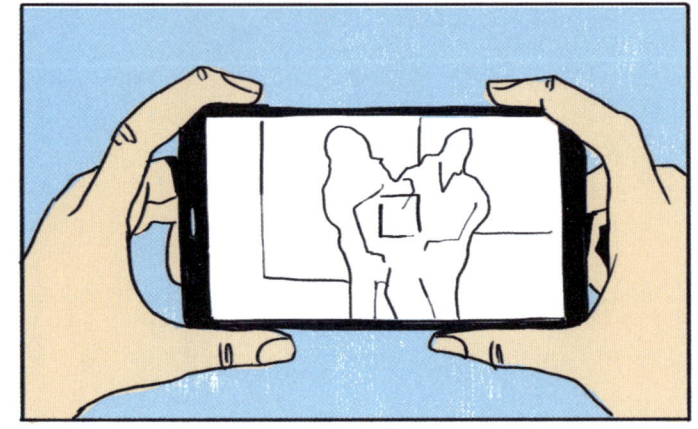

NACH EINEM ÄUSSERST ERFOLGREICHEN PILOTTEST TRIFFT SICH DAS TEAM WIEDER IN KALIFORNIEN. SIE STECKEN DIE KÖPFE ZUSAMMEN, HABEN ABER SORGE, DASS DIE VIELEN MÖGLICHKEITEN SIE IN UNTERSCHIEDLICHE RICHTUNGEN ZIEHEN.

"DER PILOTTEST HAT GEZEIGT: WIR HABEN EINEN NERV GETROFFEN."

"SELBST UNSERE UNAUSGEGORENEN PROTOTYPEN HABEN EINEN ECHTEN MEHRWERT FÜR DIE MENSCHEN."

"HM, HILFT DAS DEN MENSCHEN WIRKLICH? WIR ALLE SIND WISSENSCHAFTLER UND WISSEN: DIESE SCHWAMMIGEN WOHLFÜHL-GESCHICHTEN WERDEN NICHT REICHEN, UM WEITERZUMACHEN. WIR BRAUCHEN BELASTBARE DATEN."

"GUT GEMACHT, TEAM!"

"STOPP! ICH HABE HART GEACKERT, UM MEDIZIN STUDIEREN ZU KÖNNEN."

"ICH AUCH. ICH SOLLTE MICH JETZT DARAUF KONZENTRIEREN."

"UND KATY UND ICH HABEN TOLLE JOBANGEBOTE. ICH HÄTTE SCHON LUST, ABER ... LASST UNS NOCH EIN PAAR DATEN SAMMELN UND DANN ENTSCHEIDEN."

DER ZWEITE PILOTTEST IM INDISCHEN MYSORE WIRD VON EINEM FORSCHUNGSTEAM DER STANFORD MEDICAL SCHOOL BEGLEITET, DAS DAS KONZEPT EINER STRENGEN ÜBERPRÜFUNG UNTERZIEHT. IHR ERGEBNIS: DURCH DIE SCHULUNGEN SIND DIE POSTOPERATIVEN KOMPLIKATIONEN UM 71 % ZURÜCKGEGANGEN UND DIE WIEDEREINLIEFERUNGEN UM 24 %. ZUDEM SIND DIE ANGEHÖRIGEN JETZT WENIGER BESORGT.

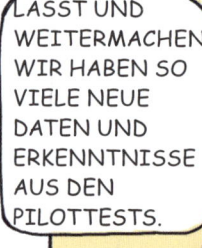

Und so gründeten Edith, Katy, Shahed und Jessie die Organisation Noora Health, die Patienten und ihren Angehörigen wesentliche gesundheitliche Kompetenzen vermittelt, die die Genesung fördern und Leben retten.

Das Angebot der Vier stellt eine verbesserte Version ihrer allerersten Prototypen dar: Medizinisches Personal (hauptsächlich Krankenpflegerinnen und Krankenpfleger) werden mithilfe interaktiver Videos und Lehrmaterialien in Printform geschult und schulen dann selbst Familienmitglieder darin, sich um ihre Angehörigen zu kümmern. Damit möglichst viele Personen niederschwellig teilnehmen können, finden die Schulungen direkt auf der Krankenstation vor und nach den Besuchszeiten statt. Dabei erwerben die Familien im Rahmen von Aktivitäten und Übungen praktische Kompetenzen, die wirklich etwas verändern.

Ende 2020 hatte Noora Health bereits mehr als 5.000 Krankenpflegerinnen und Krankenpfleger und über 1 Millionen Angehörige in 160 Kliniken in Indien und Bangladesch geschult.

Mittlerweile schult die Organisation Familien nicht nur in der Pflege von Angehörigen, die eine Herzoperation hinter sich haben, sondern auch in anderen Gesundheitsbereichen wie der Versorgung von Müttern und Neugeboren sowie der allgemeinmedizinischen und chirurgischen Pflege.

Die Nachfrage nach den Schulungen war in der Pilotphase so groß, dass ein Teammitglied liebevoll vom „reinsten Chaos" sprach. Die Gründerinnen und Gründer beschlossen, ihre akademischen und beruflichen Pläne zu ändern und den Schritt ins Ungewisse zu wagen. Sie erkannten, dass sie etwas erschaffen hatten, das es wert war umzusetzen, und so machten sie sich an die Arbeit. Sie zogen nach Indien und bauten Noora Health auf.

Jessie und Shahed setzten ihre medizinische Laufbahn für einige Jahre aus und holten ihren Abschluss später nach. Shahed kehrte danach als Co-CEO zu Noora zurück. Katy wurde Chief Design Officer, Edith übernahm den Posten der CEO. 2013 stellte das Team den ersten Mitarbeiter ein: Anubhav Arora, ein aus Delhi stammender Ingenieur, der als Director of Operations vor Ort für das Design und den logistischen Support zuständig war. Anand Kumar, der engagierte Krankenpfleger, den das Team auf seiner ersten Recherchereise 2012 kennengelernt hatte, wurde Director of Training.

Wenn man liest, wie weit es Jessie, Shahed, Katy und Edith mit Noora Health gebracht haben, vergisst man leicht, dass sie am Anfang keine Ahnung hatten, wohin die Reise geht. Und auch unterwegs gab es immer wieder Momente, in denen nicht sicher war, ob ihr Vorhaben am Ende von Erfolg gekrönt sein würde. Momente, in denen sie feststeckten und unsicher waren, Momente voller Anspannung, als es darum ging, dem Ganzen eine klare Richtung zu geben, und Momente, in denen andere, feste Zusagen sicherer erschienen, als auf eine ganz neue Idee zu setzen.

Klarheit gewannen die Vier durch die Gespräche mit den Angehörigen und das Muster, das sich dabei abzeichnete: Für die Familien war der Aufenthalt im Krankenhaus teuer und emotional aufwühlend und sie hatten Angst. Indem das Team ihnen zuhörte, konnte es am Ende etwas entwickeln, das die Menschen wirklich brauchten. Dies stellte einen entscheidenden Aha-Moment dar.

Edith erinnert sich: „Wenn wir mit der Problembeschreibung ‚Die Anzahl der Wiederaufnahmen in die Klinik reduzieren' reingegangen wären, hätten wir nicht dieselbe Lösung gefunden. Unsere Problembeschreibung war sehr emotional. Es ging darum, Ängste und Leid zu mindern. Das war es, was wir von den Familien immer und immer wieder hörten. Sie sagten nicht, ‚Uns macht die Anzahl der Komplikationen Sorgen, zu denen es dreißig Tage nach der OP kommen kann'. Indem wir uns auf das menschliche Problem konzentriert haben, können wir uns nun dem medizinischen Problem zuwenden."

Um diese Herausforderung zu meistern, begab sich das Team von Noora Health auf eine Reise des Lernens und Ausprobierens, um Vertrauen in eine bestimmte kreative Richtung zu gewinnen. Das ist offenkundig nicht einfach. Eine Möglichkeit, intensiver darüber nachzudenken – und wie Design und Lernen zusammenhängen –, stelle ich Ihnen im Kapitel *Vom Nicht-Wissen zum Wissen* (Seite 73) vor.

Die Reise des Noora-Teams war – wie die meisten Design- und Lernerfahrungen – durchweg sehr emotional. Emotionen waren die elektrische Energie, die Erkenntnisse zutage förderte, für eine unterstützende (wenn auch nicht immer konfliktfreie) Teamdynamik sorgte und die Hoffnung befeuerte, die das Team nach den ersten positiven Rückmeldungen verspürte. Emotionen haben nach und nach die Richtung erkennen lassen und zusammen mit den konkreten Belegen für die Tauglichkeit der Lösung das Team dazu veranlasst, den Sprung ins Ungewisse zu wagen und die Idee in die Praxis umzusetzen.

Sie können Ihre kreative Energie auf die unterschiedlichsten Arten kanalisieren, doch eines werden Sie unabhängig vom Kontext immer wieder feststellen: Emotionen sind entscheidend. In *Den Blick weiten* (Seite 119) ist es zum Beispiel wichtig, die Gefühle anderer zu beobachten, weil Ihnen dies hilft, die Welt mit den Augen Ihrer Mitmenschen zu sehen, und Ihre Fantasie für mögliche Lösungen anregt. Die Gefühle von Kollegen wahrzunehmen, die unterschiedlicher Meinungen sind, und sich zu öffnen und verletzbar zu machen ist der Schlüssel zu kreativer Zusammenarbeit. Genauso wichtig ist es aber, sich die eigenen Gefühle bewusst zu machen, um seiner Intuition folgen und die eigenen kreativen Energien in die entsprechende Richtung lenken zu können. Die Kapitel *Lernen mit Gefühl(en)* (Seite 161) und *Mit produktiven Denkhürden umgehen* (Seite 270) werden Ihnen helfen, diese gleichermaßen herausfordernden wie heiteren Aspekte des kreativen Arbeitens zu meistern.

Wenn Sie so weit sind, Ihre kreativen Fähigkeiten auf komplexere Projekte anzuwenden, helfen Ihnen die Strategien in *Die Teile zusammenfügen* (Seite 251) dabei, Ihre Arbeit zu planen und zu strukturieren. Und indem Sie bei Ihrem Vorgehen immer genug Offenheit walten lassen, werden Sie Bedürfnisse und Chancen erkennen, die bedeutsam, wichtig oder neuartig sind.

Design ist eine wunderbare, beängstigende und gewaltige Achterbahn – jedes Mal aufs Neue.

Machen wir uns auf die Reise!

Die Übungen: Finden Sie Ihren Weg

Jeder Mensch entwickelt Designkompetenzen auf seine Weise und so wird auch jede und jeder von Ihnen dieses Buch anders nutzen. Wenn Sie es von vorne nach hinten lesen, werden Sie feststellen, dass die Übungen grob so angeordnet sind, wie wir sie neuen Studierenden vorstellen würden. Jedes Designprojekt ist jedoch anders und jede Designerin und jeder Designer arbeitet auf andere Weise. Wenn Sie gezielt eine konkrete Fähigkeit erwerben möchten, kann es sinnvoll sein, die Übungen in einer bestimmten Reihenfolge zu absolvieren. Die folgende Übersicht gibt Ihnen eine Orientierung, lädt Sie aber gleichzeitig dazu ein, Ihren eigenen Weg zu finden.

Die Welt mit anderen Augen sehen

Die eigene Aufmerksamkeit schulen, das Verborgene sichtbar machen und hinter das Offensichtliche blicken

5 Eintauchen und Einblicke gewinnen 38
6 Shadowing 41
8 Das Sehen üben 46
12 Grundlagen der Gesprächsführung 56
16 Was ist in deinem Kühlschrank? 68
19 Bewusst machen, anerkennen, hinterfragen ... 78
25 Reflexion und Offenbarung 94
26 Das Mädchen auf dem Stuhl 98
30 Den Designraum kartieren 106
35 Mit frischem Blick zeichnen 124
46 Achtsamkeitsübungen für zwischendurch ... 154
47 Ein Tag im Leben von … 156
55 Prototyping als körperliche Erfahrung 190

Erfolgreich zusammenarbeiten
Vertrauen aufbauen, Mut finden, Energie und Freude verspüren

9 Redner und Zuhörer 48
10 Unterhaltung ohne Worte 51
11 Meine liebsten Aufwärmübungen 54
13 Party, Park, Panne 61
15 Empathie in Bewegung 66
29 Der geheime Handschlag 104
31 Das Schere-Stein-Papier-Turnier 109
34 Wie geht es dir wirklich? 116
51 Film ab! 178
57 Richtig Feedback geben 196
67 Tools für Teams entwickeln 235

Erkenntnisse verarbeiten
Kritisch denken, Verbindungen erkennen, Informationen auswerten und Hypothesen aufstellen

20 Metaphern verwenden 81
26 Das Mädchen auf dem Stuhl 98
30 Den Designraum kartieren 106
36 Auspack-Übungen 126
37 Rahmen und Konzept 130
40 Die 30-Meter-Erfahrungslandkarte 138
50 Standpunkt „Aktentasche" 174
53 Distributions-Prototyping 184

Ideen entwickeln
In neue Richtungen denken und der Fantasie freien Lauf lassen

22 Weißt du noch …? 86
28 Bisoziation 102
33 Die Lösung existiert bereits 114
43 Experten und Annahmen 146
49 Lösungs-Tic-Tac-Toe 171
63 Das Zukunftsrad 221

Dinge bauen

Vage Ideen konkretisieren und mit Objekten denken

23 Die Monsun-Challenge 89
24 Mit Buchstaben zeichnen 92
32 Erstes Date, schlimmstes Date 112
38 Den Morgenkaffee zubereiten 133
39 Fünf Stühle 136
42 Protobot 144
53 Distributions-Prototyping 184
54 Eine andere Haltung einnehmen 188
55 Prototyping als körperliche Erfahrung 190

Eine spannende Geschichte erzählen

Zum Kern einer Idee vordringen und diesen anderen vermitteln

10 Unterhaltung ohne Worte 51
38 Den Morgenkaffee zubereiten 133
47 Ein Tag im Leben von … 156
52 Erzähl deinem Großvater davon 181
61 Wie es sich zugetragen hat 215

Die eigenen Arbeiten präsentieren

Die persönliche Urteilskraft schulen und Feedback einholen, um besser zu werden

37 Rahmen und Konzept 130
54 Eine andere Haltung einnehmen 188
56 Der Schweige-Test 193
57 Richtig Feedback geben 196
59 Hohe Wiedergabetreue, geringe Auflösung ...202
64 Kritik üben wie ein Marsianer 224

Sich den eigenen Lernprozess bewusst machen
Veränderungen im eigenen Denken, Können und Handeln erkennen und reflektieren

1 Blindzeichnen 30
7 Grundprinzipien 44
18 Das Lernen lernen 74
51 Film ab! 178
58 Was? Was heißt das? Was nun? 200
60 Mir hat gefallen – ich hätte mir gewünscht ... 212
71 Lernlandkarten 246
81 Früher dachte ich – heute denke ich 272

Die eigene Stimme finden
Sich inspirieren lassen, Leidenschaft entwickeln und seinen Standpunkt definieren

1 Blindzeichnen 30
7 Grundprinzipien 44
14 Reife, Stärke und Vielfalt 64
21 Lenken Sie Ihre Neugier 84
41 Wir alle sind Designer 142
43 Experten und Annahmen 146
45 Die Bananen-Challenge 152
50 Standpunkt „Aktentasche" 174
69 Das finale Finale 242
70 Ihr persönliches Projekt 244

Nach draußen gehen und Entdeckungen machen
Die eigenen Sinne erweitern und ausgetretene Pfade verlassen

2 Mit Fremden reden 32
3 Dérive 34
5 Eintauchen und Einblicke gewinnen 38
6 Shadowing 41
12 Grundlagen der Gesprächsführung 56
17 Expertenblick 70
35 Mit frischem Blick zeichnen 124
47 Ein Tag im Leben von … 156
48 Sich an einen Ort ketten 168

Einen Gang höher schalten

Sich gedanklich frei machen und Dinge ausprobieren, bevor man dazu bereit ist

28 Bisoziation 102
29 Der geheime Handschlag 104
31 Das Schere-Stein-Papier-Turnier 109
38 Den Morgenkaffee zubereiten 133
52 Erzähl deinem Großvater davon 181
68 Diese Übung ist eine Überraschung 238

Das Tempo drosseln und sich fokussieren

Sich in Geduld üben und sich den Raum geben, um bestmögliche Arbeit zu leisten

8 Das Sehen üben 46
21 Lenken Sie Ihre Neugier 84
27 Wie wir sind 100
36 Auspack-Übungen 126
46 Achtsamkeitsübungen für zwischendurch ... 154
48 Sich an einen Ort ketten 168
60 Mir hat gefallen – ich hätte mir gewünscht ... 212

Spaß haben

Ausgelassen sein und spielerisch arbeiten

1 Blindzeichnen 30
22 Weißt du noch …? 86
28 Bisoziation 102
29 Der geheime Handschlag 104
31 Das Schere-Stein-Papier-Turnier 109
32 Erstes Date, schlimmstes Date 112
42 Protobot 144
45 Die Bananen-Challenge 152
52 Erzähl deinem Großvater davon 181

Mehr Gerechtigkeit wagen

Achtsam sein, Demut üben, Vorurteile abbauen und ethisch handeln

2 Mit Fremden reden 32
4 Handeln mit Bedacht 36
5 Eintauchen und Einblicke gewinnen 38
15 Empathie in Bewegung 66
19 Bewusst machen, anerkennen, hinterfragen ... 78
47 Ein Tag im Leben von … 156
62 Ihr innerer Ethiker 218
65 Mehr mutige Menschen 228
66 Bau dir einen Bot 230
79 Verantwortung übernehmen 268

In die Zukunft blicken

Sich das große Ganze vorstellen, Annahmen hinterfragen und die Folgen der eigenen Arbeit berücksichtigen

30 Den Designraum kartieren 106
43 Experten und Annahmen 146
63 Das Zukunftsrad 221
66 Bau dir einen Bot 230

Ein ganzes Projekt meistern

Souveräner werden und ein höheres Kompetenzlevel erreichen

72 Der Haarschnitt 254
73 Das Ramen-Projekt 255
74 Ein Abend mit der Familie 258
75 Die Dreißig-Millionen-Wörter-Lücke 259
76 Die Organspende 262
77 Das Stanford-Community-Programm 264
78 Kredite für Katastrophenopfer 266
79 Verantwortung übernehmen 268
80 Eine eigene Challenge planen 270

1 Blindzeichnen

Eine Idee von Charlotte Burgess-Auburn, Scott Doorley, Grace Hawthorne und Kunst-Unterrichtenden weltweit

Ich habe viel darüber gelernt, wie ich mit einer sehr pingeligen „Person" umgehen kann, die sich in meinem Gehirn eingenistet zu haben scheint: meine innere Kritikerin. Sie sorgt sich zu sehr darum, ob meine Ideen wirklich originell, umfassend genug und absolut schlüssig sind. Sie flüstert (in meinem Kopf), dass ich meine Ideen nicht publik machen soll, wenn ich nicht sofort eine randomisierte kontrollierte Studie zitieren kann, die sie unterstützt, oder wenn nicht irgendjemand in der Geschichte der Menschheit schon einmal über ein ähnliches Konzept gesprochen hat. Wir ringen miteinander und mit der Zeit habe ich gelernt, auf das Fünkchen Wahrheit zu hören, das sie mir anbietet, ohne mich dabei vollkommen blockieren und in meinen kreativen Vorhaben aufhalten zu lassen.

Es ist hilfreich, verschiedene persönliche Methoden zum Umgang mit seinem inneren Kritiker zu entwickeln, und diese Übung eignet sich besonders dazu.

Um kreative Produkte hervorzubringen – raus aus dem Kopf aufs Papier oder in die Welt –, müssen Sie in bestimmten Momenten das Bewertungssystem in Ihrem Kopf ausschalten. Dies erfordert, das Urteil darüber, was funktionieren könnte, zurückstellen, um eine neue Idee erkunden zu können, ohne sie vorschnell als unnütz oder nicht machbar abzutun. Um Ihre kreativen Fähigkeiten zu entwickeln, müssen Sie lernen, Ihre eingebaute Selbstkritik auszuschalten, damit sie nicht zum Zensurwerkzeug wird. Das heißt nicht, dass jede Ihrer Ideen großartig ist, aber es versetzt Sie in die Lage, den Prozess der Ideengenerierung von der Ideenbewertung zu trennen.

Blindzeichnen ist eine gängige künstlerische Methode, um die Distanz zwischen Auge und Hand zu überbrücken. Mit entsprechender Übung sieht das dann so aus: Das Auge verfolgt eine Kurve und die Hand zeichnet diese Kurve aufs Papier, ohne dass Sie darüber nachdenken. Dadurch wird das Bewertungssystem im Gehirn deaktiviert.

In dieser Übung wenden wir das Blindzeichnen auf einen anderen Zweck an: den eigenen inneren Kritiker aufspüren und mit ihm ringen (also Ihre Urteils- und Kritikfähigkeit im Zaum halten). Dabei erleben Sie, wie es sich anfühlt, die eigene Arbeit nicht zu bewerten und Ihrer Kreativität freien Lauf zu lassen.

Die Übung bietet sich immer dann an, wenn Sie an der Qualität Ihrer Arbeit zweifeln oder sich dabei ertappen, wie Sie Ihr Potenzial infrage stellen.

So geht's

Nehmen Sie sich einen Stift und ein Blatt Papier.

Suchen Sie sich eine Person, die Sie von dort, wo Sie sitzen, gut sehen können. Das kann im Zug, im Park, in einem besonders langweiligen Meeting oder beim Durchführen dieser Übung sein, die Sie gemeinsam mit Ihrem Gegenüber absolvieren.

Nehmen Sie sich 1 bis 2 Minuten Zeit, diese Person zu zeichnen, und sehen Sie sie dabei die ganze Zeit an. Wichtig: *Schauen Sie nichts aufs Blatt und heben Sie den Stift nicht vom Papier.* (Sobald Sie Ihre Hand heben, finden Sie nicht mehr den Punkt, an dem Sie aufgehört haben, und das Verlangen, aufs Papier zu schauen, wird zu groß.)

Sie übersetzen das, was Sie sehen, in eine Linie mit der Hand – ohne visuelle Rückmeldung.

Wenn die Zeit abgelaufen ist, betrachten Sie Ihre Zeichnung.

Denken Sie darüber nach, wie Sie sich während des Zeichnens gefühlt haben und wie Sie sich jetzt, nach dem Betrachten Ihrer Zeichnung, fühlen.

Reflektieren Sie folgende Fragen:

Ist die Zeichnung gelungen? (eher unwahrscheinlich)
Wie hat sich das Blindzeichnen angefühlt?
Haben Sie dabei gelacht?
Wenn ja, worüber haben Sie gelacht?
Was hat die Stimme in Ihrem Kopf gesagt?
Wozu wollte Sie sie bringen?
Was steckt hinter diesen Gefühlen?
Woher kommt das?
Wann ist es wichtig, eine Arbeit zu bewerten, und wann könnte es wichtig sein, sie nicht zu bewerten?

Diese Übung hilft Ihnen, den Prozess des Erschaffens von dem des Kritisierens oder Bewertens zu trennen.

Um das zu erreichen, müssen Sie als Erstes herausfinden, wo Ihr inneres Bewertungssystem „lebt" und wie es sich anfühlt und anhört. Wenn Sie die Übung zum ersten Mal machen, wird die Stimme in Ihrem Kopf – wie bei den meisten Menschen – Sie dazu auffordern, aufs Papier zu schauen und zu prüfen, ob Sie Ihre Striche richtig setzen: *Sieht meine Zeichnung meinem Gegenüber ähnlich? Habe ich den Mund an die richtige Stelle gesetzt?*

Unsere Urteilskraft ist enorm wichtig: Wir brauchen sie, um zu überleben und Kurskorrekturen vorzunehmen. Diese Urteilskraft auszusetzen hilft uns manchmal jedoch, eine verrückte Idee zu verfolgen. Sie können sich das wie eine Reihe von Schiebereglern und Knöpfen vorstellen, die Sie nach oben und unten bewegen. Wenn Sie etwas bewerten und eine Entscheidung treffen müssen, schieben Sie die Regler nach oben bis zur Marke 11 und sagen sich: „Ich habe mich aus folgenden Gründen für xyz entschieden." Manchmal ist es jedoch sinnvoll, die Regler nach unten zu verschieben und sich zu sagen: „Jetzt urteile ich nicht, ich erschaffe einfach. Ich produziere – bewerten tue ich später." Diese Kompetenz sollten wir alle trainieren.

Ich führe diese Aktivität gern als erste und letzte Übung in meinen Kursen durch, weil sie den Studierenden ihren eigenen Fortschritt vor Augen führen kann. Bis zum letzten Tag des Kurses haben sie dann aufgehört, mit ihrem inneren Kritiker zu ringen, und realisieren langsam, dass sie den Akt des Erschaffens genießen können. Alle Gedanken an die Bewertung werden auf später, wenn das Werk fertig ist, verschoben.

– Charlotte Burgess-Auburn

2 Mit Fremden reden

Eine Idee von Erica Estrada-Liou und Meenu Singh, inspiriert von Kio Stark

In einer Zeit, in der so viele unserer Interaktionen online stattfinden, scheint es schwieriger zu werden, auf Fremde zuzugehen. Als Kinder haben wir gelernt, vorsichtig zu sein, wenn wir von einem Fremden angesprochen werden. Doch scheinbar trauen wir uns heute immer weniger, was eigentlich in der Natur des Menschen liegt und in engen Gemeinschaften eine Notwendigkeit darstellt: einen Fremden nach dem Weg zu fragen oder in der Schlange an der Supermarktkasse ein paar Worte mit den anderen Wartenden zu wechseln. Wir fühlen uns häufig unwohl in Gegenwart einer fremden Person, weil wir nichts über sie wissen. Dieses Unwohlsein kann durch unsere Vorurteile oder Schüchternheit noch verstärkt werden. Im Design geht es aber gerade darum, diese Hürde zu überwinden. Denn ohne neue Personen und Ideen einzubeziehen, kann man seine eigenen vorgefassten Ansichten nicht hinter sich lassen.

Der Begriff „Fremder" beinhaltet das Konzept der Fremdheit. Im Alltag neigen wir dazu, diese zu vermeiden. In der kreativen Arbeit ist es jedoch essenziell, sich für das Fremde oder Ungewöhnliche zu öffnen. Ohne Fremdheit gibt es am Ende nur Gleichförmigkeit.

Diese Übung hilft Ihnen, sich dem Fremden zu stellen. Am Ende werden Sie das Fremde anregend finden, weil Sie wissen, dass es für Ihre Arbeit unverzichtbar ist.

So geht's

In dieser Übung begeben Sie sich auf eine Reihe von Missionen, die Sie draußen durchführen – also außerhalb Ihrer Wohnung, Ihres Klassenzimmers oder Büros.

Sie können sich diesen Herausforderungen allein stellen oder gemeinsam mit einem Partner, wenn Sie sich dabei wohler fühlen.

Fangen Sie klein an. Wählen Sie einen Weg in einer sicheren Umgebung, auf dem Ihnen andere Menschen begegnen. Das kann zum Beispiel der Weg von Ihrem Zuhause zur Bibliothek sein. Begrüßen Sie dabei jede Person, der Sie begegnen. Machen Sie das 1 Minute lang.

Wie viele Leute haben Sie gegrüßt?
Wie haben sie reagiert?
Wie hat sich Ihr Verhalten im Verlauf der Übung verändert?

In Ihrer zweiten Mission geht es um Triangulierung, also das Hinzukommen von etwas Drittem. Es gibt jetzt Sie, eine fremde Person und einen Gegenstand, den Sie beide sehen können. Sprechen Sie über den Gegenstand, um ein Gespräch mit der fremden Person anzustoßen. Zu allem lässt sich etwas sagen. Versuchen Sie nicht, clever zu sein, sondern einfach offensichtlich: „Oh, wow, diese Äpfel bekommt man da im Supermarkt? Ich wusste gar nicht, dass sie dort angeboten werden. Schmecken sie denn gut?"

Unterhalten Sie sich mit der Person.

Wenn das Gespräch beendet ist, reflektieren Sie folgende Punkte (oder tauschen Sie sich mit Ihrer Partnerin bzw. Ihrem Partner aus):

Welchen Gegenstand haben Sie gewählt?
Wie hat die Person reagiert?
Vergleichen Sie diese Mission mit der ersten.

Ihre dritte Mission wird nun schwieriger.

Tun Sie so, als hätten Sie sich verlaufen, und fragen Sie einen Fremden nach dem Weg zu einem Ziel in der Nähe. Wenn die Person beginnt, Ihnen den Weg zu beschreiben, bitten Sie sie, die Route aufzumalen.

Ist die Person dazu bereit, fragen Sie sie nach ihrer Telefonnummer für den Fall, dass Sie Rückfragen haben oder sich verlaufen.

Gibt die Person Ihnen ihre Nummer, rufen Sie sie an, um zu sehen, ob sie rangeht.

Nimmt die Person Ihren Anruf entgegen, danken Sie ihr für ihre Hilfe und teilen Sie ihr mit, dass Sie am Ziel angekommen sind.

Reflektieren Sie anschließend folgende Punkte (oder tauschen Sie sich mit Ihrem Partner aus):

Wen haben Sie nach dem Weg gefragt?
Wie haben Sie diese Person ausgewählt?
Wie weit sind Sie gekommen?
Was war jeweils die Hürde zum nächsten Schritt?
In dieser Übung sollten Sie eine kleine Lüge erzählen. Wie hat sich das angefühlt?

Viele Menschen glauben, dass niemand bereit ist, sich auf einen Fremden einzulassen. Diese Angst zu überwinden ist allein schon befreiend und bereichernd. Zudem fordert es uns auf, unsere Annahmen darüber, wie Menschen wohl reagieren werden, zu hinterfragen. Personen, die diese Übung durchführen, sind häufig ganz begeistert, wenn sie feststellen, dass sie weiter kommen als gedacht. Wenn Sie mehr über dieses Thema erfahren möchten, empfehle ich Ihnen das wunderbare Buch *When Strangers Meet* von Kio Stark, das diese Übung inspiriert hat.

Die dritte Mission will bewusst provozieren, indem sie uns auffordert, so zu tun, als würden wir den Weg nicht kennen. Manche Menschen entscheiden sofort, sich nicht darauf einzulassen, und wählen ein Ziel, zu dem sie den Weg tatsächlich nicht kennen, um ihr Gegenüber nicht täuschen zu müssen. Obwohl bei dieser Übung wenig auf dem Spiel steht, sorgt sie doch für wertvolle Emotionen und Erfahrungen, über die Sie im Anschluss nachdenken sollten. Und sie ist eine hervorragende Einführung in eine umfassendere Beschäftigung mit den ethischen Aspekten von Befragungen, die wir mit dem Ziel durchführen, Empathie und Einblicke zu gewinnen.

Transparent und authentisch zu sein erfordert eine bewusste Entscheidung und diese Übung zeigt, wie leicht man in eine Interaktion rutschen kann, die nicht mehr ganz so transparent ist. Die Übung ist somit eine gute Vorbereitung darauf, bei Befragungen von Anfang an transparent zu machen, woran man arbeitet und warum.

– Erica Estrada-Liou

3 Dérive

Eine Idee von Carissa Carter, inspiriert von Guy Debord und William S. Burroughs

Die besten Designs sehen so einfach aus. Sie betrachten sie und denken: Warum ist *mir* das nicht eingefallen? Große Designerinnen und Designer sind in der Lage, Dinge auf andere Art und Weise zu betrachten als andere. Sie sehen eine Welt, die etwas von der Normalität abweicht.

Diese Fähigkeit ist schwer erlernbar. Diese Übung hilft Ihnen jedoch dabei, es zu versuchen.

Sie können die Übung allein oder gemeinsam mit anderen durchführen. Geografisch verteilte Teams oder Freunde können sie gleichzeitig absolvieren, weil es nicht wichtig ist, am selben Ort zu sein. Besonders interessant ist es, nach der Übung Notizen zu vergleichen und sich auszutauschen.

So geht's

Sie brauchen einen Notizblock und einen Stift.

Machen Sie sich zu Fuß von Ihrem Büro, Klassenzimmer, Zuhause oder wo auch immer Sie sich gerade befinden auf den Weg. Überlegen Sie nicht, wohin Sie gehen wollen. Sie unternehmen keine Reise. Die Reise unternimmt Sie.

Lassen Sie los.

Wählen Sie eine Eigenschaft aus, der Sie folgen. Ihre Sinne eignen sich hier besonders. Sie können eine Farbe, ein Geräusch, einen Geruch oder eine Oberflächenstruktur wählen. Oder Sie folgen einer eigenartigen Linie auf einem Gebäude. So wird Ihr Auge auf weitere Dinge gelenkt, die diese Eigenschaften besitzen.

Sie haben 1 Stunde. Messen Sie die Zeit mit einer Stoppuhr.

Lassen Sie sich treiben, verlangsamen Sie Ihr Tempo und achten Sie nicht darauf, wo Sie sind. („Dérive" bedeutet „abdriften/abschweifen"; passen Sie aber trotzdem auf, dass Sie nicht in ein Gullyloch oder Ähnliches fallen.) Wenn Sie vergessen, was Sie gerade tun, versuchen Sie, Ihre Aufmerksamkeit wieder bewusst zu lenken.

Halten Sie fest, was Sie sehen. Sie können ein Doodle erstellen, eine Skizze anfertigen oder sich Notizen machen. Ihr Ziel ist es, umherzulaufen und festzuhalten, wie Sie dabei vorgegangen sind, ohne eine genaue Karte zu erstellen.

Wenn die Stunde vorbei ist, ordnen Sie Ihre Notizen und teilen Sie Ihr Dérive mit jemandem.

Wir gewöhnen uns schnell an eine Umgebung und treffen dann ständig Annahmen über ihre Beschaffenheit. Diese Übung hilft Ihnen, aus dem Schema, wie Sie normalerweise Informationen aufnehmen, auszubrechen und Ihren Sinnen neue Regeln zu geben. Sie lernen, völlig neue Beobachtungen anzustellen.

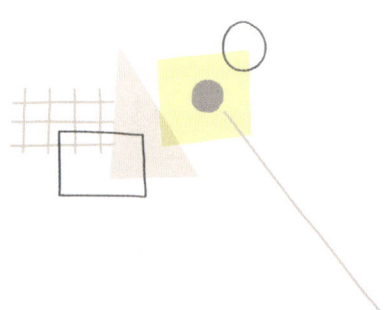

Diese Methode ist gewöhnlich die beliebteste unter meinen Studierenden. Jeder und jede Einzelne kommt verändert zurück – ohne Ausnahme. Ich denke das liegt daran, dass den Leuten nicht bewusst ist, dass sie ihre Umgebung auf diese Weise betrachten können. Eine Person folgte zum Beispiel dem Aspekt „Beschleunigung". Eine andere achtete auf Dinge, die gelb waren. Die „Riechenden" kommen in der Regel mit einem völlig neuen Verständnis dessen zurück, was um sie herum geschieht.

Wenn Sie Ihre Umgebung als Datensatz betrachten, betrachten Sie diesen immer auf die gleiche Weise. Wenn Sie jedoch ein Dérive unternehmen, erkennen Sie, dass Sie Ihre Daten bislang nur auf eine Weise betrachtet haben, dass Sie nun jedoch einen ganz anderen Pfad in diesen Daten wahrnehmen können.

Ich nutze diese Methode gern, wenn Menschen blockiert sind, nicht weiterkommen oder nicht wissen, wo sie anfangen sollen. Manchmal sind wir bei unserer Arbeit mit so vielen Daten konfrontiert, dass wir nicht wissen, welchen Teil davon wir betrachten sollen. In solchen Situationen ist Dérive eine hervorragende Methode.

– *Carissa Carter*

4 Handeln mit Bedacht

Eine Idee von Leticia Britos Cavagnaro, Maureen Carroll, Frederik G. Pferdt und Erica Estrada-Liou

Es ist eine große Ehre, wenn andere Menschen uns Einblick in ihr Innenleben gewähren.

Wenn Sie für andere designen möchten, müssen Sie deren wahre Gefühle und Ansichten kennen. Das erreichen Sie im Wesentlichen dadurch, dass Sie in direkten Kontakt mit den Menschen treten, denen Ihre Arbeit dient oder die von Ihrer Arbeit betroffen sein werden. Wenn Sie die Fähigkeiten entwickeln, die Sie brauchen, um bedeutsame Beziehungen aufzubauen, erzählen Ihnen die Menschen ihre persönliche Geschichte und Sie erfahren, was sie antreibt, welche Bedürfnisse und Schwierigkeiten, welche Träume und Ängste sie haben. Unter der Oberfläche stoßen Sie dabei auf wertvolle Erkenntnisse, die Ihnen helfen sich vorzustellen, was besser sein könnte und wie Sie es besser machen können.

Während Sie dabei Ihre eigene Herangehensweise entwickeln und verfeinern, werden Sie feststellen, dass Sie eine gewisse Macht haben, wenn Sie diese Methode einsetzen. Im Idealfall bauen Sie eine echte Verbindung zu Ihrem Gegenüber auf – auch wenn diese nur vorübergehend ist. Dann werden Sie Dinge hören wie „So habe ich bislang noch nie von mir erzählt. Danke, dass Sie so eine gute Zuhörerin sind" oder „Ich erzähle Ihnen gerade Dinge, die ich nicht mal meinen engsten Freuden erzähle".

Sie sollten jedoch unbedingt vermeiden, dass Ihr Gegenüber aus dem Gespräch mit dem Gefühl herausgeht, Sie hätten ihm seine Geschichten und Ideen ausgesaugt. Die Zeit und persönlichen Geschichten anderer nur zum eigenen Vorteil zu nutzen ist keine ethisch verantwortliche Art, die eigenen Designkompetenzen zu erweitern.

Diese Übung ist eine Möglichkeit, wie Sie sich auf Gespräche mit anderen vorbereiten können. Sie hilft Ihnen, sich in Ihr Gegenüber hineinzuversetzen, bevor Sie es persönlich treffen. Hier geht es nicht um die Art und Weise der Interviewführung, sondern darum, sich bewusst zu machen, wie Ihr Gegenüber das Treffen mit Ihnen erleben wird. Sie lernen, demütig und umsichtig zu sein, wenn andere Menschen Ihnen ihre Geschichte erzählen – etwa im Gesundheitswesen oder in bestimmten rechtlichen Bereichen.

Durch diese Vorbereitung machen Sie sich dieses Mindset immer wieder bewusst, während Sie im Rahmen Ihrer Designarbeit mit anderen interagieren. Alles, was Sie brauchen, ist ihr Smartphone und mindestens eine andere Person.

So geht's

Generell ist es immer besser, Interviews zu zweit zu führen. Dann können Sie die gewonnen Erkenntnisse aus mehreren Perspektiven betrachten. In dieser Übung verbinden Sie sich im wahrsten Sinne des Wortes mit einem Partner, während Sie den Start Ihres Designprojekts vorbereiten. Sie können sie auch mit einer größeren Gruppe durchführen, zum Beispiel 3 oder 50 Personen.

Entscheiden Sie gemeinsam, wie lange die Übung dauern soll. Wir empfehlen mindestens 5 Minuten. Stoppen Sie die Zeit.

Nun entsperren beide Partner ihr Smartphone und überreichen es ihrem Gegenüber. Wenn Sie die Übung mit mehr als zwei Personen durchführen, bilden Sie einen Kreis und weisen Sie die Teilnehmenden an, ihr

Smartphone jeweils an die Person rechts neben ihnen weiterzureichen (tun *Sie* das auch!).

Jetzt können Sie mit dem Smartphone tun, was Sie möchten. Menschen reagieren hier unterschiedlich: Einige werden das Telefon eine Armlänge von sich entfernt halten, als wäre es zerbrechlich – oder radioaktiv. Andere fangen gleich an zu swipen. Hören Sie erst auf, wenn die Zeit abgelaufen ist. Das kann sich lang und unangenehm anfühlen. Halten Sie das aus.

Sobald der Timer ertönt, tauschen Sie sich mit Ihrem Partner oder innerhalb der Gruppe über folgende Fragen aus:

Wie hat es sich angefühlt, dass eine andere Person Zugriff auf Ihre persönlichen Daten hat?
Wie haben Sie sich in der Rolle des „Erkunders" gefühlt?
Welche unbewussten Prinzipien haben Sie dabei geleitet, wenn überhaupt?

Hier gibt es kein Richtig oder Falsch. Ziel ist es, sich Ihre Gefühle und Erkenntnisse über den Wert der eigenen persönlichen Daten und Geschichten bewusst zu machen und aus diesen abzuleiten, wie Sie sich in Zukunft verhalten wollen, wenn Sie das Privatleben anderer erforschen.

Wenn Sie allein arbeiten, können Sie diese Übung gut mit einer Freundin, einem Freund oder jemandem aus Ihrer Familie durchführen. Tauschen Sie Ihre Telefone aus und beobachten Sie, wie Sie beide sich verhalten und was Sie dabei empfinden. Stellen Sie auch hier einen Timer.

Diese Übung wurde mit dem Ziel entwickelt, Studierenden ihre Verantwortung beim Durchführen von Befragungen im Zuge von Designprojekten bewusst zu machen. Sie liefert Ihnen zwar keine moralische Checkliste, vermittelt Ihnen aber doch ein instinktives Gefühl von der Macht, die Sie als Interviewer haben, und sie zeigt Ihnen, wie es sich anfühlt, sich dem prüfenden Blick anderer auszusetzen.

5 Eintauchen und Einblicke gewinnen

Eine Idee von Lena Selzer, Michael Brennan und dem Civilla Team, kommentiert von Adam Selzer

Eine persönliche Beziehung zu einem komplexen System aufzubauen ist äußert schwierig. Und dennoch ist dies wichtig für Menschen, die Systeme unseres täglichen Lebens wie das Gesundheitswesen, die Verwaltung oder das Bildungssystem durch kreative Ansätze verbessern oder überarbeiten wollen. Das Entwickeln von Systemen ist ein solch abstraktes Unterfangen, dass es erforderlich ist, ein tieferes Verständnis dieses Systems zu entwickeln. Wir müssen uns bemühen, eine emotionale und intuitive Beziehung zu ihm aufzubauen. Denn je mehr Kontext wir haben und je mehr Empathie wir empfinden, desto bessere Fragen stellen wir, desto demütiger sind wir und desto bessere Entscheidungen treffen wir im Designprozess.

In dieser Übung lernen Sie, ein System mithilfe Ihrer Sinne und Emotionen, aber auch Ihres Verstands zu durchdringen. Sie basiert auf dem Konzept der Immersion, das heißt, Sie folgen exakt den Schritten, die jemand ausführen würde, der mit dem System interagiert. Klingt unangenehm? Das ist schon mal gut. Denn je nach System tun sich auch andere Menschen, die diese Schritte durchlaufen müssen, schwer damit. Darum geht es hier aber gerade: die Emotionen der Nutzerinnen und Nutzer nachzuempfinden, auch wenn Sie diese selbst nur in Ansätzen verspüren werden.

Viele unserer heutigen Institutionen und Organisationen werden immer größer und größer und Entscheidungen darüber, wie sie funktionieren, werden immer weiter entfernt von den Orten getroffen, an denen Menschen die Services nutzen. Sicher haben Sie das selbst schon einmal erlebt. Zum Beispiel in Form eines unbeabsichtigt chaotischen oder verwirrenden Designs, das entsteht, wenn niemand den Prozess von Anfang bis Ende durchdacht hat und sich mit der Zeit verschiedene Ebenen überlagern und gegenseitig behindern.

In anderen Fällen können schlechte Designentscheidungen sogar Schaden anrichten, etwa wenn Menschen ewig in einer Warteschlange oder -schleife verharren müssen, immer wieder beweisen müssen, dass sie Anspruch auf eine bestimmte Leistung haben, oder wenn Institutionen versuchen, eine bestimmte Leistungserbringung zu vermeiden. Denken Sie nur an Zahlungen privater Krankenversicherungen in den USA oder an US-Bundesstaaten, in denen Regelungen zur Vorlage eines Identitätsnachweises Studierenden, die in einem anderen Bundesstaat wohnen, die Teilnahme an Wahlen erschweren.

Ein anschauliches Beispiel für Systeme, die es sich lohnen würde zu überarbeiten, sind die unglaublich komplexen Sozialsysteme vieler Länder. In dieser Übung geht es darum, in solch ein Sozialsystem einzutauchen. Sie können die Übung aber an viele andere Kontexte anpassen, für die Sie designen oder die Sie besser verstehen möchten, etwa das Gesundheits- oder Bildungssystem.

Unabhängig davon, in welchem Bereich Sie Ihre kreativen Kompetenzen anwenden, führt Ihnen diese Übung vor Augen, wie sehr Immersion dabei helfen kann, tiefere Einblicke zu gewinnen. Diese Art von Tool wird Ihnen vor allem auch bei den anspruchsvolleren Übungen im hinteren Teil des Buches helfen.

So geht's

Ihre Aufgabe ist es, online eine bestimmte staatliche Leistung zu beantragen, auch wenn Sie das Formular am Ende nicht abschicken werden. In vielen US-Bundestaaten können sich Bürgerinnen und Bürger mittlerweile online für bestimmte Sozialleistungen (z. B. Lebensmittelkarten) anmelden. Das Verfahren ist jedoch alles andere als einfach. Setzen Sie sich für die Beantragung eine feste zeitliche Obergrenze von 25 Minuten.

Unabhängig davon, wie gut Sie technisch ausgestattet sind, sollten Sie für diese Übung so tun, als hätten Sie keinen Computer zu Hause. Nutzen Sie stattdessen einen Rechner in der Bibliothek oder Ihr Smartphone. Das verkompliziert die Sache und vermittelt Ihnen ein besseres Gefühl davon, wie es für Menschen ist, die keinen eigenen Computer haben. Lesen Sie sich alles sorgfältig durch und versuchen Sie, keine Fehler zu machen.

Wichtig: Schicken Sie den Antrag nicht ab. Rufen Sie bei Fragen auch nicht bei der Hotline an. Schließlich wollen Sie die Leitung nicht für jemanden blockieren, der wirklich Hilfe braucht. Kurzum: Versuchen Sie, so viel wie möglich über das System in Erfahrung zu bringen, ohne das System zusätzlich zu belasten.

Das war's auch schon.

Sobald die Zeit abgelaufen ist, reflektieren Sie über das, was Sie herausgefunden haben. Diese Übung ist nicht einfach. Sie werden sie sehr wahrscheinlich nicht in der vorgesehenen Zeit bewältigen.

Ihre Aufgabe ist es nun, die Stellen zu identifizieren, an denen Sie überrascht waren oder an denen sich Chancen bieten. Machen Sie sich bewusst, wie Sie sich

während des Prozesses gefühlt haben. Wo gibt es Abweichungen zwischen der optimalen Funktionsweise des Systems und dem tatsächlichen Erlebnis? Haben Sie bis zum Ende durchgehalten? Welche Fragen haben sich ergeben? Welche zusätzlichen Hürden bestehen für Menschen, die keinen Computerzugang haben?

Diese Übung hat den größten Effekt, wenn Ihre eigene finanzielle Lage gut ist und Sie keine Sozialleistungen in Anspruch nehmen müssen oder wenn Sie das System, das Sie verstehen wollen, nicht kennen. Mit der Durchführung dieser Übung stellen Sie eine persönliche Verbindung zu dem Thema her, mit dem Sie sich in Kürze beschäftigen werden.

Wir haben diese Übung für neue Teammitglieder oder hohe Regierungsverantwortliche konzipiert, die mit uns an diesem Thema arbeiten. Die Übung führt uns unweigerlich vor Augen, dass das System für die meisten Menschen, die es nutzen (müssen), nicht so konzipiert ist, dass sie damit zurechtkommen. Die Übung bietet viele kleine Gelegenheiten, wertvolle Einblicke zu gewinnen: Der Antragsteller muss zum Beispiel wissen, wonach er suchen soll, um den Online-Antrag überhaupt zu finden. Häufig gestaltet sich die Kontoeinrichtung schwierig oder der Nutzer stellt fest, dass sich das Formular auf dem Handy nur schwer ausfüllen lässt. Viele Websites im öffentlichen Sozial- und Gesundheitswesen sind nicht für Mobilgeräte optimiert, sodass es viel schwieriger ist, sich durch den Antrag zu klicken, und öfter Fehler gemacht werden. Manche Menschen reagieren emotional auf die Frage, ob sie obdachlos sind; für viele andere ist das eine Routinefrage. Intellektuell kann man das begreifen, doch emotional erfahren und verinnerlichen kann man es erst, wenn man selbst eintaucht.

Als wir mit unserer Arbeit begonnen haben, dauerte es ziemlich lange, Sozialleistungen im US-Bundestaat Michigan zu beantragen, in der Regel mehr als 45 Minuten. Die Antragsteller mussten dieselben Informationen mehrmals eingeben, darunter zu so intimen Fragen wie „Wann war der Zeitpunkt der Empfängnis Ihres 1. Kindes?". Antragsteller hatten häufig den Eindruck, der Antrag sei bewusst so konzipiert, dass man ihn gar nicht korrekt ausfüllen kann. Selbst Anwälte sagten: „Ich kann zwar lesen, was da steht, aber ich verstehe es nicht." Eine Leseschwäche oder Sehbeeinträchtigung verkompliziert die Sache zusätzlich. Allein indem Sie den Prozess selbst durchlaufen, offenbaren sich schon so viele Hürden.

Den meisten Menschen, die diese Übung durchführen, gelingt es nicht, den Antrag vollständig auszufüllen. Sie schaffen es nicht, alle Kästchen abzuhaken. Das macht demütig. Und genau darum geht es unter anderem.

Natürlich durchdringen wir ein System nicht in seiner Gänze, nur weil wir uns ein paar Stunden oberflächlich damit beschäftigt haben. Wir haben nun vielleicht mehr Motivation und verfügen über tiefere Einblicke, aber wir verstehen die Komplexität des Systems noch nicht vollständig. Die Übung erinnert uns immer wieder daran, dass dieses Erlebnis für die meisten Menschen, die das System nutzen, nicht in erster Linie eine Lernerfahrung ist. Sie können es nicht einfach ausschalten, wenn sie genug haben.

– Lena Selzer und Adam Selzer

6 Shadowing

Eine Idee von Ariel Raz, Devon Young, Jennifer Walcott Goldstein, Peter Worth und Susie Wise

Nichts erstickt vielversprechende Ideen so schnell im Keim wie die folgenden beiden Sätze: „Das würde hier nicht funktionieren" und „Das haben wir schon versucht, es hat nicht funktioniert". Geäußert werden sie häufig von alteingesessenen Vertretern einer Organisation oder eines Systems – Menschen, die seit Jahren versuchen, die Dinge zu verbessern oder Angst vor Veränderung haben. Reaktionen wie diese erinnern uns daran, wie schwierig es ist, einer Herausforderung kreativ zu begegnen, ohne dabei von überholten Ideen über das, was möglich und nicht möglich ist, behindert zu werden. In solchen Situationen werden wir von der d.school häufig um Hilfe gebeten.

Wenn Sie einem alten Problem mit frischem Denken begegnen wollen, müssen Sie in der Lage sein, sich vor solchen fatalen Sätzen zu schützen. Eine Möglichkeit, dies zu tun, ist, ein paar „neue Augen" aufzusetzen. Nur zu gerne würden wir Sie zum Augenarzt schicken, damit Sie sich ein Rezept dafür holen können. Doch solange es noch kein Rezept für neue Augen gibt, sollten Sie die Methode des Shadowing ausprobieren.

Shadowing hilft Ihnen, eine Situation und die Verhaltensweisen darin zu beobachten, ohne sich dabei von vorgefertigten Annahmen behindern zu lassen. Für eine bestimmte Zeit nehmen Sie bewusst eine naive Sichtweise ein, um einen anderen Blick auf die Dinge zu werfen und mögliche Verbesserungen zu identifizieren.

Diese Übung ist ein Crashkurs in Einfühlungsvermögen und Verständnis. Wir setzen sie häufig ein, um Schulleitungen oder Lehrkräften zu helfen, Schule durch die Augen der Lernenden zu betrachten. Sie können die Methode jedoch auf jegliche Organisation und Situation anwenden.

Die Übung eignet sich besonders, wenn Sie die Möglichkeit zur Veränderung schon so gut wie aufgegeben haben oder feststecken. Der Trick besteht darin, jemanden zu „beschatten", der kein typischer Experte

ist, und sich dadurch inspirieren zu lassen. Das kann der Hausmeister Ihres Bürogebäudes sein, der die versteckten Rhythmen und Bedürfnisse der dort Arbeitenden besser kennt als jeder andere. Oder eine Person, die neu in Ihr Team gekommen ist und eine ganz frische Sicht auf Ihre Kultur hat. Auch Eltern können das mit ihren Kindern machen oder umgekehrt. Am meisten lernen Sie, wenn Sie jemanden auswählen, der andere Erfahrungen macht als Sie. Als Mathematiklehrerin können Sie zum Beispiel einen Schüler auswählen, der sich mit Algebra schwertut. Als introvertierter Mensch könnte Ihre Wahl auf eine offene, extrovertierte Person fallen. Und als weiße Frau könnte eine männliche Person of Color interessant sein, die mit ganz anderen Herausforderungen konfrontiert ist als Sie. Wählen Sie also aus, wen Sie beschatten möchten, und folgenden Sie dann den unten aufgeführten Schritten.

So geht's

Grundsätzlich ist Shadowing recht einfach: Sie suchen sich eine Person, deren Erfahrungen Sie verstehen wollen, folgen ihr einen Tag lang und machen, was *sie* macht. Notieren Sie sich im Vorfeld, welche Ziele Sie dadurch erreichen möchten, und hinterfragen Sie Ihre Annahmen:

Welche Erkenntnisse erhoffe ich mir durch das Beschatten der Person?
Was möchte ich über den breiteren Kontext und das System erfahren?
Welche Erkenntnisse über mich selbst erhoffe ich mir?

Vorbereitung ist das A und O. Denn jemanden einen Tag lang zu beschatten erfordert eine differenzierte Herangehensweise: Überlegen Sie, was Sie anziehen wollen, und welche Hilfsmittel Sie ggf. benötigen. Sammeln Sie Ideen, wie Sie mit der Person ins Gespräch kommen können. Wenn Shadowing eine neue Praxis in Ihrem Unternehmen oder Ihrer Organisation darstellt, sollten Sie der Person im Vorfeld Ihre Ziele erläutern und ihre Erlaubnis zum Beschatten einholen.

Beschatten Sie die Person einen ganzen Tag lang und notieren Sie währenddessen Ihre Beobachtungen. Wichtig dabei: Es geht nicht allein darum, zu beobachten, sondern wirklich in die Erfahrungen der oder des Beschatteten einzutauchen. Arbeiten und essen Sie gemeinsam mit der Person und weichen Sie ihr nicht von der Seite. Wenn Lehrer in die Schuhe ihrer Schüler schlüpfen, verbringen sie den ganzen Tag mit ihnen: vom morgendlichen Warten an der Bushaltestelle bis lange nach dem Läuten der letzten Stunde.

Reflektieren Sie am Ende des Tages Ihre Beobachtungen, hinterfragen Sie diese und identifizieren Sie Chancen für positive Veränderungen und Handlungsansätze. Das hilft Ihnen zu verstehen, was Sie gesehen, gehört und gefühlt haben. Fragen Sie sich:

Welches Erlebnis des Tages ist mir am deutlichsten in Erinnerung geblieben? Warum?
Was hat mich überrascht? Was hat mich gefreut?
Wie unterscheidet sich das Erlebte von meinen Erwartungen?
Welche meiner Entdeckungen stehen in Verbindung mit meinen Designzielen?
Welche Erkenntnisse sind für mich völlig unerwartet?

Jetzt heißt es handeln. Überlegen Sie, wie Sie Ihre Erkenntnisse bestmöglich nutzen können. Gibt es eine Geschichte, die andere hören müssen? Oder Schlussfolgerungen, die Sie teilen möchten? Entwickeln Sie ein kleines Experiment zur Umsetzung der Veränderungen. Folgende Impulse können Ihnen dabei helfen:

Was hat sich als drängendstes Bedürfnis herauskristallisiert, das angegangen werden sollte?
Was könnten Sie nächste Woche tun, um Ihre gewonnenen Erkenntnisse zu vertiefen?
Wo sind Sie motiviert zu handeln? Was macht Sie nervös?

Shadowing bietet sich in vielen Kontexten an. Wir selbst haben die Methode häufig gemeinsam mit Lehrkräften eingesetzt. Im schulischen Kontext ermöglicht Shadowing ein positives disruptives Erlebnis. Lehrkräfte suchen häufig nach dem Sinn, und das Identifizieren von tieferen Ursachen kann zu wertvollen Einblicken und einer veränderten Beziehung zu dem führen, was sie täglich tun und sehen. Letztlich kann es zu Veränderungen in ihrem Verhalten oder sogar in der Funktionsweise der gesamten Schule führen.

Beim Shadowing ergeben sich kleinere Beobachtungen, etwa wie körperlich anstrengend es für Kinder ist, den ganzen Tag zu sitzen, oder dass sie nicht genügend Zeit zum Entspannen und Essen haben. Aber auch größere Beobachtungen, beispielsweise wie Schülerinnen und Schüler die Kultur ihrer Schule erleben.

Eine Lehrerin, die einen Schüler beschattete, stellte fest, dass die Schülerinnen und Schüler an ihrer Middle School nicht mit Erwachsenen kommunizierten, außer wenn sie dazu aufgefordert wurden. In der Schule war die Anwesenheit der Schülerinnen und Schüler an keinem Ort öffentlich sichtbar. Daraufhin wollte Sie umgehend Schülerarbeiten im Schulgebäude ausstellen, um den Kindern und Jugendlichen zu zeigen, dass die Schule sie und ihre Arbeit wertschätzt. Als kleines Experiment versuchte sie das mit ihrer eigenen Klasse und präsentierte zahlreiche Schülerarbeiten im Gang vor ihrem Klassenzimmer.

Das löste eine Kettenreaktion aus. Die Kolleginnen und Kollegen sahen die ausgestallten Arbeiten und wollten wissen, warum sie sich zu diesem Schritt entschieden hatte. Auch die Schulleitung war begeistert. Und die Schülerinnen und Schüler machten die Erfahrung, dass ihre Arbeit gezeigt wurde, und waren stolz darauf. Andere Lehrkräfte übernahmen die Idee. Es war eine kleine, einfache Veränderung, die jedoch zu umfangreicheren und systematischeren Ansätzen führte, die Arbeit der Schüler wertzuschätzen.

Sie können die Methode des Shadowing auf jegliche Organisation und Situation anwenden. Manchmal reicht es schon, öffentlich Empathie zu zeigen, um eine Kulturveränderung anzustoßen.

– Ariel Raz und Devon Youngto

7 Grundprinzipien

Eine Idee von Aleta Hayes

In jeder kreativen Disziplin gibt es letztlich nur eine Handvoll wichtiger Konzepte. Sie äußern sich je nach Kontext unterschiedlich, sind aber immer da. Wenn Sie auf diese Prinzipien achten, können Sie auf jegliche Situation reagieren. Als Tänzerin und Choreografin nutzt Aleta Hayes ihr Wissen über die Grundlagen der Bewegung, um ihren Studierenden – von denen viele noch nie einen offiziellen Tanzkurs besucht haben – dabei zu helfen, ihre Emotionen unabhängig von ihren Vorerfahrungen im Tanzen auszudrücken.

Welche Prinzipien zeigen sich in der Art und Weise, wie Sie sich ausdrücken? Denken Sie an Projekte oder Arbeiten, auf die Sie besonders stolz sind.

Welche grundlegenden Prinzipien oder Kompetenzen zeigen sich in diesen Projekten?
Wie können Sie diese auf andere Gebiete und Kontexte übertragen?

Ich liebe Grundprinzipien.

Das mag ich am klassischen Balletttanz. Wie man die Arme hebt, wie man sein Gewicht verlagert. Das ist sehr kodifiziert. Mir bereitet es Freude, diesen Code in anderen Kontexten zu untersuchen und herauszuarbeiten. Denken Sie nur an die vielen afrikanischen Tänze: Es gibt so viele Möglichkeiten, den Boden unter seinen Füßen zu spüren – und wenn ich erst einmal den Boden erfasst habe, kann ich den Raum um mich herum nutzen.

Als kleines Kind träumte ich davon, alle Sprachen dieser Welt zu sprechen. Das kann ich nun; der Tanz hat mir das gezeigt. Denn die Art und Weise, wie Menschen den sie umgebenden Raum und die Schwerkraft nutzen und wie sie miteinander in Beziehung treten, heißt, diese Sprache zu sprechen.

– Aleta Hayes

8 Das Sehen üben

Eine Idee von Rachelle Doorley und Scott Doorley, inspiriert von Abigail Housen und Philip Yenawine

In Ihrer Umgebung gibt es etwas, das sich direkt vor Ihren Augen verbirgt.

In genau diesem Moment verarbeiten Sie eine unglaubliche Menge an Informationen: das Summen der Fliege an Ihrem Fenster; die Art und Weise, wie die Schatten durchs Zimmer wandern; die Tatsache, dass Sie – ja, zum Glück! – den Herd gestern Abend nach dem Kochen ausgeschaltet haben. Doch wie viele dieser Informationen nehmen Sie bewusst wahr? Nur einen Bruchteil. Ihr Gehirn schützt Sie kontinuierlich vor der totalen Informationsüberflutung, indem es das Wahrgenommene filtert.

Diesen Filter zu kontrollieren, um das zu erkennen, was sich direkt vor Ihnen befindet, hilft Ihnen zu sehen, was andere übersehen. Mit beeindruckenden Folgen: In Studien haben die Dozenten Abigail Housen und Philip Yenawine, auf deren Inspiration diese Übung zurückgeht, herausgefunden, dass Menschen durch die Kontrolle dieses Filters ihre Kreativität und ihr kritisches Denken steigern können – mit positiven Auswirkungen auf viele Bereiche ihres Lebens und Arbeitens.

Diese Übung hilft Ihnen, die Verbindung zwischen Ihren Augen und Ihrem Gehirn zu verlangsamen, sodass Sie Wissen zutage fördern können, von dem Sie gar nicht wussten, dass sie es besitzen. In diesem riesigen Bereich des unbewussten Beobachtens verbergen sich zahlreiche Chancen für Design und kreatives Arbeiten.

Manchmal erkennen Sie dann im wörtlichen oder übertragenen Sinne das „Klebeband", mit dem jemand versucht hat, ein Problem vorübergehend zu beheben, das aber eigentlich eine ausgefeiltere Lösung benötigt. Und Sie erkennen vielleicht das, was man in der Architektur einen „Trampelpfad" nennt – einen Weg, den Menschen nehmen, weil er einfacher oder intuitiver ist als der offiziell ausgewiesene. Wenn Sie diese Methode irgendwann richtig gut beherrschen, werden Sie die Auslassungen erkennen und sehen, was fehlt.

So geht's

Wählen Sie ein Foto aus – am besten ein dokumentarisches Foto, das eine alltägliche Situation zeigt. Pressefotos sind häufig zu dramatisch, gehen im Notfall aber auch. Ideal sind Straßenszenen mit vielen Details und Menschen, in denen nicht ganz klar ist, was passiert. Zum Einstieg können Sie das hier abgebildete Foto verwenden.

Stellen Sie sich nun folgende Fragen:

Was passiert in diesem Bild?
Was veranlasst Sie zu dieser Vermutung?
Was sehen Sie noch?
Was veranlasst Sie zu dieser Vermutung?

Wiederholen Sie das mehrmals.

Sie können zum Beispiel ein Tage- oder Notizbuch führen und die Übung jeden Tag machen. Wenn Sie die Übung die ersten Male durchführen, versuchen Sie, sich einige Seiten Notizen zu machen. Je häufiger Sie die Übung absolvieren, desto mehr wird Ihnen auffallen und desto mehr werden Sie zu notieren haben.

Diese Übung hilft Ihnen zu erkennen, aus wie vielen Einzelheiten unser Alltag besteht. Hintergrunddetails machen die Welt lebendig und echt – eine Eigenschaft, die Ihre gesamte kreative Arbeit durchdringen sollte. Details zu erkennen ist der erste Schritt dahin, sie in Ihre Arbeit einfließen zu lassen.

Normalerweise betrachten wir ein Bild weniger als 15 Sekunden. Wenn ich diese Übung durchführe, muss ich den Teilnehmenden das Foto nach 15 Minuten regelrecht aus der Hand reißen. Wenn ich danach nach Hause laufe, sehe ich plötzlich alles ganz anders: einen Fleck auf einem Rucksack, weiße Schuhe. Ich beginne, all die Details zu sehen, und das ist für Designerinnen und Designer extrem wichtig.

– Scott Doorley

Redner und Zuhörer

Eine Idee von Leticia Britos Cavagnaro und Melissa Pelochino, inspiriert von Maren Aukerman und Mano Singham

Jede Gruppe unterscheidet sich auf natürliche Weise darin, wie Menschen Informationen verarbeiten und ihre Gedanken äußern. Manche sprechen laut, um ihre Gedanken zu ordnen und zu verstehen, andere lehnen sich zurück, beobachten und denken nach. Dieses Verhalten ist nicht festgelegt, sondern situationsabhängig. Das heißt: Der Kontext bestimmt, wie lautstark eine Person ihre Ideen äußert.

Manchmal spielen Machtverhältnisse eine Rolle: Eine Chefin hat in der Regel einen größeren Redeanteil als ihre Mitarbeiterinnen und Mitarbeiter und die Meinung eines Arztes wird normalerweise höher geschätzt als die einer Krankenschwester. (In einer anderen Gruppe kann diese Krankenschwester dagegen die

extrovertierteste Person von allen sein.) Auch die Sozialisierung kann eine Rolle spielen, etwa wenn Männer mehr reden als Frauen oder non-binäre Menschen oder Personen in einer Fremdsprache an der Diskussion teilnehmen. All diese Dynamiken verhindern, dass die Gruppe von den Ideen und Beiträgen unterschiedlicher Denkerinnen und Praktiker profitiert.

Sie müssen jedoch nicht akzeptieren, dass diese Regeln die Arbeit Ihrer Gruppe bestimmen – ob das nun Ihr Literaturkreis oder Ihr Team im Büro ist. Sie können Ihre eigenen Regeln definieren. Alles, was Sie brauchen, ist eine Methode, sich diese Herausforderung bewusst zu machen, ohne Schuld zuzuweisen oder andere zum Schweigen zu bringen.

In dieser Übung geht es darum, die unausgesprochenen Annahmen zwischen Menschen, die mehr reden, und solchen, die weniger reden – aus welchen Gründen auch immer – ans Licht zu bringen. Die Übung unterstellt allen Teilnehmenden gute Absichten und hilft uns, uns selbst und andere wahrzunehmen. Diese Fähigkeit brauchen wir, um unseren Blick nach innen und nach außen zu richten und dadurch wertvolle Erkenntnisse zutage zu fördern oder Vertrauen in der kreativen Zusammenarbeit aufzubauen.

Sie können diese Übung mit 5 bis 50 Personen durchführen. Am Ende werden die Teilnehmenden in der Lage sein, besser nachzuempfinden und zu verstehen, auf welche Weise die anderen am besten zur Diskussion beitragen können. Das wiederum fördert die Zusammenarbeit.

So geht's

Zu Beginn entscheiden die Teilnehmenden, ob sie Redner oder Zuhörer sind. Diese Rolle behalten sie während der gesamten Übung bei. Da Ihr Verhalten von der Situation abhängig ist, sollten Sie die Rolle wählen, die Ihnen in diesem Moment am passendsten erscheint.

Alle Redner und alle Zuhörer versammeln sich jeweils in einer Ecke des Raumes.

Tauschen Sie sich nun etwa 15 Minuten darüber aus, wie die einzelnen Mitglieder *Ihrer* Gruppe an Diskussionen teilnehmen und sammeln Sie Gemeinsamkeiten und Unterschiede. Diskutieren Sie dann, wie die Mitglieder der *anderen* Gruppe Ihren Beobachtungen zufolge an Diskussionen teilnehmen und sammeln Sie auch hier Gemeinsamkeiten und Unterschiede. Sie sollten mindestens drei Unterschiede in Ihrer eigenen Gruppe feststellen. Formulieren Sie mindestens drei Fragen, die Sie der anderen Gruppe stellen möchten.

Nun kommen die Gruppen wieder zusammen und stellen sich in zwei Reihen einander gegenüber auf, sodass immer ein Redner einem Zuhörer gegenübersteht. Das mag sich etwas komisch anfühlen, soll Sie aber daran erinnern, dass Sie trotz der Unterschiede

zwischen den Gruppen versuchen wollen, auf neue Art und Weise zusammenzufinden.

Nun stellt Gruppe A Gruppe B ihre Fragen und umgekehrt.

Wenn Sie erst einmal über diese grundlegenden Verhaltensweisen sprechen und nachdenken, kann die Diskussion schnell mal eine Stunde dauern. Häufig muss der Austausch irgendwann aus Zeitgründen abgebrochen werden.

Diese Übung ist deshalb so wertvoll, weil sie uns unsere Annahmen darüber bewusst macht, was andere zu etwas motiviert. Sie hilft uns zu verstehen, wie Menschen auf einer Ebene miteinander interagieren, von der wir zwar wissen, dass sie existiert, die wir aber normalerweise nicht thematisieren. Dieses Verständnis wirkt sich enorm positiv auf die Leistung der Gruppe aus.

Eine typische Frage, die die Zuhörer den Rednern stellen ist: „Warum habt ihr das Gefühl, immer gleich drauflosreden zu müssen und den anderen keinen Raum zu lassen?" Worauf ein Redner antworten könnte: „Nun, ich kann nicht für die anderen sprechen, aber bei mir ist es so, dass ich denke, wenn ich erst einmal etwas sage, bricht das das Eis und ermutigt andere, sich zu beteiligen."

Man kann die unausgesprochenen Annahmen förmlich in der Luft zwischen den beiden Gruppen sehen. Und dann, puff, lösen sie sich auf. So können Sie viele Gräben in der Zusammenarbeit überwinden, die auf gegenseitigem Nicht-Verstehen basieren.

Wenn Sie eine Gruppe leiten, einen Kurs unterrichten oder einen Haushalt führen, versuchen Sie in der Regel, eine Umgebung zu schaffen, in der jeder sein Bestes geben kann. Doch die Verantwortung liegt nicht allein bei Ihnen. Diese Übung zeigt allen Beteiligten, dass jeder Einzelne Verantwortung übernehmen kann. Um teilnehmen und beitragen zu können, muss jeder von uns einfach wissen, wie er oder sie sich am besten beteiligen kann.

– Leticia Britos Cavagnaro

10 Unterhaltung ohne Worte

Eine Idee von Glenn Fajardo

Neuste Studien zeigen: Beziehungen zu Menschen aus anderen Kulturen können unsere Kreativität und Innovationskraft steigern. (Das gilt für berufliche, freundschaftliche und Paarbeziehungen.) Allerdings mit einer Einschränkung: Die Beziehung darf nicht oberflächlich sein. In kulturell heterogenen Beziehungen besteht ein Zusammenhang zwischen der Tiefe der Beziehung und der Kreativität der Partner.

Einige von uns haben den Vorteil, eng mit Kolleginnen und Kollegen aus anderen Kulturen zusammenzuarbeiten oder in einer multikulturellen Stadt zu leben. Zudem wird es immer einfacher, berufliche und private Beziehungen online oder in verteilten Teams zu knüpfen, was die Welt für viele von uns erweitert.

Damit Teams erfolgreich arbeiten können, müssen einige Grundbedürfnisse der Mitglieder erfüllt sein: Jeder Einzelne muss sich respektiert, verstanden und wertgeschätzt fühlen. In interkulturellen Teams kommen weitere Bedürfnisse hinzu: Wir wollen sicher sein, dass die anderen geduldig mit uns sind und uns am Ende verstehen. Wir müssen wissen, dass wir nicht für dumm gehalten werden, nur weil wir die Sprache der Gruppe nicht so gut sprechen wie die anderen, und dass sich die anderen trotz sprachlicher und kultureller Unterschiede bemühen, unsere Stärken und Schwächen, unsere Vorlieben und Abneigungen kennenzulernen. Und wir möchten, dass wir gegenseitig Verantwortung übernehmen und aufeinander eingehen.

Das ist keine Selbstverständlichkeit. Deshalb hilft Ihnen diese Übung, Beziehungen über Grenzen hinweg aufzubauen und zu vertiefen, besonders zwischen Menschen, die nicht die gleiche Muttersprache haben.

Sie können die Übung einsetzen, um internationale Beziehungen zu knüpfen oder zu stärken und dadurch eine tiefere Verbindung aufzubauen und die Kreativität zu fördern. Dazu brauchen Sie ein Gegenüber, das einen anderen kulturellen Hintergrund hat als Sie, wie auch immer Sie diesen Unterschied definieren. Sollte Ihnen die Übung gefallen, können Sie sie sicherlich auch mit Menschen durchführen, die Sie kennen und die Ihnen kulturell näher sind.

So geht's

Beide Partner brauchen jeweils ein Smartphone mit Foto- und Videofunktion und eine Nachrichten-App, mit der sie diese Dateien versenden können.

Vereinbaren Sie ein 20-minütiges Treffen mit Ihrem Partner. Dieses muss mindestens 24 Stunden nach dem Zeitpunkt stattfinden, zu dem Sie die Übung beginnen.

Im Verlauf der Übung werden Sie mehrmals Fotos und Videos hin- und herschicken. Achten Sie deshalb darauf, dass Sie Ihr Datenvolumen nicht überschreiten. Idealerweise führen Sie die Übung an einem Ort mit WLAN durch.

Nehmen Sie nun im Verlauf eines Tages mindestens 15 Fotos und/oder kurze Videos auf, die Ihren Tagesablauf zeigen. Dabei geht es nicht darum, cool auszusehen oder den anderen zu beeindrucken. Ziel ist es, eine echte Beziehung zu Ihrem Partner aufzubauen, weshalb Sie Folgendes dokumentieren sollten:

Ihre Gedanken, Gefühle und Reaktionen im Verlauf des Tages.
Szenen aus Ihrem Leben vormittags, nachmittags und abends.

*Ihre Umgebung.
Menschen und Objekte, mit denen Sie interagieren.
Aktivitäten während des Tages.*

Nehmen Sie Fotos/Videos zu unterschiedlichen Tageszeiten auf: 5 bis 10 Fotos/Videos zwischen 6 und 10 Uhr, 5 bis 10 zwischen 11 und 16 Uhr und 5 bis 10 zwischen 17 und 22 Uhr. Schicken Sie diese Fotos/Videos (noch) nicht Ihrem Partner.

Je mehr Fotos und Videos Sie erstellen, desto besser. Denn dann haben Sie eine größere Auswahl, wenn Sie sich später mit Ihrem Partner treffen.

Nun ist der Zeitpunkt Ihres Treffens gekommen. Ihre Aufgabe ist es, sich wortlos miteinander zu unterhalten. Sie müssen sich nicht anrufen. Das Gespräch erfolgt ausschließlich über die Fotos und Videos, die Sie aufgenommen haben.

Während des Gesprächs sind weder Wörter noch Emojis (das wäre sonst zu einfach!) erlaubt.

Und so läuft das Gespräch ab:

Schicken Sie Ihrem Partner per Nachrichten- oder Chatfunktion eines Ihrer Fotos oder Videos.

Nun hat Ihr Partner 30 Sekunden Zeit, mit einem seiner Fotos oder Videos auf Ihre Nachricht zu reagieren.

Anschließend antworten Sie wieder mit einem Foto oder Video.

Schicken Sie sich mehrmals Fotos/Videos hin und her, so als würden Sie eine Unterhaltung führen.

Versuchen Sie dabei, möglichst gut „zuzuhören" und angemessen auf das erhaltene Foto/Video zu reagieren. Denn auch wenn Sie keine Worte miteinander wechseln, führen Sie doch ein Gespräch. (Es geht also nicht darum, wahllos Fotos und Video hin- und herzuschicken.)

Sie können auf unterschiedliche Weise zuhören und reagieren, zum Beispiel indem Sie Ihrem Partner ein ähnliches Foto/Video schicken: Ihr Partner schickt Ihnen ein Foto/Video seines Frühstückseis; Sie antworten mit einem Foto/Video Ihrer Frühstücksnudeln. Oder Sie schicken etwas ganz anderes: Ihr Partner schickt Ihnen ein Foto, das ihn beim Fußballspielen draußen zeigt; Sie antworten mit einem Foto/Video, das zeigt, wie Sie sich fühlen, weil Sie an einem regnerischen Tag das Haus nicht verlassen können. Hier geht es nicht darum, die bestmögliche oder cleverste Antwort zu finden. Verschicken Sie Ihre Antwort aber jeweils innerhalb von 30 Sekunden.

Wenn die 20 Minuten Gesprächszeit vorbei sind, reflektieren Sie schriftlich folgende Fragen:

1. Wie haben Sie sich während des Gesprächs gefühlt?
2. Was haben Sie über die andere Person erfahren?

Tauschen Sie sich mit Ihrem Partner darüber aus (Sprechen ist jetzt erlaubt!). Das bietet Ihnen Gelegenheit, nun auf diese Weise eine Beziehung zueinander aufzubauen.

Diese Übung hat den Vorteil, dass sie jegliche sprachliche Barrieren überwindet, indem sie eine Sprache nutzt, die alle sprechen: Visualisierungen. (Wenn jemand in Ihrem Team eine Sehbeeinträchtigung hat, ändern Sie die Übung dahingehend ab, dass Sie nur Audiodateien verschicken. Dazu nehmen Sie über den Tag verteilt interessante Geräusche auf, die Ihre Gefühle, Umgebung und Aktivitäten vermitteln.)

Wenn Sie das Ergebnis dieser Übung festhalten und mit einer größeren Gruppe teilen möchten, können Sie einen ein- bis zweiminütigen Film mit den gesendeten Fotos und Videos (in der Reihenfolge, in der sie verschickt wurden) erstellen. Wenn Sie diesen noch mit Musik unterlegen, haben Sie eine schöne Erinnerung an Ihr vielleicht erstes Gespräch mit Ihrem Partner. Jahre später, wenn Sie auf die vielen kreativen Arbeiten zurückblicken, die Sie gemeinsam mit Ihrem Partner hervorgebracht haben, werden Sie sich freuen, im Besitz eines Dokuments zu sein, das zeigt, wie sich zwei Menschen aus unterschiedlichen Kulturen öffnen, aufeinander zugehen und beginnen, eine Beziehung aufzubauen.

Diese Übung stärkt nicht nur unsere Beziehungen, sondern fördert auch unsere Wahrnehmung und unser Interesse für das Leben anderer. Sie nehmen für die Übung allerlei Details auf, um sich unterhalten zu können, und ich erlebe häufig, wie die Partner später mehr über diese Details wissen wollen, was ihre Beziehung weiter wachsen lässt. Zudem fördert die Übung Gemeinsamkeiten und Unterschiede zwischen unserem Leben und dem Leben unseres Partners zutage, was uns dazu anregt, Muster und Diversität zu erkennen.

– Glenn Fajardo

11 Meine liebsten Aufwärmübungen

Eine Idee von Sarah Stein Greenberg

Ich halte nicht viel von Small Talk. Diese verordnete Langeweile begrenzt unsere ersten Berührungspunkte mit fremden Menschen auf harmlose Themen, für die wir uns vermeintlich alle interessieren. Manchmal orientiert sich die Themenauswahl an Geschlechterstereotypen: Sport für die Männer, Mode für die Frauen und Wetter für alle. Meiner Ansicht nach ist Small Talk die grausamste Art und Weise, sich gegenseitig zu langweilen, während wir unserem Gegenüber zu versichern versuchen, dass wir keine Gefahr für die Gesellschaft darstellen.

Sicherlich gibt es bessere Möglichkeiten, mit unseren Mitmenschen ins Gespräch zu kommen.

Ja, die gibt es. Und sie sind essenziell, wenn Sie zwischenmenschliche Beziehungen von „höflich-distanziert" zu „kreativ-kollaborativ" weiterentwickeln möchten.

Ich finde bemerkenswert, was Menschen trotz gesellschaftlicher Normen, die uns sagen, wie wir uns beim ersten Kontakt mit Fremden zu verhalten haben, nach relativ kurzer Zeit alles miteinander teilen – wenn man die entsprechenden Rahmenbedingungen schafft. Dieses Sich-miteinander-Verbinden bildet den Kern einer erfolgreichen und aufgeschlossenen Zusammenarbeit.

Im Folgenden möchte ich Ihnen drei Möglichkeiten vorstellen, wie Sie Menschen zum Auftakt eines Projekts zusammenbringen können. Die Übungen lassen sich einzeln oder in der hier vorgestellten Reihenfolge durchführen. Interessant dabei: Sie eignen sich nicht nur im beruflichen Kontext, sondern werden gern auch bei Hochzeiten und anderen Familienfesten eingesetzt.

Die Reihenfolge der Aktivitäten ist bewusst so gewählt, dass Sie einfach einsteigen können. Gegen Ende wird es dann persönlicher. Los geht es damit, dass Sie sich mit einer anderen Person zusammentun (ein weicher Einstieg für alle Introvertierten). Im zweiten Schritt suchen Sie und Ihr Partner sich ein anderes Paar. Das heißt, in dieser Konstellation kennen Sie dann schon jemanden! In der dritten Runde verbleiben Sie in dieser Vierergruppe. Dadurch fällt es Ihnen leichter, nun persönlichere Informationen auszutauschen.

Die Geschichte Ihres Namens

Suchen Sie sich eine Person im Raum, die Sie nicht gut kennen, und bilden Sie ein Zweierteam.

Tauschen Sie Geschichten zu Ihrem jeweiligen Namen aus.

Hier gibt es verschiedene Möglichkeiten, weshalb die Übung so gut funktioniert und viele interessante Gesprächsanlässe bietet. Sie können zum Beispiel erzählen, wie Sie zu Ihrem Namen kamen, warum Sie Ihren Namen geändert haben, wie Sie einmal mit einer Person mit demselben Namen verwechselt wurden und warum das witzig war, was Ihr Nachname in der Muttersprache Ihrer Großeltern bedeutet usw.

Teilen Sie einige dieser Geschichten, die besonders interessant sind.

Vorbereitung auf die Zombie-Apokalypse

Suchen Sie sich nun gemeinsam mit Ihrem Partner aus Übung 1 ein anderes Paar. Diskutieren Sie in Ihrer

Vierergruppe, durch welche besonderen Fähigkeiten jeder Einzelne von Ihnen zum Überleben der gesamten Gruppe im Raum beitragen kann, sollte es zu einer Zombie-Apokalypse kommen – was jederzeit passieren kann.

Diese Aufgabe ist entwaffnend für jegliche Gruppe aus Expertinnen und Experten, die es gewohnt sind, sich anhand ihres Fachgebiets und ihrer bisherigen Erfolge vorzustellen. Da es hier aber um den drohenden Weltuntergang geht, kommen plötzlich verborgene Talente wie Sauerteigbäcker, Tischlerin oder Kampfsportler zum Vorschein.

Bitten Sie einige Teilnehmende, die spannenden Kompetenzen ihrer Gruppenmitglieder im Plenum vorzustellen.

Dritte Runde

Verbleiben Sie in Ihrer Viergruppe aus der zweiten Runde. Jetzt geht es um Sie als öffentliche Person. Sprechen Sie darüber, wie jeder und jede von Ihnen auf seinem bzw. ihrem Fachgebiet, bei der Arbeit oder in der Schule wahrgenommen wird und wie Sie gern wahrgenommen werden *würden*. Lassen Sie alle in der Gruppe zu Wort kommen.

Auch dieser Impuls kann auf verschiedene Weise interpretiert werden. Sie können zum Beispiel erzählen, dass Sie dafür bekannt sind, Dinge ins Rollen zu bringen, dass Sie in Zukunft aber gern als jemand gelten möchten, der Dinge zu Ende bringt. Oder Sie denken größer: Wie möchten Sie Ihre Community oder Ihr Fachgebiet im Laufe Ihres Lebens bereichern?

Nachdem alle zu Wort gekommen sind, bedanken Sie sich bei Ihren Gruppenmitgliedern und verabschieden sich.

Festzustellen, was Menschen teilen – und wie diese und Sie selbst auf diese Art von Begegnungen reagieren –, ist für die kreative Arbeit unheimlich wertvoll.

Es hilft Ihnen, in allen möglichen Situationen wichtige Untertöne wahrzunehmen, und macht Sie zu einem besseren und aufmerksameren Kooperationspartner.

Ich nutze diese Abfolge von Übungen gern für Gruppen, die sich noch nicht kennen und künftig eng zusammenarbeiten werden, zum Beispiel in Kursen mit Studierenden, auf internationalen Konferenzen und in Workshops, die bahnbrechende wissenschaftliche Erkenntnisse hervorbringen sollen. Die Übungen funktionieren, weil sie Offenheit und Intimität fördern, ohne einander völlig fremden Menschen zu viel abzuverlangen.

12 Grundlagen der Gesprächsführung

Eine Idee von Michael Barry und Michelle Jia, inspiriert von Rolf Fastemight

Zu Beginn eines kreativen Projekts ist es Ihr Ziel, neue Chancen zu identifizieren. Durch Tiefeninterviews vermeiden Sie, ein Problem automatisch so einzugrenzen (Framing), wie es bislang eingegrenzt wurde. Indem Sie Ihre Interviewfähigkeiten erweitern und die Bedürfnisse Ihrer Zielgruppe ins Zentrum rücken, können Sie sich von bisherigen Annahmen lösen und relevante und potenziell innovative Ideen finden.

In dieser Übung lernen Sie, ein halbstrukturiertes Interview zu führen, das heißt, es hat ein klares Ziel und verläuft nicht beliebig. Sie werden versuchen, Neues über Ihren Interviewpartner zu erfahren und wie dieser zu Ihrer kreativen Herausforderung steht. In einem offenen (qualitativen) Interview wissen Sie nicht genau, was Sie herausfinden werden, es werden aber wahrscheinlich Dinge sein, die für Ihre weitere Arbeit entscheidend sind.

Zu Beginn eines Interviews denken wir häufig, dass es einen verborgenen Schatz zu heben gilt. Man muss nur tief genug graben, um ihn zu finden. Aber wie die Förderung von Edelmetallen dem Boden Schaden zufügt, so kann eine „Extrahierung" auch bei Ihrem Interviewpartner das Gefühl hinterlassen, entblößt und ausgenutzt worden zu sein, und nicht die Erkenntnisse zutage fördern, die für Ihr Vorhaben entscheidend sind. Dieser Ansatz ist zu reduktiv; wenn Sie Ihren Blick nicht weiten, finden Sie vielleicht heraus, wie jemand über verschiedene Fernsehsendungen denkt, übersehen aber, dass die Person eigentlich lieber Filme schaut und nicht viel von Leuten hält, die die ganze Zeit am Bildschirm kleben. Ihr Ziel ist die kreative Forschung, bei der im Gespräch neue Verbindungen entstehen und sowohl Sie als auch Ihr Interviewpartner die Welt mit anderen Augen sehen. Indem Sie diese Kompetenz verfeinern, stellen Sie im Gespräch eine Verbindung her zwischen dem Thema, das Sie erforschen möchten (in der Regel das Thema Ihres Designprojekts), und der Art und Weise, wie die Erfahrungen Ihres Gegenübers damit in Verbindung stehen.

Machen Sie sich vor dem Gespräch mögliche Machtdynamiken bewusst. Der Unterschied zwischen dieser Art von Interview und einem spontanen Gespräch besteht darin, dass Sie die Unterhaltung aus einem bestimmten Grund initiiert haben. Verläuft das Gespräch gut, könnten Sie umfangreiche Erkenntnisse, Informationen oder eine neue Richtung für Ihre kreative Arbeit gewinnen. Aber ist dies auch das Ziel Ihres Gesprächspartners oder nur Ihres? Wenn Sie einen höheren Status haben als Ihr Gegenüber oder über mehr Mittel oder Privilegien verfügen, sollten Sie sicherstellen, dass Sie die andere Person nicht ausnutzen (zum Beispiel, indem Sie sie unmittelbar für ihr Engagement entschädigen, wie weiter unten ausgeführt). Zudem sollten Sie sich fragen, ob Sie die richtige Person sind, um das Interview zu führen, oder ob nicht eine Kollegin oder ein Kollege in diesem Fall besser geeignet ist, und Sie stattdessen die Dokumentation übernehmen oder anderweitig unterstützen. Ein guter Gesprächsführer zu werden heißt nicht nur, die eigenen Kompetenzen zu verbessern, um dem Gesprächspartner Details zu entlocken, sondern auch sich zurückzunehmen, wenn eine andere Person besser dafür geeignet ist. Da es in dieser Übung um praktische Interviews geht, sollten Sie sich zunächst einen Gesprächspartner suchen, bei dem nichts auf dem Spiel steht, und die Techniken an ihm ausprobieren.

Diese Übung hilft Ihnen, auf drei grundlegende Dinge zu achten: (1) das Verhalten, das Tempo und die Interaktionen, um einen Raum zu schaffen und aufrechtzuerhalten, in dem Ihr Gegenüber laut denken kann; (2) Möglichkeiten, das Interview voranzutreiben, ohne diesen Raum zu verletzten; und (3) zu erleben, wie sich die Qualität des Gesprächs mit der Zeit ändert.

So geht's

Suchen Sie sich eine Person, die ein oder zwei Stunden Zeit für Sie hat. Es sollte jemand sein, den Sie kennen, aber am besten nicht zu gut. Ich würde zum Beispiel meine Vermieterin oder meinen Vermieter fragen. Sie sind etwa eine Generation älter als ich und stammen aus Japan bzw. den Vereinigten Staaten. Sie haben eine Tochter, einen Enkel und viele langjährige Mieterinnen und Mieter, weil sie so außerordentlich liebenswürdig und fürsorglich sind. Ich kenne sie seit mehr als zehn Jahren und obwohl wir uns schon über vieles unterhalten haben (schwierige Nachbarn, Mieterhöhungen, Cafés in unserem Viertel), habe ich nie versucht, eines der Themen, an denen ich arbeite, aus ihrem Blickwinkel zu betrachten. Ich denke, ich würde eine Menge herausfinden und sie wären sicher erfreut, mir beim Einüben meiner Interviewfähigkeiten behilflich zu sein. Solch eine Person sollten Sie sich also suchen. Befolgen Sie dann die folgenden Schritte, um Ihr Interview zu planen und zu führen.

Den Raum schaffen

Tiefeninterviews dauern in der Regel ein bis zwei Stunden. Diese Zeit brauchen Sie, um eine Beziehung zu Ihrem Gegenüber aufzubauen, verschiedenen Erzählfäden zu folgen, Momente des Schweigens zuzulassen und alle für Sie relevanten Themen zu erkunden. Führen Sie das Gespräch in einer Umgebung, in der sich Ihr Gegenüber wohlfühlt. Die Person schenkt Ihnen ihre Zeit, deshalb sollten Sie sich im Vorfeld Gedanken darüber machen, was der Austausch ihnen beiden bedeutet, und überlegen, wie Sie sich erkenntlich zeigen können. Gerade im beruflichen Kontext kann es angemessen sein, der Person für ihr Engagement eine entsprechende Entschädigung zu zahlen. Ansonsten bietet sich ein Geschenk an.

Da Sie Ihren Interviewpartner frühzeitig kontaktieren müssen, um alles zu planen, sollten Sie im Vorfeld überlegen, was Sie durch das Gespräch erfahren möchten. Wenn Sie derzeit an keinem konkreten Projekt arbeiten, können Sie eine der Design-Challenges aus dem letzten Teil des Buches auswählen. *Ein Abend mit der Familie* (Seite 258) eignet sich besonders, da die Übung sehr offen ist. Informieren Sie Ihr Gegenüber darüber, ob Sie das Interview lediglich zu Übungszwecken durchführen oder ob Sie die Erkenntnisse für ein reales Projekt verwenden möchten. Bedenken Sie folgende Punkte: (1) Sie möchten mehr über die Erfahrungen und Sichtweisen Ihres Gegenübers herausfinden. (2) Es gibt keine richtigen und falschen Antworten. (3) Ihr Ziel ist es, zuzuhören und Erkenntnisse zu gewinnen.

Den Verlauf des Interviews mental skizzieren

Es hat sich bewährt, den Gesprächsverlauf gedanklich zu skizzieren. Stellen Sie sich das Interview wie eine Wanderung vor, die Sie gemeinsam mit einer faszinierenden Person unternehmen. Sie beginnen in leichtem Gelände: In dieser ersten Phase wollen Sie die Beziehung zu Ihrem Gegenüber erkunden, eine Verbindung aufbauen und dem anderen zeigen, dass sie an seinen Aussagen interessiert sind. Das erreichen Sie durch Körpersprache, verbale Affirmation und die explizite Wertschätzung Ihres Gegenübers. In diesem Gebirgsvorland gibt es keine Abkürzungen. Nehmen Sie sich die Zeit, eine Verbindung aufzubauen, sonst gewinnen Sie später keine neuen oder substanziellen Erkenntnisse.

Während der Weg langsam steiler wird und Sie immer höher steigen, gewinnen Sie allmählich ein besseres Verständnis der Landschaft. Dieser Kontext hilft Ihnen, die Relevanz der Beispiele und Ansichten, die Ihr Partner äußert, zu erfassen. Das Gespräch wird nun

persönlicher (solange sich das für Ihren Partner gut anfühlt). Sie hören jetzt einige Geschichten, die sich langsam entfalten, während Sie gemeinsam den Weg beschreiben. Während dieser Phase der Wanderung ermutigen Sie Ihren Partner weiterzuerzählen, indem Sie nach Einzelheiten fragen oder das Gespräch auf neue Themen lenken.

Kurz vor dem Gipfel machen Sie eine Pause und erkunden einige der Emotionen, die unterwegs zum Vorschein ge‑  kommen sind. Sie blicken zurück auf den Weg, den Sie bereits gemeistert haben, und erkennen, wie die einzelnen Teile der Landschaft miteinander verbunden sind.

Während Sie nun auf der anderen Seite des Berges wieder hinabsteigen, reflektieren Sie gemeinsam mit Ihrem Partner frühere Teile des Gesprächs, um den geäußerten Ideen, Ansichten und Gefühlen Sinn zu verleihen.

Am Ende des Weges angekommen teilen Sie mit Ihrem Partner, was für Sie während der Wanderung besonders auffällig war und was Sie daraus mitnehmen werden. Fragen Sie Ihren Partner, ob das so korrekt ist, und was er denkt. Hier werden Sie den ein oder anderen neuen, überraschenden Gedanken hören, der Sie bis nach Hause begleiten wird.

Kolorieren, vorantreiben oder reflektieren?

Während Sie den Raum für Ihren Gesprächspartner schaffen und aufrechterhalten, können Sie zwischen drei rhetorischen Handlungsoptionen hin- und herwechseln: kolorieren, vorantreiben oder reflektieren. Auf unsere Wander-Metapher bezogen wären das: anhalten, um ein Detail der Landschaft zu bewundern (kolorieren), die Wanderung auf dem geplanten Weg fortsetzen (vorantreiben) oder eine Pause machen, um interessante Momente Revue passieren zu lassen (reflektieren).

Wenn Sie mit Freunden und Familie kommunizieren, nutzen Sie die Methoden des Kolorierens und Vorantreibens ständig: „Sie hat WAS gesagt!? Was ist dann passiert?" In einem Interview besteht der einzige Unterschied darin, dass Sie diese Handlungsoptionen bewusst einsetzen. Die dritte Option, das Reflektieren, erfordert technischere Fähigkeiten. Hier geht es darum, einen sicheren Raum zu schaffen und die andere Person dann zu ermutigen, über ihre Erfahrungen, Bedürfnisse oder Ansichten zu reflektieren. Das ist der Moment, in dem Sie den Großteil Ihrer Erkenntnisse gewinnen, die Ihnen später helfen, die Herausforderung oder das Problem neu zu umreißen.

Vergegenwärtigen Sie sich Ihr Thema und notieren Sie einige Beispiele, wie Sie das Gespräch in Gang halten könnten.

Kolorieren

Wenn Sie über die abendliche Routine einer Person sprechen, könnten Sie zum Beispiel auf das Abendessen zu sprechen kommen. Ihr Gegenüber könnte dann berichten: „Mein Lieblingsessen sind Ofenkartoffeln. Keine Standard-Ofenkartoffeln, sondern eine besondere Art: Meine Mutter hat die immer gemacht, als wir in Texas gewohnt haben … Ja, das ist tatsächlich mein Lieblingsessen." Mit der Zeit werden Sie erkennen, an welchen Stellen Sie mehr Farbe einfordern können, zum Beispiel bei „eine besondere Art", „Meine Mutter hat die immer gemacht" und „als wir in Texas gewohnt haben". Sie könnten fragen:

„Eine besondere Art? Was war daran besonders?"

„Wann hat Ihre Mutter sie immer gemacht?"

„Hatte das einen besonderen Bezug zu Texas?"

Immer wenn Sie etwas Interessantes, Emotionales, Persönliches oder Konkretes hören und mehr darüber erfahren möchten, sollten Sie mehr Farbe einfordern. Dabei geht es darum, das Gesagte aufzugreifen und weiterzuverfolgen und die Lücken in diesen kolorierenden Fragen zu füllen:

„Können Sie mir genauer erklären, was Sie mit _____ meinen?"

„Können Sie mir Schritt für Schritt erläutern, wie Sie bei _____ vorgehen?"

„Können Sie mir ein Diagramm aufzeichnen, das _____ zeigt?"

„Mit wem/wann/wie machen Sie _____ normalerweise?"

„Das ist ja interessant!" Erzählen Sie mir mehr über _____."

„Können Sie mir ein Beispiel für _____ nennen?"

Vorantreiben

Fragen, mit denen Sie das Gespräch vorantreiben, führen zu Aspekten, die Ihr Partner bislang nicht erwähnt hat. Damit weben Sie sozusagen Ihre Agenda in das Gespräch ein: „Sie haben von Ihren Gewohnheiten beim Abendessen gesprochen. Können Sie nun beschreiben, wie das mit Ihrer abendlichen Routine zusammenhängt?" Andere hilfreiche Überleitungen sind: „Wir haben noch nicht viel über _____ gesprochen" oder „Mich würde auch _____ interessieren und wie das mit dem, was Sie gesagt haben, zusammenhängt".

Reflektieren

Um mehr über die Sichtweise Ihres Gegenübers zu erfahren, können Sie Reflexionsfragen stellen und sich damit auf Aussagen beziehen, die die Person zu einem früheren Zeitpunkt des Gesprächs gemacht hat. Sie sind derart nützlich – und nuanciert –, dass Sie sich in der Übung *Reflexion und Offenbarung* (Seite 94) ausschließlich darauf konzentrieren. Hier können Sie zur Übung eine einfache Variante ausprobieren, bei der Sie sich auf etwas beziehen, das Ihr Gegenüber zuvor gesagt hat: „Als Sie vorhin von _____ gesprochen haben, habe ich das so verstanden, dass _____. Um Missverständnisse zu vermeiden, würde ich Sie bitten, das noch einmal mit Ihren Worten zu formulieren." Mit dieser Reflexionsfrage wiederholen Sie das Gesagte oder formulieren es um, um sich zu vergewissern, dass Sie Ihr Gegenüber richtig verstanden haben.

Lassen Sie sich Zeit

Lassen Sie sich Zeit während des Interviews. Es ist mehr ein Umherschweifen als ein Marsch. Geben Sie der Stille Raum, wenn Ihr Gegenüber eine Aussage beendet zu haben scheint. Wir neigen dazu, sofort zu reagieren und die nächste Frage nachzuschieben, wenn der andere aufhört zu sprechen. Es gibt jedoch einen entscheidenden Unterschied dazwischen, ob jemand lediglich aufhört zu sprechen oder ob er wirklich fertig ist. Wenn Sie immer gleich die nächste Frage stellen, verpassen Sie wichtige Momente der Rückbesinnung und Reflexion. In den meisten Fällen setzt Ihr Gegenüber seinen Gedankengang nach einer kurzen Pause auf interessante Weise fort. Das ist eine Kompetenz, die Sie brauchen, wenn Sie einer anderen Person im Gespräch folgen. Sie müssen nicht nur inhaltlich-verbal auf das antworten, was sie sagt, sondern auch nonverbal auf ihr Sprechtempo und auf Pausen reagieren, indem Sie den Raum aufrechterhalten, damit die Person weitersprechen kann. Das ist das eigentliche Ziel der Übung: zu erkennen, wie sich die Qualität Ihrer Dynamik und der Reaktionen des anderen mit der Zeit verändert. Sobald Sie ein Gefühl dafür entwickeln, wie intim und persönlich ein Gespräch durch Ihre Fähigkeit, dem anderen Raum zu geben und diesen zu halten, werden kann, gewinnt Ihre kreative Forschung eine Geschmeidigkeit, die Ihnen erlaubt, im jeweiligen Moment intuitiv und souverän zu handeln und sich weniger Gedanken darüber zu machen, wie Sie Ihre nächste Frage formulieren.

Ganz am Ende des Gesprächs sollten Sie eine neue Tür öffnen. Stellen Sie ein oder zwei Fragen, die Ihrem Gegenüber erlauben, Sie zu überraschen oder auf etwas Unerwartetes zu stoßen. Zwei typische Formulierungen sind: „Gibt es etwas, das ich über Ihre Meinung zu diesem Thema noch wissen sollte?" und „Wonach hätte ich Sie noch fragen sollen?".

Bitten Sie Ihr Gegenüber nach Beendigung des Interviews um Feedback. Was hat der Person während des Gesprächs besonders gut gefallen, was weniger? Was könnten Sie das nächste Mal anders machen? Welche Gedanken sind der Person während des Interviews durch den Kopf gegangen, die sie nicht geäußert hat?

Diese Übung ist nicht einfach. Wenn Sie erkundende Interviews führen, möchten Sie Dinge erfahren, die mit Ihrem Projekt zusammenhängen. Trotzdem müssen Sie den Gedanken und der Energie Ihres Gegenübers folgen. Durch Üben und Ausprobieren lernen Sie, dieses Gleichgewicht zu halten. Insgesamt lässt sich sagen: Wenn Sie sich darauf konzentrieren, ein guter Zuhörer und Beobachter zu werden – mehr noch als darauf, gute Fragen zu stellen –, werden Sie großartige Interviews führen.

Es ist essenziell, die Form oder den Verlauf des Gesprächs relativ zur Zeit zu sehen. Die Dinge, die Sie am meisten interessieren, erfahren Sie oft erst in einer späten Phase des Interviews und oft in relativ kurzer Zeit. Bis dahin müssen Sie viel Arbeit investieren. Für den Aufstieg brauchen Sie wesentlich länger als für die „Offenbarung" am Gipfel. Sie müssen den Raum aufrechterhalten, bis Sie den Gipfel erreichen. Und das erfordert Zeit.

– *Michael Barry*

13 Party, Park, Panne

Eine Idee von Dan Klein und Scott Doorley

Um in kreativen Teams fruchtbar zusammenarbeiten zu können, müssen sich alle Beteiligten psychologisch sicher fühlen. Die Grundlage dafür ist Vertrauen. Dieses entsteht, wenn sich die Teammitglieder Rückendeckung geben und sich gegenseitig Erfolge gönnen. Die einzelnen Akteure mögen alle etwas andere Prioritäten und Lebenserfahrungen haben und idealerweise unterschiedliche Sichtweisen einbringen, weshalb es hilft, mehr über die anderen zu wissen. Das stärkt die Beziehungen untereinander und erlaubt es den Teammitgliedern, sich auch einmal in der Sache uneins zu sein, ohne dass dies gleich den Gruppenzusammenhalt gefährdet. Das gilt nicht nur für Gruppen am Arbeitsplatz; auch WGs, gemeinsam Reisende oder Eltern in einer Spielgruppe können mithilfe dieser Übung ihre Beziehungen zueinander stärken.

Da Vertrauen weder vorgetäuscht werden kann noch über Nacht entsteht, müssen Sie gezielt Möglichkeiten schaffen, es aufzubauen. Diese Übung gibt Ihnen eine Reihe von Tools an die Hand, mit denen Sie einen Raum schaffen, in dem Vertrauen entstehen kann. Wenn Sie zum Beispiel im Theater sind, wird das Licht gedimmt und die Kulisse zieht Sie in das Bühnengeschehen hinein. Auf ähnliche Weise nutzt diese Übung den Raum sowie körperliche Dynamiken, um die Art und Weise zu beeinflussen, wie Menschen miteinander sprechen, und ein Gefühl von Nähe zu schaffen.

Diese Übung eignet sich für ein oder mehrere Teams aus 3 bis 6 Personen, um das Teamgefühl zu stärken und Vertrauen aufzubauen. Alles, was Sie brauchen, ist ein wenig Fantasie sowie eine Person, die die Runden einleitet. Es sind weder ausgefeilte Kulissen noch irgendwelche Materialien nötig. Die Teilnehmenden müssen lediglich bereit sein, ihre Position im Raum zu verändern.

So geht's

Bestimmen Sie eine Person, die die Zeit im Blick behält. Es empfiehlt sich, den Teilnehmenden 1 Minute vor Ende der jeweiligen Runde ein Zeichen zu geben.

1. Runde: Auf einer Party

Bitten Sie alle Teammitglieder aufzustehen. Fordern Sie sie nun auf, sich vorstellen, dass sie auf einer entspannten Cocktailparty oder einer anderen geselligen Veranstaltung sind und sich alle zum ersten Mal treffen.

Geben Sie das Gesprächsthema vor. „Was machen Sie beruflich?" oder „Stellen Sie sich einander vor" sind dafür gut geeignet.

Die Gruppe hat nun 8 Minuten Zeit, sich auszutauschen. So erhält jede Person kurz Zeit, sich oder ihren Beruf der Gruppe vorzustellen.

Sie werden feststellen, dass das Gespräch relativ oberflächlich bleibt. Die Anwesenden werden Dinge sagen wie „Ich bin Lehrer, „Ich bin Journalistin", „Ich komme aus Köln". Die meisten von uns haben eine Routineantwort für solche gesellschaftlichen Settings parat.

2. Runde: Auf einer Wiese im Park

Bitten Sie die Anwesenden nun, sich vorzustellen, dass es später am Abend ist. Sie sind sich alle sympathisch, nur leider ist die Veranstaltung zu Ende. Deshalb beschließen Sie, gemeinsam in den Park zu gehen, um sich dort weiter zu unterhalten.

Alle setzen sich im Park auf den Boden. Fordern Sie die Teilnehmenden auf, sich tatsächlich auf den Boden zu setzen.

Für diese Runde hat die Gruppe wieder 8 Minuten Zeit. Jetzt lautet die Aufgabenstellung: „Was denken Sie, wie Sie von anderen Personen wahrgenommen werden? Tauschen Sie sich darüber aus." Denken Sie daran, den Teilnehmenden 1 Minute vor Ende der Runde ein Zeichen zu geben. So stellen Sie sicher, dass jeder Gelegenheit hatte zu sprechen.

Am Ende der Runde müssen Sie Ihre Fantasie noch etwas mehr strapazieren: Wie sich herausstellt, saßen Sie nämlich die ganze Zeit auf privatem Rasen und der Besitzer bittet Sie höflich zu gehen. Ein Gruppenmitglied bietet an, die anderen mit dem Auto nach Hause zu fahren, doch – Achtung – es handelt sich um ein recht kleines Auto. Trotzdem passen Sie alle hinein!

3. Runde: Dank Panne wird's kuschlig

Bitten Sie die Anwesenden, sich so eng zusammenzusetzen wie möglich (sie müssen sich jedoch nicht berühren). Wer am nächsten am Lichtschalter sitzt, schaltet das Licht aus, damit es sich so anfühlt, als würden Sie wirklich spät in der Nacht durch die Gegend fahren. Sorgen Sie für ein bisschen Drama: Vielleicht hat das Auto eine Panne oder einen Platten und während Sie auf den Abschleppdienst warten, führen Sie die dritte Runde des Gesprächs, eng zusammengepfercht im Fahrzeug, weil es draußen zu kalt ist.

Jetzt geht es darum, wie Sie von anderen gesehen werden möchten … wer Sie wirklich sind.

Wie möchten Sie also gesehen werden? Stellen Sie die Stoppuhr wieder auf 8 Minuten ein und lassen Sie alle im Auto zu Wort kommen. Nach Ablauf der Zeit schalten Sie das Licht wieder an.

Häufig wollen die Teilnehmenden das Licht ausgeschaltet lassen und weitermachen.

Schließen Sie die Übung mit einer Reflexion ab:

Wie war die Übung für die einzelnen Teilnehmenden? Was ist Ihnen aufgefallen?

Lassen Sie alle Anwesenden zu Wort kommen und ihre Erfahrungen teilen.

In den verschiedenen Phasen dieser Übung liegt etwas Magisches: Vom Stehen über das Sitzen zum engen Zusammensein im Auto gewinnen die Gespräche zunehmend an Tiefe. Sie werden beobachten und spüren, wie sich etwas im Raum verändert, wenn Sie die Teilnehmenden auffordern, sich auf den „Parkboden" zu setzen. Das macht etwas mit den Menschen. Ihre Körpersprache verändert sich. Und wenn es dann heißt, runter vom Rasen und rein ins Auto, wird noch einmal ein Schalter umgelegt.

Vertrauen aufzubauen erfordert Zeit, doch Sie werden überrascht sein, wie viel Vertrauen bereits durch diese bewusst herbeigeführten Interaktionen entsteht.

Indem Sie verändern, wie Menschen miteinander interagieren und wie diese Interaktion räumlich erfolgt, ermöglichen Sie mehr persönliches Engagement. Überlegen Sie bei jedem Erlebnis, das Sie designen, welches Verhalten und welche Emotionen Sie erzeugen wollen, und designen Sie den Raum entsprechend. In dieser Übung können sie die Dynamikveränderungen von

der 2. zur 3. Runde zum Beispiel dadurch unterstützen, dass Sie die Anwesenden bitten, sich unter einem Tisch oder einem Torbogen zu versammeln, damit sie sich wie in einem kleinen Auto fühlen.

Viele Menschen stecken in Routinen fest, weil der Raum um sie herum nicht flexibel ist. Doch selbst in den förmlichsten Konferenzräumen können Sie die Dynamiken und Beziehungen der Anwesenden verändern. Am einfachsten erreichen Sie dies, indem Sie alle Stühle aus dem Raum entfernen.

Sie können das auch für sich allein ausprobieren: Gestalten Sie Ihren Arbeitsplatz um, um Ihre Arbeitsweise zu verändern. Sie werden überrascht sein, was das bewirken kann.

Das, was die Leute bei dieser Übung am meisten überrascht, ist, dass sie so schnell auf eine tiefe Gesprächsebene kommen. Bislang hat mir noch niemand gesagt: „Das war zu viel."

Ich überlege vorher genau, mit welchen Gruppen ich diese Übung durchführe. Ich würde sie zum Beispiel nicht mit Menschen machen, die ich zu überzeugen versuche, Neues auszuprobieren. Aber ich würde sie mit einem Team in einem Unternehmen durchführen, das offen dafür ist, die Dinge anders zu machen. Ich würde sie auch mit der Einstiegsklasse an der d.school durchführen, denn sie ist dafür bekannt, dass die Dinge dort anders laufen.

– Dan Klein

14 Reife, Stärke und Vielfalt

Eine Idee von Nicole Kahn

Design ist etwas für jede und jeden – aber es erfordert Übung. Geht es nach Nicole Kahn, führen Wiederholung und Ausdauer zu den hart erworbenen Kompetenzen, die sie als talentierte Designerin von denjenigen unterscheiden, die gerade erst anfangen. Talent ist also nichts alles.

Worum geht es Ihrer Meinung nach im Kern bei Kreativität und Design? Wird man mit diesen Fähigkeiten geboren? Kann man sie entwickeln? Oder ist es eine Kombination aus beidem?

Denken Sie an Personen aus Ihrem Umfeld, die Sie für kreativ halten.

Was unterscheidet sie von anderen? Was machen sie anders? Was bedeuten Reife und Stärke für Ihre kreative Arbeit? Was tun Sie, um sich einer größeren Vielfalt auszusetzen und dadurch diese beiden Kompetenzen aufzubauen?

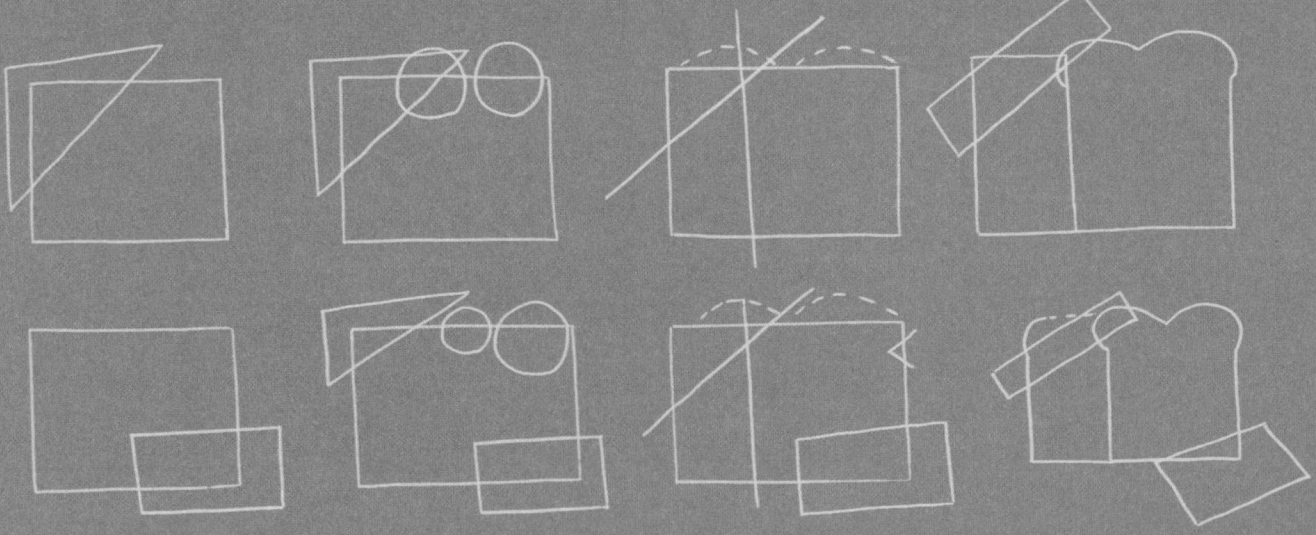

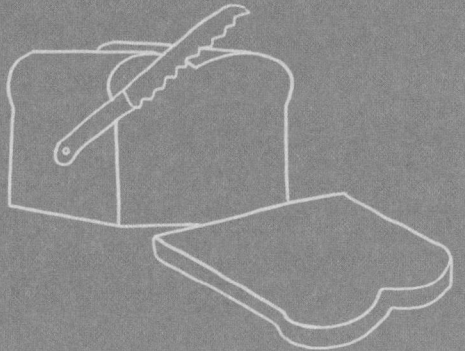

Und hier das kleine, feine Geheimnis von Design:

Design ist nichts Revolutionäres. Es ist sehr intuitiv. Die Menschen haben Bedürfnisse und wir stellen Vermutungen an. Wir entwickeln etwas für sie und lassen sie es ausprobieren. Dabei beobachten, lernen und iterieren wir.

Der einzige Unterschied zwischen mir und einem absoluten Anfänger sind Reife und Stärke und die Vielfalt, die ich gesehen habe.

– Nicole Kahn

15 Empathie in Bewegung

Eine Idee von Susie Wise

Sie sind Experte für Ihr Leben und Ihr Umfeld – aber nicht für das Leben und Umfeld anderer.

Zu verstehen, was anderen wichtig ist, ist ein zentrales Element von Design (sowie von allen anderen Beziehungen in Ihrem Leben). Wenn Sie die menschlichen Bedürfnisse in den Mittelpunkt stellen, erhalten Sie oft bessere Ergebnisse, als wenn Sie etwas einfach nur um eine schicke neue Technologie herum designen oder etwas tun, das jemand fernab in der Führungsetage für effektiv hält. Andere zu verstehen ist ein Prozess, der niemals abgeschlossen ist und den Sie niemals perfekt beherrschen werden, auch wenn das Ihr Ziel sein muss. Wenn Sie bereit sind, sich auf den Weg zu machen und zu entdecken, welche Chancen sich bieten, wird der Prozess hin zum Verstehen zu einem festen Bestandteil Ihres Design-Toolkits.

Diese Arbeit erfordert Demut. Es geht nicht darum, eine Umfrage zu machen, um herauszufinden, was die Leute wollen, oder den Menschen auf herablassende Art oberflächlich zuzuhören, überzeugt davon, dass man sowieso schon alles weiß. Es handelt sich vielmehr um einen dynamischen Prozess des Verbindens, des Neugierig-Seins und des Zusammenarbeitens, in dessen Verlauf Sie immer wieder den Kurs ändern, weil Sie Feedback erhalten und auf neue Sichtweisen stoßen.

In vielen Situationen verfügen Designerinnen und Designer über mehr Macht als die Menschen, die später mit den Ergebnissen ihrer Designarbeit leben oder arbeiten. Diese Erfahrung haben Sie wahrscheinlich schon gemacht, wenn Ihr Bildungsniveau, Einkommen, Gesundheitszustand oder soziales Kapital höher war als das der Menschen, für die Sie gearbeitet haben. Wenn Sie sich dieser Dynamiken nicht bewusst sind, laufen Sie Gefahr, die wahren Bedürfnisse Ihrer Zielgruppe zu übersehen. Die Menschen könnten sich dann missverstanden oder ausgenutzt fühlen oder Sie implementieren Lösungen, die mehr schaden als nutzen.

Doch auch wenn Sie Teil der Gruppe sind, für die Sie designen, sollten Sie Demut walten lassen. Wenn Sie zum Beispiel in den Vereinigten Staaten als Veteran in einem Projekt arbeiten, in dem Sie anderen Veteranen helfen, Gesundheitsleistungen des Kriegsveteranenministeriums zu beantragen, könnten sich Ihre Erfahrungen deutlich von den Erfahrungen derjenigen unterscheiden, die am dringendsten Hilfe brauchen. Oder wenn Sie als ehemalige Lehrerin Lehrpläne für andere entwickeln, könnten Sie einen blinden Fleck dafür haben, wie Lehrer oder Schüler aus einem anderen Kulturkreis die Inhalte wahrnehmen.

Diese Übung hilft Ihnen, den größeren Rahmen der Beziehung zwischen Ihnen und dem Endanwender Ihrer Lösung zu gestalten. Sie designen dabei sozusagen Ihre Designarbeit. Dabei kommt es zu Interaktionen, die weitaus dynamischer und kollaborativer sind als die klassische Beziehung zwischen Schöpfer und Muse. In dieser lose strukturierten Übung, die Sie vor einem wichtigen Projektmeeting, einer Recherchesitzung oder einem Workshop durchführen können, bringen die einen die Design- oder Vermittlungsexpertise mit und die anderen ihre Erfahrungen als Teil der betroffenen Community oder ihre Erfahrungen mit der zu bearbeitenden Herausforderung.

So geht's

Planen Sie ein, Zeit mit den Menschen zu verbringen, mit und für die Sie designen werden, und zwar bevor die eigentliche Arbeitsphase Ihrer Beziehung beginnt. Begeben Sie sich dazu gemeinsam mit einer Person aus der Community an den Ort, an dem sie an dem Projekt arbeiten werden.

Legen Sie den Weg wenn möglich mit öffentlichen Verkehrsmitteln zurück. Diese Übung ist besonders effektiv, wenn zwischen Ihnen und Ihrem Mitreisenden ein Machtgefälle besteht. In diesem Fall entsteht dieses dadurch, dass die Person mit der geringeren strukturellen Macht den Weg zum Bus oder zur Bahn kennt. Dadurch wird eine Gelegenheit für Empathie in Bewegung geschaffen.

Diese Übung findet bewusst unterwegs statt. Dadurch sitzen oder stehen Sie neben der anderen Person anstatt ihr gegenüber und es befindet sich kein Tisch oder eine andere Barriere zwischen Ihnen. Die Übung folgt keinem Skript. Dadurch wird eine erhöhte Dynamik vermieden, die entstehen würde, wenn eine Person beobachtet, zuhört und sich Notizen zu den Aussagen der anderen macht. Es ist ein bisschen so, als würden Sie mit Kindern im Auto fahren und sich unterhalten. Das kann ein entwaffnender Moment sein. Es geht darum, die andere Person kennenzulernen und eine Beziehung zu ihr aufzubauen und dabei die Machtdynamik zu berücksichtigen.

Selbst wenn Sie nicht an einem offiziellen Projekt arbeiten, können Sie den Ansatz nutzen, um eine engere, wechselseitige Beziehung zu einem anderen Menschen aufzubauen. Zum Elternabend können Sie zum Beispiel zusammen mit einem Elternteil aus einem anderen Stadtteil fahren. Oder Sie teilen sich ein Auto auf dem Weg zum Schulausflug. Ziel ist es, sich auf eine Art und Weise nebeneinander fortzubewegen, die die praktische Intelligenz der Person betont, die nach herkömmlichen Standards in Ihrer Konstellation als die weniger erfahrene gelten könnte. Seien Sie feinfühlig, wenn Sie der anderen Person vorschlagen, zusammen zu fahren, und erläutern Sie Ihre Motive vorab: gemeinsam Zeit verbringen und eine gleichberechtigtere Beziehung aufbauen.

Ich habe diese Übung in meiner Heimatstadt Oakland in Kalifornien durchgeführt, wo sich die Community-Mitglieder vor Ort sehr gut auskennen. Die traditionell privilegierteren Designstudierenden, die mit ihnen arbeiten, besitzen in dieser Hinsicht weniger Expertise. Gemachte Erfahrungen sind enormen wertvoll, und diese Übung unterstreicht dies.

Ein wesentlicher Aspekt von Design ist Demut. Sie müssen akzeptieren, dass Sie zwar Dinge entwickeln können, dass es aber trotzdem vieles gibt, was Sie nicht wissen oder können. Wir alle müssen das immer wieder üben – und erleben, wie es sich anfühlt.

– Susie Wise

16 Was ist in deinem Kühlschrank?

Eine Idee von Lia Siebert

Wo soll man bei einem komplexen Thema bloß anfangen? Und wie gelingt es, im Verlauf eines Projekts die Dinge durch eine individuelle, menschliche Brille mit neuen Augen zu sehen?

Diese Übung hilft Ihnen, etwas Bekanntes auf neuartige Weise zu betrachten – und zwar durch die Augen eines anderen.

Sie hat außerdem einen schönen Nebeneffekt: Wenn Sie diese Aufwärmübung mit Personen durchführen, die sich kennen, werden Sie fast immer Sätze hören wie: „Heute habe ich mehr über dich gelernt als in den letzten fünf Jahren, in denen wir Schreibtisch an Schreibtisch arbeiten!"

So geht's

Die Übung dauert 20 bis 30 Minuten und eignet sich für Paare und Gruppen.

Stellen Sie sich Ihrem Gegenüber vor, indem Sie ihm ein Foto vom Inneren Ihres Kühlschranks zeigen.

Das mag zunächst etwas unangenehm sein. Vielleicht entdeckt Ihr Gegenüber in den Gegenständen in Ihrem Kühlschrank Vorlieben und Verhaltensweisen, die Sie lieber nicht mit anderen teilen möchten. Und was offenbart Ihnen der Kühlschrank Ihres Gegenübers?

Mit dieser Übung trainieren Sie das genaue Beobachten.

Was fällt Ihnen am Kühlschrank Ihres Gegenübers auf? Was sagt Ihnen das über die Person? Wenn Sie nicht wissen, wo Sie anfangen sollen, legen Sie die beiden Fotos nebeneinander und finden Sie Gemeinsamkeiten und Unterschiede.

Fragen Sie immer wieder „Warum?". Dass Sie auf dem richtigen Weg sind, wissen Sie, wenn Ihr Gegenüber plötzlich aus dem Familiennähkästchen plaudert, peinlich berührt lacht, stolz wirkt oder Ängste, Hoffnungen und Rituale mit Ihnen teilt. Wann immer Sie spüren, da sind Emotionen im Spiel, halten Sie inne und sprechen Sie gemeinsam darüber.

Als Ausgangspunkt muss nicht unbedingt ein Kühlschrank dienen. Sie können auch ein Foto Ihres Badezimmerschranks, Bücherregals oder Kofferraums verwenden – Sie verstehen das Prinzip. Der Trick dabei ist, etwas auszuwählen, das thematisch mit Ihrer Arbeit zusammenhängt und persönlicher ist als das, was Sie normalerweise einer fremden Person zeigen würden, aber nicht so persönlich, dass keiner sich traut, darüber zu sprechen.

Zu dieser Aufwärmübung inspiriert hat mich der Künstler Mark Menjivar. Er hat das Innere von Kühlschränken von Personen auf der ganzen Welt fotografiert. Die Bilder waren überraschend intim, obwohl man die Besitzerin oder den Besitzer des Kühlschranks gar nicht sah. Ob Schichtarbeiterin, Jäger oder die Familie, die in der Nähe eines Supermarktes wohnt ... die Fotos sahen alle ganz unterschiedlich aus.

Die ursprüngliche Inspiration half mir, ein Projekt mit Verantwortlichen im Gesundheitswesen zur Fettleibigkeit bei Kindern anzustoßen. Ich dachte mir: Direkt über Ernährungsregeln und -gewohnheiten zu sprechen könnte schwierig sein. Unser angestrebtes Verhalten unterscheidet sich häufig stark von unserem tatsächlichen Verhalten. Aber genau in diesem Zwischenraum verbergen sich wichtige Erkenntnisse über unsere Überzeugungen, Werte, Hürden, Herausforderungen und Motivationen. Wenn Menschen erst einmal in diesem Zwischenraum sprechen, ergeben sich weit mehr Chancen für kreative Lösungen. Diese einfache Übung hat den Teilnehmerinnen und Teilnehmern viele Erkenntnisse über das menschliche Verhalten geliefert, auf die sie während des gesamten Projekts zurückgreifen konnten.

— Lia Siebert

17 Expertenblick

Eine Idee von Susie Wise und Melissa Pelochino, inspiriert von Alexandra Horowitz

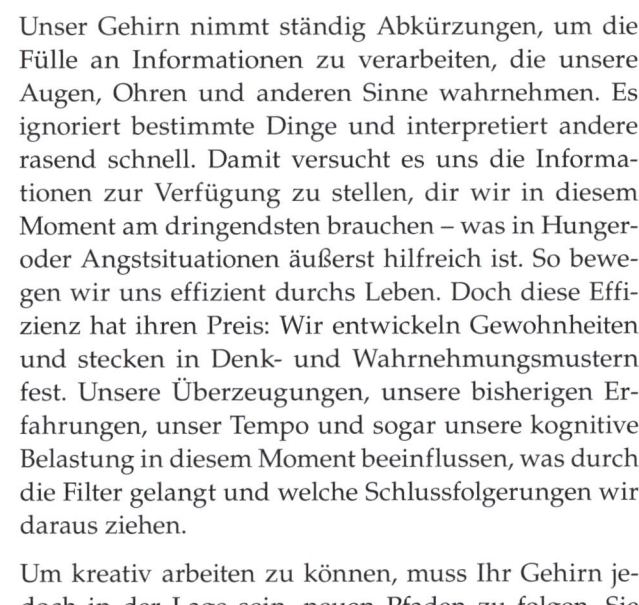

Unser Gehirn nimmt ständig Abkürzungen, um die Fülle an Informationen zu verarbeiten, die unsere Augen, Ohren und anderen Sinne wahrnehmen. Es ignoriert bestimmte Dinge und interpretiert andere rasend schnell. Damit versucht es uns die Informationen zur Verfügung zu stellen, dir wir in diesem Moment am dringendsten brauchen – was in Hunger- oder Angstsituationen äußerst hilfreich ist. So bewegen wir uns effizient durchs Leben. Doch diese Effizienz hat ihren Preis: Wir entwickeln Gewohnheiten und stecken in Denk- und Wahrnehmungsmustern fest. Unsere Überzeugungen, unsere bisherigen Erfahrungen, unser Tempo und sogar unsere kognitive Belastung in diesem Moment beeinflussen, was durch die Filter gelangt und welche Schlussfolgerungen wir daraus ziehen.

Um kreativ arbeiten zu können, muss Ihr Gehirn jedoch in der Lage sein, neuen Pfaden zu folgen. Sie müssen Informationen aufnehmen, die Ihnen helfen, über Ihre normale Wahrnehmung hinauszukommen. Um dies bewusst tun zu können, müssen Sie es üben.

In dieser Übung lernen Sie, verschiedene Brillen aufzusetzen, um neue Dinge wahrzunehmen und die Art und Weise, wie Sie sie wahrnehmen, zu verändern.

So geht's

Machen Sie einen ca. 20-minütigen Spaziergang dort, wo Sie gerade sind: in Ihrer Nachbarschaft, auf einem Bauernhof oder beim Bowling.

Zeichnen Sie das, was Sie sehen, auf einen Notizblock.

Wiederholen Sie den gleichen Spaziergang drei- bis viermal und bitten Sie jedes Mal eine Person mit einer anderen Expertise, Sie zu begleiten. „Expertise" kann hier vieles bedeuten. Wichtig ist, dass Sie von Menschen begleitet werden, deren Fachgebiet sie gelehrt hat, die Dinge auf eine bestimmte Weise zu betrachten. Nehmen Sie zum Beispiel eine Ingenieurin mit oder einen Künstler, eine Landschaftsgärtnerin, einen Historiker, eine Anwältin für Kleinunternehmen, jemanden, der im öffentlichen Nahverkehr arbeitet, oder eine Person, die sich ehrenamtlich in der Gemeinde engagiert.

Bitten Sie die Person während des Spaziergangs, Ihnen zu erzählen, was sie mit ihrem Expertenblick sieht. Zeichnen Sie dies auf.

Vergleichen Sie anschließend Ihre ursprüngliche Zeichnung mit den Zeichnungen, die Sie auf Ihren Spaziergängen mit den Expertinnen und Experten angefertigt haben. Welche neuen oder anderen Details oder Erkenntnisse ergeben sich? Wie hat sich Ihre Wahrnehmung der Umgebung verändert?

Diese Übung ist wunderbar geeignet, um Ihnen vor Augen zu führen, welchen Mehrwert verschiedene Stakeholder einem Problemraum oder einer Chance durch ihr Verständnis und ihre Einblicke verleihen können. Vielleicht stellen Sie sogar fest, wie Annahmen über Menschen oder Orte Sie bei der Erkundung ihrer Umgebung behindern.

Einmal bin ich mit einem Landschaftsgärtner durch meine Nachbarschaft gelaufen. Plötzlich zeigte er auf einen Baum und erklärte mir, wie man Dürreschäden erkennt. Im Verlauf des Spaziergangs wies er mich auf so viele Kräfte hin, die die Landschaft formen und uns Menschen beeinflussen, auf die ich in Millionen von Jahren nicht aufmerksam geworden wäre. Zum Beispiel ist uns beiden ein Riss im Bürgersteig aufgefallen. Doch während ich einfach weiterlaufen wollte, hatte er tausend Dinge dazu zu sagen.

– Susie Wise

Vom Nicht-Wissen zum Wissen

Wie oft haben Sie Kinder in Ihrer Umgebung schon gefragt: „Was hast du heute in der Schule gelernt?"

Das ist eine ganz natürliche Frage, die wir alle schon hundert Mal gestellt haben und damit unsere Nichten, Neffen, Kinder aus der Nachbarschaft oder unsere eigenen erfreut oder – was wahrscheinlicher ist – genervt haben. Wenn wir wissen wollen, was jemand gelernt hat, meinen wir damit normalerweise das Wissen – oder den *Stoff* –, den sich die Person angeeignet hat. Bei *Stoff* handelt es sich um Inhalte und Fakten oder Verfahren, um etwas Konkretes bewerkstelligen zu können, zum Beispiel die richtige Zeitenfolge im Satz zu verwenden oder einen unechten Bruch umzuwandeln. Das ist wichtig, bildet jedoch nur einen Teil des Ganzen. Wenn Sie das nächste Mal eine Was-Frage stellen wollen, fragen Sie stattdessen: „*Wie* hast du heute in der Schule gelernt?" Indem wir uns Gedanken über das *Wie* machen, kommen wir dahin, den Prozess des Lernens wertzuschätzen.

Lernen ist die entscheidende Kompetenz in unserer modernen, sich immer im Fluss befindenden Zeit. Lernen hilft uns, unerwartete, unvorhergesehene Herausforderungen zu meistern. Die Tatsache, dass wir so häufig nach dem *Was* fragen, zeigt jedoch, wie selten wir das Lernen selbst als wichtige Fähigkeit betrachten. Was wir lernen, unterscheidet sich stark davon, *wie* wir lernen. Wenn wir das *Wie* vernachlässigen, halten wir uns selbst davon ab, unsere Fähigkeiten als Lernende voll zu entwickeln.

Es gibt jedoch Ansätze, mit denen Sie Ihre Ansichten über das Lernen vervollständigen können. Neben stärker *wie*-orientierten Konzepten wie dem Growth Mindset von Carol Dweck und Linda Darling-Hammonds Arbeiten zu den verschiedenen Formen des entdeckenden Lernens bietet Design weitere Lernansätze. Ganz grundlegend gesprochen ist *Design selbst ein Lernprozess*. Die Art und Weise, wie Design uns Menschen zu Lernenden macht, erklärt vielleicht, warum immer mehr Fach- und Führungskräfte aus Wirtschaft und Bildung oder so unerwarteten Bereichen wie Justiz, Wissenschaft und Verwaltung die Methode erlernen möchten.

Die Wissenschaft versteht immer besser, wie Menschen lernen, aber für alle anderen bleibt es ein Rätsel. Wir wissen nur: Kinder lernen auf natürliche Weise. Ein Kleinkind, das eine Schüssel

Cornflakes umstößt, führt ein physikalisches Experiment zur Erkundung der Schwerkraft durch. Tut es das erneut, handelt es sich diesmal um ein psychologisches Experiment, das die Reaktion der Eltern testet. Ein drittes Mal tut es dies, um die Soziologie der Familie in Reaktion auf wiederholte Stressstimuli zu untersuchen. Und ein viertes Mal vielleicht einfach aus Spaß oder um allen zu zeigen, wer eigentlich das Sagen hat.

Kinder sind Super-Lernende. Sie erkennen Lerngelegenheiten und nutzen diese. Sie experimentieren, um Daten zu gewinnen, interpretieren diese Daten und wiederholen ihre Experimente, um aus den gewonnenen Erkenntnissen zu lernen. Sie führen diese Aktivitäten in einer komplexen sozialen Umgebung durch und nicht in einer sterilen Abstraktion der Wirklichkeit. Und sie lernen, weil sie „wissen müssen" und „wissen wollen". Das ist einfach unglaublich!

Sobald Lernen formalisierter wird, variieren die Ergebnisse. Wir haben alle schon einmal einen Kurs besucht, der für uns zu langsam oder zu schnell, zu groß oder zu klein, zu theoretisch oder zu praktisch war, selbst wenn unser Sitznachbarn ihn genau richtig fand. Aus eigener Erfahrung wissen Sie: Eine Form oder Größe passt nicht für alle. Doch selbst wenn Sie wissen, was für Sie nicht funktioniert, kennen Sie Ihre Form des Lernens? Können Sie sie beschreiben: den Querschnitt, die Unregelmäßigkeiten und das Volumen, nicht nur die Umrisse? Und wenn nicht: Können Sie herausfinden, wie Lernen für Sie aussieht?

18 Das Lernen lernen

Eine Idee von Matt Rothe

Rufen Sie sich einmal verschiedene Lernsituationen in Erinnerung – in der Schule, bei der Arbeit, zu Hause, auf Reisen usw. –, in denen Sie etwas wirklich verstanden oder etwas Wichtiges erkannt haben. Denken Sie an Momente, die etwas verändert haben, die Sie wirklich genossen haben oder die im Rückblick echte Wendepunkte darstellen.

Notieren Sie für jede Situation fünf Merkmale dieser Erfahrung, zum Beispiel wo Sie waren, wer dabei war und was passiert ist. Betrachten Sie dann Ihre Notizen: Welche Muster oder Themen erkennen Sie? Stellen Sie eine Hypothese darüber auf, warum diese Erfahrungen so wichtige Lernmomente waren.

Überlegen Sie nun, wie diese Hypothese Ihnen in Zukunft helfen kann, Ihre Ziele zu erreichen: Können Sie die Bedingungen von damals wiederherstellen? Oder die Erkenntnisse nutzen, um in Zukunft die richtigen Lerngelegenheiten auszuwählen?

Für Matt ist diese Übung diejenige, die am meisten bei seinen Studierenden bewirkt. Sie bildet die Grundlage dafür, Lernen vom passiven Konsumieren zum aktiven Experimentieren zu transformieren – und damit von unveränderlichem Wissen zu kontinuierlichem Lernen.

Hierbei handelt es sich um ein Design-Mindset, das davon ausgeht, dass die Welt um uns herum nicht perfekt ist und wir sie mit unserem Einfallsreichtum und unserer Kreativität für uns und andere besser machen können. Dieses Mindset verleiht Ihnen die Handlungsmacht, Ihre eigenen Kompetenzen zu erweitern, um für die Anforderungen der Zukunft gewappnet zu sein. Und während sich die Welt um Sie herum verändert, gewinnen Sie an Stärke – nicht nur durch das, was Sie lernen, sondern auch dadurch, *wie* Sie lernen.

Oder dringlicher formuliert: Die Welt verlangt derzeit von uns, dieses Mindset zu übernehmen und gemeinsam besser darin zu werden, das Lernen zu lernen. Ein weit verbreitetes Narrativ unseres frühen 21. Jahrhunderts ist die Beobachtung, dass sich die Welt rasend schnell verändert, dass viele neue Technologien und gesellschaftliche Kräfte unser Leben formen und wie schwer es ist, mit all dem Schritt zu halten. Die Zukunft ist von Natur aus unsicher und wir verspüren eine immer größere Besorgnis darüber, wie unser Heimatort, unser Land oder unser Planet in den nächsten Jahren, Monaten, ja Wochen aussehen wird. Designmethoden sind starke Tools, die uns in ungewissen Zeiten helfen, mehr zu lernen.

Design hat sich im Laufe des 20. Jahrhunderts zu einer neuen Form weiterentwickelt, die hoffentlich gerade noch rechtzeitig kommt. Die meisten Menschen verstehen unter Design lediglich das Erschaffen und Gestalten physischer Objekte, doch es ist so viel mehr. Die grundlegenden Designtools erfreuen sich mittlerweile breiter Anwendung mit dem Ziel, neue Erfahrungen, Systeme und sogar Ideen hervorzubringen. Es handelt sich um ein breites Feld, in dem es darum geht, Dinge auszuprobieren und Probleme zu lösen und in dem verschiedene Lerninstrumente zum Einsatz kommen, um neue Herausforderungen mit bestehenden Lösungen anzugehen.

Dazu ein Beispiel: Vor einigen Jahren entwickelte Alex Lofton, ein ehemaliger *d.school*-Student, eine Idee, wie junge Leute sich leichter ein Eigenheim leisten können. Anlass dafür war unter anderem die bescheidene finanzielle Situation, in der sich viele seiner Mitstudierenden Ende Zwanzig/Anfang Dreißig befanden. Die ursprüngliche Idee umfasste eine Onlineplattform, auf der Freunde und Familie kleine Beträge an die zukünftigen Eigenheimbesitzer spenden konnten und im Gegenzug mit einem kleinen Anteil an der Immobilie beteiligt wurden – eine Art Kickstarter-Programm für Immobilienkäufe.

Während Alex und sein Team diverse grobe Prototypen bauten und anderen ihre Idee vorstellten, kristallisierten sich zahlreiche Probleme mit dem ursprünglichen Konzept heraus, woraufhin sie das Bedürfnis und die Zielgruppe weiter eingrenzten. Sie wollten einen Weg finden, Lehrkräften den Erwerb einer Immobilie zu erleichtern – in hochpreisigen Märkten, in denen ein Lehrergehalt kaum die Lebenshaltungskosten deckt, oder in (teuren) Gegenden, in denen sich ihre Schule befand. Dadurch wurde die Lösung konkreter und stabiler und das Konzept zielgerichteter. 2015 gründeten Alex und sein Team das Unternehmen *Landed*. Es unterstützt Fachkräfte in systemrelevanten Berufen wie Lehrkräfte oder Gesundheitspersonal im Rahmen eines anteiligen Eigenkapitalmodells durch eine Anzahlung und begleitende Services bei der Suche und beim Kauf einer Immobilie.

Ein anderes Beispiel ist die Geschichte von Gina Jiang, ebenfalls Absolventin der *d.school* und heute Ärztin in Taiwan. Obwohl sie das Glück hat, in einem System zu arbeiten, das sowohl bezahlbare als auch hochwertige Gesundheitsleistungen anbietet, hat sie sich dem Problem angenommen, dass Ärztinnen und Ärzte in den viel beschäftigten Kliniken des Landes zu wenig Zeit für Patientengespräche haben. Sie schuf einen Raum für Kreativität und Zusammenarbeit – das erste lokale Patienten- und Innovationszentrum –, das sich Zeit nimmt für Fragen der Patientenfürsorge, die sonst zu kurz kommen könnten.

Die Einrichtung eines physischen Organisationszentrums offenbarte unerwartete Chancen, so zum Beispiel die Idee einer Krankenschwester, die im Bereich Wundversorgung arbeitete und eine Langzeitpatientin pflegte, die – wie sich herausstellte – Stomabeutel für ihre Mitpatienten fertigte. Diese Beutel (die nach oftmals lebensrettenden Operationen zum Einsatz kommen, um die Körperausscheidungen aufzufangen) waren angenehm zu tragen, hielten der taiwanesischen Hitze und Feuchtigkeit stand und beugten parastomalen Hernien vor. Die Patientin hatte bisher jedoch nie über ihre Idee gesprochen. Gina und ihr Team arbeiteten eng mit der Krankenpflegerin, der Patientin und Herstellern zusammen, um eine neue Version des Beutels zu fertigen, die sich in wesentlich größerer Stückzahl produzieren ließ und den Patienten beim Tragen mehr Würde verlieh. Dabei kamen einige der Methoden zum Einsatz, die auch in diesem Buch vorgestellt werden, etwa Erfahrungslandkarten, um die Höhen und Tiefen einer betroffenen Person im Tagesverlauf zu skizzieren, sowie Übungen, die der herausfordernden Arbeit in kreativen Teams mehr Spaß und Leichtigkeit verleihen.

Sie haben vielleicht noch nie von Alex Lofton und Gina Jiang gehört, zwei außerordentlich kreativen, engagierten Menschen, doch sie setzen ihre Kreativ- und Designkompetenzen in so unterschiedlichen Bereichen wie Immobilienwirtschaft und Gesundheitswesen ein, um etwas zu verändern. Sie sind schöne Beispiele für zentrale Eigenschaften von Design wie Erfindergeist, Ideenreichtum, Empathie, Experimentierfreude und ein Bewusstsein dafür, wie das eigene Vorgehen die Ergebnisse beeinflusst. Sie haben sich beide auf den Weg gemacht, ohne bereits alle Antworten zu kennen oder zu wissen, welche Fragen sie stellen müssen. Diese Eigenschaften findet man auch bei so erfolgreichen Designern wie Charles Eames.

Eames, seine Frau Ray und viele andere Designerinnen und Designer im Studio der Eames waren häufig Anfänger auf den Gebieten, mit denen sie sich beschäftigten (zum Beispiel während ihrer langfristigen Zusammenarbeit mit IBM im frühen Computerzeitalter). Dennoch entwickelten sie einzigartige Dinge, unter anderem, weil sie eine unbändige Neugierde besaßen und nicht müde wurden, Neues zu lernen. Sie hatten die Art von Zuversicht, die entsteht, wenn an weiß, dass man ein noch nie zuvor gesehenes Problem lösen kann.

Design wird heute zur Lösung unterschiedlichster, völlig neuartiger Probleme eingesetzt, weil die Grundlagen von Design uns helfen, schnell zu lernen. Allmählich werden auch die Parallelen zwischen Design und Lernen wissenschaftlich untersucht, doch Sie müssen nicht auf diese formelle Validierung warten, um zu wissen, dass es sich richtig anfühlt. Je intensiver Sie Ihre Designkompetenzen trainieren, desto mehr werden Sie bereit sein, Herausforderungen jeglicher Art und Größe anzugehen. Auch Sie können für die Fähigkeiten und die Bereitschaft berühmt werden, sich auf das Unsichere einzulassen, wann immer es Ihren Weg kreuzt.

Der US-amerikanische Architekt und Grafikdesigner Richard Saul Wurman, der bekannt dafür war, Menschen mit neuen Ideen zusammenzubringen, beschreibt Charles Eames mit den folgenden Worten und weist damit auf die Notwendigkeit hin, Design in einer sich schnell verändernden Welt mit vielen Unbekannten für alle Menschen nutzbar zu machen: „Wenn Sie Ihre Expertise verkaufen, haben Sie ein begrenztes Repertoire. Wenn Sie dagegen Ihre Unwissenheit verkaufen, ist Ihr Repertoire unbegrenzt. [Eames] hat seine Unwissenheit und seine Lust, Neues zu lernen, verkauft. Vom Nicht-Wissen zum Wissen zu gelangen, das war seine Arbeit."

Vom Nicht-Wissen zum Wissen zu gelangen, darum geht es kurzgesagt in jedem Designprojekt. Das haben die Gründerinnen und Gründer von Noora Health (siehe Seite 7) sowie Jill Vialet (*Auspack-Übungen*, Seite 126) erlebt. Und das können auch Sie jedes Mal aufs Neue erleben, wenn Sie auf ein Problem stoßen, dessen Lösung Sie nicht kennen. Mithilfe von Design entdecken Sie vielleicht sogar, dass noch niemand die richtigen Fragen gestellt hat. Und „entdecken" ist letztlich nur ein anderes Wort für „lernen".

Zu lernen, *wie* man lernt, ist die fundamentale Kompetenz, die wir brauchen, um in unserer dynamischen Zeit erfolgreich zu sein. Sie steht im Zentrum jeder einzelnen Übung in diesem Buch: Philosophien und Ansätze, die Welt mit einem neugierigen, offenen Geist zu betrachten; Chancen zu erkennen, um etwas zu verändern; und die eigenen Ideen erleb- und erprobbar zu machen, um zu erfahren, was möglich ist.

Der US-amerikanische Philosoph Eric Hoffer sagte einmal: „In Zeiten dramatischer Veränderungen sind es die Lernenden, denen die Zukunft gehören wird. Diejenigen, die bereits alles gelernt zu haben meinen, sind gerüstet für das Leben in einer Welt, die nicht mehr existiert."

Lassen Sie uns Lernende sein. Lassen Sie uns Designende sein. Lassen Sie uns dafür sorgen, dass uns die Zukunft gehört, und alles dafür tun, dass es eine bessere Zukunft wird.

19 Bewusst machen, anerkennen, hinterfragen

Eine Idee von Chris Rudd

Große kreative Arbeiten setzen voraus, dass Sie, als Individuum, Ihre persönlichen Ideen verwirklichen. Was als zarter Ideenfunke in Ihrem Gehirn beginnt, wird zu etwas Realem, das andere erfahren und nutzen können.

Dieser Funke wird begleitet von vielen unbewussten kognitiven Verzerrungen (Bias), die Sie eigentlich gar nicht äußern oder fortschreiben möchten. Doch soziale Konstrukte beeinflussen uns alle und durchdringen unser Denken. Diese Übung hilft Ihnen, diese Konstrukte sichtbar zu machen, damit Sie nicht versehentlich Eingang in Ihre Arbeit finden. Und Sie gibt Ihnen die Möglichkeit, diese Narrative oder kognitiven Verzerrungen aktiv zu hinterfragen und Ihre Ideen auf neuartige Weise anzufachen.

Sie können die Übung allein oder in der Gruppe durchführen.

So geht's

Identifizieren Sie mindestens 10 Gruppen, auf die Ihre Arbeit Einfluss hat. Das können Menschen mit unterschiedlichen Erfahrungen in Bezug auf Hautfarbe, ethnische Zugehörigkeit, Nationalität, Religion, körperliche Fähigkeiten, Wohlstand, sexuelle Orientierung, Geschlecht und viele weitere Faktoren sein. Innerhalb der Kategorie „Hautfarbe" können Sie zum Beispiel drei (immer noch recht weitgefasste) Gruppen bilden: „weiße Menschen, „schwarze Menschen" und „indigene Menschen". Pinnen oder schreiben Sie diese drei Gruppen an eine Tafel oder Wand.

Notieren Sie nun alle Annahmen und Stereotypen, die Sie über diese Gruppen kennen oder gehört haben.

Einige werden positiv sein, andere werden Sie nur ungern formulieren wollen. Notieren Sie pro Kärtchen eine Annahme. Rufen Sie sich und der Gruppe dabei in Erinnerung: Das ist nicht Ihre Meinung. Sie wollen lediglich die Vorurteile zusammentragen, die über diese Gruppen existieren.

Jetzt ist es Zeit, diese Informationen zu „manipulieren". Schieben Sie alle positiven Stereotype in den oberen Bereich der Tafel und alle negativen in den unteren Bereich. Neutrale Annahmen werden in der Mitte angeordnet. Diese Visualisierung ist entscheidend. Sie erhalten nicht die gleichen Ergebnisse, wenn Sie die Informationen nicht externalisieren und sichtbar machen.

Halten Sie inne und machen Sie sich Ihre eigenen Gefühle und die der anderen Gruppenmitglieder bewusst. Stellen Sie einige Fragen:

Wie äußern sich diese Stereotype (positive wie negative) derzeit in Ihrer Arbeit?
Wie könnten sie sich in der Art und Weise äußern, wie Sie Ihre Arbeit machen?
Wie äußern sie sich in Ihren Lösungen und Designs?

Nutzen Sie die Erkenntnisse aus dieser Reflexion, um eine offene „Wie könnten wir"-Frage zu formulieren und die Grundlage für das weitere Vorgehen zu schaffen. Sie könnten zum Beispiel zu der Erkenntnis gelangt sein, dass Sie im Umgang mit Personen im Rollstuhl automatisch davon ausgehen, dass diese bei gewissen Dingen Ihre Hilfe benötigen. Auch wenn es unangenehm ist zuzugeben, weist diese sehr produktive Erkenntnis auf eine kognitive Verzerrung hin, die alle Ihre Lösungen beeinflussen wird, die Menschen im Rollstuhl später nutzen.

Im Rahmen dieses Beispiels könnten Sie folgende „Wie könnten wir"-Fragen formulieren:

Wie könnten wir mehr über die wahren Bedürfnisse der Menschen, die wir treffen, herausfinden?
Wie könnten wir vorgehen, um die Stärken einer Person zu erkennen, nicht ihre vermeintlichen Schwächen?
Wie könnten wir besser verstehen, wie es Menschen im Rollstuhl in der Umgebung geht, in der wir designen?

Entscheidend bei einer „Wie könnten wir"-Frage ist, dass sie noch keine Lösung enthält. Das gibt Ihnen den Raum, viele verschiedene Lösungsideen zu entwickeln und dann zu entscheiden, welche Sie weiterverfolgen möchten.

Sehen Sie sich Ihre „Wie könnten wir"-Fragen an und entwickeln Sie einige Ideen für Lösungen und Tools, um unbewusste kognitive Verzerrungen zu erkennen, sich mit ihnen auseinanderzusetzen und dadurch Ihre Arbeit besser zu machen.

Enden Sie mit einer Reflexion. Dass die Übung erfolgreich war, wissen Sie, wenn Begriffe wie „gestärkt" oder „hoffnungsvoll" fallen.

In dieser Übung geht es darum, sich negative Annahmen und unbewusste Verzerrungen bewusst zu machen. Ich komme aus Chicago, einer Stadt, in der Menschen mit unter-

schiedlicher Hautfarbe sehr abgegrenzt voneinander leben. Wenn man gegen Rassismus ist, ist man gleichzeitig integrativ. Ich suche immer nach Möglichkeiten, integrativ zu designen. Ich bin fest davon überzeugt, dass wir nur eine zivile Gesellschaft sein können, wenn wir zusammen sind.

Ich habe diese Übung entwickelt, weil ich viele internationale Studierende habe und die Narrative, die sie in den Medien oder in ihrem Heimatland hören, sagen: „Geh nicht in den südlichen Teil der Stadt, da ist es gefährlich." Und jetzt fordern wir sie auf, genau das zu tun und dort ihre Designarbeit zu machen. Ich weiß, dass sie in die Irre geführt wurden. Doch wie können wir Lösungen für Menschen entwickeln, wenn wir negativ über sie denken? Wir müssen uns unsere Vorurteile bewusst machen.

Einmal habe ich diese Übung mit Studienberaterinnen und -beratern durchgeführt, die ihr Angebot verbessern wollten. Ihre Aufgabe war es, Annahmen über die Schülerinnen und Schüler zu identifizieren, mit denen sie arbeiten. Als die Visualisierungsphase vorüber war, hingen bei den schwarzen und lateinamerikanischen Schülerinnen und Schüler viele negative und nur wenige positive Annahmen. Bei den weißen Schülerinnen und Schülern war es genau umgekehrt. Transsexuelle Jugendliche hatten nur negative Annahmen, obwohl das Beraterteam aus eher progressiven und jungen Leuten bestand. Mir war klar, dass sie nicht schlecht über Transmenschen dachten, doch ihnen fielen einfach keine positiven Stereotype für diese Gruppe ein, was sehr bezeichnend war. Als Ergebnis dieser Übung begannen die Beraterinnen und Berater, sich stärker auf die Transschülerinnen und -schüler zu konzentrieren.

Eine andere Gruppe von Studienberatern entwickelte ein Reflexionstool zur Bewertung rassistischer Voreingenommenheit, das sie direkt nach den Gesprächen mit den Schülerinnen und Schüler einsetzen wollte. „Habe ich mich von diesem Stereotyp beeinflussen lassen? Habe ich etwas gesagt, dass dieses Stereotyp ungewollt zum Ausdruck gebracht haben könnte?" Das Team war überzeugt, mithilfe eines guten Reflexionstools bessere Beratungsgespräche führen zu können.

Wenn Sie diese Übung in der Gruppe durchführen, sollten Sie Ihre Worte bewusst wählen. Um den Kontext abzustecken, könnten Sie zum Beispiel mit der Aussage einleiten, „Wir leben in einem rassistischen System", und die Teilnehmenden dann einladen, dies zu diskutieren. Der Begriff „System" funktioniert immer gut, weil er die Menschen auffordert, über ihre Rolle im System nachzudenken und darüber, ob sie zu seiner Aufrechterhaltung beitragen, es ignorieren oder stören. Diese Aussage war das passende Framing für meine Arbeit in Chicago, aber Sie müssen vielleicht für Ihr Projekt einen anderen Rahmen schaffen.

Denken Sie daran: Niemand sollte die Annahmen und Stereotypen mit der persönlichen Meinung der Teilnehmenden gleichsetzen. Die Übung dient dazu, in der Gesellschaft vorherrschende Narrative zu identifizieren, nicht individuelle Einstellungen. Wenn Sie darauf nicht im Vorfeld hinweisen, werden die Teilnehmenden zu befangen sein und Angst haben, sie könnten jemanden beleidigen. Und dann erreichen Sie mit dieser Übung wenig.

– Chris Rudd

20 Metaphern verwenden

Eine Idee von Nihir Shah, inspiriert von Jane Hirshfield

In Ihrer kreativen Arbeit begeben Sie sich regelmäßig auf unbekanntes Terrain. Sie stellen große Gedankensprünge an, um sich vorzustellen, was Ihre fertige Lösung können muss, wie sie aussehen oder sich anfühlen wird. Gibt es eine Möglichkeit zu beschreiben, wo Sie hinwollen, wenn Sie es selbst noch nicht wissen? Ja, mithilfe von Metaphern. Metaphern sind kognitive Brücken, die Ihnen große Sprünge vorwärts ermöglichen, ohne dass Sie dabei den vertrauten Boden unter Ihren Füßen verlieren und gefährlich in der Luft hängen.

Metaphern helfen Ihnen, eine Sache als eine andere zu erleben oder zu verstehen. In einem wunderbaren, kurzen Video mit dem Titel *The Art of the Metaphor* weist die amerikanische Dichterin Jane Hirshfield auf Folgendes hin: Wenn Sie jemals das Gefühl hatten, „in einem Berg aus Arbeit zu versinken", haben Sie mehr getan, also einfach nur eine große Zahl von Dokumenten zu beschreiben. Sie haben beschrieben, wie sich diese Erfahrung für Sie anfühlt. Metaphern helfen uns, gleichzeitig mit unserer Fantasie, unseren Gefühlen und unseren Sinnen zu denken. Oder nehmen Sie die Redewendung „Es regnet wie aus Kübeln". Wer denkt da nicht sofort an sturzflutartigen Regen, der auf die Erde niederprasselt?

Metaphern sind mehr als nur eine farbenfrohe Sprache, mit der wir beschreiben, was bereits existiert. Mit ihnen lassen sich auch im Entstehen begriffene Ideen oder neue Sichtweisen auf komplexe Herausforderungen ausdrücken.

In dieser Übung lernen Sie, Metaphern einzusetzen, um das Problem zu verstehen, das Sie lösen möchten, oder die Chance zu definieren, die Ihre kreative Arbeit bietet. (Metaphern lassen sich vielseitig einsetzen: In *Die Lösung existiert bereits* (Seite 114) nutzen Sie Metaphern zur Ideengenerierung, und in *Erzähl deinem Großvater davon* (Seite 181) veranschaulichen Sie mit ihnen abstrakte Konzepte.)

Sie können die Übung allein durchführen oder in der Gruppe, um eine gemeinsame Sprache für das zu finden, was Sie gemeinsam erkunden möchten.

So geht's

Denken Sie an eine Herausforderung, vor der Sie gerade persönlich oder beruflich stehen. Betrachten Sie die Fotos auf der folgenden Seite und wählen Sie das aus, das Ihr derzeitiges Problem am besten beschreibt.

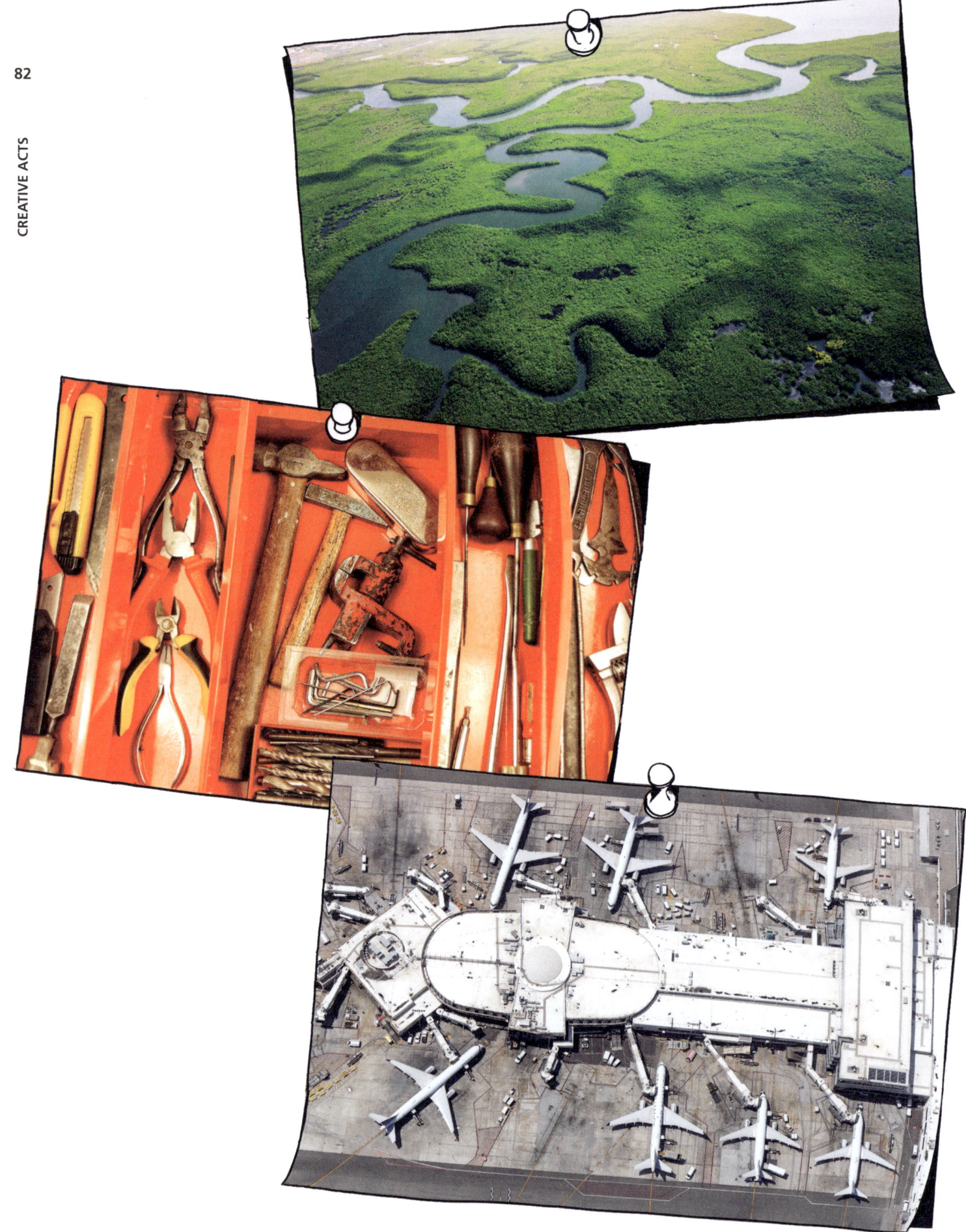

Wenn Ihnen die Auswahl schwerfällt, entscheiden Sie sich für das Bild oder die Metapher, das/die:

am besten beschreibt, wie Sie sich in Bezug auf das Problem fühlen
am besten beschreibt, wie Sie sich fühlen möchten bzw. wie Sie möchten, dass andere sich fühlen, wenn Sie eine Lösung für das Problem gefunden haben
am ehesten darstellt, wie Ihre Maßnahme oder Ihr Design später aussehen könnte

Nachdem Sie eines der Fotos ausgewählt haben, notieren Sie so viele Teile des Systems oder Gegenstands, wie Sie sehen oder sich vorstellen können. Beim Flughafen könnten Sie zum Beispiel verschiedene Jobs und Tätigkeitsbereiche wie Pilot, Catering und Gepäckabfertigung notieren; verschiedene Maschinen und Anlagen wie Motoren, Lkw und Beförderungsbänder; verschiedene Erfahrungen wie Verspätungen, Vorfreude, Ohrenschmerzen und Ängste; und verschiedene formelle und informelle Beziehungen wie Konzessionsverträge, Gate-Zuweisungen und Sitznachbarn an Bord. Diese Auflistung ist nur ein Anfang. Die Fotos wurden gewählt, weil sie so viel hergeben und die verschiedensten Interaktionen vorstellbar sind. Potenzielle Metaphern gibt es viele; wenn Ihnen eine andere in den Sinn kommt, verwenden Sie diese.

Versuchen Sie nun, die verschiedenen Elemente auf Ihrer Liste mit Aspekten der Herausforderung in Verbindung zu bringen, an der Sie arbeiten. Wer oder was stellt in Ihrer Welt zum Beispiel die Beziehung zwischen Pilot und Co-Pilot dar oder die Erfahrung, das eigene Gepäck beim Check-in auf dem Förderband verschwinden zu sehen? Wofür sollen diese Elemente in Ihrer Lösung stehen? Vielleicht sind Sie in der Lage, die Punkte sofort zu verbinden: „Oh, ich weiß genau, wofür der lange Prozess der Sicherheitsabfertigung in meinem Projekt steht!" Wenn Sie nicht sofort Verbindungen herstellen können, gehen Sie die Liste Punkt für Punkt durch und suchen Sie nach Parallelen. Planen Sie für diese Phase 15 bis 20 Minuten ein.

Halten Sie dann inne, und fragen Sie sich:

Welche neuen Erkenntnisse habe ich zu der Herausforderung gewonnen, vor der ich stehe?
Welche neuen Ideen sind mir zu der Art von Lösung gekommen, die ich in Betracht ziehen muss?
Wie kann ich Teile dieser Metapher nutzen, um einfacher zu beschreiben, woran ich arbeite?

Wer Herausforderungen kreativ angehen will, muss die Perspektive wechseln. Metaphern sind eine schnelle und einfache Möglichkeit, die Dinge anders zu betrachten. Und sie helfen uns, unscharfen Gedanken einen vertrauten Rahmen zu geben. Wenn Sie sich angesichts der Unbestimmtheit einer Herausforderung einmal blockiert oder überfordert fühlen, helfen Ihnen Metaphern, alle Steinchen an den richtigen Platz zu rücken, während Sie an der Problemlösung arbeiten. Metaphern können auch dazu dienen, Lösungen auf Grundlage bewusst gewählter, positiver Modelle zu entwickeln. Wie wäre es, wenn Sie sich im Wartezimmer beim Arzt wie in einem Coffeeshop fühlen würden? Oder stellen Sie sich vor, Sie bringen ihr Auto in die Werkstatt und dort kümmert man sich darum wie um Gäste in einem Wellnesshotel.

Wenn Sie Ihren eigenen Pool an Metaphern aufbauen möchten, suchen Sie nach Bildern von Systemen. Ökologische und natürliche Systeme funktionieren fast immer, genauso wie Verkehrsknotenpunkte, Objektsammlungen oder komplexe Umgebungen wie ein Zirkus, eine schicke Hotellobby oder ein professionelles Basketballspiel. Drucken Sie die Bilder aus und erstellen Sie eigene Metapher-Karten, die Sie in aktuellen und zukünftigen Projekten nutzen können.

21 Lenken Sie Ihre Neugier

Eine **Idee** von Eugene Korsunskiy, Kyle Williams, Bill Burnett und Dave Evans

Diese Übung ist, als würden Sie mit Ihrer Neugier Gassi gehen. Sie erkunden dabei bewusst, wie Sie Inspiration finden.

Das ist hilfreich, denn heutzutage können Sie sich in fast jedem Winkel der Welt Anregungen holen – und das ist sehr viel Input, der verarbeitet werden will. Vielleicht haben Sie das Gefühl, ständig etwas zu verpassen. Um diese innere Stimme zum Schweigen zu bringen, die immerzu „FOMO! FOMO!" ruft (FOMO = Fear Of Missing Out; die Angst, etwas zu verpassen), müssen Sie ihr etwas Besseres anbieten: Inspirationen, die Ihre Kreativität entfachen.

Was bei Ihnen den kreativen Funken entzündet, finden Sie in dieser Übung heraus. Sie können sie immer dann einsetzen, wenn es zu viele Optionen gibt, auf die Sie sich konzentrieren könnten, oder wenn Sie andersherum das Gefühl haben, dass Ihre Inspirationsquelle versiegt ist.

So geht's

Planen Sie ca. 20 Minuten ein.

Sie brauchen ein Notizbuch und einen Stift.

Begeben Sie sich an einen Ort – zum Beispiel ein Museum, ein Einkaufszentrum oder eine Buchhandlung –, an dem es zahlreiche Gegenstände gibt, mit denen Sie interagieren können und die sich genau betrachten lassen.

Laufen Sie umher, bis Sie einen Gegenstand finden, der Ihre Aufmerksamkeit erregt. Betrachten Sie diesen 1 bis 2 Minuten lang. Was interessiert Sie an diesem Gegenstand? Das kann die Form, die Farbe, das Material, die Größe oder die Art und Weise sein, wie ein Thema (zum Beispiel Geschlecht, Lebensmittel oder Sport) dargestellt wird.

Notieren Sie einen Aspekt des Gegenstands, der Ihnen ins Auge springt, und was Ihnen daran gefällt. Setzen Sie dann Ihren Rundgang fort und halten Sie nach einem Gegenstand Ausschau, der dieselbe Eigenschaft besitzt.

Verweilen Sie auch vor dem neuen Gegenstand ein paar Minuten. Notieren Sie, was Sie an diesem Objekt interessant finden. Vielleicht hat Sie die Farbe angezogen, doch jetzt begeistert Sie plötzlich das Zusammenspiel der glatten und rauen Oberflächen. Achten Sie bei der Auswahl des dritten Gegenstandes nun auf *diese* Eigenschaft.

Machen Sie weiter, bis Sie 5 oder 6 Gegenstände betrachtet haben. Notieren Sie dabei jedes Mal, was Sie angezogen hat. Was spricht Sie jeweils an?

Nun ist es Zeit für eine Reflexion:

Zunächst einmal haben Sie einen Mini-Katalog visueller Eigenschaften erstellt, die Sie anziehen. Das ist schon mal wertvoll! Überlegen Sie als Nächstes, wie Sie sich normalerweise in einem Museum (oder Einkaufszentrum oder Buchladen) verhalten. Wenn Sie zu der Schlussfolgerung kommen, dass Sie sich eigentlich inspirieren lassen wollen, dann aber ziellos umherlaufen, fragen Sie sich: Was war diesmal anders? Wie haben Sie sich diesmal durch den Raum bewegt?

Überlegen Sie dann: Ist diese Erfahrung ein Mikrokosmos oder eine Metapher für etwas anderes, das Sie gerade bewältigen müssen? Ein anspruchsvolles Projekt? Eine Beziehung? Eine Erfahrung in der Arbeit? Inwiefern hat diese neue Erfahrung in der Arbeit Ähnlichkeit mit dem, was Sie gerade erlebt haben?

Vielleicht weist Ihre andere Erfahrung gewisse Parallelen wie Ziellosigkeit oder Eile oder Unsicherheit auf. Wie können Ihre im Zuge dieser Übung gewonnenen Erkenntnisse darüber, was Ihre Neugier entfacht, Ihnen helfen, die neue Situation besser zu kontrollieren und Ihre Aufmerksamkeit zu fokussieren? Was hat Ihnen an der Erfahrung in dieser Übung besonders gefallen? Wo in Ihrem Projekt/Ihrer Beziehung/Ihrem Job gibt es Elemente, die dieselben Eigenschaften aufweisen?

Diese Übung gibt Ihnen die Möglichkeit, instinktiv und am eigenen Leib zu erfahren, wie Sie mehr aus einem Erlebnis ziehen – nicht indem Sie mehr hineinstecken, sondern indem Sie bewusst vorgehen.

Im Museum gibt es unzählige Dinge zu sehen. In den 30 Minuten, die für diese Übung vorgesehen sind, können Sie sich unmöglich alles ansehen. Dadurch entsteht eine Situation erzwungener Verknappung. Sie werden dann durch einen Prozess geleitet, der Ihnen hilft zu verstehen, wie Sie sich neuen Dingen aussetzen – bewusst oder unbewusst – und wie Sie sich dabei fühlen.

Mit dieser Übung will ich erreichen, dass Sie das Neugelernte nutzen, um sich weniger Gedanken über Ihre Fortschritte zu machen, und dass Sie in der Lage sind, Ihre Neugier bewusst anzustacheln und zu füttern.

– *Eugene Korsunskiy*

22 Weißt du noch …?

Eine Idee von Dan Klein, Patricia Ryan Madson und Improvisatoren überall auf der Welt

Um neue, spannende Konzepte zu entwickeln, ist es hilfreich, auf den Ideen anderer aufzubauen. Eine Idee, die zwischen zwei oder mehr Gehirnen hin- und herspringt, kann so viel cooler, verrückter oder einfühlsamer sein. Alles gute Dinge, die Sie in die Lage versetzen, ein breites Spektrum möglicher Lösungen in Betracht zu ziehen. Dieser Prozess verlangt, dass Sie zuhören und dann antworten, anstatt für sich allein Ideen zu generieren und diese dann zu äußern.

Zu häufig vergessen wir, anderen zu folgen. Zum Beispiel weil wir der Beste sein und die „genialste" Idee entwickeln wollen. Oder weil wir Angst haben, etwas falsch zu verstehen, zu weit zu gehen oder blöd auszusehen. Doch wir können lernen, die kognitive Kraft zu nutzen, die entsteht, wenn wir Dinge auf unerwartete Weise miteinander verbinden.

Diese Übung ist, als würden Sie ein besonders lustiges Gedankenexperiment mehrmals wiederholen. Führen Sie sie direkt vor einem Brainstorming durch oder wann immer Sie kreativ sein wollen. Sie lernen darin ein Grundprinzip kreativer Zusammenarbeit: die Ideen anderer weiterdenken, anstatt sie abzuwürgen.

So geht's

Für diese Übung brauchen Sie eine Partnerin oder einen Partner.

1. Runde: Sich im Detail uneinig sein

Tun Sie gemeinsam mit Ihrem Partner so, als seien Sie alte Freunde, die sich immer dann uneinig sind, wenn es um Details geht. „Erinnern" Sie sich an eine gemeinsame Aktivität – eine fiktive gemeinsame Erinnerung. Diese kann langweilig oder spannend sein; sie darf nur nichts sein, das Sie *tatsächlich* einmal zusammen erlebt haben. Person A beginnt: „Weißt du noch, als wir …?"

… Kaffee geholt haben?
… in der Weinbar auf dem Marktplatz waren?
… nirgendwo Pflaster gefunden haben?

Person B bejaht dies, widerspricht aber in Bezug auf einige Details.

Setzen Sie das eine Weile fort und reichern Sie dabei Ihre gemeinsame Erinnerung an, seien Sie sich aber weiter uneins: „Nein, das stimmt so aber nicht." Oder: „Ach ja, ich erinnere mich. Aber so war das doch gar nicht."

Schwelgen Sie 1 bis 1 ½ Minuten in Ihrer gemeinsamen fiktiven Erinnerung und beenden Sie die Runde dann.

2. Runde: Sich in allem einig sein

Spielen Sie das gleiche Spiel mit dem selben Partner noch einmal, nur diesmal sind Sie sich auf wundersame Weise in allem einig. Was auch immer Ihr Partner sagt, stimmt genau.

Wenn Sie sich dabei erwischen, Ihrem Partner widersprechen zu wollen, sagen Sie einfach, „Oh nein, warte, du hast ja recht. Wie konnte ich das vergessen. Wir sind natürlich entführt worden!" oder was auch immer Ihr Partner behauptet hat. Es geht darum, die andere Person in Ihrer gemeinsamen fiktiven Erinnerung gut aussehen zu lassen. Da alles erfunden ist, können Sie sie auch zu einem Helden machen.

Setzen Sie Ihre Unterhaltung ein paar weitere Minuten fort.

Vergleichen Sie nun die beiden Runden: Wie haben Sie sich in Runde 1 gefühlt, wie in Runde 2?

Sie haben wahrscheinlich verschiedene Arten der Interaktion erlebt: direktes Abwürgen, wenn Ihr Gegenüber komplett anderer Meinung war; teilweises Abwürgen, wenn Ihr Gegenüber einem Teil Ihrer Aussage nicht zugestimmt hat (ein teilweises Abwürgen ist immer noch ein Abwürgen – es blockiert einen Kanal kreativer Energie); und Annehmen, wenn Ihr Gegenüber Ihre Idee aufgegriffen und weitergesponnen hat. Waren Sie aufgeregt und haben Sie die Begeisterung im Raum gespürt, als Ihr Partner Ihnen zugestimmt hat? Positive Energie ist ansteckend und das Ziel ist es, Ihre gesamte Arbeit damit zu infizieren.

Das klingt logisch, aber es selbst zu erleben, schafft eine Art verinnerlichtes Wissen, das Ihnen in Zukunft hilft, Ihre schlechten Gewohnheiten zu erkennen und gegenzusteuern. Dadurch geben Sie anderen mehr Raum. Nichts zerstört den Ideenfluss so sehr wie schwindendes Selbstvertrauen, nachdem man abgewürgt wurde. Deshalb sollte es Ihr oberstes Ziel sein, dafür zu sorgen, dass Ihr Gegenüber sich wohlfühlt. Bei diesem Aspekt der kreativen Arbeit geht es nicht um Sie.

Zu erleben, wie es sich anfühlt, abgewürgt oder angenommen zu werden, ist auch jenseits von Brainstorming wertvoll. Es ist immer dann hilfreich, wenn Sie gemeinsam konstruktiv sein müssen. Konflikte in der kreativen Zusammenarbeit entstehen häufig dadurch, dass ein Partner blockiert und der andere versucht, das Gesagte anzunehmen und weiterzudenken. Zu erkennen, wenn das passiert, hilft Ihnen, Reibungsverluste zu minimieren – ob Sie nun gemeinsam mit Ihrem Team ein cooles neues Produkt entwickeln oder mit Ihrer Mitbewohnerin eine neue Couch aussuchen.

Diese Übung ist eine meiner Lieblingsübungen, wenn es darum geht, Menschen erleben und verstehen zu lassen, dass die Art und Weise, wie sie mit anderen interagieren, genauso wichtig ist, wie in der Lage zu sein, allein Ideen zu entwickeln.

– Dan Klein

23 Die Monsun-Challenge

Eine Idee von Jim Patell und Scott Cannon

Es ist aufregend, sich auf große kreative Projekte vorzubereiten. Sie brauchen Durchhaltevermögen und Widerstandsfähigkeit und müssen die für die Aufgabe erforderlichen Kompetenzen auffrischen. Um die Verhaltensweisen, die Sie für Ihr großes Projekt benötigen, zu „wecken", kann es hilfreich sein, ein kleines, intensives Aufwärmprojekt durchzuführen, bevor Sie sich auf die eigentliche Herausforderung einlassen.

Diese Übung war ursprünglich für Teams gedacht, die mit wenigen Ressourcen auskommen müssen. Sie eignet sich jedoch für alle, die ein Budget einhalten und deshalb maximal erfinderisch sein müssen. Gerade für neue Teams stellt die Übung ein perfektes erstes Projekt dar, denn sie hilft Ihnen, schnell Ihr Gespür, Ihre Stärken und Ihre blinden Flecke zu erkennen. Häufig gibt sie auch einen Vorgeschmack auf Misserfolge und zeigt, wie wichtig es ist, einen Prototyp zu entwickeln und diesen zu testen, bevor man damit an die Öffentlichkeit geht. Und: Stellen Sie sich darauf ein, nass zu werden.

Das erste Mal eingesetzt wurde die Übung 2005 im Kurs *Design for Extreme Affordability*. Beschrieben wird sie hier von David Janka, der sie sowohl als Student als auch als Dozent durchgeführt hat. Wie Sie die Übung an Ihre Situation anpassen und selbst durchführen können, erfahren Sie am Ende.

So geht's

Das Ziel war einfach, ebenso die Kriterien, um gegen die anderen Teams zu gewinnen: während eines nachgestellten Monsuns, der in Wirklichkeit eine auf einer Leiter befestigte Sprinkleranlage war, den meisten „Regen" sammeln. Die Teams brachten ihre Sammelvorrichtung in Stellung und hatten dann 5 Minuten Zeit, Wasser zu sammeln, während der Sprinkler lief. Die Messung war denkbar einfach: ein Sammelbehälter mit einem vertikal angebrachten Lineal, das bis zum Boden reichte und die Wasserhöhe anzeigte. Die Designerinnen und Designer und ihre fünfköpfigen Teams hatten weniger als eine Woche Zeit, um die Sammelvorrichtung zu entwickeln. Die Teammitglieder kamen aus unterschiedlichen Abteilungen und hatten unterschiedliche Hintergründe, und die Übung half ihnen, sich kennenzulernen und zu beobachten, wie die Mitglieder im Einzelnen arbeiteten.

Jedes Team erhielt 20 US-Dollar für die Erstellung eines Prototyps. Dieser Betrag durfte nicht überschritten werden. Doch wir ermutigten die Studierenden dazu, gar kein Geld auszugeben und stattdessen bereits vorhandene Materialien zu verwenden. Für die Analyse und Vorbereitung hatten die Teams nur sehr wenig Zeit, denn wir wollten sie (vorsichtig) dahin bringen, dass sie sich voll und ganz auf den Bau des Prototyps konzentrierten und dafür bereitgestellte Materialien wie Klebeband, ein PVC-Rohr, Kabelbinder und

Plastikfolie nutzten. Den Studierenden würden tausend weitere Dinge einfallen, weil sie keine Zeit zu verlieren hatten und direkt loslegen mussten.

Es zeigte sich ein klares Muster: Einige Teams planten, fertigten Skizzen an und diskutierten, bauten ihren Prototyp jedoch erst während des eigentlichen Wettbewerbs. Zu diesem Zeitpunkt hatten sie sich bereits auf bestimmte Materialien und ein Konzept festgelegt. Andere Teams, die gleich einen Prototyp gebaut und diesen mit echtem Wasser getestet hatten, kamen besser voran, iterierten und änderten ihre ursprünglichen Ideen teilweise stark. Das war eine lehrreiche Erfahrung, denn einige Ideen scheiterten katastrophal. Man vergisst leicht, wie schwer Wasser ist … Manche hatten zum Beispiel ausgeklügelte Trichter gebaut und fingen das Wasser mit Planen auf. Dieses sammelte sich dann jedoch in einer Ecke und brachte die gesamte Struktur zum Einsturz. Das lässt sich leicht herausfinden, aber nur, wenn man seine Lösung auch testet. Einen Prototyp zu bauen und zu testen ist die schnellste Möglichkeit herauszufinden, was man nicht weiß.

Einmal nutzte ein Team mehrere Regenschirme als eine Art Abflusssystem. Die Studierenden hatten sich in Restaurants und Bars erkundigt, ob Gäste dort Regenschirme vergessen hatten und sie diese mitnehmen könnten. Sie kamen mit einigen Dutzend Schirmen zurück und bauten ihre Vorrichtung.

Einige der Regenschirme stellten sie mit Löchern versehen falsch herum auf, andere richtig herum, um das Wasser über mehrere Behälter zu verteilen. Sie belegten zwar nicht den 1. Platz, waren für mich aber die eigentlichen Gewinner, weil sie bei der Materialauswahl eine große Findigkeit bewiesen hatten. Mir war klar, dass ihnen das bei ihren zukünftigen, größeren Projekten helfen würde.

Manche Teams reizten die Grenzen sogar voll aus. Ein Team verwendete die 20 Dollar Budget zum Beispiel, um Bier für eine Gruppe Straßenbauarbeiter zu besorgen, und lieh sich im Gegenzug ihren Kran aus, um verschiedenste Geräte vor Ort zu schaffen und daraus ihre Monsun-Sammelvorrichtung zu bauen. Am Montagmorgen nach der Challenge transportierte die Bauarbeitertruppe die Geräte wieder zurück zur Baustelle.

Es war beeindruckend zu sehen, wie schnell die Studierenden auf einem ihnen unbekannten Gebiet zu Höchstform aufliefen – schneller, als sie selbst für möglich gehalten hätten. Jedes Jahr nach der Challenge hält Kursleiter Jim Patell eine kurze, inspirierende Rede: „Wir haben heute viele verschiedene Ansätze gesehen. Manche waren mehr oder weniger erfolgreich, die meisten sind gescheitert. Natürlich. Wir haben euch lediglich 72 Stunden Zeit und 20 Dollar gegeben. Aber jetzt, da ihr die vielen Ansätze gesehen habt, wisst ihr, dass ihr die Challenge beim nächsten Mal knacken könntet."

– David Janka

Sie können diese Aufgabe an viele verschiedene Kontexte und Kompetenzniveaus anpassen.

Um sie vollständig nachzubilden, teilen Sie eine Gruppe in Teams von vier oder fünf Personen auf und geben jedem Team ein paar Tage Zeit sowie 20 Dollar (oder Euro, je nach Währung), um eine Vorrichtung zu bauen, die so viel Sprinklerwasser wie möglich innerhalb von 5 Minuten sammelt. Halten Sie den Wettbewerb am Ende der Woche an einem ländlichen Ort oder einem Parkplatz ab.

Geben Sie den Teams ausreichend Zeit, um ihre Geräte aufzubauen; idealerweise können Sie den Platz so aufteilen, dass jedes Team einen eigenen Bereich hat und alle Teams gleichzeitig aufbauen können. Befestigen Sie einen Schlauch mit einer Sprinkleranlage an der Spitze einer Leiter. Um Zeit zu sparen, ist es noch besser, wenn Sie mehr als eine Leiter mit Sprinkler haben, um sie auf dem Gelände zu den verschiedenen Prototypen bewegen können. Legen Sie fest, wer die Beurteilung durchführen und messen wird, wie viel Wasser gesammelt wurde. (Der Gewinner wird vielleicht sehr offensichtlich sein, aber wenn nicht, ist es gut, vorab eine objektive Methode vereinbart zu haben.) Sie werden feststellen, dass das Wettbewerbselement verschwindet und das ist gut so: Es funktioniert sogar, dass sich die Teams gegenseitig anfeuern.

Lassen Sie die Teams ihre Arbeiten nacheinander präsentieren, indem Sie die Sprinkleranlage jeweils für genau fünf Minuten laufen lassen. Nachdem alle Teams an der Reihe waren, erklären Sie den Sieger!

Überlegen Sie in der Gruppe, was ein erfolgreiches Modell ausmacht und was ein nicht erfolgreiches. Lenken Sie dann das Gespräch auf Ihren Prozess. Was haben die erfolgreicheren Gruppen anders gemacht als die anderen? Welche neuen Strategien für Prototyping oder Gruppenzusammenarbeit werden Sie in Ihr nächstes Projekt einbringen?

Falls Sie nur wenig Zeit, Budget oder Teilnehmer haben, können Sie dieses Projekt auch allein durchführen und gegen sich selbst antreten, indem Sie einige verschiedene Prototypen bauen. Wenn Sie keinen Garten oder Sprinkler haben, bauen Sie Ihre Geräte und warten Sie, bis es tatsächlich regnet. Sie können das Projekt auch stark verkleinern, indem Sie eine Dusche anstelle eines Rasensprengers verwenden und Mini-Geräte bauen.

Wenn Sie an einem Ort leben, der trocken ist oder unter einer Dürre leidet, können Sie die Besonderheiten der Herausforderung ändern, aber die Struktur beibehalten. Sie könnten ein Gerät bauen, mit dem man etwas Schweres zwischen zwei Punkten transportieren oder Gegenstände aus einer großen Fläche mit Erde oder Gras herausheben kann, ohne einen bestimmten markierten Bereich zu betreten. Werden Sie kreativ, damit Sie kein Wasser an einem Ort verschwenden, an dem es nicht im Überfluss vorhanden ist.

24 Mit Buchstaben zeichnen

Eine Idee von Ashish Goel, inspiriert von Schülerinnen und Schülern der Nueva School

Wenn sich zwei Personen miteinander unterhalten, hat jede von ihnen bestimmte Vorstellungen im Kopf. Ihre Worte erzeugen weitere Vorstellungen, ebenfalls in ihren Köpfen. Wenn wir miteinander sprechen, erstellen wir duale Konzepte – mindestens eines pro Kopf. Diese können identisch sein, müssen es aber nicht. Der Weidenbaum in Ihrer Vorstellung könnte in meiner Vorstellung eine Palme, ein Mammutbaum oder sogar ein Stammbaum sein.

Wenn zwei Personen völlig unterschiedliche Vorstellungen haben, kann dies das Verständnis dessen, worüber sie sprechen, verzerren. Dann besteht die Gefahr, dass sie vieles von dem, was der andere sagt, falsch interpretieren.

Zeichnen, Skizzieren oder Kritzeln – wie auch immer Sie es nennen möchten –, um Ideen zu Papier zu bringen, kann die Kommunikation enorm erleichtern. Wenn Sie etwas zeichnen, wandert die Idee von Ihrem Gehirn in das Gehirn Ihres Gegenübers und hat dabei wenig Chancen, sich stark zu verändern. Das verhindert Missverständnisse und spart Zeit. Sobald Sie etwas für andere visualisieren, wissen alle Beteiligten, woran sie gemeinsam arbeiten.

Erwachsene sind häufig gehemmt, wenn sie vor anderen etwas zeichnen sollen, doch ich kann Sie beruhigen: Wenn Sie Buchstaben malen können, besitzen Sie zumindest grundlegende Zeichenfertigkeiten. Eine schöne Möglichkeit, das Visualisieren zu üben, ist das Zeichnen von Strichmännchen. In dieser Übung verwenden Sie dafür die Buchstaben des Alphabets und bringen so jede erdenkliche Person zu Papier.

Es gibt viele Möglichkeiten, Ihre Zeichenfertigkeiten zu trainieren, wenn Sie bereits über Grundkenntnisse verfügen. In dieser Übung machen Sie Ihre allerersten Schritte.

So geht's

Buchstaben eignen sich sehr gut, um Strichmännchen zu zeichnen. Am besten Sie denken hierbei gar nicht an Zeichnungen.

Schreiben Sie als Erstes Ihren Namen mittig auf ein Blatt Papier. Sie können einen beliebigen (Blei-)Stift verwenden. Schreiben Sie dann jeden Buchstaben des Alphabets dreimal hintereinander in Großbuchstaben.

Und dann jeden Buchstaben dreimal hintereinander in Kleinbuchstaben.

Super! Jetzt sind Sie so weit, die Buchstaben (und ein paar andere Striche) miteinander zu kombinieren und so Ihre Strichmännchen aufzubauen. Hier sehen Sie einige Z- und U-Männchen:

AAA BBB CCC
LLL OOO ZZZ

www ddd
uuu ooo

Jetzt heißt es, Ihre Strichmännchen zum Leben zu erwecken und Tätigkeiten ausführen zu lassen.

Betrachten Sie sich selbst im Spiegel und nehmen Sie die Haltung einer verwirrten oder aufgeregten Person ein. Oder einer verliebten. Beobachten Sie jeweils, wie sich Ihre Körperform verändert.

Betrachten Sie wieder Ihre Buchstaben und wählen Sie einen Buchstaben aus, der der Körperform ähnelt, die Sie eben im Spiegel angenommen haben. Oder zeichnen Sie eine neue Form auf Grundlage dessen, was Sie gesehen haben.

Jetzt, da Sie ein wenig Übung haben, können Sie eine Mini-Challenge absolvieren, um Ihre neuen Fertigkeiten zu testen. Suchen Sie sich im Laufe des nächsten Tages drei Situationen, in denen Sie etwas visuell kommunizieren, was Sie normalerweise verbal ausdrücken würden. Sie können zum Beispiel ein paar weitere To Dos in Form von Strichmännchen auf der Aufgabentafel zu Hause ergänzen, eine kleine Dankesnachricht an einen Freund zeichnen und diese abfotografieren, anstatt sie zu schreiben, oder eine visuelle Einkaufsliste erstellen.

Wenn Sie Ihre Zeichenfertigkeit regelmäßig trainieren, wird diese irgendwann zu Ihrer zweiten Natur. Und Sie werden feststellen: Je häufiger Sie Ihre schriftlichen Botschaften durch visuelle ergänzen, desto mehr Menschen werden sich auf Ihre Ideen einlassen und diese deutlich in Erinnerung behalten.

Ich habe diese geniale Methode von einer Gruppe Viertklässler gelernt, die einmal zu Besuch an der d.school war, und ich habe nie eine weitere benötigt.

– Ashish Goel

25 Reflexion und Offenbarung

Eine Idee von Michelle Jia und Michael Barry

Die Geschichte, die wir anderen über uns erzählen, deckt sich häufig nicht (ganz) mit unserem Verhalten und unseren Überzeugungen. Ich würde Ihnen zum Beispiel wahrscheinlich erzählen, dass ich mich ziemlich gesund ernähre. Immerhin bin ich seit Langem Vegetarierin (und lasse das auch alle wissen). Diese Dinge zusammengenommen bilden eine Geschichte, die ich über mich erzähle. Doch wenn Sie mich genau beobachten würden oder mich bäten, ein Ernährungstagebuch zu führen, würden Sie feststellen, dass ich häufig mehr Brot und Käse esse als Gemüse. Ich ernähre mich also nicht ganz so gesund wie behauptet.

Was haben Sie also über mich erfahren? Da Sie weder meine Ärztin noch mein Arzt sind, kann es Ihnen eigentlich egal sein, wie ich mich konkret ernähre. Und selbst wenn ich es Ihnen sagen würde, wüssten Sie immer noch nicht, ob es wirklich stimmt. Was Sie aber wissen, ist, dass mir der Gedanke wichtig ist, sich gesund zu ernähren. So möchte ich gesehen werden. Das ist ein implizites Bedürfnis und es beeinflusst, warum ich bestimmte Entscheidungen treffe. Wenn Sie für mich etwas im Bereich Lebensmittel, Ernährung oder Gesundheit designen würden, wäre es äußerst wichtig für Sie zu wissen, dass ich in Bezug auf einen Teil meiner Identität auf eine bestimmte Art und Weise wahrgenommen werden möchte – und damit bin ich sicher nicht allein.

Wenn Sie etwas designen, versuchen Sie immerzu, das „Warum" zu verstehen. Je besser Sie die Wünsche, Interessen und Bedürfnisse Ihrer Zielgruppe kennen, desto eher entwerfen Sie etwas, das diese Bedürfnisse auch befriedigt. Explizite Bedürfnisse sind leicht zu erkennen, weil sie sich an der Oberfläche befinden und sie werden häufig dadurch adressiert, dass man etwas leichter nutzbar oder auffindbar macht. Implizite Bedürfnisse wie mein Wunsch, als jemand wahrgenommen zu werden, der sich gesund ernährt, sind dagegen für das bloße Auge unsichtbar. Was Menschen tun, lässt sich einfacher beobachten, als zu verstehen, *warum* sie es tun. Sie können sehen, was Menschen tun, und hören, was sie sagen, aber ihre Beweggründe, Gedanken und Gefühle können Sie nicht sehen. Was unser Verhalten antreibt, bleibt verborgen – manchmal verstehen wir nicht einmal unsere eigenen Handlungen, Entscheidungen, Vorlieben und Überzeugungen zur Gänze. Doch wenn Sie sie spüren, fällt es Ihnen leichter, ein Problem neu zu definieren und aus einem anderen Winkel zu betrachten: einem Winkel, der den Menschen wichtig ist, deren Bedürfnisse sie befriedigen wollen.

In dieser Übung lernen Sie, Fragen zu stellen, die Sie über allgemeine Informationen hinausführen und zum „Warum" unter der Oberfläche vordringen lassen. Sie können zwar nicht direkt nach diesen tieferliegenden Warums fragen, aber Sie können Fragen stellen, die Sie fast zu den Warums führen. An der Oberfläche treffen Sie auf bestimmte Verhaltensweisen und artikulierte Vorlieben: Menschen können Ihnen Schritt für Schritt erzählen, was passiert ist oder was sie gemacht haben, und Sie werden Ihnen offen sagen, was sie mögen und was sie nicht mögen. Das ist ein guter Ausgangspunkt. In diesen Geschichten verbergen sich Überzeugungen und Einstellungen, die sich schwer mit Worten ausdrücken lassen. Diese Geschichten sind tief verankert in dem, wie Menschen Sinn finden und die Welt sehen, sowie in ihren Werten.

Ein Repertoire an Fragen, mit denen sich implizite Bedürfnisse erkennen lassen, ist immer hilfreich: ob Sie nun bessere Problemlösungen für andere entwickeln möchten oder einfach eine bessere Freundin, ein besserer Vater, eine bessere Chefin oder ein besserer Kollege sein möchten. Dies müssen Fragen sein, die Raum für Interpretationen lassen, Ihrem Gegenüber Zeit zum „Laut-Denken" geben oder die Möglichkeit bieten, Ideen auf neue Weise zu ordnen. Allerdings liegt der Zauber nicht in den Fragen selbst, sondern in dem Raum, den Sie der anderen Person geben, und in der vertrauensvollen Atmosphäre, die Sie schaffen. Deshalb sollten Sie sich zunächst mit den *Grundlagen der Gesprächsführung* (Seite 56) vertraut machen, bevor Sie diese Übung in Angriff nehmen.

Darin entwickeln Sie Reflexionsfragen zur Verwendung in Interviews, in denen Sie mehr über den größeren Kontext, die Bedeutung und Tragweite der Erfahrungen oder Handlungen einer Person wissen möchten. Diese Fragen dienen als eine Art Spiegel, in dem Ihr Gegenüber seine Kommentare und Ansichten betrachten und über das, was er sieht, nachdenken und diesem Sinn verleihen kann. Manchmal bringen diese Fragen Gefühle, Reaktionen oder bislang nicht geäußerte Ansichten an die Oberfläche, was zu einer Katharsis führen kann. Deshalb sind diese Fragen erst gegen Ende des Interviews sinnvoll (und angemessen), wenn genügend Vertrauen zwischen Ihnen und Ihrem Gesprächspartner besteht. Das Verständnis, das Sie in den früheren Phasen des Gesprächs gewonnen haben, liefert Ihnen den benötigten Kontext, um mit den späteren Antworten etwas anfangen zu können; ohne diesen Kontext sind Sie nicht in der Lage, sie zu interpretieren.

Die impliziten Bedürfnisse einer Person zu verstehen ist der Schlüssel, der ein riesiges Potenzial für Kreativität und Veränderung freisetzt. Doch viele Menschen betrachten eine direkte Warum-Frage als einen persönlichen Angriff, auf den sie mit einer Kampf- oder-Flucht-Reaktion antworten. Deshalb müssen Sie herausfordernde Warum-Fragen in Reflexionsfragen umwandeln, die Ihnen spannende Geschichten offenbaren.

In dieser Übung lernen Sie fünf Kategorien von Reflexionsfragen kennen, nach aufsteigendem Schwierigkeitsgrad geordnet. Das heißt, wenn Sie Fragen aus einer der hinteren Kategorien stellen möchten, muss ein hohes Maß an Vertrauen und Verbindung zwischen Ihnen und Ihrem Gegenüber bestehen.

So geht's

Sehen Sie sich die folgenden Fragen an und notieren Sie für jede Frage, wie Sie sie auf das Interviewthema Ihrer Wahl anpassen würden. Wenn Sie gerade an keinem konkreten Projekt arbeiten, verwenden Sie die fiktive Design-Challenge *Der Haarschnitt* (Seite 254). Jede Frage enthält Beispiele, wie Sie sie für die Übung *Der Haarschnitt* anpassen können. Danach ist es an Ihnen, weitere Frage innerhalb der Kategorien zu finden.

1. Beschreiben

Die Fragen in dieser Kategorie fordern Ihr Gegenüber auf, bislang unbedeutende Dinge oder Ideen genauer zu betrachten und dabei ihre unverwechselbaren Eigenschaften sowie die persönliche Beziehung zu ihnen zu beschreiben. Wenn Sie jemanden bitten, seine eigene Welt zu ordnen, erkennen Sie häufig die Unterschiede zwischen Ihrer Denkweise (oder der in Ihrer Branche vorherrschenden) in Bezug auf Segmente oder Kategorien und der tatsächlichen Erfahrung, die die Menschen damit machen.

Wie würden Sie die verschiedenen Friseurinnen und Friseure beschreiben, die Sie bislang hatten?
Wie würden Sie die Bandbreite an Haarschnitten, die man sich machen lassen kann, kategorisieren?
Welche Kategorie bevorzugen Sie und warum?

Eine Frage aus der Kategorie „Beschreiben" können Sie immer mit „Und wo würden Sie sich da einordnen?" beenden, um auf die persönliche Ebene zurückzukommen.

2. Projizieren

In der Regel sollten Sie Ihr Gegenüber niemals bitten, Vermutungen über etwas anzustellen, zum Beispiel: „Wie viel würden Sie dafür wohl ausgeben, wenn es in Zukunft erhältlich wäre?" Abstrakte Vorhersagen von Menschen sind kein zuverlässiger Indikator dafür, dass sie das Genannte beim Eintreten der konkreten Situation wirklich tun würden. Eine Ausnahme bilden Fragen, mit denen Sie eine Ahnung oder einen Zweifel fördern. Das hilft Ihrem Gegenüber, sich in einen anderen Kontext hineinzuversetzen und zu überlegen, wie sich die Dinge für andere darstellen.

Was meinen Sie: Wie gehen andere vielbeschäftigte Mütter mit dem Haarschnitt-Problem um, das Sie beschreiben?
Was denken Sie würde passieren, wenn niemand in Ihrem Büro nächstes Jahr zum Friseur gehen könnte?
Was meinen Sie: Wie denke ich darüber?

Projektionen sind eine schöne Möglichkeit, Ihr Gegenüber andere Meinungen und Sichtweisen in einem geschützten Raum erkunden und austesten zu lassen und sich dann nach der Meinung der Person zu erkundigen:

Und gilt das auch für Sie?

3. Klären

Klären ist eine weichere Möglichkeit, Warum-Fragen anzugehen. Sie ist besonders dann hilfreich, wenn Ihr Gegenüber Dinge generalisiert oder sich widerspricht. Mit einer klärenden Frage könnten Sie mir zum Beispiel helfen, meine „gesunden" Essgewohnheiten von meinen Ansprüchen zu trennen. In einem Gespräch zum Thema „Haarschnitt" könnten Sie fragen:

Helfen Sie mir zu verstehen, warum Ihrer Meinung nach keiner der Friseursalons hier in der Gegend gut ist.
Was genau meinen Sie mit „unglaublich extravagant"?

Klärende Fragen helfen Ihnen, auf eine tiefere Ebene zu gelangen – nicht um weitere Einzelheiten zu erfahren, sondern um zu den persönlichen Überzeugungen Ihres Gegenübers vorzudringen. Sie können diese Fragen immer mit einer gewissen Demut einleiten, etwa: „Ich weiß, das klingt nach einer dummen Frage, aber …"

4. Benennen

Diese Fragen werden unter Umständen schlecht aufgenommen, weshalb Sie sie vorsichtig einsetzen sollten. Wenn jedoch eine gute Vertrauensbasis besteht, hilft Ihnen das Benennen dabei, die Gedanken oder Gefühle Ihres Gegenübers explizit zu formulieren und zu sehen, ob Sie sie richtig verstanden haben. Gute Fragen in der Kategorie „Benennen" sehen in etwa so aus:

Es scheint, als sei es Ihnen unangenehm, sich die Haare von einer Person anderen Geschlechts schneiden zu lassen.
Es entsteht der Eindruck, dass dieses Thema Sie nervös macht. Wie fühlen Sie sich gerade?

Achten Sie bei der Formulierung der Fragen unbedingt darauf, in der 3. Person, also neutral, zu sprechen. Vermeiden Sie Ich-Formulierungen wie „Ich habe den Eindruck, Sie sind verärgert", da Sie dies auf subtile Weise der anderen Person überlegen macht.

5. Herausfordern

Die letzte Kategorie ist die schwierigste. Setzen Sie diese Fragen behutsam ein, selbst wenn Sie eine sehr gute Beziehung zu Ihrem Gegenüber haben. Mit herausfordernden Fragen fordern Sie Ihr Gegenüber auf, noch einmal genauer über eine bestimmte Situation, eine Annahme oder eine Ausrede nachzudenken.

Nach allem, worüber wir gesprochen haben, ist es schwer zu glauben, dass Ihnen Ihr Äußeres „schlichtweg egal" ist. Warum lassen Sie Ihre Tochter einen Friseur für Sie auswählen?

Herausfordernde Fragen sind knifflig, weil sie eine Bewertung beinhalten, Sie aber als wertneutral rüberkommen möchten. Wenn die Rahmenbedingungen stimmen, kann sich das Stellen dieser Fragen jedoch lohnen, da sie manchmal zu einer Offenbarung führen – positiv wie negativ.

Nachdem Sie für jede Kategorie einige Beispielfragen notiert haben, wenden Sie diese in Ihrem nächsten ausführlichen Erkundungsgespräch an. Da Sie sich noch im Lernprozess befinden, ist es völlig in Ordnung, wenn Sie Ihr Gegenüber mitten im Interview darauf hinweisen: „Ich habe ein paar weitere Fragen, könnte diese aber vielleicht etwas ungeschickt formulieren. Wenn Ihnen etwas aufstößt, geben Sie bitte direkt Bescheid. Dann höre ich auf."

Wenn Sie derartige Gespräche führen, sollten Sie verinnerlicht haben, dass Menschen „Sinn machen". Ihre Entscheidungen und Verhaltensweisen werden durch ihre Sicht auf die Welt, ihre Bedürfnisse und Erfahrungen beeinflusst. Wenn Sie Ihre persönlichen Wertungen und Vorurteile mit ins Gespräch nehmen, werden diese Ihren Verständnisprozess behindern. Lassen Sie diese Gedanken während des Gesprächs beiseite, denn durch die in dieser Übung kennengelernten Fragen entwickeln sich Gespräche, die mehr sind als reines Faktensammeln. Sie müssen bereit sein, Neues zu hören und sich davon verändern zu lassen. Vielleicht ändert sich Ihre Richtung oder Ihr kreativer Ansatz, wenn Sie wirklich anerkennen, wie andere die Welt sehen und erleben. Vielleicht stoßen Sie auf etwas, das Ihrem Gegenüber wichtiger ist, als es Ihre Ziele für Sie sind, woraufhin Sie eventuell innehalten und Ihren Prozess und Ihre Ziele überdenken.

Zeichnen Sie das Interview unbedingt per Audio oder Video auf oder bitten Sie eine zweite Person, mitzuschreiben – je nach Situation. Das hilft Ihnen, sich voll auf das Gespräch einzulassen, aufmerksam zuzuhören und spontan zu reagieren.

Mit der Zeit habe ich angefangen, mir während des Gesprächs visuelle Notizen zu machen. Ich hatte den Wunsch, unmittelbar etwas zurückzugeben, denn die in einem solchen Interview gewonnenen Informationen sind ein wahres Geschenk. Ich verwende Karteikarten und notiere mir in der Regel eine kurze Überschrift zu etwas, das die Person gesagt hat, und unterstreiche dabei ein paar zentrale Wörter. Am Ende des Interviews gehen wir die Karten gemeinsam mit der interviewten Person durch. Ich halte dann eine Karte hoch und sage: „Das nehmen wir aus dem Gespräch mit und ich möchte sichergehen, dass wir Ihre Erfahrung authentisch wiedergeben. Wenn Sie daran etwas korrigieren möchten, sagen Sie es bitte." Wir lassen unsere Gesprächspartner außerdem zwei Karten auswählen, die sie besonders ansprechen, und kennzeichnen diese als die wichtigsten. Für diese Phase planen wir 15 bis 30 Minuten ein. Schließlich wollen wir keine falschen Daten mitnehmen. Doch was noch wichtiger ist: Wir erfahren in dieser Phase häufig noch etwas Neues, denn selbst wenn Ihr Gegenüber Ihnen sagt, dass die Notiz auf der Karte korrekt ist, erwähnt die Person oft weitere Details, die Ihnen zeigen, was noch gefehlt hat. Das ist ein wirklich starkes Tool und es gibt mir ein gutes Gefühl bei dem, was ich tue. Manchmal wollen unsere Gesprächspartner die Karten behalten. Das ist dann, als würden Sie ihnen das Wissen schenken, das sie in diesem Moment hervorgebracht haben.

– Michelle Jia

26 Das Mädchen auf dem Stuhl

Eine Idee von Michael Barry, kommentiert von Adam Royalty

Um die vielversprechendsten Chancen für Ihren kreativen Geist und Ihre kreativen Fähigkeiten zu finden, müssen Sie über all die unterschiedlichen Probleme oder Bedürfnisse nachdenken, die in einer bestimmten Situation existieren. Häufig gibt es für das erste Problem, das Sie entdecken, eine recht einfache Lösung. Doch wie können Sie hinter das Offensichtliche schauen?

In dieser kurzen Übung, die Studierende an der *d.school* seit Generationen begeistert, lernen Sie, eine Situation zu analysieren und herauszufinden, welche Bedürfnisse sich unter der Oberfläche verbergen könnten.

Sie bietet sich immer dann an, wenn Sie den Teil Ihres Gehirns aktivieren möchten, der darüber nachdenkt, ob das gerade bearbeitete Problem wirklich das Problem ist, das Sie lösen sollten. Denn je nachdem, wie Sie das Problem definieren, sind Durchbrüche möglich oder nicht. Wenn Sie den Rahmen (oder Frame) ändern, ändert sich Ihre gesamte Richtung.

So geht's

Betrachten Sie das Bild auf der gegenüberliegenden Seite.

Fragen Sie sich: *Was braucht das Mädchen?* Da könnten Ihnen verschiedene Dinge einfallen: *eine Leiter, ein Kindle, Schuhe, einen Lehrer.*

Die meisten Menschen denken sofort an Substantive.

Substantive sind für uns häufig Lösungen. Wenn Sie entscheiden, dass das Mädchen eine Leiter braucht, kommen Sie nicht mehr wirklich weiter.

Versuchen Sie es noch einmal und sammeln Sie jetzt Bedürfnisse, die Verben sind: *Das Mädchen muss _____.*

Bedürfnisse, die als Verben formuliert werden, bieten mehr Potenzial für Innovation und Kreativität. Einige Beispiele: *Sie muss nach etwas greifen, sie muss lernen, sie muss wissen.* Tragen Sie sechs weitere Bedürfnisse zusammen.

Wählen Sie eines dieser Verb-Bedürfnisse aus und überlegen Sie, warum das Mädchen dieses Bedürfnis hat. Das hilft Ihnen eventuell, ein noch grundlegenderes Bedürfnis abzuleiten oder zu erfinden, dessen Lösung anderen Personen ebenso helfen könnte. Da dies lediglich ein Gedankenexperiment ist, dürfen Sie wild spekulieren, auch wenn Sie gar nichts über das Mädchen wissen. Wenn Sie als Verb-Bedürfnis „lernen" ausgewählt haben, könnte Ihre Begründung zum Beispiel so lauten: *Sie ist ein sehr neugieriges Kind, sie will vor ihren älteren Geschwistern angeben, sie wird in der Schule nicht genug gefordert* usw.

Diese Ebene des „Warum" könnte auf ein Problem in einem breiteren Kontext hinweisen, der nicht nur das Mädchen selbst betrifft. Folgen Sie diesem Faden und stellen Sie sich einige Situationen vor, die Sie testen könnten, um eines dieser tieferliegenden Bedürfnisse zu adressieren.

Wiederholen Sie die Übung nun mit einem Bild Ihrer Wahl, zum Beispiel aus der heutigen Zeitung, einer Zeitschrift oder der Szene, die sich gerade vor Ihrem Fenster abspielt.

Indem Sie versuchen, zum tieferliegenden Warum vorzudringen, kommen Sie den „impliziten" oder „latenten" Bedürfnissen einer Person näher. Menschen äußern diese selten explizit, doch sie existieren auf einer tiefen Gefühls- und Motivebene. Indem Sie versuchen, Menschen auf dieser Ebene zu verstehen, können Sie ein auf den ersten Blick einfaches Problem in einen reichhaltigeren Kontext stellen (Reframing), in dem Ihre kreativen Bemühungen wirklich etwas verändern können.

Da Menschen ihre Handlungen (auf einem Stuhl stehen und nach einem Buch greifen) nicht immer explizit mit einem tieferen Bedürfnis (in der Schule nicht gefordert werden) verknüpfen können, befinden Sie sich hier auf dem unsicheren Gebiet der Inferenz. Behandeln Sie diese Inferenzen oder Schlussfolgerungen mit Vorsicht und versteifen Sie sich nicht zu sehr auf sie, denn sie liegen sehr wahrscheinlich falsch. Lenken Sie Ihre Überlegungen stattdessen zurück auf eine Person, für oder mit der Sie etwas entwickeln, oder bauen Sie eine Prototyplösung, die dieses Bedürfnis adressiert. Reagiert die Person positiv darauf, können Sie sich etwas sicherer sein, dass Sie auf dem richtigen Weg sind.

Das Englische und das Deutsche sind reich an Substantiven. Andere Sprachen, vor allem nicht-westliche (wie Mandarin), verwenden deutlich mehr Verben. Deshalb kann es gerade für englisch- oder deutschsprachige Menschen wichtig sein, über den Rahmen „Bedürfnisse sind Substantive" hinauszudenken. Das führt später häufig zu interessanteren Lösungen.

Diese Übung stellt eine klassische Methode des Reframing dar. Ich nutze sie häufig, auch mit erfahrenen Designerinnen und Designern. Denn ich möchte, dass wir uns immer wieder daran erinnern, über das Offensichtliche hinauszugehen, um tiefere Erkenntnisse zu erlangen. Fähig dazu sind wir alle, wir müssen es uns nur immer wieder bewusst vornehmen.

– Adam Royalty

27 Wie wir sind

Eine Idee von Barry Svigals

Barry Svigals ist Architekt und Bildhauer und hat eng mit traumatisierten Menschen gearbeitet. Sein bekanntestes Projekt ist die Neugestaltung der Sandy Hook School in Newtown im US-Bundesstaat Connecticut infolge eines Amoklaufs, der sich dort ereignet hatte. Barrys Worte erinnern uns daran, dass unser kreativer Prozess unseren kreativen Output verändert und dass dieser Prozess nicht nur die einzelnen Schritte umfasst, die wir tätigen, sondern auch die Art und Weise, wie wir uns persönlich auf die Arbeit und die beteiligten Personen einlassen. Wenn Sie nicht fröhlich, integrativ oder kollaborativ sind, wird es Ihre Arbeit auch nicht sein. Sie können niemals die Spuren Ihrer Person und Ihres Seins verwischen. Sie zeigen sich immer in Ihrer Arbeit.

Denken Sie an etwas, das Sie kürzlich entwickelt haben.

Wie haben Sie sich während der Entwicklung gefühlt und verhalten?
Welche Spuren Ihrer selbst und Ihres Seins zeigen sich in Ihrer Arbeit?
Welche Spuren möchten Sie erhalten und welche möchten Sie in ihrem nächsten Projekt ändern?

> Wie wir sind, bestimmt, was es wird.
>
> – Barry Svigals

28 Bisoziation

Eine Idee von Hannah Jones, inspiriert von Arthur Koestler

Viele Menschen lieben Brainstorming. Es ist eine gern genutzte Methode zur Ideenfindung, die – wenn sie effektiv betrieben wird – zu einer großen Bandbreite an Ideen führt. Tutorials zum guten Brainstorming gibt es viele – inklusive Grundregeln, Impulsen und Tipps zur Teamdynamik (wenn Sie im Team arbeiten) sowie zur Weiterentwicklung und Auswahl der besten Ideen.

Brainstorming ist jedoch nicht die einzige Methode zur Ideengenerierung. Diese Übung kann eine tolle Ergänzung darstellen. Selbst erfahrene Brainstormerinnen und Brainstormer brauchen hin und wieder „Frischfutter": eine Pause, um ihre Kreativität neu zu beleben. Diese Übung eignet sich besonders dann, wenn Sie merken, dass die Energie nachlässt und die Ideen nicht mehr so schnell sprudeln. Und sie regt auf witzige Weise zu spontanen, kreativen Gedankensprüngen an.

Inspiriert wurde die Übung von Arthur Koestlers Buch *The Act of Creation*. Koestler schrieb Mitte des 20. Jahrhunderts über Kreativität und prägte dabei den Begriff der Bisoziation. Dieser verknüpft die Ideenfindung mit der Synthese (also der Verbindung zweier zuvor nicht zusammenhängender Dinge). Die Übung ist eine gute Möglichkeit, die regulären Grenzen zwischen scheinbar unvereinbaren Bezugsrahmen zu überwinden, was zu mutigeren, neuartigeren Ideen führen kann.

Sie können die Übung allein oder in der Gruppe durchführen, immer dann, wenn sie alles (wortwörtlich) einmal neu durchmischen möchten.

So geht's

Wählen Sie einen Zeitpunkt in Ihrer kreativen Arbeit, zu dem Sie bereits viele Ideen generiert haben, aber einen neuen Energie- und Ideenschub benötigen.

Wenn Sie allein arbeiten: Wählen Sie aus allen Ideen, die Sie bislang entwickelt haben, 8 oder 10 (jede gerade Zahl funktioniert) aus und schreiben Sie sie einzeln auf Kärtchen oder Schmierpapier. Drehen Sie die Kärtchen um, sodass die Schrift nach unten zeigt, mischen Sie sie und ordnen Sie jeweils zwei Kärtchen beliebig zusammen.

Drehen Sie das erste Kartenpaar um. Stellen Sie einen Timer auf 90 Sekunden ein und generieren Sie nun eine dritte Idee, die irgendwie mit den beiden Ideen auf den Kärtchen zusammenhängt. Das ist eine Bisoziation, bei der Sie zwei scheinbar unzusammenhängende Ideen kombinieren. Wir suchen häufig instinktiv nach Gemeinsamkeiten zwischen einzelnen Ideen; hier werden Sie dazu aufgefordert, mit den Unterschieden zu spielen.

Ihre neuen Ideen können extravagant oder verrückt sein – die einzige Grenze stellt Ihre Vorstellungskraft dar. 90 Sekunden sind schnell vorbei, seien Sie also impulsiv! Halten Sie Ihre dritte Idee auf einem neuen Kärtchen fest.

Setzen Sie diesen 90-Sekunden-Rhythmus fort, bis Sie alle Kartenpaare abgearbeitet haben. Betrachten Sie dann Ihre Ideen, und clustern Sie sie – dadurch entstehen einige Super-Bisoziationen. Vielleicht können Sie sogar alle Ideen miteinander verknüpfen? Herzlichen Glückwunsch! Dann ist Ihr Bisoziationsmuskel wirklich stark.

Wenn Sie in der Gruppe arbeiten: Jeder in der Gruppe wählt 2 oder 3 Ideen aus der ursprünglichen Ideenfindungssitzung aus. Stellen Sie die Gruppenmitglieder dann in zwei Reihen auf, sodass sich jeweils zwei Personen gegenüberstehen. Nun fordert Partner A Partner B auf, eines seiner Kärtchen auszuwählen, und dann wählt Partner B eines der Kärtchen von Partner A aus. Alle Paare im Raum machen das gleichzeitig.

Nun lesen beide Partner ihr Kärtchen laut vor und versuchen, in 90 Sekunden gemeinsam eine Bisoziation zu finden. Diese notieren sie auf einem neuen Kärtchen. Sammeln Sie alle Kärtchen in einer Kiste oder auf einem Stapel. Die Paare setzen diesen Vorgang fort, bis alle Kärtchen aufgebraucht sind.

Stellen Sie die neuen Ideen vor und clustern Sie sie anschließend gemeinsam in der Gruppe. Welche Super-Bisoziationen entstehen?

Die neuen Ideen müssen nicht unbedingt umgesetzt werden. Ziel ist es vielmehr, Sie in die Lage zu versetzen, Ihren Blick auf die Dinge für eine bestimmte Zeit zu ändern, sodass Sie sie aus einem neuen Blickwinkel und mit neuer Energie betrachten, wenn Sie sich wieder mit ihnen beschäftigen.

Diese Übung stellt eine Möglichkeit dar, Ideen (und Menschen) gegenseitig zu befruchten und freier zu denken. Sie bietet die Chance, von der Problemlösung Abstand zu nehmen und sich auf schnelle und kreative Weise auszudrücken, ohne darüber nachdenken zu müssen, wohin das führt.

Brainstorming ist so angelegt, dass Hierarchien und Machtdynamiken in der Gruppe ausgesetzt werden, damit auch jüngere Teammitglieder ihre Ideen einbringen können. Manchmal brauchen Sie jedoch eine noch radikalere Methode, um Machtdynamiken im Team auszusetzen. Diese Übung ist eine Möglichkeit. Ihre Regeln und die spielerische Struktur sorgen dafür, dass einem die eigenen Ideen nicht zu sehr ans Herz wachsen und dass alle Beteiligten wertgeschätzt werden. Egal ob Sie Teammitglied oder Teamleiterin sind: Hier können Sie die Anspannung und Befangenheit, die damit einhergehen, wenn man zwei völlig verschiedene Ideen miteinander kombiniert, erhöhen und so die Gruppe auf ganz neue Dinge stoßen.

29 Der geheime Handschlag

Eine Idee von Dan Klein und Lisa Rowland, kommentiert von Ashish Goel

Bevor wir mit jemand anderem zusammenarbeiten können, müssen wir uns mit dieser Person wohlfühlen. Dazu müssen wir uns auf einer menschlichen Ebene mit ihr verbinden.

In dieser Übung geht es darum, schnell die Rahmenbedingungen für eine gute Zusammenarbeit zu schaffen. Sie versuchen dabei, den Prozess des Beziehungsaufbaus zu beschleunigen, indem Sie den inhärenten Gesellschaftsvertrag zwischen den Anwesenden ändern: Sie müssen (1) aufstehen, (2) miteinander interagieren und (3) verrückt sein. Alles daran ist anders, als wir uns „normalerweise" als Erwachsene verhalten. Indem Sie gesellschaftliche Normen aufbrechen, entsteht Raum für neue Normen – Normen, die eine engere Verbindung, mehr Vertrauen und eine größere Verletzlichkeit ermöglichen.

Diese Übung bietet die Chance, Mut, Energie, Freude oder andere Normen zu modellieren, die Sie in Ihrer Arbeit und in den Menschen, mit denen Sie arbeiten, sehen möchten. Indem Menschen ein Modell sehen und diese Verhaltensweise dann einüben, erfahren sie körperlich, wie es ist, in einer kreativen Kultur zu sein.

Setzen Sie diese Übung ein, wenn Sie neue Teammitglieder vorstellen oder eine bereits bestehende Gruppe mit neuer Energie ausstatten möchten.

So geht's

Fordern Sie die Gruppe auf, sich ein vertrautes Szenario aus der Vergangenheit in Erinnerung zu rufen, zum Beispiel: „Erinnert ihr euch noch an eure Schulzeit, als ihr euch mit euren besten Freundinnen und Freunden per geheimem Handschlag begrüßt habt?" Jegliches fiktive Setting, das den meisten vertraut ist und ein wenig Nostalgie erzeugt, ist geeignet: in derselben Nachbarschaft aufgewachsen zu sein oder gemeinsam mit Freunden im selben Ferienjob gearbeitet zu haben.

Als Nächstes entwickeln immer zwei Personen ihren geheimen Handschlag. Hier hilft es, den Teilnehmenden ein Beispiel zu geben. Sie können sich zum Beispiel im Netz inspirieren lassen: Fußballspieler sind eine gute Ideenquelle. Alles, was Sie brauchen, ist ein Beispiel eines albernen Handschlags – je ausgefeilter, desto besser. Studieren Sie diesen Handschlag ein und zeigen Sie ihn dann der Gruppe.

Nun erfindet jedes Paar seinen eigenen geheimen Handschlag. Die Paare haben 1 Minute Zeit, ihn zu entwickeln und einzuüben, damit er auch wirklich sitzt. Wenn die Teilnehmerzahl ungerade ist, können Sie eine Dreiergruppe bilden.

Sagen Sie dann: „Verteilt euch nun einzeln im Raum. Stellt euch vor, ihr habt vor Längerem euren Uniabschluss gemacht und euren Partner jahrelang nicht gesehen. Jetzt seid ihr auf einem Jahrgangstreffen, mischt euch unter die Leute und seht euch plötzlich. Sobald ihr eure Partnerin oder euren Partner entdeckt, begrüßt euch mit eurem geheimen Handschlag."

Warten Sie, bis sich alle im Raum verteilt haben.

Rufen Sie dann: „Los!"

Die Teilnehmenden bewegen sich langsam auf ihren Partner zu. Dann führen plötzlich alle ihre einstudierten Bewegungen aus, was den ganzen Raum erfasst.

Am Ende können Sie einige Paare (oder alle, wenn Sie genügend Zeit haben) bitten, ihren geheimen Handschlag der Gruppe vorzuführen.

Diese Übung erinnert uns daran, dass Verspieltheit für Auflockerung sorgt. Selbst wenn Sie allein arbeiten, können Sie ein wenig Verspieltheit und Humor in Ihre Arbeit einfließen lassen, zum Beispiel indem Sie jedes Mal, bevor Sie sich an den Schreibtisch setzen, einen witzigen Cartoon lesen, eine kleine Zeichenübung absolvieren oder einige Tanzbewegungen machen.

Das ist eine meiner Lieblingsübungen, weil sie ein Gefühl von Gemeinschaft erzeugt – sowohl auf Gruppenebene als auch zwischen den Paaren. Gemeinsam ein albernes Geheimnis zu erfinden schafft Verbundenheit. Manche Paare begrüßen sich auch später noch mit ihrem geheimen Handschlag.

Die Übung funktioniert auch deshalb so gut, weil Sie als Gruppe und als Individuen albern sind. Strukturierte Albernheit sozusagen!

Und das ist in der kreativen Arbeit so wichtig: ganz bewusst verspielt – oder sogar verrückt – zu sein. Eine verspielte Atmosphäre lässt neue Ideen entstehen, weil es keine Bewertung gibt.

– Ashish Goel

Den Designraum kartieren

Eine Idee von Carissa Carter, Megan Stariha und Mark Grundberg

Fast alles, was wir heutzutage designen, ist Teil eines größeren Ganzen. Ihr Smartphone zum Beispiel: Es ist leicht als *Desgin*objekt zu identifizieren: ein hübscher Gegenstand, den man berühren und in den Händen halten kann. Doch das ist nur eine Ebene. In seinem Inneren befinden sich verschiedene Materialien und Technologien, die ihn zum Laufen bringen. Er hat ein Betriebssystem und Software, die regelmäßig aktualisiert wird. Ströme von Daten fließen für das Auge unsichtbar jeden Tag durch ihn hindurch. Er ist mit einer Plattform vernetzt, die festlegt, welche Apps darauf laufen. Er verschafft Ihnen wundervolle Momente, zum Beispiel wenn Sie Ihren Alltag mit Fotos dokumentieren, nonstop Musik hören oder ein Parkticket lösen, obwohl Sie sich gar nicht in der Nähe Ihres Autos befinden. Doch dieser Gegenstand hat auch negative Auswirkungen: Er fördert zum Beispiel Isolation und Depressionen unter Jugendlichen, bringt dadurch aber auch neue Ideen wie „Digital Detox" hervor. Alle diese Ebenen beinhalten Beispiele für verschiedene Arten von Designarbeit.

Trotz der riesigen, fast unendlichen Leinwand, die sich Ihnen zu Beginn Ihrer kreativen Arbeit darstellt, denken Sie wahrscheinlich am ehesten an Dinge, die in herkömmliche Kategorien wie Produkte oder Erlebnisse passen. Wie können Sie sich nun gleich zu Beginn eines neuen Projekts dazu bringen, die gesamte Landschaft zu betrachten?

Diese Übung hilft Ihnen, eine breitere Palette an Chancen für Ihren Designprozess zu identifizieren: über die verschiedenen Ebenen von Daten, Technologien, Produkten, Erlebnissen, Systemen und Auswirkungen hinweg, die etwas Ganzes formen, ob Sie sie nun direkt sehen können oder nicht. Sie können sie nutzen, um Ihr Sichtfeld zu erweitern und dadurch neue Möglichkeiten zu erkennen, auf die Sie sich in dieser Landschaft konzentrieren möchten. Und Sie entdecken womöglich neue Verbindungen oder Auswirkungen, die Ihnen helfen, Ihre Fähigkeiten und Ihre Zeit auf die Dinge zu richten, die Ihnen am wichtigsten sind.

So geht's

Nehmen Sie sich 30 bis 45 Minuten Zeit, um ein Thema zu erkunden, das Ihnen wichtig ist. Es kann mit Ihrer Arbeit zusammenhängen oder etwas Persönliches sein, zum Beispiel Ihre Erfahrung als Schülerin oder Schüler oder diejenige Ihrer Kinder. Wenn Sie an einem praktischen Thema üben möchten, wählen Sie eine der Übungen aus dem letzten Teil des Buches aus, etwa *Der Haarschnitt* (Seite 254), Die *Dreißig-Millionen-Wörter-Lücke* (Seite 259) oder *Kredite für Katastrophenopfer* (Seite 266).

Betrachten Sie die d-förmige Darstellung (Karte) auf der nächsten Seite und übertragen Sie sie in größerer Form auf eine Tafel oder ein großes Blatt Papier.

Überlegen Sie nun ausgehend von dem Begriff auf der jeweiligen Ebene, wie sich Ihr Thema in den einzelnen Ebenen der Karte zeigt. Wenn Sie eine Ebene in der Mitte besonders anzieht, beginnen Sie ruhig dort. Den meisten Menschen fällt es leichter, mit Produkten oder Erlebnissen anzufangen. Machen Sie dann mit dem Begriff weiter, der Sie am meisten anspricht. Die Reihenfolge ist egal, Hauptsache Sie haben am Ende alle Begriffe bearbeitet. Treten Sie kurz vor Ablauf der Zeit einen Schritt von Ihrer Karte zurück und prüfen Sie, dass Sie keine Ebene vergessen haben.

Auswirkungen (positive, negative, beabsichtigte, unbeabsichtigte, vorhersehbare, unerwartete): *Welche gesellschaftlichen Veränderungen oder Phänomene sehen Sie?*

Systeme (Plattformen, Bewegungen, Schulen, Regierungen): *Welche Systeme haben Bezug zu Ihrem Thema? Welche Systeme ermöglichen die Dinge auf den anderen Ebenen? Welche Probleme könnten mit diesen Systemen in Verbindung stehen?*

Erlebnisse (Ereignisse, Räume, Momente, Gefühle): *Welche bekannten Probleme bestehen hinsichtlich der derzeitigen Erlebnisse? Welche hypothetischen Chancen?*

Produkte (digitale, physische, Form, Funktion): *Welche physischen oder digitalen Produkte sind Teil des derzeitigen Erlebnisses?*

Technologien (neue, grundlegende, unabhängige, integrierte): *Welche Technologien werden derzeit im Umfeld Ihres Themas verwendet? Was wird benötigt? Was fehlt?*

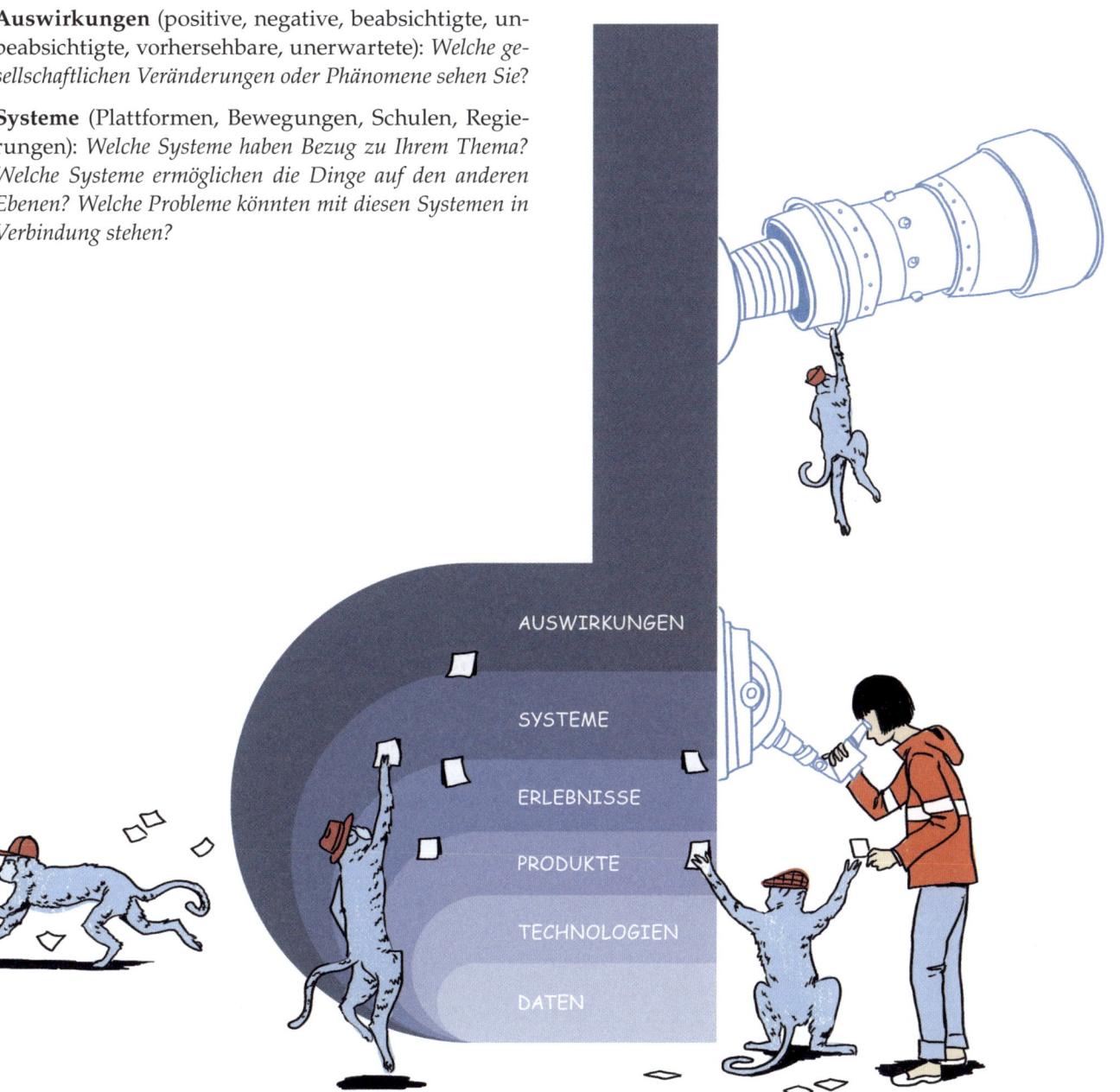

Daten (Quellen, Algorithmen, Big Data, qualitative Daten): *Welche Arten von Daten könnten in Bezug auf Ihr Thema verfügbar sein?*

Notieren Sie auf Klebezetteln zu jeder Ebene so viele Beispiele, wie Ihnen einfallen, und kleben Sie diese direkt auf die Karte. Für die meisten Ebenen werden Sie 10, 20 oder sogar mehr Beispiele finden. Ihnen werden vergangene und aktuelle Phänomene oder Dinge, die in naher Zukunft existieren könnten, einfallen. Alles davon ist erlaubt.

Wenn Sie die Karte mit Ihren Beispielen beklebt haben, gilt es, sich Gedanken über den Rahmen und die Auswirkungen zu machen.

Stellen Sie sich dazu vor, Sie könnten an allem arbeiten. Denken Sie an all die neuen oder unerwarteten Orte, auf die Sie sich konzentrieren könnten, um Ihrer Arbeit in diesem Raum neuen Wert oder einen frischen Ansatz zu verleihen. Was fasziniert oder inspiriert Sie? Welches sind unkonventionelle Möglichkeiten, Ihre kreativen Kompetenzen innerhalb dieses Raumes anzuwenden? Welche zusätzlichen Informationen benötigen Sie, um weiterzukommen? Wenn Projektvorgaben Ihre Arbeit begrenzen oder Ihnen vorschreiben, worauf Sie sich konzentrieren sollen, überlegen Sie, ob Sie Ihre neu gewonnenen Erkenntnisse über die Verbindung der Ebenen nutzen können, um für einen ganzheitlicheren Ansatz einzutreten. Was müsste auf einer anderen Ebene gegeben sein, damit Ihre derzeitige Arbeit erfolgreicher wäre?

Jetzt, da Sie genauer über die oberen Ebenen nachgedacht haben, überlegen Sie, welche Auswirkungen sich zeigen oder zeigen könnten, die Sie am meisten beunruhigen oder am meisten begeistern. Wie können Sie Ihre kreativen Bemühungen lenken, um die Zukunft zu gestalten, die Sie sich für dieses Thema am meisten wünschen?

Diese Übung ist ein guter Ausgangspunkt, um zu erkennen, wie stark die einzelnen Ebenen miteinander vernetzt sind und dass Design viele Punkte innerhalb der einzelnen Ebenen betrifft. Überall spielt Design eine Rolle, überall wird Mehrwert geschaffen und werden Entscheidungen getroffen. Jedes Mal wenn Sie an etwas Kreativem arbeiten, das Veränderung bewirkt, verändern Sie die Dinge auf mehreren Ebenen gleichzeitig. Selbst das kleinste Projekt, in dem Sie Ihre kreativen Fähigkeiten anwenden, hat Auswirkungen, die sich wellenartig ausbreiten. Sie haben ganz schön viel Macht!

Werfen Sie im weiteren Verlauf Ihrer Arbeit immer mal wieder einen Blick auf die Karte. Je mehr Sie über Ihr Thema wissen, desto nuanciertere Verbindungen werden Sie zwischen den Elementen und Ebenen erkennen und desto leichter wird es Ihnen fallen, sich durch den Designraum zu bewegen, in dem Sie sein wollen.

31 Das Schere-Stein-Papier-Turnier

Wenn eine Gruppe von Menschen neue Energie tanken möchte, gibt es kaum eine bessere Übung als dieses lebendige, herzerfrischende Spiel.

Wir setzen diese Übung an der *d.school* mittlerweile so häufig ein, dass wir schon gar nicht mehr wissen, wer damit angefangen hat. In dieser magischen Warm-up-Aktivität treten Sie in erbitterten Wettstreit mit einem „Todfeind", nur um diesen zehn Sekunden später aus vollstem Herzen zu unterstützen. Das Spiel ist nicht nur eine Parabel für unsere herausfordernden Zeiten, wenn es jemals eine solche gab, sondern es erinnert uns auch dezent daran, dass es möglich ist, das eigene Team hundertprozentig zu unterstützen, selbst wenn man die Idee nicht gutheißt oder anderer Meinung ist.

Vor allem aber ist es ein Riesenspaß, ein lautes Vergnügen und die Art von kaum zu kontrollierendem Chaos, dem wir uns von Zeit zu Zeit aussetzen sollten.

Das Spiel eignet sich, um das Energielevel nach der Mittagspause wieder hochzufahren oder um nach einem langen Tag neue Kraft zu schöpfen.

Es kann in jeglicher Gruppengröße gespielt werden – von 10 bis 1.000 Personen.

So geht's

Alle Anwesenden suchen sich eine Partnerin oder einen Partner. Diese Person ist nun ihr Gegner. Die Paare spielen eine Runde „Schere, Stein, Papier" (auch bekannt als „Schnick, Schnack, Schnuck").

Dabei stehen oder sitzen sie sich gegenüber, ballen ihre Hand zu einer Faust und schwingen diese dreimal gleichmäßig hin und her, während sie „Schere, Stein, Papier" rufen. Nach dem dritten Wort („Papier!") formen sie mit ihrer Hand entweder eine Schere (Zeige- und Mittelfinger zum einen V spreizen), einen Stein (geschlossene Faust) oder ein Blatt Papier (flache Hand).

Um den Gewinner der Runde zu ermitteln, gelten folgende Regel:

Stein schlägt Schere. (Der Stein zerstört die Schere.)
Schere schlägt Papier. (Die Schere zerschneidet das Papier.)
Papier schlägt Stein. (Das Papier umwickelt den Stein).

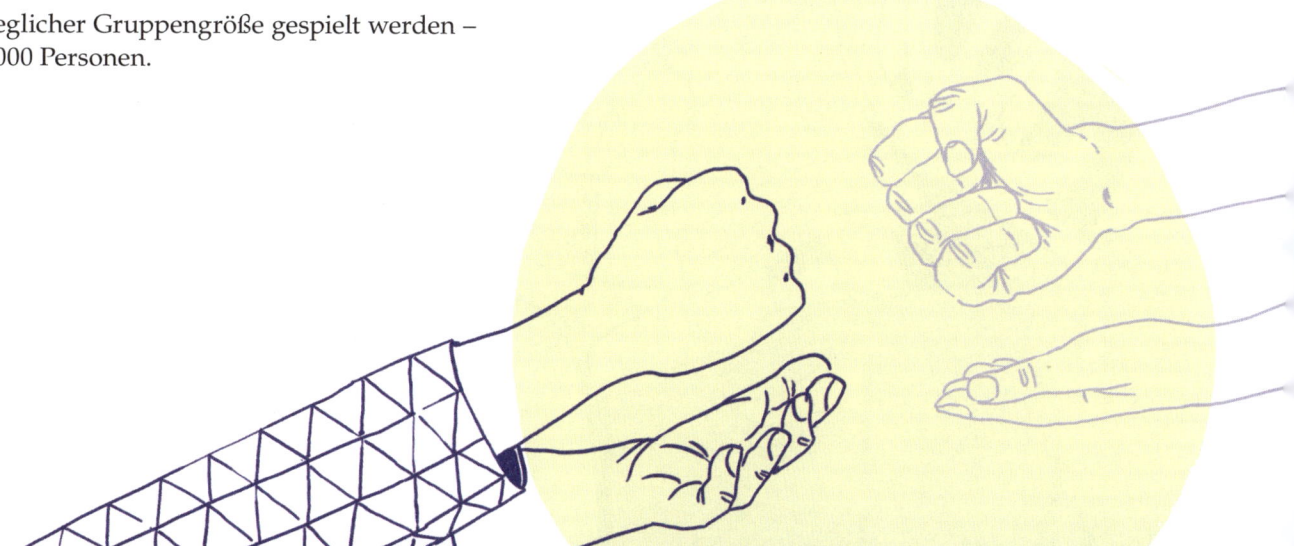

Die Paare spielen insgesamt drei Runden. Die Person, die zwei der drei Runden gewonnen hat, zieht in die nächste Runde ein, wobei der Verlierer zu ihrem größten Fan wird. Dieser grölt, jubelt, klatscht und trampelt mit den Füßen und ruft dabei den Namen des Gewinners (also seines einstigen Gegners).

Der Gewinner sucht sich nun einen anderen Gewinner. Dabei wird er von seinem größten Fan begleitet, der ihn während es gesamten Turniers anfeuert. Mit der Zeit gibt es immer weniger Gewinner und immer mehr Fans. Wenn es irgendwann nur noch zwei Spieler gibt, von denen jeder etwa die Hälfte des Raumes als jubelnde Fangemeinde hinter sich hat, haben Sie auf beeindruckende Weise einen Mob in sein genaues Gegenteil verwandelt.

Am Ende des Turniers blicken alle in strahlende Gesichter und kehren mit neuem Schwung an die Arbeit zurück.

32. Erstes Date, schlimmstes Date

Eine Idee von Carissa Carter

Vielen Kreativ-Arbeitenden fehlt die Erfahrung, ihre Ideen in physische Formate zu übertragen. Fühlen Sie sich angesprochen? Vielleicht hatten Sie bislang nicht den Mut, es zu probieren, oder Sie denken, Sie können es nicht, oder bezweifeln, dass es Ihrer Designarbeit einen Mehrwert bringt. Doch Sie sollten es nicht den Ingenieurinnen oder erfahrenen Handwerkern überlassen. Denn wenn Sie regelmäßig mit konkreten Gegenständen arbeiten, kann das neue Ideen freisetzen.

Wir nennen das „Mit Dingen denken". Mit Dingen zu hantieren, Dinge herzustellen und Ihre Ideen zu externalisieren hilft Ihrer kreativen Arbeit in mehrerer Hinsicht: Sie erhalten Inspirationen und erleben die emotionale Befriedigung, dass Sie Ihre Ideen rüberbringen können. Zudem erweitern Sie Ihre kognitive Reichweite, weil Sie Ihren Ideen erlauben, für eine bestimmte Zeit außerhalb Ihres Gehirns zu existieren.

Diese Übung bietet Ihnen auf unerwartet lustige und entwaffnende Weise Gelegenheit, Ihre Ideen mithilfe eines unserer vier Lieblingsmaterialen auszudrücken. Indem Sie mit ganz einfachen Werkzeugen in einem haptischen Format arbeiten, fällt es Ihnen später leichter, wirkliche Prototypen zu bauen. Mit der Zeit wird es für Sie immer natürlicher, die unterschiedlichsten physischen Materialien in Ihrer kreativen Arbeit zu nutzen.

So geht's

Bilden Sie einen Haufen aus vielleicht 25 bis 30 Legosteinen. Die genaue Anzahl ist egal.

Bauen Sie nun mit diesen Legosteinen ein Modell des schlimmsten Dates, das Sie je hatten. Verwenden Sie nur die Legosteine aus Ihrem Haufen, keine weiteren! Die Herausforderung besteht darin, innerhalb der Grenzen zu arbeiten, die Ihnen Ihre Materialien vorgeben. Setzen Sie sich ein Zeitlimit, zum Beispiel 8 oder 10 Minuten. Zeitdruck kann Ihnen helfen, schneller auf Ideen zu kommen.

Diese Übung macht besonders mit einem Partner oder in der Gruppe Spaß. Stellen Sie in diesem Fall Ihr Modell vor und erklären Sie alle Details. Dann ist Ihr Partner bzw. eine andere Person aus der Gruppe an der Reihe.

Zu diesem Thema hat meistens jeder eine lustige Geschichte zu erzählen. Manchmal handelt es sich um romantische Dates, manchmal nicht. Noch lustiger werden die Geschichten, wenn sie aus Legosteinen gebaut werden. Die Teilnehmenden werden ihre Dates ganz unterschiedlich darstellen: Manche zeigen eine Szene, andere bauen ein Objekt, das Teil des Date-Erlebnisses war. Wieder andere erstellen ein Mosaik, das zeigt, wie sie sich während der Verabredung gefühlt haben, oder eine übertriebene Metapher, zum Beispiel: Das Date war wie das Erklimmen einer steilen Felswand, die nicht enden wollte!

Diese Übung wirkt anders als das übliche verbale Storytelling. Wenn Sie Ihre Geschichte mit einem physischen Objekt untermauern, versetzt Sie das in einen „Ich kann etwas herstellen"-Modus. Je mehr Sie Ihre Fähigkeiten verfeinern und mit anderen Materialien experimentieren, desto besser werden Sie diese Kompetenz nutzen können – unabhängig davon, was Sie designen.

33 Die Lösung existiert bereits

Eine Idee von Matt Rothe

Als Kind haben Sie wahrscheinlich gelernt, dass man nicht stehlen soll. (Und das stimmt auch meistens.) Doch wahr ist auch folgende Redewendung: „Gute Künstler kopieren. Große Künstler stehlen."

Die Welt ärgert uns einfach gern mit ihren Widersprüchen.

Haben Sie also keine Angst, Ihre Arbeit auf den Ideen anderer aufzubauen. Wenn Sie allein im stillen Kämmerlein Ideen entwickeln, wissen Sie nicht, was es schon gibt, und Ihre Ideen werden mit großer Wahrscheinlichkeit nicht neu sein. Verabschieden Sie sich von dem Mythos, dass schöpferische Genialität die Tat eines einzelnen Menschen ist, der Neues aus dem Nichts erschafft. Das entspricht nicht der Realität.

Ideen strömen um uns herum, wir müssen sie nur erkennen. In dieser Übung lernen Sie, nach passenden Inspirationen zu suchen und die Ideen anderer zu stehlen – auf korrekte Art und Weise.

Verwenden Sie diese Übung, wenn Sie bereits eine ziemlich klare Vorstellung von dem Problem oder der Herausforderung haben, die Sie angehen möchten, und dabei sind, nach Lösungen zu suchen. Bedenken Sie: Die Lösung (oder ein Teil davon) existiert bereits.

Wie Sie vielleicht schon vermutet haben, existiert auch die Idee bereits, die die Grundlage dieser Übung bildet. Wenn Sie mehr erfahren möchten, empfehle ich Ihnen die Videoreihe *Everything Is a Remix* von Kirby Ferguson oder die Bücher von Austin Kleon, in denen er viele praktische Tipps für moralisch vertretbaren kreativen Diebstahl gibt.

So geht's

Suchen Sie zunächst eine Analogie zu dem Problem, das Sie lösen möchten. Mit „Analogie" ist hier ein Beispiel dafür gemeint, wie jemand ein ähnliches Problem in einem anderen Kontext gelöst hat. Das ermöglicht Ihnen Vergleichbarkeit. Mit einer passenden Analogie können Sie Teile von etwas Bekanntem stehlen, um sich das Neue und Unbekannte vorzustellen.

Doch wie finden Sie eine Analogie? Denken Sie an Ihr Problem und dessen zentrale Merkmale. Stellen Sie sich zum Beispiel vor, Sie würden eine neue Möglichkeit designen, die Kindern hilft, sich beim Lernen besser zu konzentrieren.

Welche Herausforderungen fallen Ihnen da ein? Der Umgang mit Wiederholungen, Langeweile und Ablenkungen? Gut. Welche anderen Aktivitäten haben ähnliche Aspekte? Sofern Sie kein leidenschaftlicher Ultraläufer sind, könnte Ihnen hier sofort Sport einfallen.

Glücklicherweise – für Sie – beschäftigt sich eine ganze Branche damit, kreative Lösungen zu finden, die Menschen zum Sporttreiben motivieren (und verlangt dafür viel Geld von ihnen). Eine interessante Analogie könnte das Aufkommen von Aerobic in den 1980er-Jahren sein oder ein neuerer Trend wie Soul Cycle (Spinning in Disko-Atmosphäre) oder Hot Yoga. Wählen Sie etwas Offensichtliches: Sie suchen nach Beispielen, in denen jemand ein ähnliches Problem effektiv gelöst hat und bei denen die Merkmale der Lösung ausgeprägt oder sogar übertrieben sind. Daraus lassen sich am besten Erkenntnisse ziehen.

Wenn Sie Ihre Analogie gefunden haben, recherchieren Sie ein wenig. Lesen Sie Artikel, befragen Sie Kundinnen und Kunden oder rufen Sie bei einigen Unternehmen an. Tragen Sie genügend Informationen zusammen, um sich an folgende Fragen heranzuwagen:

Warum hat die Analogie-Lösung funktioniert?
Für wen?
Woher wissen Sie, dass sie funktioniert hat?
Wie hat sie die Gefühle der Nutzerinnen und Nutzer verändert?
Wozu sind die Nutzerinnen und Nutzer dank der Lösung nun fähig?

Übertragen Sie nun einige dieser Erkenntnisse auf Ihr Problem. Welche Informationen aus Ihrer Recherche finden Sie am interessantesten? Nutzen Sie Ihre Erkenntnisse als Ausgangspunkt, um neue Möglichkeiten der Problemlösung zu finden, und entwickeln Sie Ansätze, die zu Ihrem Kontext passen.

Ähnliche Probleme zu betrachten, mit denen sich andere bereits auseinandergesetzt und für die sie kreative Lösungen gefunden haben, bietet Ihnen viel potenzielles Material. Leider wird diese Methode selten genutzt. Für mich ist sie die effektivste Möglichkeit, neue Designerinnen und Designern zu befähigen, in der Frühphase der Ideenentwicklung ausgefeilte, überraschend neuartige Lösungsansätze zu entwickeln.

– Matt Rothe

34 Wie geht es dir wirklich?

Eine Idee von Julian Gorodsky

Wenn Sie Menschen dazu einladen, an einer Kreativität erfordernden Aufgabe mitzuarbeiten, spielen Sie im wahrsten Sinne des Wortes mit dem Feuer. Sie wollen die Flamme entzünden, die etwas Neues hervorbringt. Zudem möchten Sie, dass die Menschen ihr Visier herunterlassen und sich entspannen und vertrauen. Je mehr Sicherheit und gemeinsame Erfahrungen Sie schaffen, desto eher sind die Menschen bereit, kreative Risiken miteinander einzugehen.

Doch viel zu oft verstecken wir unser wahres Ich oder unsere wahren Gefühle. Wir trennen das Berufliche vom Privaten – von unserem Inneren, das wir als realer und authentischer betrachten. So muss es meiner Ansicht nach aber nicht sein.

Ein zentraler Grundsatz an der *d.school* lautet, dass eine weniger wertende Atmosphäre Grundvoraussetzung für die (kreative) Zusammenarbeit ist. Wissenschaftlerinnen und Wissenschaftler, die Teams untersuchen, sprechen hier von „psychologischer Sicherheit" (mehr dazu in *Lernen mit Gefühl(en)* ab Seite 161).

Diese Übung stellt eine einfache und nette Möglichkeit dar, normalerweise verborgene Gefühle sichtbar zu machen. Die gemeinsame Erfahrung, seine Gefühle auszudrücken, kann in Gruppen jeglicher Größe die Bereitschaft erhöhen, gemeinsam Risiken einzugehen.

So geht's

Als Erstes nehmen sich alle Anwesenden eine Handvoll Klebezettel und notieren pro Zettel mit wenigen Worten, wie sie sich gerade fühlen.

Um die Gruppe dazu zu bringen, mehr als nur höfliche Konservation zu betreiben, können Sie ein paar Beispiele geben: Ich „… mache mir Sorgen um meinen Sohn, der sich sehr abmüht", „ … bin froh, dass heute mein letzter Arbeitstag ist", „… ärgere mich über meinen Nachbarn", „… bin verwirrt und besorgt über die Situation an der Grenze".

So gelangen Sie von „Wie geht es Ihnen/dir?" zu mehr zwischenmenschlicher Aufrichtigkeit, bei der das Wörtchen „wirklich" hinzukommt. Sagen Sie explizit, dass die Anwesenden nicht nur das aufschreiben sollen, von dem sie denken, dass sie es den anderen zumuten können. Sie verlangen von jedem Einzelnen, ein Risiko einzugehen, auch wenn es nur ein kleines Risiko ist.

Dann kleben die Anwesenden ihre „Gefühle" gut sichtbar auf ihren Körper. Nun laufen alle durch den Raum und suchen sich jeweils eine Person, mit der sie eine Verbindung spüren. Unterhalten Sie sich über die Kleberzettel Ihrer Partnerin bzw. Ihres Partners und dann über Ihre eigenen. Hören Sie Ihrem Gegenüber aktiv zu und machen Sie sich die Risiken bewusst, die die andere Person eingeht. Wenn noch Zeit ist, lassen Sie die Gruppe weiterlaufen und sich einen neuen Partner suchen.

Wenn Sie einen Schritt zurücktreten und wahrnehmen, was im Raum passiert, werden Sie erkennen, dass die Anwesenden offener miteinander umgehen und eine vertrautere Atmosphäre herrscht. Diese Übung funktioniert sowohl mit Achtklässlern als auch mit Spitzeningenieurinnen. Sie können die Zeitspanne kurz halten oder mehr Zeit dafür einplanen. In beiden Fällen trägt die Übung dazu bei, dass engere Verbindungen entstehen.

Uns alle beschäftigt viel. Das für andere sichtbar zu machen hilft der Gruppe, sich auf die eigentliche Aufgabe zu konzentrieren und sich dabei gegenseitig zu unterstützen. Einmal angefangen, hören die Menschen kaum noch auf zu reden. Wenn die Rahmenbedingungen stimmen, wollen selbst Leute, die sich fremd sind, einander kennenlernen. Letztlich sind wir soziale Wesen.

– Julian Gorodsky

Den Blick weiten

Vor etwas mehr als zehn Jahren war ich das erste Mal tauchen und wenn ich nicht zwischendurch immer wieder hätte Luft holen müssen, wäre ich am liebsten die ganze Zeit unter Wasser geblieben. Viele Menschen lieben Abenteuer, die schnell sind, etwa Achterbahnen. Doch meine perfekte Vorstellung von einem Abenteuer ist es, ins Salzwasser nahe eines wunderschönen Korallenriffs einzutauchen, so langsam wie möglich zu schwimmen und dabei alles in seinen Einzelheiten zu bestaunen: die Schönheit und Komplexität des Korallenriffs, seine vielen symbiotischen Beziehungen, seine gleichzeitige Robustheit und Verletzlichkeit. Ich will einfach alles aufsaugen und immer wieder Neues entdecken.

Seit ich eine gute Schwimmerin bin, nehme ich eine Kamera mit auf meine Tauchgänge. Manchmal, wenn ich ein ganzes Riff oder ein anderes breitformatiges Bild aufnehmen will, verwende ich ein weitwinkliges Fischaugenobjektiv, das ein Sichtfeld von 180 Grad hat. Sehe ich mir diese Bilder später an, entdecke ich manchmal Kreaturen, Interaktionen oder Details, die mir im Moment der Aufnahme nicht aufgefallen sind. Das ändert meine Sichtweise oder hilft mir, dieses Ökosystem neu zu verstehen. Der Trick bei diesen Aufnahmen besteht darin, mindestens ein Objekt prominent im Vordergrund zu platzieren, und das bedeutet, ich muss ganz nah ran. Mache ich das nicht, hat das Bild nichts, was das Auge festhält. Das ist ein sonderbares Paradox: Das Objektiv ermöglicht mir gleichzeitig einen weitwinkligen und einen Makroblick, und nur durch dieses Zusammenspiel entsteht ein Motiv, das sich einprägt.

Auch im Design ist es wichtig, das Objektiv oder die Linse zu wechseln, um eine andere Perspektive einzunehmen. Das beinhaltet häufig, Menschen zu treffen und zu befragen und verschiedene Prozesse und Aktivitäten zu beobachten. Das Konzept der *Empathie* ist seit einigen Jahrzehnten ein Bestandteil von Design und hat im Zuge der stärkeren Fokussierung auf den Menschen (menschenzentriertes Design) an Bedeutung gewonnen. Es stellt eine wertvolle Orientierung dar, gerade in Abgrenzung zu technologiebasierter oder -getriebener Designarbeit. („Welches coole neue Gadget kann ich mit dieser Technologie entwickeln?" beantwortet nicht wirklich die Frage, ob irgendjemand das Produkt braucht oder will, und sie beinhaltet auch nicht genügend Kontextsensitivität, um zu prüfen, ob die Verbreitung des Produkts unbeabsichtigte Folgen haben könnte.)

Was oder wen Sie ins Zentrum Ihrer Arbeit stellen ist entscheidend, denn das bestimmt Ihre Richtung. Wir schätzen menschenzentriertes Design unter anderem, weil es uns hilft, *andere* Menschen und deren Bedürfnisse und Interessen zu berücksichtigen statt unsere eigenen. Das ist wichtig, denn kein noch so diverses oder talentiertes Designteam kann die Komplexität der Erfahrungen anderer abbilden und die aktive Praxis, Empathie zu zeigen und Erkenntnisse über andere zu gewinnen, verkleinert diese Lücke (wenn sie sie auch nicht schließt). Egal an welchem Thema Sie arbeiten: Die Chance oder Notwendigkeit für kreative Lösungen ist deutlich größer und facettenreicher als die Lebenserfahrung einer einzelnen Person. Deshalb ist es so wichtig, Empathie für die Bedürfnisse und Sichtweisen anderer zu entwickeln, denn nur so können Sie Probleme neu umreißen und zu besseren Ergebnissen gelangen.

2014 veröffentlichte Justin Berg, der zum Thema „Kreativität" lehrt, in der Zeitschrift *Organizational Behavior and Human Decision Processes* einen faszinierenden Artikel mit dem Titel „The Primal Mark: How the Beginning Shapes the End in the Development of Creative Ideas". In seinen Studien kommt er zu dem Schluss: Wenn Kreativschaffende auf bekanntem Terrain starten, entwickeln sie bekannte Ideen. Wenn sie dagegen von unbekanntem oder ungewöhnlichem Gebiet aufbrechen, generieren sie weitaus interessantere Ideen. Diese lassen sich bei Bedarf jederzeit auf normalere Ideen zurückschrauben, falls man in einem vertrauteren oder einfacheren Kontext beginnen möchte. Berg beschäftigt sich in seinem Artikel besonders mit der Ideenfindung; ich halte das Konzept aber in allen Phasen der Designarbeit für äußerst nützlich. Wo Sie beginnen, bestimmt zu einem gewissen Grad, wo Sie enden.

Bereits seit vielen Jahren leite ich Studierende dazu an, über ihre eigenen Eindrücke und Ideen hinauszugehen und während ihrer Designarbeit mit echten Menschen zu sprechen und echte Situationen zu beobachten. Immer wieder erlebe ich dabei, wie Sie mit konventionellen, ziemlich offensichtlichen Lösungsideen aufbrechen, nach ihrer Recherche aber mit einem chaotischen Haufen ganz unterschiedlicher – und wahrscheinlich brauchbarer – neuer Richtungen zurückkommen – Richtungen, die mit weitaus größerer Wahrscheinlichkeit den Interessen der Menschen entsprechen, für die sie arbeiten oder etwas entwickeln möchten. Wenn sie auch im weiteren Verlauf ihrer kreativen Arbeit die Sichtweisen anderer einbeziehen, indem sie erste Ideen testen, Feedback einholen und iterieren, kommen sie sinnvollen, wirksamen – und manchmal auch ziemlich innovativen – Lösungen immer näher.

Studierende und Ehemalige berichten mir immer wieder, wie schwierig es am Anfang war, dieses Vorgehen zu erlernen, dass es sich am Ende aber befreiend anfühlt. Katy Ashe, Mitgründerin von Noora Health, sagt dazu: „Die Leute sind immer überrascht über das, was wir entwickeln. Sie fragen uns, ‚Wie seid ihr nur darauf gekommen?' Dann denke ich immer: *Ihr wart das. Ihr habt es uns gesagt.* Wir haben bloß zugehört und dann das entwickelt, was die Leute brauchten. Wir lernen üblicherweise, alles richtig zu machen, auf alles eine Antwort zu haben und das dann als Lösung zu verordnen. Design hat uns gelehrt, mutig zu sein und Dinge auszuprobieren, die nicht unserer perfekten Vorstellung entsprachen, anstatt die Leute mit unseren sogenannten richtigen Ideen zu überfallen."

Den Menschen in den Mittelpunkt zu stellen – und nur ihn – kann auch unvollständig sein. Wenn Sie zum Beispiel das Überleben oder Gedeihen der Menschheit und *aller* anderen Tiere ins Zentrum Ihrer Designarbeit stellen, denken Sie mitunter anders über kreative Lösungen für drängende ökologische Probleme wie dem Artenmassensterben oder dem Klimawandel nach. Wenn Sie Ihre Designpraxis auf das Sieben-Generationen-Prinzip der Haudenosaunee (Irokesen) stützen würden, würden Sie sich genauso Gedanken über die Folgen Ihrer Arbeit für die kommenden sieben Generationen machen wie über die Folgen für die Menschen heutzutage, die Ihre Lösung als Erstes nutzen.

Eine Kurzversion von Empathie, die häufig mit „in die Schuhe eines anderen schlüpfen" oder „fühlen, was andere fühlen" beschrieben wird, ist mittlerweile in der Designwelt weit verbreitet (unter anderem dank der Frameworks, die die *d.school* in ihrer Anfangszeit populär gemacht hat). Über Empathie gibt es allerdings einiges mehr zu wissen und die vereinfachte Vorstellung erfasst nicht die volle Bandbreite des Konzepts, seine Stolperfallen und Grenzen sowie die Frage, wie Empathie und Kreativität zusammenhängen.

Neurowissenschaftler, Sozialpsychologinnen und Designer verstehen immer besser, wie Empathie im Gehirn und im zwischenmenschlichen Kontakt funktioniert. Wir wissen mittlerweile, dass Empathie viele verschiedene Facetten hat und dass diese Facetten zusammenwirken. Drei davon sind in der folgenden Abbildung dargestellt, die Jamil Zaki und Kevin Ochsner 2012 in einem Artikel in der Zeitschrift *Nature Neuroscience* veröffentlicht haben. Der bekannteste Aspekt von Empathie betrifft das Teilen von Erfahrungen – die *persönliche Betroffenheit*. Dabei nehmen Sie die Gefühle Ihres Gegenübers bewusst wahr, reagieren darauf und empfinden eventuell sogar ein ähnliches Gefühl. Vielleicht haben Sie das schon einmal erlebt, als Sie jemandem etwas Persönliches erzählt haben und den Eindruck hatten, Ihre Gefühle im Gesicht Ihres Gegenübers wiederzuerkennen.

Die zweite Facette ist die *Perspektivübernahme*, bei der wir logisch nachzuvollziehen und herzuleiten versuchen, was unser Gegenüber fühlt oder denkt. Wir übernehmen zum Beispiel die Perspektive einer anderen Person, wenn wir deren schlechte Laune auf fehlende Wertschätzung zurückführen oder so interpretieren, dass sie urlaubsreif ist. (Hierbei sollten wir uns stets bewusst sein, dass wir mit unserer Interpretation oder Schlussfolgerung auch danebenliegen könnten.) Eine Perspektivübernahme findet auch statt, wenn wir so etwas sagen wie, „Angesichts deiner persönlichen Erfahrungen verstehe ich wohl, warum du diese Person wählst, auch wenn ich anderer Meinung bin". Perspektivübernahme ist für den Zusammenhang zwischen Empathie und Design essenziell. Indem Sie die Sichtweise einer anderen Person einnehmen, sind Sie eher in der Lage, ein Problem oder eine Chance zu verstehen und anderen zu beschreiben. Nur dann können Sie überhaupt damit beginnen, die Herausforderung anzugehen. Bei der Perspektivübernahme geht es eher darum, die

DIE DREI FACETTEN DER EMPATHIE

MENTALISIERUNG

KOGNITIVE EMPATHIE

PERSPEKTIVÜBERNAHME

THEORY OF MIND

PERSÖNLICHE BETROFFENHEIT

AFFEKTIVE EMPATHIE

SPIEGELWIRKUNG

GEFÜHLSANSTECKUNG

PROSOZIALES VERHALTEN

EMPATHISCHE MOTIVATION

MITGEFÜHL

EMPATHISCHE ANTEILNAHME

andere Person zu verstehen, als sich Sorgen um sie zu machen oder Mitleid zu empfinden, und sie beinhaltet unzählige Möglichkeiten für kreatives Handeln.

Die dritte Facette von Empathie gewinnt zunehmend Beachtung und erfreut sich immer umfangreicher Forschung, was positiv ist, denn sie kann für die Designarbeit ganz entscheidend sein. Die Gefühle anderer nachzuempfinden und zu verstehen, führt zu *prosozialem Verhalten*: Wir wollen der anderen Person helfen. Ich hatte früher keinen Namen dafür, aber ich habe oft erlebt, wie Studierende, die während ihrer Recherche eine enge Verbindung zu einer Person aus der Zielgruppe aufgebaut hatten, unbedingt etwas entwickeln wollten, das dieser Person hilft. Diese Studierenden arbeiteten härter und waren häufig erfolgreicher als der Rest des Kurses. Sie schienen von einem genuinen Gefühl der Dringlichkeit erfasst zu sein, das sie mehr motivierte als sonstige Anreize, wie den Kurs zu absolvieren und einen guten Abschluss zu erzielen. Vielleicht habe ich damals schon ein reales Phänomen beobachtet. 2011 untersuchten Adam Grant und James Berry, Experten für Organisationsverhalten, wie Empathie und Kreativität zusammenhängen. Ihre Studie veröffentlichten sie in der Zeitschrift *Academy of Management*. Darin kommen sie zu dem Schluss, dass ein Zusammenhang besteht zwischen der Perspektivübernahme (das bewusste Bemühen darum, zu verstehen, was andere brauchen) und dem Entwickeln von Ideen, die sowohl neuartig als auch nützlich sind. Es scheint, als helfe der Wunsch, anderen zu helfen, schwierige kreative Aufgaben zum Abschluss zu bringen.

Wie können Sie nun Ihre Empathie – in allen drei Facetten – auf Ihre Arbeit anwenden? Probieren Sie die kurze Übung *Was ist in deinem Kühlschrank?* (Seite 68) aus, planen Sie einen Tag für *Shadowing* (Seite 41) ein oder nehmen Sie sich in *Ein Tag im Leben von …* (Seite 156) wirklich Zeit, Ihre Empathie zu schulen. Sie können auch eine mutige Projektanweisung für Sie (oder Ihr Team) verfassen, die Sie bei der Suche nach einer Lösung inspiriert, ähnlich wie in den Challenges *Die Organspende* oder *Kredite für Katastrophenopfer* im letzten Teil des Buches (Seite 262 und Seite 266).

Während Sie diese Übungen durchführen, werden Sie auch erleben, wo Empathie ihre Grenzen hat. Wie die Gründer des gemeinnützigen Designstudios *Civilla* in Bezug auf ihre Übung *Eintauchen und Einblicke gewinnen* (Seite 38) anmerken, ist es ein Privileg, einen Prozess oder ein System auswählen zu können, das man verstehen und verbessern möchte – im Gegensatz zu Menschen, die auf dieses System angewiesen sind. Wenn Sie jederzeit in eine Situation eintauchen und sie dann wieder verlassen können, werden Sie niemals die genau gleiche Erfahrung machen wie jemand, der keine andere Wahl hat, als dort zu sein. Empathie ist kein magisches Instrument zum Gedankenlesen, das Sie eine oder zwei Stunden einsetzen, um dann zu prophezeien, was in einer anderen Person vorgeht. Ein Gefühl der Verbundenheit oder des Verstehens heißt nicht, dass Sie das gesamte Bild sehen, auch wenn es sich in diesem Moment so anfühlen mag. Und da alles, was wir erleben, durch unser individuelles Prisma von Herkunft, sexueller Orientierung, Geschichte, Standort und Kultur verzerrt wird, sollten wir uns nie zu sicher sein, dass das, was wir über andere schlussfolgern, auch wirklich zutrifft.

Eine weitere wichtige Grenze von Empathie: Sie ist weder moralisch noch unmoralisch, sondern amoralisch. Empathie befähigt Sie nicht automatisch dazu, etwas Gutes oder Schlechtes für die Menschheit zu tun. Die oben erwähnte Studie von Grant und Berry legt nahe, dass wir durch Perspektivübernahme prosoziales Verhalten gegenüber Menschen entwickeln, die so anders sind als wir selbst, dass es passieren kann, dass wir uns für ihre Ziele einsetzen, auch wenn sich das nicht mit unseren eigenen Werten deckt. So gut fühlt es sich an, wenn man sich mit anderen Menschen verbindet und versucht, sie zu verstehen! Durch Ihre Verbindung mit anderen können Sie Einblicke gewinnen, Ideen generieren und Motivation entwickeln, doch Empathie erspart Ihnen nicht, einen Schritt zurückzutreten und sich zu fragen, was Sie da eigentlich tun, wem Ihre Lösung helfen wird und welche sonstigen Folgen sie haben könnte. Dieses Zurücktreten können Sie zum Beispiel in *Ihr innerer Ethiker* (Seite 218), *Das Zukunftsrad* (Seite 221) und *Den Designraum kartieren* (Seite 106) üben.

Trotz dieser Komplexität lohnt es sich, die eigene Empathie in Bezug auf alle drei Facetten auszubauen. Das kann Ihnen helfen, auf respektvolle Weise nützliche kreative Lösungen zu entwickeln. Das Wichtige dabei ist, Empathie *anzustreben*. Stellen Sie Ihren Kompass auf diese Richtung ein, gehen Sie aber niemals davon aus, ganz am Ziel anzukommen. Nutzen Sie Ihr Mitgefühl für andere, um Ihren kreativen Fähigkeiten Sinn zu verleihen, Erkenntnisse für Ihre Designarbeit zu gewinnen und so vielleicht etwas zu entwickeln, das andere Menschen tatsächlich nützlich finden.

Anders als in der Fotografie können Sie in diesem Kontext kein Spezialobjekt aufsetzen, um etwas gleichzeitig aus der Nähe und im größeren Zusammenhang zu betrachten. Sie müssen üben, beides zu sehen: die Details *und* die Landschaft, die Einzigartigkeit der beteiligten Menschen *und* den sozialen Kontext. Ihr Ziel sollte es sein, flexibel zwischen diesen beiden Perspektiven wechseln zu können, denn dann entwickeln Sie kreative Lösungen, die auf allen diesen Ebenen funktionieren.

35 Mit frischem Blick zeichnen

Eine Idee von Maureen Carroll

Kognitiv wissen Sie, dass es wichtig ist, die Welt aus unterschiedlichen Blickwinkeln zu betrachten. Das aber auch aktiv zu tun, ist etwas ganz anderes. Doch es lohnt sich, dies zu üben. Bei Bedarf eine neue Brille aufzusetzen und die Dinge mit frischem Blick zu betrachten ist entscheidend, wenn Sie Ihre Neugierde fördern und neue Ideen generieren möchten.

Diese Übung ist eine einfache Zeichenaufgabe, allerdings mit einem besonderen Kniff, denn Sie nehmen kurz die Sichtweise einer anderen Person ein. So können Sie Ihren Geist behutsam aufwärmen und lernen, achtsam zu sein und genau zu beobachten.

Sie können die Übung allein oder mit einer beliebig großen Gruppe durchführen.

So geht's

Sie brauchen mehrere Blöcke und Farbstifte.

Sammeln Sie verschiedene Arten von Personen oder Rollen und weisen Sie jeder eine Farbe aus Ihrer Stiftsammlung zu. Hier ein paar Beispiele:

ein siebenjähriges Kind (orange)
eine Gärtnerin oder ein Gärtner (grün)
eine Dichterin oder ein Dichter (rot)
eine Person, die sich vor Kurzem das Bein gebrochen hat (rosa)
eine Person, die in einer ganz anderen Klimazone lebt als Sie (blau)

Gehen Sie dann nach draußen und suchen Sie sich einen Ort, wo Sie sich hinsetzen und beobachten können.

Wenn Sie allein (oder in einer sehr kleinen Gruppe) unterwegs sind, wählen Sie einige der Personas aus Ihrer Liste aus. Zeichnen Sie nun 10 Minuten lang, was Sie sehen, und zwar aus der Perspektive Ihrer gewählten Persona. Machen Sie das Gleiche dann mit einer anderen Persona usw. Verwenden Sie dabei jeweils die Farbe, die Sie der Persona zugeordnet haben. Sie können Ihre Zeichnungen auf ein und demselben Blatt Papier anfertigen, sodass eine Szene mit mehreren Ebenen entsteht. Das vollständige Bild sieht dann so aus, als sei es von verschiedenen Personen gezeichnet worden. Oder Sie erstellen die Zeichnungen nebeneinander. Je nachdem, welche Perspektive Sie einnehmen, werden Sie feststellen, dass neue Dinge in Ihrer Zeichnung zum Vorschein kommen.

Wenn Sie mit einer größeren Gruppe arbeiten, können Sie die Rollen mithilfe von farbigen Gegenständen zuweisen und so ein witziges Element einfließen lassen. Die Rollenverteilung erfolgt dann zufällig und jeder erhält ein Symbol zu seiner Rolle. Dafür eignen sich zum Beispiel farbige Klebepunkte, die sich an der Kleidung befestigen lassen, Bandanas, Sonnenbrillen mit verschiedenfarbigen Bügeln oder Hüte. Am Ende ist jede Rolle mehrfach vergeben.

Jeder nimmt sich nun einen seiner Rolle zugewiesenen Gegenstand (Klebepunkt, Bandana, Sonnenbrille, Hut) und zeichnet 10 Minuten lang, was er durch die Augen seiner Persona sieht. Nutzen Sie Ihre Fantasie: Was sehen Sie?

Dann kehren alle zur Gruppe zurück, suchen sich jeweils eine Person mit einer anderen Rolle und Farbe und zeigen sich ihre Zeichnungen.

Dieser Austausch macht Ihnen bewusst, wie sehr die von Ihnen aufgesetzte Brille beeinflusst, was Sie sehen und wie Sie es sehen. Das siebenjährige Kind sieht vielleicht eine Bank, die plötzlich zur Achterbahn wird. Der Gärtnerin fällt auf, wie die Pflanzen angeordnet sind. Der Dichter verfasst ein illustriertes Gedicht. Und der Person mit gebrochenem Bein fallen all die fiesen Risse im Bürgersteig auf. Sie alle betrachten dieselben Dinge, sehen sie aber mit anderen Augen.

Die einzelnen durch die individuelle Brille gefilterten Zeichnungen dienen als Ausgangspunkt für eine Diskussion darüber, wie Sie Ihre Aufmerksamkeit während des Designprozesses schulen können.

Die Rollen können Sie themenbezogen festlegen. Wenn Sie oder Ihre Gruppe zum Beispiel an einem Projekt im Bildungswesen arbeiten, könnte jede Farbe für eine andere Rolle in diesem System stehen (Student, Elternteil, Direktorin, Hausmeister usw).

Auch wenn Sie in dieser Übung eine neue Brille aufsetzen bedenken Sie, dass alles, was Sie sehen, immer noch durch Sie gefiltert wird – eine Person mit einem spezifischen Bündel an Erfahrungen und Rahmen. Stellen Sie sich vor, Sie würden die Übung mit Menschen durchführen, die tatsächlich den Personas entsprechen, die Sie ausgewählt haben. Oder wie würde die Übung verlaufen, wenn Sie sie zu einem anderen Zeitpunkt in Ihrem Leben durchführten, wenn Ihre Lebensumstände tatsächlich denen der ausgewählten Persona entsprächen? Das ist eine gute Möglichkeit, die eigene Vorstellungskraft zu erweitern und sich gleichzeitig deren Grenzen bewusst zu machen.

Wenn ich diese Übung durchführe, kommt mir immer folgender Gedanke: „Bedeutendes in dem Moment erfassen, in dem man es sieht". Zu dieser Aktivität inspiriert haben mich die Worte von Elliot Eisner in seinem Buch The Impoverished Mind: *„Jedes Symbolsystem gibt Parameter dafür vor, was wahrgenommen und was ausgedrückt werden kann. In der Malerei lernen wir den Herbst auf eine Weise kennen, wie es nur die bildenden Künste möglich machen. In der Dichtkunst erfahren wir den Herbst, wie ihn nur Gedichte erfahrbar machen. In der Botanik erleben wir den Herbst auf eine Art, wie ihn nur Botaniker ausdrücken können. Wie wir den Herbst wahrnehmen und was wir infolgedessen über ihn wissen, ist abhängig von dem Symbolsystem, das wir verwenden."*

Diese Übung lässt uns das konkret erfahren. Und sie hilft dabei, unseren Blick zu verengen, um „heranzuzoomen" und dann wieder „herauszuzoomen", wenn wir die verschiedenen Perspektiven innerhalb der Gruppe betrachten. Das ist es, was Designerinnen und Designer können müssen.

– Maureen Carroll

36 Auspack-Übungen

Eine Idee von Susie Wise and Thomas Both, inspiriert von Michael Barry

Menschen zu befragen oder sie in ihrer Umgebung zu beobachten ist, als würden Sie eine Abenteuerreise an einen Ort unternehmen, der Sie lehrt, die Welt mit anderen Augen zu sehen. Ihre Fantasie wird angeregt und Sie kommen mit einem Koffer voller unglaublicher Geschenke und Schätze zurück. Jetzt ist es Zeit, ihn auszupacken und zu sehen, was sich darin befindet.

Es mag komisch klingen, aber Ihre Beobachtungen auszupacken, um Erkenntnisse daraus zu gewinnen, dauert häufig drei- bis viermal so lange wie die eigentliche Erfahrung, die Sie eingepackt haben. Dieser Prozess ist genauso wichtig wie die Reise selbst, denn es geht darum, all die wunderbaren gesammelten Informationen aus Ihrem Koffer zu interpretieren. Als Erstes müssen Sie sich dabei all der offensichtlichen Dinge entledigen, die jeder kennt – das sind sozusagen die Mitbringsel, die Sie im Flughafenshop erworben haben. Als Nächstes nehmen Sie sich die persönlichen Geschichten vor, die Sie gehört haben. Dabei untersuchen sie jede einzelne lange genug hinsichtlich dessen, was sie bedeutet und was Sie Ihnen über die Situation und die vorhandenen Bedürfnisse verrät. Am Ende entdecken Sie ein paar ganz besondere Dinge, die sich unten im Koffer unter all den anderen Gegenständen verbergen. Vielleicht erinnern Sie sich gar nicht, sie eingepackt zu haben, weil Sie so mit dem Bestaunen der Sehenswürdigkeiten beschäftigt waren. Diese Erkenntnisse offenbaren sich nur langsam, doch das Hervorholen lohnt sich.

Diese Übung liefert Ihnen einen einfachen Rahmen zum Auspacken Ihrer Beobachtungen. Sie verhindert, dass Sie sich mit der erstbesten Lösung, die Ihnen in den Sinn kommt, zufriedengeben, wenn Sie die Dinge an der Oberfläche betrachten. Dieser Prozess erfordert Zeit und Geduld. Die meisten Menschen würden ihn gern abkürzen, weil das Auspacken grundsätzlich unangenehm ist: Man weiß nicht, was man findet und wie brauchbar es ist. Machen Sie es trotzdem.

Wie das Auspacken funktioniert, lässt sich am besten anhand einer konkreten Challenge erklären. Das übernimmt im Folgenden jemand, der die Übung schon oft durchgeführt hat: Unternehmensgründerin und Bildungsexpertin Jill Vialet.

So geht's

Mich begleitete seit Längerem ein konkretes Problem und als ich Stipendiantin an der d.school wurde, erhielt ich endlich die Möglichkeit, es anzugehen. Seit mehreren Jahren führte ich eine erfolgreiche, aufstrebende Organisation, die öffentlichen Schulen erfahrene Trainerinnen und Trainer für die Pausenbetreuung vermittelte. Immer mehr Studien belegen,

dass gut organisierte Pausen Kindern helfen, Konfliktlöse- und Führungskompetenzen zu entwickeln, und sich positiv auf das Klassenklima auswirken. Die Schulleitungen fragten mich regelmäßig, ob sie meine Trainerinnen und Trainer „ausleihen" könnten, damit diese für ausgefallene Lehrkräfte einspringen, und da wurde mir bewusst, dass Schulen eine ganze Reihe von Problemen mit der Lehrervertretung haben.

Trotz der Tatsache, dass 10 Prozent des Unterrichts in den Vereinigten Staaten von Vertretungslehrerinnen und -lehrern übernommen werden, war das Problem meines Wissens nicht klar definiert. Also begab ich mich in einen kreativen Prozess, mit dem Ziel herauszufinden, wie die Situation verbessert werden könnte. Dabei sprach ich mit einem komplexen Netz an Stakeholdern, die ich verstehen wollte.

Als ich begann Lehrkräfte, Vertretungskräfte, Schulleitungen und andere Beteiligte zu interviewen, verabschiedete ich mich schnell von der Annahme, dass ein Mangel an Vertretungslehrkräften der Hauptgrund für die Misere war.

Jedes Gespräch fügte neue Komplexität hinzu und eröffnete potenzielle neue Richtungen. Ich begann, mit einigen Designern an der d.school zu arbeiten, die mich durch den Prozess der Synthese begleiteten, und machte mich als Erstes an das schrittweise Auspacken der Interviews. Ich beschrieb einen Höhepunkt des Gesprächs und das Designerteam stellte mir Fragen, um mich dahinzubringen die Dinge, die mir wichtig erschienen, besser zu verstehen. Jede Person mit der ich gesprochen hatte, hatte wichtige Dinge gesagt, doch ich hatte bislang nicht versucht zu verstehen, warum ich sie für wichtig hielt.

Meistens begannen wir mit einer einfachen physischen Beschreibung der Person, die ich interviewt hatte. Ich versuchte die Situation bildlich zu rekonstruieren und berücksichtigte dabei, ob die Gespräche persönlich oder am Telefon stattgefunden hatten. Ich berichtete, welche Fragen ich gestellt hatte, wies auf Gemeinsamkeiten oder Unterschiede zu den anderen Interviews hin und konzentrierte mich dann auf die Unterschiede, da diese Antworten am ehesten neue Erkenntnisse enthielten. Wir sprachen viel über die Gefühle, die die Menschen zeigten, wenn sie von ihren Erfahrungen berichteten, und suchten nach uns widersprüchlich erscheinenden Aspekten.

In einem Gespräch mit einer Vertretungslehrerin erfuhr ich zum Beispiel, dass sie normalerweise eine Reihe vorgefertigter Materialien mit in den Vertretungsunterricht nahm. Zu diesem Zeitpunkt hatte ich den Bedarf an Vertretungslehrkräften bereits mit den Waldbränden in Kalifornien assoziiert, weil diese genauso unerwartet auftreten. Diese beiden Dinge zusammengenommen warfen bei mir die Frage auf, ob man die Vertretungslehrkräfte nicht mit einer Feuerwehrmannschaft gleichsetzen könnte, die immer dann auftaucht,

wenn es einen Notfall gibt. Das wiederum brachte mich auf den Gedanken, was die Vertretungskräfte wohl mit in den Unterricht nehmen müssten, damit dieser funktioniert.

Ausgehend von diesen Überlegungen entwickelte ich als ersten Prototyp einen Rucksack, der eine Sammlung altersgerechter Spiele und Aktivitäten enthielt. Diesen Rucksack nahm ich mit in meine Gespräche mit den Schulleiterinnen und Schulleitern. Um die Idee zu testen, fragte ich sie: „Stellen Sie sich vor, wir würden die Vertretungslehrkräfte wie Feuerwehrleute schulen, sodass sie das Klassenzimmer mit einem bestimmten Bündel an Kompetenzen betreten. Wie würde das funktionieren?" Auf einer gewissen Ebene zeigten sich die Verantwortlichen interessiert und waren offen für die Möglichkeit, dass man Vertretungslehrkräften mehr zutrauen könnte. Nicht begeistert waren sie jedoch von der Idee, dass Vertretungslehrkräfte ihre eigenen Inhalte entwickeln. Dieser dünne Faden, der sich aus meiner Synthese gesponnen hatte, führte also zu einigen wichtigen neuen Erkenntnissen, nachdem ich ihn in Form eines Prototyps getestet hatte.

Während einer meiner Coachingsitzungen mit dem Designerteam zeigte ich mich überrascht darüber, dass der größte Widerstand gegen eine Neuregelung der Rolle von Vertretungslehrkräften nicht etwa von den Schulleiterinnen und Schulleitern ausging, sondern von den Klassenlehrerinnen und Klassenlehrern, die sich häufig negativ äußerten. Daraufhin begann ich die Vorstellung dessen, was eine Vertretungslehrkraft ist, zu hinterfragen. Als Mutter wünschen Sie sich zum Beispiel andere Erwachsene im Leben Ihrer Kinder; Sie wünschen sich aber keine Ersatzmutter. Niemand möchte das Gefühl haben, ersetzbar zu sein. Das stellte für mich einen weiteren wichtigen Reframing-Moment dar.

Ich erkannte: So etwas wie Vertretungslehrkräfte gibt es gar nicht! Diese Menschen können eine wichtige Rolle in der Klasse spielen, doch sie sind kein Ersatz für irgendetwas.

Als ich dies erkannte und laut aussprach, schien es mir im Nachhinein vollkommen offensichtlich, doch erkannt hatte ich es nur, weil ich den langen Weg durch den Prozess genommen hatte. Das erinnert mich an ein Zitat von Oliver Wendell Holmes Jr.: „Einfachheit ist die andere Seite der Komplexität".

Menschen brauchen Zeit und Raum, um den Dingen Sinn zu geben – ob das nun in einem konkreten kreativen Prozess ist oder im alltäglichen Leben. Da sie keinen gesonderten Raum dafür haben, kapern sie andere Räume, um das zu erreichen. Wenn ich diese Idee auf meine Arbeit zurücküberträge, erinnert mich das daran, dass sich unser Bedürfnis nach Synthese oft in Meetings ausdrückt, die vom eigentlichen Thema abkommen. Das könnte der Grund sein, warum ich keine Meetings mag.

Um zu einer guten Synthese zu gelangen, müssen Sie den Dingen Zeit und Raum geben. Während meiner Arbeit an diesem Projekt versuchte ich offenzubleiben und ich hatte das Gefühl, etwas Gutes erreichen zu können, wenn ich mich nur daran hielt. Und es gelang mir – immer wieder.

Eng mit anderen zusammenzuarbeiten und sich auszutauschen gab mir die Erlaubnis, in diesem unsicheren, aber produktiven Prozess zu verweilen. Ich habe gelernt, dass man Konkretes nicht immer auf geradem Weg erreicht. Der Sinn erschließt sich nicht immer sofort; das heißt aber nicht, dass es keinen Sinn gibt.

– Jill Vialet

Jetzt sind Sie dran, die Geschichten und Informationen auszupacken, die Sie in Ihrer kreativen Recherche zusammengetragen haben. Notieren Sie dazu zunächst 8 bis 10 Höhepunkte aus einem konkreten Interview oder einer Beobachtung. Das können Aussagen sein, die Ihnen besonders aufgefallen sind; Spannungen oder Widersprüche bezüglich der Situation; Dinge, die Sie enttäuscht oder begeistert haben; oder Orte, an denen Sie Menschen gesehen haben, die ihr Problem mit einer selbstgefertigten Lösung gemeistert haben.

Notieren Sie jeden Höhepunkt auf einem separaten Kärtchen oder Klebezettel.

Befestigen Sie diese auf einem großen Blatt Papier oder an einer Tafel und beantworten Sie für jeden Höhepunkt die folgenden Fragen:

Warum ist Ihnen das so sehr aufgefallen?
Warum ist das interessant im Hinblick auf das Problem, das Sie lösen wollen?
Was sagt Ihnen das darüber, was die Person glaubt oder was ihr wichtig ist?
Warum ist dieser Höhepunkt wichtig? Was bedeutet er?
An welche anderen Situationen lässt Sie das denken?
Wie hilft Ihnen das, das Problem oder die Chance mit anderen Augen zu sehen?

Machen Sie das so lange bis Sie denken, alles aus der Beobachtung herausgeholt zu haben und widmen Sie sich dann der nächsten.

Mit der Zeit bauen Sie ein Repertoire an Auspack-Fragen auf, die Sie immer wieder gern nutzen werden. Beachten Sie dabei, dass die Art der Fragen, zu denen Sie tendieren, wahrscheinlich etwas über Sie und Ihre Instinkte und Vorurteile aussagt. Alles an dieser Arbeit ist subjektiv: die zugrunde liegenden Geschichten, die Art und Weise, wie Sie sie auspacken, und die Schlussfolgerungen, die Sie ziehen. Ihre Interpretationen fließen unmittelbar in die Problemdefinition und Ihre Lösung ein.

Subjektivität ist ein essenzieller Bestandteil von Kreativität. Sie können nicht vor ihr davonlaufen. Machen Sie es deshalb wie Jill: Testen Sie Ihre Ideen und die gewonnenen Erkenntnisse immer wieder, um Ihre Annahmen zu überprüfen. Am Ende werden Sie wie Jill feststellen, dass sich der Schatz ganz unten in Ihrem Koffer verbirgt.

37 Rahmen und Konzept

Eine Idee von Perry Klebahn, Jeremy Utley und Scott Doorley, kommentiert von Yusuke Miyashita

Konstruktives Feedback zu erhalten ist, wie Assists im Basketball zu bekommen. Ohne sie ist es schwieriger, Erfolge zu erzielen. Damit Sie aber ein Assist für Ihren perfekten Korbleger nutzen können, müssen Sie wissen, wie Sie den Pass annehmen.

Manchmal zögern Menschen, Feedback einzuholen, weil sie nicht wissen, was sie damit machen sollen: Müssen sie es umsetzen? Bedeutet es, ihre Rolle als Designerin oder Designer ist weniger wichtig? Natürlich nicht. Es liegt an Ihnen, was Sie mit dem Feedback anfangen, das Sie erhalten. Indem Sie Feedback einholen, machen Sie sich den Unterschied zwischen der erhofften Wirkung Ihrer Lösung und der Wirkung, die sie tatsächlich erzielt, bewusst.

Wenn Sie Ihre Lösung vorstellen, werden manche Leute die Farbe mögen, während andere das Thema für nicht besonders relevant halten. Da Sie die Offenheit der Feedbackgeber und den Umfang ihres Feedbacks nicht begrenzen wollen, brauchen Sie einen strukturierten Prozess, um die Rückmeldungen zu bewerten. In dieser Übung lernen Sie, das Feedback aus einer Testsession zu interpretieren. Dabei unterscheiden Sie zwischen Informationen, die Ihr Verständnis der Challenge (Rahmen) betreffen, und solchen, die sich auf die Qualität Ihrer vorgeschlagenen Lösung (Konzept) beziehen.

Die Übung stellt eine einfache Möglichkeit dar, die Reaktionen auf Ihre Lösung zu interpretieren. Sie ist so einfach, dass Sie eventuell Ihre Vorstellung dessen überdenken werden, was ein testwürdiger Prototyp ist. Zu welchen Dingen wollen Sie also Feedback in der Anfangsphase einholen? Zu einer Einkaufsliste? Oder einer geplanten Urlaubreise mit der Familie? Fast alles wird besser, wenn Sie frühzeitig um Feedback bitten.

Bevor Sie Feedback zu Ihrer kreativen Arbeit einholen, sollten Sie diese in eine Form bringen, die sich gut präsentieren lässt. Das können Skizzen, physische Prototypen oder schriftliche Dokumente sein. Überlegen Sie sich dann: *Was ist mein Rahmen und was ist mein Konzept?*

Der Rahmen ist das Bedürfnis, das Sie zu adressieren versuchen oder die allgemeinere Idee, mit der Sie spielen. Das Konzept ist konkreter: Es ist die Lösung, die Sie entwickelt haben.

Wenn Sie zum Beispiel den Plan für Ihre Familienreise testen möchten, könnte Ihr Rahmen sein: „nach einem anstrengenden Jahr als Familie wieder einmal Abenteuerlust und Lebensfreude verspüren". Das konkrete Konzept könnte Dinge wie „Freizeitpark" und „Wildwasserrafting" beinhalten. Wenn Sie für eine Bank arbeiten und neue Services für Menschen entwickeln möchten, die ihr Zuhause infolge einer Naturkatastrophe verloren haben, könnte Ihr Rahmen sein: „der erste Ansprechpartner in Finanzfragen sein und in Krisenzeiten Vertrauen schaffen". Und Ihr Konzept könnte „ein sofortiges zinsloses Darlehen über 1.000 US-Dollar für Unterbringung und Verpflegung" sein.

Beginnen Sie Ihre Testsession auf Grundlage dieser Prinzipien, stellen Sie Ihre Skizzen oder Prototypen vor und holen Sie Feedback ein:

Weisen Sie darauf hin, dass sich Ihre Ideen in der Anfangsphase befinden und dass Sie sich ehrlichen Input erhoffen, und machen Sie klar, dass Sie sich durch das Feedback nicht gekränkt fühlen werden.

Versuchen Sie nicht, sich oder Ihre Vision zu erklären oder zu betonen, wie genial die finale Version mit allem Drum und Dran sein wird. Das vermittelt Ihren Probandinnen und Probanden den Eindruck, dass Ihnen das Ganze sehr am Herzen liegt, woraufhin sie eher kein ehrliches Feedback geben werden – aus Angst, Sie zu verletzen. Stellen Sie also nicht Ihren Rahmen vor, sondern nur die Konzepte – zumindest am Anfang. Dokumentieren Sie die Reaktionen Ihrer Probanden sorgfältig. Zeichnen Sie Kommentare auf und machen Sie sich Notizen zu Körpersprache und Gefühlsreaktionen.

Wenn Sie die richtige forschende, demütige Haltung einnehmen, sagen Ihnen Ihre Probandinnen und Probanden eventuell, wie Sie Ihr Konzept verbessern können. Und Sie erfahren mehr über die zugrunde liegenden Bedürfnisse, was Sie vielleicht auf eine neue Idee bringt, die Sie bislang nicht auf dem Schirm hatten. Möglicherweise ergibt sich eine tiefere Diskussion, die Ihnen hilft, besser zu verstehen, was sich in Ihrem Rahmen befindet. Nachdem Sie ein erstes Feedback erhalten haben, können Sie mehr über Ihre Ziele preisgeben.

Um die Ergebnisse zu verarbeiten, zeichnen Sie zwei übereinander liegende Kreise in Ihr Notizbuch oder auf ein großes Blatt Papier. Beschriften Sie den oberen Kreis mit „Rahmen" und den unteren mit „Konzept". Das erinnert Sie bildlich daran, dass der Rahmen abstrakter ist. Er ist das, zu dem sich am Ende alles aufaddieren muss. Ordnen Sie nun mithilfe der Kreise das Feedback, das Sie erhalten haben: Notieren Sie alle Kommentare und die Körpersprache, die Sie beobachtet haben, im oberen Kreis, wenn sie sich auf den Rahmen beziehen, und im unteren Kreis, wenn sie sich auf das Konzept beziehen.

Nun geht es an die Auswertung:

Wie gut treffen Sie die Bedürfnisse der Situation auf die Weise, in der Sie Ihren Rahmen dargestellt haben?
Sind Ihre Erkenntnisse darüber, was den Menschen wichtig ist, aussagekräftig und relevant?
Mögen die Leute das Konzept? Oder haben sie höflich, uninteressiert oder geradezu negativ reagiert? Was ist der wahre Auslöser für die emotionale Reaktion und warum?

Im Folgenden einige typische Ergebnisse:

Ihr Konzept ist nicht gut angekommen, doch indem Sie es vorgestellt und Feedback eingeholt haben, wissen Sie jetzt mehr über den Rahmen. Auf den Familienurlaub aus dem Beispiel oben bezogen könnten Sie zum Beispiel folgende Kommentare erhalten haben: „Ich habe Angst vor Achterbahnen, aber mir gefällt die Vorstellung, dass wir alle selbst entscheiden können, welche Fahrgeschäfte wir ausprobieren" oder „Ich möchte im Urlaub nicht nass werden, aber gemeinsam in der Wildnis zu sein fände ich schön". Ihre Lösung

trifft die Bedürfnisse also scheinbar noch nicht, doch in der nächsten Schleife können Sie Ihre Konzepte optimieren.

Manchmal sieht das Konzept wirklich toll aus und die Testpersonen sind von der Ästhetik der Lösung begeistert. Wenn Sie sich die Reaktionen jedoch genauer ansehen, werden Sie feststellen, dass das Konzept den Leuten nicht wirklich etwas sagt oder nicht die Bedürfnisse anspricht, die der Rahmen Ihres Projekts beinhaltet. So könnte den Probanden zum Beispiel das 1.000-Dollar-Darlehen generell gefallen, sie fänden es aber besser geeignet für alltägliche Situationen. Damit haben Sie noch nicht den zentralen Rahmen Ihres Naturkatastrophe-Projekts abgedeckt. Also heißt es, weitere Ideen zu generieren.

Der Mythos des einsamen Genies, das allein im stillen Kämmerlein etwas erfindet und es dann der Welt präsentiert, könnte nicht weiter entfernt sein von dem, wie wir an der *d.school* arbeiten. Unsere Philosophie lautet: Präsentiere deine Arbeit früh und oft. Die Reaktionen unserer Mitmenschen machen unsere Arbeit besser, denn sie zeigen uns, was fehlt, sie stellen sicher, dass wir etwas nicht nur für uns selbst designen, und sie machen uns auf mögliche unbeabsichtigte Folgen aufmerksam, die wir übersehen haben. Feedback ist eine große Hilfe, auch wenn es kurzzeitig demotivieren kann.

Das ist wahrscheinlich eines der überzeugendsten und nützlichsten Tools, die ich in mehr als zehn Jahren als Designer und Dozent kennengelernt habe. Indem wir unsere Erkenntnisse auswerten und die Qualität unseres Prototyps bewerten, versetzen wir uns in die Lage, wirklich gute Entscheidungen über das weitere Vorgehen zu treffen. Ist unser Rahmen gut? Ist unser Konzept gut? Wir wissen dann unmittelbar, was als Nächstes zu tun ist.

– Yusuke Miyashita

38 Den Morgenkaffee zubereiten

Eine Idee von Seamus Yu Harte, Scott Doorley und Bill Guttentag

Mit dieser Übung trainieren Sie Ihre visuelle Kommunikationsfähigkeit. Dazu werden Sie etwas herstellen, bevor Sie sich bereit dazu fühlen. Indem wir schnell etwas auf die Beine stellen, erkennen wir die Lücken zwischen dem, was wir glauben zu können, und dem, was wir tatsächlich können. Wir finden außerdem heraus, was wir bereits wissen – von dem wir aber vielleicht nicht wissen, dass wir es wissen –, und werden uns das nächste Mal besser vorbereitet fühlen. In diesem Fall erstellen Sie einen kurzen Film. Das Prinzip lässt sich aber auf jede andere Situation übertragen. Sie erkunden instinktiv, wie Learning by Doing funktioniert. (Wie? Na, durch Learning by Doing!).

Wenn Sie mit einem Medium wie dem Video arbeiten, lebt Ihre Botschaft oder Idee weiter, auch wenn Sie nicht mehr da sind, um sie zu erklären. Die beste Möglichkeit zu erkennen, wie sich das, was Sie versuchen zu sagen, von dem unterscheidet, wie es von anderen aufgenommen wird, ist, etwas zu produzieren und zu sehen, wie es ankommt.

So geht's

Ihre Aufgabe besteht darin, ein 1-minütiges Video eines Ablaufs zu erstellen – in unserem Fall die Zubereitung eines Frühstücksgetränks. Suchen Sie sich einen willigen Mitbewohner oder eine hilfsbereite Freundin und besorgen Sie alles, was Sie dafür brauchen.

Als Erstes erstellen Sie das Video – sofort. Greifen Sie zu Ihrem Smartphone und nehmen Sie auf, wie Ihr Mitbewohner oder Ihre Freundin den Kaffee (oder Tee oder ein anderes Getränk) zubereitet. Dabei ist egal, ob es gut oder ordentlich oder unglaublich oder

wahnsinnig schlecht ist (das Video, nicht das Getränk) – darum geht es nicht.

Bedienen Sie sich der verschiedenen Einstellungen, die auf Seite 135 abgebildet sind (Weitwinkel, Nahaufnahme usw.). Zur Vereinfachung hier ein paar Vorgaben, damit Sie schnell loslegen können:

Der Titel Ihres Films lautet „Den Morgenkaffee zubereiten".
Ihr Video sollte genau 1 Minute lang sein.
Es sollte aus weniger als 12 verschiedenen Einstellungen bestehen.
Es sollte keinen Ton geben und niemand sollte sprechen (Sie können Musik unterlegen, aber das verkompliziert die Aufgabe).

Sehen Sie sich nun Ihren ersten Versuch an und überlegen Sie, was gut ist und was nicht. Ist das Video zu lang? Warum? Worauf könnte man verzichten? Wurde Ihnen schwindlig, als Sie zu schnell auf den Kaffeesatz gezoomt haben? Ist es Ihnen schwergefallen, die verschiedenen Einstellungen einzubauen? Welches Gefühl hinterlässt das Video bei Ihnen?

Nun drehen Sie das Video erneut. Erstellen Sie diesmal zunächst ein grobes Storyboard. Zeichnen Sie dazu mehrere leere Kästen in Ihr Notizbuch und füllen Sie diese mit den Einstellungen, die Sie aufnehmen möchten. Wenn Sie Ihr Video am Ende nicht bearbeiten möchten, drücken Sie jedes Mal auf Pause, bevor Sie die Einstellung wechseln. Alternativ können Sie die günstigste und einfachste Videobearbeitungs-App verwenden, die Sie finden. Übertreiben Sie es nicht: Fügen Sie die einzelnen Aufnahmen zusammen und kürzen Sie nur hier und da, damit das Video am Ende genau 1 Minute lang ist.

Nehmen Sie das Video ein weiteres Mal auf und bearbeiten Sie es wieder. Wenn Sie mit dem Ergebnis zufrieden sind, laden Sie den Film auf eine Videosharing-Plattform hoch und laden Sie Ihre Freunde oder Familie ein, ihn sich anzusehen. Prüfen Sie selbst, ob Sie anhand des Videos verstehen, wie der morgendliche Kaffee zubereitet wird. Beobachten Sie dabei, wie *Sie* sich fühlen. Ihr Bauchgefühl wird Ihnen sagen, was gut ist und was nicht.

funktioniert –, bevor Sie sie in die Hand nehmen. Damit ändern Sie Ihre Denkweise: von dem Glauben, Sie müssten zunächst eine bestimmte Fähigkeit erwerben, hin zu dem Wissen, dass Sie diese aktivieren können.

Sich immer wieder bewusst Herausforderungen auszusetzen, in denen Sie keine Expertise haben, kann sehr wertvoll sein. Diese Übung zeigt Ihnen nicht nur zügig, wie man einen Film dreht, sondern demonstriert auch eine simple Idee, die Sie für jegliche auszubauende Fähigkeit nutzen können: Wenn es darum geht, etwas herzustellen, wissen Sie nie, was Sie nicht wissen, bevor Sie es nicht versucht haben. Wenn Sie das nächste Mal etwas in einem Format abgeben müssen, das Sie noch nie zuvor verwendet haben, probieren Sie es an einem einfachen – fast albernen – Projekt aus, um sich damit vertraut zu machen.

Die strengen Vorgaben dieser Übung (Länge, Thema, Format) zwingen Sie, sich auf das Wesentliche zu konzentrieren. Die Übung animiert Sie dazu, das Medium Video auszutesten und sich erst im Nachhinein Gedanken darüber zu machen. Damit kehrt sie den herkömmlichen Prozess um, bei dem Sie sich zunächst mit der Theorie der Kameraführung beschäftigen – oder schlimmer noch: sich erklären lassen, wie die Kamera technisch

SCHWENK

AUFNAHME-
WINKEL

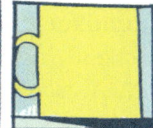 ZOOM

AUFNAHME-
FORMATE

NEIGUNGSWINKEL

DEN MORGENKAFFEE ZUBEREITEN

39 Fünf Stühle

Eine Idee von Grace Hawthorne, Charlotte Burgess-Auburn und Scott Doorley

Von uns wird häufig erwartet, in einer Situation so tun, als wüssten wir bereits, was das Richtige ist. Doch diese Fassade erschwert es uns, aufmerksam zuzuhören, Kurskorrekturen vorzunehmen und Demut walten zu lassen. Es bedeutet auch, dass wir regelmäßig Dinge in etwas hineininterpretieren, die dort nichts zu suchen haben. Hier kommt Design ins Spiel. Es stellt uns Tools zur Verfügung, mit denen wir uns von dieser Fassade befreien und unser Bestes geben können, um die Realität so zu erfassen, wie sie ist – eine Realität, in der „Ich kenne die Antwort noch nicht" wohl die angemessenste Haltung ist.

In dieser Übung lernen Sie mit Rapid Prototyping eines dieser Tools kennen. Beim Prototyping geht es darum, verschiedene Repräsentationen desselben Konzepts zu erstellen und dabei zu erkennen, dass die finale Manifestation Ihrer Idee keine sichere Gewissheit ist, sondern lediglich eine von vielen Möglichkeiten. Prototyping hilft Ihnen, Ihre Idee weiter zu erforschen. Außerdem gibt es Ihnen konkrete Objekte an die Hand, die Sie andere Menschen testen lassen können, die sich für Ihre Idee interessieren oder mit dem Problem zu kämpfen haben, das Sie lösen wollen.

Der Bau von Prototypen wird einfacher, wenn Sie die Eigenschaften verschiedener Materialien kennen. Dann können Sie irgendwann intuitiv entscheiden, welche Sie für Ihren Prototyp verwenden möchten. Einige Materialien eignen sich zum Beispiel gut zur Darstellung von Linien, andere zur Erzeugung von Volumen und wieder andere zur Fertigung von etwas Großem oder Kleinem.

Die Übung erweitert auch Ihre Vorstellungskraft: Wenn Sie einen Gegenstand in die Hand nehmen und damit hantieren, kommen Ihnen neue Ideen, wie Sie Ihr Grundkonzept in verschiedene Richtungen weiterentwickeln und verfeinern können. Denn unser Gehirn hält wesentlich mehr Variationen einer Idee bereit, als wir uns zunächst bewusst sind. Sie müssen sich nur einen Schubs geben, um in verschiedene Richtungen weiterzudenken. Setzen Sie diese Übung immer dann ein, wenn Sie einen solchen Anstupser benötigen. Sie wird Ihnen helfen, ins Rapid Prototyping zu kommen – unabhängig davon, woran Sie gerade arbeiten.

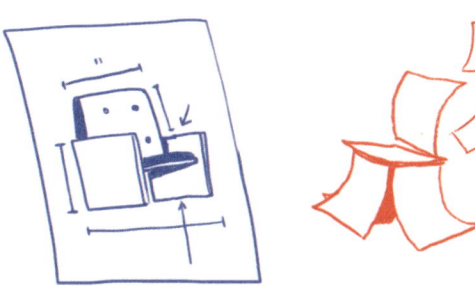   

So geht's

Nehmen Sie sich ein Blatt Papier und einen Stift und zeichnen Sie innerhalb von 2 Minuten Ihren Traumstuhl. Dieser sollte Ihre Bedürfnisse genau berücksichtigen.

Nehmen Sie sich nun etwas Pappe oder Pappkarton und bauen Sie damit ein Modell Ihres Traumstuhls. (Das ist der Moment, in dem Sie vermutlich stöhnen und sich fragen werden, warum Sie den Stuhl bloß so konzipiert haben!)

Bewundern Sie Ihren fertigen Stuhl und nehmen Sie sich nun ein anderes Material, zum Beispiel Pfeifenputzer.

Bauen Sie Ihren Traumstuhl aus Pfeifenputzern.

Versuchen Sie es dann mit Ton.

Und dann mit Kaugummi und Zahnstochern.

Stellen Sie anschließend alle Stühle in einer Reihe auf und überlegen Sie:

Wie hat es sich angefühlt, diese verschiedenen Iterationen Ihres Konzepts zu bauen?
Was haben Sie im Verlauf verändert? Warum?
Mit welchem Material haben Sie am liebsten gearbeitet? Mit welchem am wenigsten gern?
Welches Material drückt den Kern des Stuhls, den Sie gezeichnet haben, am besten aus? Warum?

Manchmal ist es sinnvoll, ausschließlich neue Materialien zu verwenden. Diese werden Sie zwar niemals für Ihre „richtige" Arbeit nutzen, Sie können dabei aber viel lernen:

Bei der Pappe geht es vor allem um die Oberflächen.

Die Pfeifenputzer betonen die Linien.

Der Kaugummi und die Zahnstocher zwingen Sie, sich genaue Gedanken über kleine Verbindungen zu machen.

Sie werden feststellen: Mit manchen Materialien arbeiten Sie lieber als mit anderen. Nutzen Sie diese auch in Zukunft zum Rapid Prototyping. Jedes Material hat besondere physische Eigenschaften, die Sie jedoch nur haptisch erfahren können. Sie müssen wortwörtlich Hand anlegen, um zu verstehen, wie sich die einzelnen Materialien verhalten. Je mehr „Stoff" Sie in die Hand nehmen, desto mehr Stoff muss Ihr Gehirn verarbeiten.

Besonderen Spaß macht die Übung in einer Gruppe: mit einem Team im Büro oder bei einem Spieleabend mit Freunden. Machen Sie nach jeder Runde eine Pause und vergleichen Sie die verschiedenen Stühle pro Material. Sie werden feststellen, dass ganz unterschiedliche Modelle entstehen. Witzig ist auch der Moment, wenn Sie die Stühle aus Pappe aufgereiht und betrachtet haben und die anderen Gruppenmitglieder denken, das war es jetzt, Sie ihnen dann aber mitteilen, dass sie die Stühle nun aus einem anderen Material fertigen sollen.

Wenn Sie die Übung allein durchführen, sollten Sie allen Materialvariationen die gleiche Aufmerksamkeit schenken. Setzen Sie sich dazu jeweils ein Zeitlimit von 2 Minuten. Versuchen Sie nicht, sich einzureden, Sie könnten eine bestimmte Sache nicht. Dann werden Sie erleben, was alles möglich ist, wenn Sie Ihre Kreativität herausfordern.

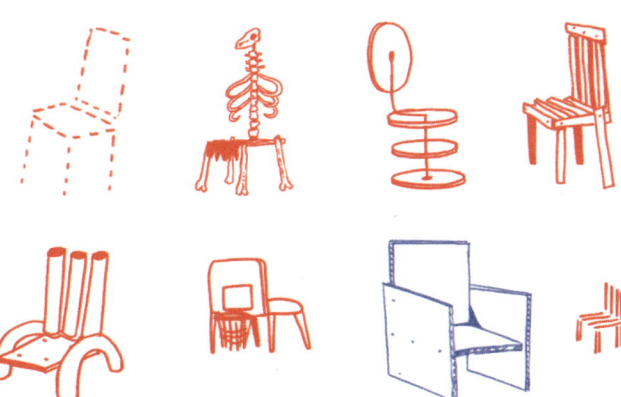

40 Die 30-Meter-Erfahrungslandkarte

Eine Idee von Lena Selzer, Adam Selzer, Claire Jencks und Michael Brennan

Erinnern Sie sich an das letzte Mal, als Sie sich wegen verlorengegangenem Gepäck an Ihre Fluggesellschaft gewandt haben, Sie Ihren Führerschein erneuert haben oder für einen kleinen Eingriff ins Krankenhaus mussten? In jedem dieser Fälle bestand der Prozess aus vielen kleinen Momenten – Momente, in denen Sie verärgert, verwirrt oder erleichtert waren. Niemand konzipiert absichtlich Systeme, die schlecht funktionieren oder für Frustration sorgen, und doch tun sie häufig genau das.

Die meisten Systeme entwickeln mit der Zeit Ebenen der Komplexität, ähnlich wie willkürliche Ergänzungen und Anbauten eines Hauses, die kein Architekt bei klarem Verstand so konzipiert hätte. Wenn ein System nicht gerade nutzerfreundlich umgestaltet wurde, kommt es einer heroischen Abenteuerreise gleich, sich durch den Prozess (der eigentlich einfach sein sollte) zu bewegen. Schritt für Schritt arbeiten Sie sich vorwärts, sammeln Informationen, treffen Entscheidungen und haben unerwartete Begegnungen.

Stellen Sie sich nun einmal vor, alle öffentlichen und privaten Systeme wären so gestaltet, dass schwierige Situationen möglichst kurz sind und Sie schnell ans Ziel gelangen. Wäre das nicht wunderbar?

In der Realität sind Systeme jedoch weitaus komplexer, als sie auf den ersten Blick erscheinen. Häufig fragen wir uns dann: *Warum können die nicht einfach meinen Führerschein erneuern? Wieso dauert das so lange?*

In dieser Übung lernen Sie, die Funktionsweise eines Systems zu erkunden und dabei sowohl die Einzelteile als auch das große Ganze zu betrachten. Dabei erstellen Sie eine Karte, die alle Komplexitäten und Details zum Vorschein bringt, die schnelle Lösungen verhindern, und gleichzeitig auf Stellen aufmerksam macht, an denen Verbesserungen das System schrittweise optimieren könnten.

Probleme, die ganze Systeme betreffen, sind unter anderem deshalb so anspruchsvoll, weil man häufig nicht weiß, wo man anfangen soll. Ein Ansatzpunkt besteht darin, nach den Stellen zu suchen, an denen Veränderungen das System sowohl für die Betreiber als auch für die Nutzer verbessern könnten. Denn diese beiden Aspekte sind eng miteinander verbunden.

In dieser Übung gehen Sie wie eine Systemdesignerin oder ein Systemdesigner vor. Vielleicht stehen Sie gerade am Anfang eines ambitionierten Projekts zur Neugestaltung eines ganzen Systems oder Sie suchen nach kreativen Ideen, um andere von der Notwendigkeit einer Systemveränderung zu überzeugen. Vielleicht möchten Sie auch einfach besser verstehen, wie es ist, sich in der verzwickten Komplexität eines Systems zu verheddern, das Menschen täglich nutzen.

So geht's

Wählen Sie ein System, mit dem man interagiert, zum Beispiel den Kundenservice eines Unternehmens oder die Apotheke in Ihrem Viertel. Stellen Sie dabei sicher, dass Sie die Möglichkeit haben, mit einem „Insider" dieses Systems zu interagieren: dem sympathischen Bankangestellten, der Sie immer berät, einer Callcenter-Mitarbeiterin, die etwas Zeit hat, Ihrem Cousin, der Chirurg ist, oder Ihrer Nachbarin, die bei der Post arbeitet.

Ihre Aufgabe besteht darin, die Erfahrungen zweier Personen in diesem System – eines Outsiders und eines Insiders – zu skizzieren, um zu sehen, wie diese miteinander zusammenhängen.

1. Teil: Interviews führen

Als Erstes führen Sie zwei ausführliche Interviews: eines mit einer Person, die etwas von dem System will – zum Beispiel eine Kundin, ein Patient oder ein Antragssteller – und das andere mit einer Person, die für diesen Teil des Systems verantwortlich ist (und mit der ersten Personengruppe interagiert) – zum Beispiel eine Sachbearbeiterin, ein Kreditberater oder eine Mechanikerin. Bitten Sie die Person, chronologisch von einer konkreten Erfahrung innerhalb dieses Systems zu berichten. Machen Sie sich dabei ausführliche Notizen. Seien Sie sehr konkret und gehen Sie langsam vor. Beginnen Sie mit der Motivation der Person.

Fragen Sie die Person, die das System nutzt: Warum ist sie überhaupt zur Bank, zum Flughafen oder zum Arzt gegangen? Wie hat sie sich vorbereitet? Wie ist sie dorthin gekommen? Was ist als Erstes passiert, als sie dort eingetroffen ist?

Danach können Sie immer wieder fragen:

Und was ist dann passiert?
Und danach?
Und als Nächstes?

Achten Sie auf Körpersprache und Tonfall. Wenn Sie das Gefühl haben, etwas hat der Person Angst gemacht, fragen Sie, warum. Wenn die Person bei der Beschreibung eines konkreten Schrittes lächelt, gehen Sie dem auf den Grund. Versuchen Sie mehr als nur die reinen Abläufe zu erfassen. Was Sie interessiert, ist die menschliche Erfahrung.

Fragen Sie die Person innerhalb des Systems nach ihrer Motivation: Warum hat sie sich für den Job entschieden? Wie sieht ein gelungener Arbeitstag aus? Zoomen Sie dann heran und stellen Sie Fragen zu den Momenten, die Ihnen im ersten Interview besonders aufgefallen sind. Das hilft Ihnen, die damit verbundene Aktivität zu verstehen. Hier wollen Sie herausfinden, wie sich die Erfahrung des Outsiders aus der Insiderperspektive darstellt.

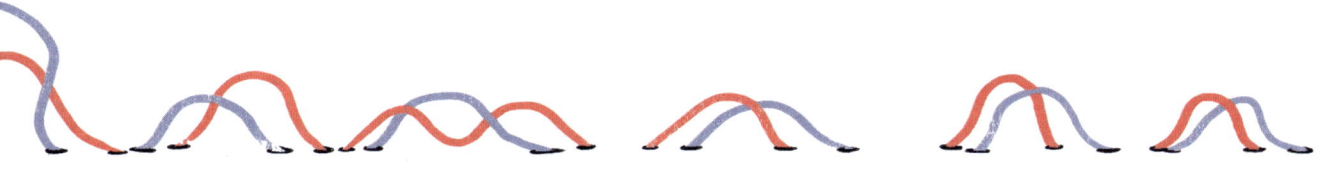

Fragen Sie die Person innerhalb des Systems anschließend nach einer konkreten Interaktion dieser Art aus der vergangenen Woche. Sie werden weit mehr Details in Erfahrung bringen, wenn Sie nach Konkretem fragen als danach, wie der Prozess idealerweise aussehen sollte. Vertiefen können Sie dies, indem Sie die Person ein oder zwei Stunden bei ihrer Tätigkeit beobachten. Dabei fallen Ihnen vielleicht Dinge auf, die die Person selbst für irrelevant hält und ihnen deshalb nicht erzählt hat, zum Beispiel dass sie ständig vom Telefon unterbrochen wird oder etwas in einem komplizierten Handbuch nachschlägt. Dieser Teil des Systems – die gelebte Erfahrung – wird in der Regel von niemandem erfasst.

2. Teil: Visualisieren

Nun, da Sie die Informationen zusammengetragen haben, können Sie mit der grafischen Darstellung der Prozesse beginnen. Es ist nicht einfach, die Outsider- und die Insidererfahrung zusammenzuführen, doch eine Karte (statt zwei) führt am Ende zu einem größeren Erkenntnisgewinn.

Halten Sie die Erfahrung der jeweiligen Person auf Klebezetteln fest, indem Sie pro Zettel einen Schritt notieren. Ordnen Sie dann die Zettel der Person mit Außenperspektive chronologisch in einer Reihe an. Ordnen Sie darunter in gleicher Weise die Zettel der Person mit Innenperspektive an. Lassen Sie zwischen den beiden Zeilen ausreichend Platz für weitere Klebezettel. In der Länge können gut einmal 30 Meter zusammenkommen. Arbeiten Sie deshalb an einem geeigneten Ort.

Suchen Sie nun nach Berührungspunkten zwischen den beiden Linien. Immer wenn Sie feststellen, dass Ihre Interviewpartner dieselbe Aktivität – allerdings aus zwei unterschiedlichen Perspektiven – beschrieben haben, versehen Sie diese Stelle mit einem passenden Symbol. Geben Sie diesem Punkt einen Namen, notieren Sie den Namen auf einem Klebezettel und heften Sie diesen an die entsprechende Stelle zwischen den beiden Linien, sodass sich diese dort berühren. Häufig sind das die Punkte für die es sich lohnt, Lösungen zu entwickeln. Nehmen wir zur Veranschaulichung noch einmal das Beispiel mit dem verlorengegangenen Gepäck. Wenn Sie die Erfahrung „Verlorenes Gepäckstück melden" (Außenperspektive) und den Vorgang zum Auffinden des vermissten Gepäckstücks (Innenperspektive) skizzieren möchten, könnte sich ein Berührungspunkt beispielsweise in dem Moment ergeben, in dem der Kunde das verlorene Gepäckstück meldet und eine Mitarbeiterin der Fluggesellschaft die Verlustmeldung aufnimmt. Benennen Sie diesen Moment am besten mithilfe einer Formulierung, die eine der beiden Personen an dieser Stelle verwendet hat, zum Beispiel „Das mysteriöse Formular zur Meldung von vermisstem Gepäck" oder einfach „ein verlorenes Gepäckstück melden", und skizzieren Sie ein Symbol, das diesen Moment in Aktion darstellt.

Wenn Sie dies für den gesamten Erfahrungsbericht gemacht haben, gehen Sie noch einmal an den Anfang der Klebezettel zurück und finden Sie auch für die Momente, die die Person jeweils allein erlebt hat, passende Symbole. Das gibt Ihnen noch einmal die Möglichkeit, das Ganze zu verarbeiten und emotionale Eigenschaften zu ergänzen, die auf den Klebezetteln, die eher den Prozessverlauf beschreiben, eventuell fehlen. Fügen Sie Überschriften oder andere Kommentare hinzu, sodass jemand außerhalb des Systems versteht, was in den einzelnen Schritten passiert.

3. Teil: Die Geschichte erzählen

Ziel dieser Übung ist es, die gesamte Komplexität und all diejenigen Details des Systems darzustellen, die schnelle Lösungen verhindern. Zudem werden einige Stellen identifiziert, an denen Veränderungen sowohl die Outsider- als auch die Insidererfahrung verbessern würden. Betrachten Sie Ihre Visualisierung und nehmen Sie wahr, wie die einzelnen Teile miteinander zusammenhängen.

Übertragen Sie Ihre Karte nun in ihr endgültiges Format. Hierzu können Sie eine Rolle Packpapier verwenden oder einzelne Papiere, die Sie am Ende zusammenkleben. Zeigen Sie Ihre Karte jemandem innerhalb des Systems, der sich für Veränderungen einsetzen kann, oder erstellen Sie eine digitale Version und teilen Sie diese online, um eine Diskussion über die identifizierten Probleme und Verbesserungspotenziale anzustoßen.

Wir nennen diese Übung die „30-Meter-Erfahrungslandkarte", weil die Karte eines unserer Projekte tatsächlich diese Länge hatte. Dabei ging es um die Arbeit mit Sachbearbeitern und Bürgerinnen und Bürgern aus Michigan, die staatliche Leistungen wie Essensgutscheine beantragten. Die Leute sind häufig ganz verblüfft, wenn sie sehen, wie komplex und detailliert ein solcher Prozess ist. Die Karte veranschaulicht all die unsichtbaren, nicht berücksichtigten Stellen, an denen Systeme scheitern und das Kundenerlebnis miserabel ist, selbst wenn sie mit guter Absicht konzipiert wurden.

Jede Einrichtung und jedes Unternehmen hat an irgendeiner Stelle dokumentiert, wie die einzelnen Schritte des Geschäftsprozesses aussehen, und nach dieser Anleitung lernen die Mitarbeiterinnen und Mitarbeiter, was sie wann zu tun haben. In der Realität folgt der Prozess jedoch nie genau dem Skript.

Einmal haben wir eine Sachbearbeiterin beobachtet, die auf ihrem Computer gerade einen neuen Antrag auf Unterstützungsleistung geöffnet hatte. Während sie begann, diesen zu prüfen, klingelte das Telefon. Im Verlauf des Telefonats sperrte sich der Computer automatisch, sodass sie sich nach Beendigung des Telefonats neu anmelden musste. Daraufhin musste sie 68 Mal klicken, um an die Stelle zu gelangen, an der sie durch den Anruf unterbrochen worden war. Dann stellte sie fest, dass bereits ein anderer Klient auf sie wartete, woraufhin sie sich ins Erdgeschoss begab, um ihn abzuholen. Währenddessen meldete sich der Computer erneut ab… Das ist die gelebte Erfahrung. Vielleicht erzählt Ihnen die Mitarbeiterin, dass sie bei ihrer Arbeit ständig unterbrochen wird; solange Sie jedoch nicht alle individuellen Einzelheiten erfassen, werden Sie nicht verstehen, wie stark diese Dinge das System in seiner Funktion behindern.

– Lena Selzer

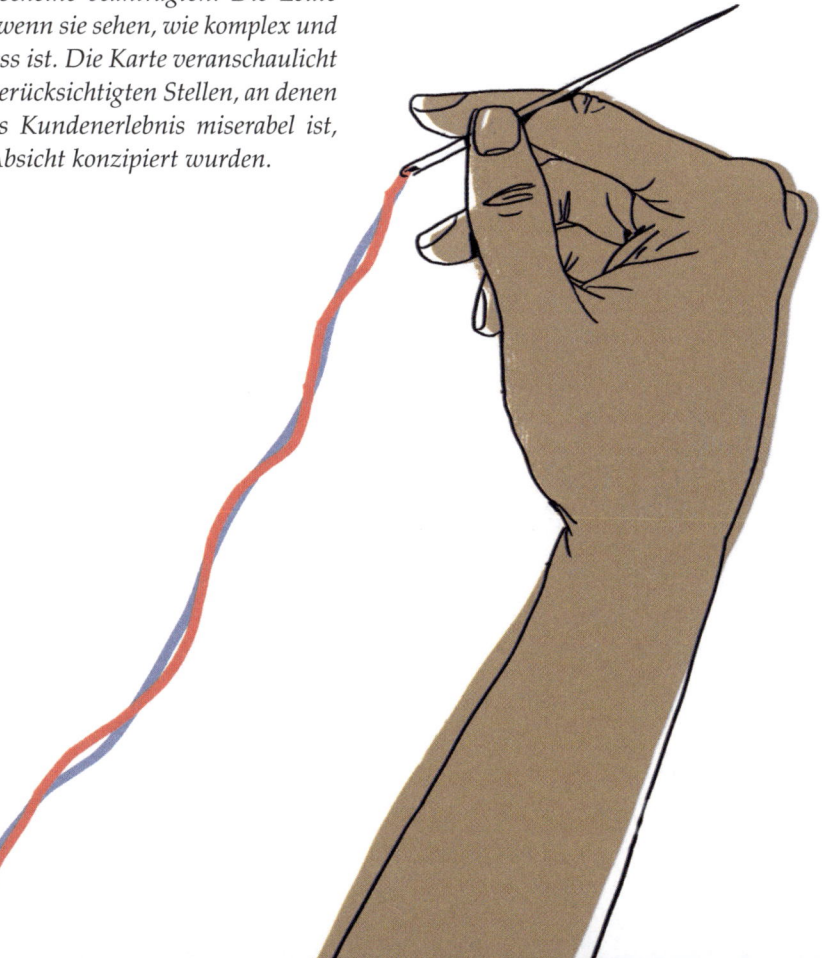

41 Wir alle sind Designer

Eine Idee von Kareem Collie

Die Worte von Kareem Collie beinhalten ein ganz entscheidendes Prinzip: Beim Designen geht es darum, bewusst und zweckorientiert vorzugehen. Das gilt unabhängig davon, was Sie designen: ein Essen, das Ihrem Kind schmeckt; ein Zimmer, das zum Spielen einlädt; ein Logo, das Nostalgie weckt; oder einen Arztbesuch, der Vertrauen schafft. Alles, was Sie dabei tun müssen, ist, den Kontext zu berücksichtigen – die Situation, die Menschen, die vorhandenen Bedürfnisse –, damit Sie nicht etwas designen, das völlig beliebig ist.

Können Sie bei der Ausübung Ihrer Kreativität zweckorientierter vorgehen? Fragen Sie sich dazu:

Was würden Sie gern einmal designen?

Auf welche Bedürfnisse antworten Sie dabei instinktiv?

Welche weiteren Erkenntnisse brauchen Sie, um bei der Frage, was und wie Sie designen, zweckorientierter vorzugehen?

Und angelehnt an Kareems Methapher: Was ist Ihr „Wetter" und was ist Ihre „Kleidung"?

Wir alle sind Designer.

Wenn Sie morgens aufwachen und das Wetter betrachten, ziehen Sie sich entsprechend an. Damit haben Sie Ihre Kleidung für den Tag festgelegt. Ich wünsche mir, dass die Menschen auch das Wetter anderer Dinge betrachten.

Es gibt so viele unnötige Dinge auf der Welt, die keinerlei Zweck erfüllen. Halten Sie inne, denken Sie nach und betrachten Sie den Kontext, in dem Sie designen, kritisch. Nur so finden Sie den Zweck Ihrer Lösung.

– Kareem Collie

42 Protobot

Eine Idee von Molly Wilson

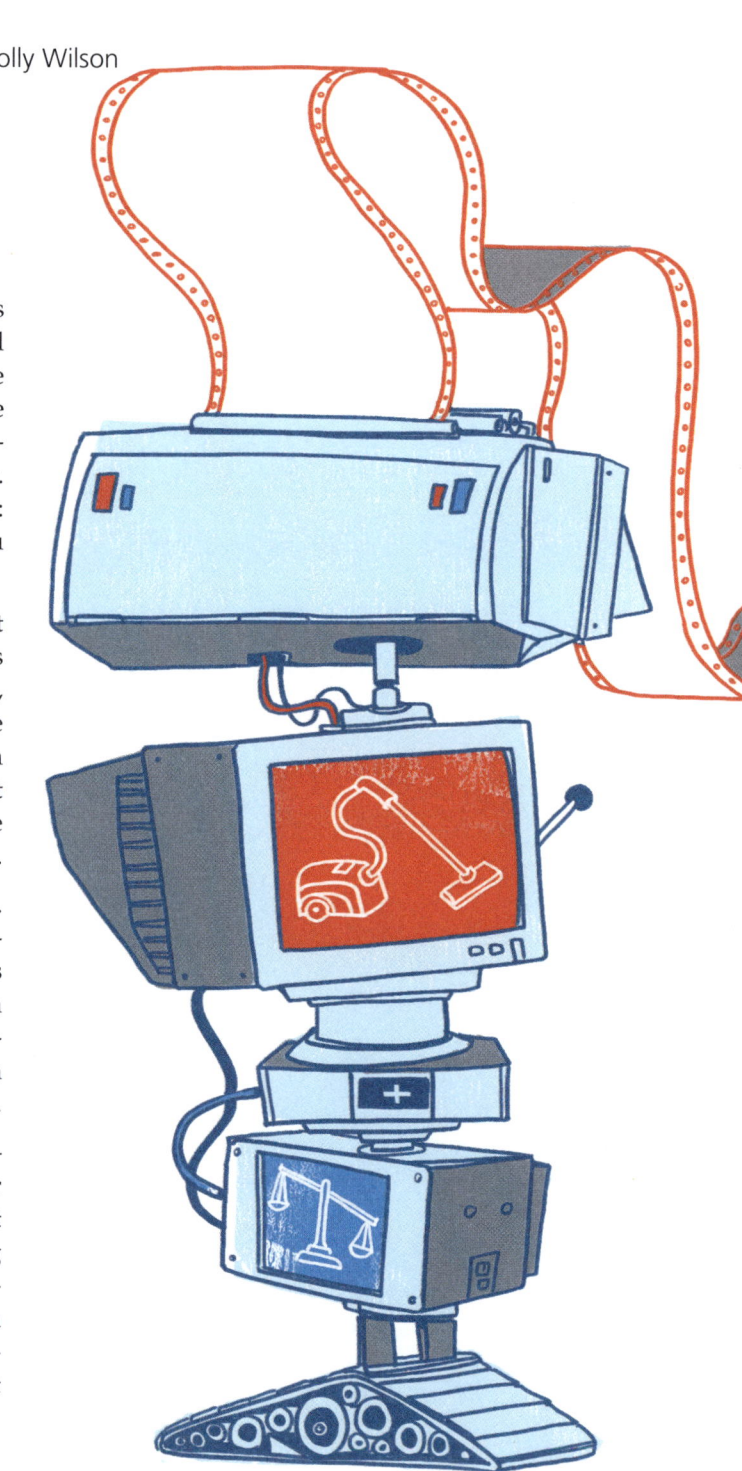

Kennen Sie das: Der Person, die einen Prototyp mit ins Meeting bringt, ist alle Aufmerksamkeit gewiss? Und es stimmt. Wenn Sie einen Prototyp Ihrer neuen Idee mitbringen, sind alle neugierig. Sie werden Ihre Idee abwägen und überlegen, wie man sie zum Leben erwecken kann, so als ob das tatsächlich bereits passiert. Das ist das Tolle daran, eine Idee zu konkretisieren: Sie fühlt sich bereits real an, vor allem im Vergleich zu Ideen, die Worte, Theorien oder Gesten bleiben.

Eine der nützlichsten Skills, die Sie erlernen können, ist deshalb das Bauen von Dingen. Nicht nur des Objekts und der damit verbundenen Aufmerksamkeit wegen, sondern auch, weil es Sie zum Nachdenken anregt. Die Übertragung einer Idee in ein physisches Objekt ist ein aktiver Prozess des Erkundens und Vertiefens, nicht bloß reines Umsetzen. Während des Bauens wird Ihre Idee immer mehr zu dem, was sie am Ende sein könnte.

Im Grunde wissen Sie bereits, wie man Dinge baut. Als Kind haben Sie das ständig gemacht. Mit zunehmendem Alter dann allerdings immer weniger, sodass Sie etwas aus der Übung sind. Bei einer komplizierten Idee tun sich Menschen häufig schwer mit der Vorstellung, wie sie sie bauen sollen. Selbst wenn es nur ein kleines Modell ist, das sie anderen vorstellen möchten.

In dieser Übung trainieren Sie Ihren Bau-Muskel – diesen kleinen Bereich Ihres Gehirns, der Sie früher zu Bauklötzen hat greifen lassen, bevor Sie überhaupt wussten, was Sie bauen wollten. Sie können die Übung immer dann einsetzen, wenn Sie eine spontane Design-Challenge brauchen. Oder zum Aufwärmen in einer Kreativ-Session mit anderen, um die Teilnehmenden aufzulockern und auf die gemeinsame Arbeit einzustimmen.

So geht's

Sie benötigen folgende Materialien:

Einen langen, dünnen und flexiblen Gegenstand, z.B. eine Schnur.
Einen Gegenstand, der etwas weniger flexibel ist, z.B. Draht.
Etwas Hartes wie einen Stock.
Etwas, mit dem Sie Dinge zusammenkleben können, z.B. Klebstoff oder Klebeband.
Etwas, mit dem Sie Dinge voneinander trennen können, z.B. eine Schere.
Etwas zum Hervorheben und Markieren, z.B. einen Textmarker.
Etwas Flaches und Flexibles wie Papier.
Typische Bastelmaterialien.
Materialien, die viele verschiedene Eigenschaften besitzen.
Keinen Glitzer (es sei denn, Sie staubsaugen gern).

Sie werden gleich etwas bauen, das keinerlei Sinn ergibt. Überlegen Sie deshalb erst gar nicht, ob die Idee gut oder schlecht ist. Sie wird höchstwahrscheinlich schlecht sein, weil ein Computer namens Protobot sie entwickelt hat. Protobot ist im Internet zu Hause. Unter https://protobot.org können Sie ihm einen Besuch abstatten. Probieren Sie aber zunächst einmal einen dieser Vorschläge von Protobot aus:

Entwerfen Sie einen Hammer, der fast unsichtbar ist.
Entwerfen Sie eine Badewanne für eine Person mit geringer Aufmerksamkeitsspanne.
Entwerfen Sie eine Picknickdecke für einen Rockstar.
Entwerfen Sie einen Rasenmäher, der sich an seinen Einsatzort anpasst.
Entwerfen Sie einen Staubsauger, der die Gesellschaft gerechter macht.
Entwerfen Sie einen Schal, für den mindestens 20 Personen erforderlich sind, um ihn anzuziehen.
Entwerfen Sie eine Sitzbank, die eine Fremdsprache lehrt.

Wählen Sie die Idee aus, die Sie am meisten anspricht oder die Sie besonders verrückt, witzig oder blöd finden. Da Sie in Ihrem (Arbeits-)Alltag meistens darum bemüht sind, die beste Idee auszuwählen, können Sie jetzt spaßeshalber einmal die schlechteste auswählen, um diesen Teil Ihres Gehirns zu trainieren. Keine Sorge: Sie werden nicht bewertet.

Sie haben 8 Minuten Zeit, die Idee mit den vorhandenen Materialien umzusetzen. Viel Spaß!

Wenn Sie mit einer Gruppe arbeiten, stellen Sie sich am Ende gegenseitig die verrücktesten Kreationen vor.

Diese Übung richtet sich an Menschen, die sich selbst nicht für Designer halten. Es ist hilfreich, eine Quelle zu haben, die Sie jedes Mal anzapfen können, wenn Sie Ihr Team mit den Händen brainstormen lassen möchten. Die Übung ist sehr niederschwellig und demokratisch und auch ein bisschen mysteriös, bizarr und albern. Roboter sind witzig. Deshalb habe ich die Endung „bot" im Namen ergänzt.

Meiner Meinung nach hilft die Übung dabei, Spannungen oder Ängste beim Bau von Prototypen abzubauen, weil Sie nicht bewerten, was Sie bauen. Und Sie müssen auch nicht selbst auf die Idee kommen. Dadurch habe ich einen Tanzschritt isoliert und Sie können ihn so oft üben, wie Sie möchten. Über andere Menschen, ihre Bedürfnisse, das Testen oder die Implementierung müssen Sie sich hier keine Gedanken machen. Alles, worauf Sie sich konzentrieren sollten, ist das Bauen und die Freude, die es macht.

– Molly Wilson

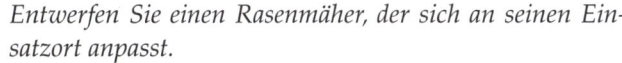

43 Experten und Annahmen

Eine Idee von Carissa Carter und Sarah Stein Greenberg, inspiriert von Craig Lauchner

Expertinnen und Experten sind häufig aus gutem Grund Profis auf ihrem Gebiet. Sie haben sich lange mit einem Thema beschäftigt oder es studiert. Sie haben über viele Jahre Fakten zusammengetragen, Beobachtungen angestellt und sich eine Meinung gebildet. Vielleicht haben sie eine Dokumentation zum Thema gedreht oder Bücher und Artikel veröffentlicht. Vielleicht gelten sie in ihrer Nachbarschaft oder ihrem Unternehmen sogar als „institutionelles Gedächtnis".

Um komplexe Herausforderungen zu meistern, ist Expertenwissen unverzichtbar. Ihre kreative Arbeit wird sehr wahrscheinlich erfolglos bleiben, wenn Sie ignorieren, was schon da ist. Um ein Problem oder Projekt innovativ anzugehen, müssen Sie sich zunächst ausführlich mit dem vorhandenen Wissen zum Thema beschäftigen.

Gleichzeitig sollten Sie sich jedoch nicht zu sehr von bestehenden Denkweisen einschränken lassen. Balance heißt das Zauberwort: Berücksichtigen Sie die Ansichten und Aussagen der Fachleute, halten Sie aber nicht zu sehr daran fest.

Expertinnen und Experten strahlen Autorität aus. Sie haben eine elaborierte Sicht auf die Dinge, auch wenn es nur *eine* Sichtweise ist. Ihnen zuzuhören kann Zeit und Geld sparen und Ihnen helfen, die richtige Chance zu erkennen. Mit Erfahrung geht häufig Wissen einher. Sie dagegen bringen eine frische Perspektive mit und wissen vielleicht noch nicht viel über das Thema. Das macht Sie frei von Vorurteilen, bedeutet aber eben auch, dass Sie nicht wissen, was Sie nicht wissen – ein schmaler Grat.

In dieser Übung lernen Sie, Expertenwissen aufzunehmen und zu verarbeiten, und Sie trainieren gleichzeitig Ihre Fähigkeit, diese Rahmen infrage zu stellen und darüber hinaus zu denken. Als Erstes üben Sie, Expertenmeinungen anzuhören, ohne diese zur absoluten Wahrheit zu erheben oder sich von ihnen diktieren zu lassen, wie viel Kreativität erlaubt ist.

So geht's

Interviewen Sie als Erstes zwei oder drei Fachleute zu einem Thema, das Sie interessiert. Wenn ein persönliches Gespräch nicht möglich ist, beschäftigen Sie sich mit den Arbeiten dieser Personen und machen Sie sich ausführliche Notizen.

Notieren Sie als Nächstes alle Annahmen, die diese Expertinnen und Experten Ihrer Meinung nach zum Thema haben. Schreiben Sie wirklich alles auf. Die Liste darf lang werden.

Hier ein Beispiel: Sie arbeiten ehrenamtlich in der Bücherei Ihres Stadtviertels und sind auf der Suche nach Ideen, wie Sie den Eingangsbereich kreativer nutzen können. Dazu sprechen Sie mit vielen Menschen, die die Bücherei regelmäßig frequentieren oder nicht und beobachten, wie die Besucherinnen und Besucher die verschiedenen Bereiche der Bibliothek nutzen. Darüber

hinaus recherchieren Sie Fachinformationen. Sie sehen sich zum Beispiel eine Dokumentation über die Geschichte des öffentlichen Bibliothekswesens in einer anderen Stadt an, befragen eine Professorin der städtischen Hochschule, die zur Rolle von Stadtteilbibliotheken forscht, und lesen einen langen Online-Artikel darüber, wie Bibliotheken verschiedene Generationen zusammenbringen.

Notieren Sie jede Annahme auf einem separaten Klebezettel. Das könnte so aussehen:

Bibliotheken richten sich an Menschen aller Altersstufen.
Bibliotheken haben feste Öffnungs- und Schließzeiten.
Bibliotheken umfassen die verschiedensten Inhalte.
Bibliotheken sind für Menschen, die gern lesen.
Bibliotheken sind für alle Menschen, die in der Nähe wohnen.
Man braucht einen Ausweis, um eine Bibliothek nutzen zu können.
In jedem Stadtviertel gibt es eine Bibliothek.
Bibliotheken sterben langsam aus.
Bibliotheken sind wichtiger denn je.
Bibliotheken sind öffentlich finanziert.
92 Prozent der Bibliotheken in Deutschland haben Internetzugang.
Bibliotheken sind für manche Menschen der einzige Ort, an dem sie Zugang zu einem Computer haben.
In Bibliotheken ist es ruhig!
In Bibliotheken arbeiten Menschen mit spezifischen akademischen Abschlüssen.
Bibliotheken sind …

Selbst wenn Sie nur ab und zu etwas zum Thema lesen oder sich ansehen, werden Sie eine Liste erstellen können, die deutlich länger ist als diese und vielleicht 50 bis 100 oder noch mehr Annahmen umfasst. Diese dürfen sich übrigens widersprechen. Da Sie sich auf den Eingangsbereich der Bibliothek konzentrieren wollen, können Sie auch eine Liste mit Annahmen speziell zur Beschaffenheit und zur Nutzung dieses Eingangsbereichs erstellen.

Wenn Ihre Liste fertig ist, ordnen Sie die Klebezettel nach folgenden Kategorien: Fakt, Meinung und Vermutung.

Die Prozentzahl der Bibliotheken mit Internetzugang ist zum Beispiel ein Fakt – darüber müssen Sie sich nicht weiter Gedanken machen. Die Annahme, dass Bibliotheken für manche Menschen der einzige Ort sind, an dem sie Zugang zu einem Computer haben, könnten Sie aus einem Film oder Artikel abgeleitet haben. Sie trifft vielleicht auf manche Viertel oder Städte zu, auf andere nicht. Damit passt sie am besten in die Kategorie „Vermutung". Sind Bibliotheken an

sich ruhige Orte? Das ist wohl eher eine Meinung. Bibliotheken sind zwar häufig ruhig, aber ist das eine Grundvoraussetzung für ihr Funktionieren? Nicht unbedingt. Indem Sie Ihre Klebezettel ordnen, prüfen Sie auch Ihre Ansichten und Vermutungen über Ihre Arbeit und das hilft Ihnen, Ihre Ideen weiterzudenken, weil Sie sich dann nicht zu sehr auf Ihre eigenen Annahmen versteifen.

Wenn Sie mit dem Ordnen fertig sind, sehen Sie sich die Klebezettel in den Kategorien „Meinung" und „Vermutung" an. Wählen Sie drei aus und hinterfragen sie diese: *Was wäre, wenn das nicht stimmen würde?* Oder: *Was wäre, wenn das Gegenteil zuträfe? Was würde ich dann designen? Wie könnte die Bibliothek insgesamt (oder speziell der Eingangsbereich) anders sein?* Entwickeln Sie für jede der drei Annahmen, die Sie zur kritischen Prüfung ausgewählt haben, mehrere Ideen.

Einige dieser Ideen fließen vielleicht in Ihre Lösung ein, andere erweitern einfach nur Ihren Denkhorizont.

Indem Sie weit verbreitete Annahmen oder Expertenmeinungen auf diese Weise bewusst untersuchen, bleiben Sie kreativ und flexibel und erweitern gleichzeitig Ihr Verständnis des größeren Kontextes und wie andere Menschen ihn sehen.

Diese Übung basiert auf der Methode „Assumption Storming" von Craig Lauchner, die auf ganz unterschiedliche Weise eingesetzt werden kann. Mit demselben Ansatz können Sie alle Annahmen über eine Serviceleistung oder ein Produkt hinterfragen, das Sie demnächst auf den Markt bringen werden, oder die Art und Weise, wie Sie ein Problem eingegrenzt haben. Oder Sie nutzen die Technik, um einer eingespielten Gruppe dabei zu helfen, ihre Arbeitsregeln und -methoden auf den Prüfstand zu stellen und herauszufinden, an welchen Stellen lang vertretene Annahmen Innovation verhindern.

Je sicherer Sie im Identifizieren und kreativen Nutzen von Chancen werden, desto weniger Struktur brauchen Sie beim Anhören und Interpretieren von Expertenmeinungen.

Wissen über bestehende Ansätze kann Ihre Kreativität beflügeln. Sie sollten sich aber nicht zu sehr darauf stützen. Haben Sie keine Angst davor, sich beim Gestalten der Zukunft mit der Vergangenheit und der Gegenwart auseinanderzusetzen.

44 Stakeholder-Mapping

Eine Idee von Durell Coleman, Libby Johnson und Ariel Raz

Eine Idee allein verändert selten den Status quo. Man braucht Menschen, die hinter der Idee stehen und den Weg ebnen, damit sie getestet werden kann. Und manchmal muss man sich dabei von alten oder konkurrierenden Ideen verabschieden.

Wenn Sie Erlebnisse innerhalb eines großen, komplexen Systems verbessern oder verändern möchten, konzentrieren Sie sich normalerweise vorrangig auf die Menschen, die von diesem System am meisten betroffen sind. Um wirkliche Verbesserungen zu erzielen, genügt es jedoch nicht, nur diese eine Gruppe von Stakeholdern im Blick zu haben. Ein Stakeholder ist eine Person, die von Ihrer Arbeit betroffen oder daran beteiligt ist und manchmal ist für das Gelingen eines Projekts die Unterstützung von verschiedenen Arten von Stakeholdern erforderlich. Nur weil Sie glauben, Ihre kreative Arbeit stelle eine Verbesserung dar, müssen das andere nicht auch so sehen. Um zu verhindern, dass Sie etwas designen, das auf halber Strecke blockiert oder von einem unvorhergesehenen Gegner zerrissen wird, sollten Sie das breitere Ökosystem der Stakeholder betrachten.

Menschen, die versuchen, das Bildungs-, Gesundheits-, Pflege oder Rechtssystem zu verändern oder in einer komplexen Unternehmensstruktur arbeiten, wissen das. (Selbst eine kleine Nachbarschaft, ein Gemeindezentrum oder eine größere Familie weisen ähnliche Dynamiken auf.) Um nachhaltige Veränderungen zu erzielen, müssen Sie sich den Konzepten und Lösungen kreativ nähern und mit Fingerspitzengefühl und auf Basis von Erkenntnissen eine Koalition Gleichgesinnter bilden, die Ihnen hilft, Ihre Ziele zu erreichen.

In dieser Übung lernen Sie die Erkundung und Bewertung der Machtstrukturen des Systems, in dem Sie sich bewegen. Sie erkennen, wo Sie sich mit Stakeholdern zusammentun können, um Ihre Ziele zu erreichen. Wenn Sie sich am Anfang eines Projekts befinden und noch nicht wissen, wen Sie alles einbeziehen müssen, hilft Ihnen die Übung, dies herauszufinden.

So geht's

Zeichnen Sie auf einer großen Tafel oder einem sehr großen Blatt Papier drei konzentrische Kreise. Notieren Sie im innersten dieser Kreise Beispiele für Personen, die Sie bei Ihrer Arbeit primär in den Blick nehmen. Wenn Sie beispielsweise ein Ökosystem zur Reform des Strafrechts darstellen wollen, steht wahrscheinlich die Person, die inhaftiert wurde, im Zentrum.

Notieren Sie im zweiten Kreis alle Personen, die Verbündete in Ihrer Angelegenheit sind. Sie unterstützen Ihre Mission oder Vision oder haben ähnliche Ziele. In unserem Strafrechtsreform-Beispiel könnten das Bewährungshelfer, kirchliche Hilfsorganisationen, Vereine, die Straftätern helfen, nicht rückfällig zu werden, religiöse Organisationen oder Familienangehörige sein.

Im äußeren Kreis notieren Sie alle Personen oder Organisationen, die Ihre Mission oder Ziele *nicht* teilen. Vielleicht profitieren diese sogar vom Status quo. In unserem Beispiel könnte das der Betreiber eines privaten Gefängnisses ein, ein Unternehmen, das von Häftlingsarbeit profitiert, oder ein Lokalpolitiker, der den Eindruck erwecken will, „hart gegen Straftäter vorzugehen".

Notieren Sie als Letztes außerhalb des äußersten Kreises die Menschen, die mit der Herausforderung in Verbindung stehen oder von ihr betroffen sind, dies aber nicht wissen oder nicht beteiligt sind. Sie werden derzeit nicht berücksichtigt, sollten es aber eventuell. Das können Bürgerinnen und Bürger, die Bevölkerung insgesamt, eine Kirche, die von vielen Personen innerhalb der inneren Kreise besucht wird, derzeit aber nicht Teil des Prozesses ist, Familienangehörige oder andere Stakeholder sein.

Reichern Sie Ihre Karte nun an, indem Sie verschiedene Gruppen durch Linien miteinander verbinden und so die Beziehungen zwischen ihnen darstellen. Beschriften Sie die Linien mit der Art der jeweiligen Beziehung. Fragen Sie sich dann: *Wer steht mit niemandem in Beziehung?*

Sie werden feststellen, dass es mehr Leute gibt, *für die Ihre Designarbeit gedacht ist*, als Ihnen zunächst bewusst war – egal, ob das bedeutet, einen Teil der Lösung zu designen, der diese Menschen einbezieht, Wege zu finden, um effektiv zu kommunizieren, oder Strategien oder Maßnahmen zu entwickeln, um Ihre Gegner zu schwächen.

Ihre Karte ist jetzt Ausgangspunkt für zukünftige Recherchen, im Zuge derer Sie versuchen werden, die Situation einer breiten Gruppe von Personen nachzuempfinden – idealerweise Personen aus den verschiedenen Stakeholdergruppen. Vereinbaren Sie Gespräche mit ihnen und finden Sie durch Zuhören ihre Bedürfnisse und Interessen heraus. Bitten Sie sich auch um Feedback zu Ihren Ideen. Ihr Ziel ist es, herauszufinden, wo Sie auf Ihre Verbündeten zählen und wo diese Sie beim Erreichen Ihrer Ziele unterstützen können.

Hinsichtlich der bislang nicht einbezogenen Personen wollen Sie herausfinden, was sie antreibt, wie Sie sie einbinden können und was sie von Ihrer Lösung halten.

Mit der Zeit müssen Sie auch Strategien für den Umgang mit Ihren Gegnern entwickeln. Manchmal ist eine als Gegner betrachtete Gruppe gar nicht so sehr gegen Sie, wie Sie denken. Finden Sie heraus, was diese Personen antreibt. Wenn ihnen zum Beispiel fehlende Ressourcen Sorgen machen, überlegen Sie, wie sie wirtschaftlich von Ihrer Lösung profitieren könnten. In anderen Fällen bietet es sich an, darüber nachzudenken, wie Sie eine Koalition bilden können, die verhindert, dass sich die Gegenseite der Veränderung entgegenstellt.

Für mein Team und mich stellt diese Übung ein entscheidendes Tool bei der Frage dar, wie sich Systeme mithilfe von Design verändern lassen. Einmal haben wir zum Beispiel mit vier Schulbezirken im Central Valley in Kalifornien zusammengearbeitet, um herauszufinden, was Familien mit ausländischen Wurzeln davon abhält, ihre Kinder in den Vorkindergarten zu schicken. Unser Ziel war es, einer größeren Zahl dieser Kinder frühkindliche Bildung zukommen zu lassen.

Im Zentrum unserer Karte standen die Kinder. Familienangehörige und die Schulverwaltung waren diejenigen, die wollten, dass die Kinder möglichst früh Zugang zu Bildung erhalten. Nicht einbezogen war bislang die Kirche vor Ort, die von vielen der ausländischen Familien besucht wurde.

Nachdem wir das Ökosystem kartiert hatten, wollten wir verstehen, warum die Familien ihre Kinder nicht für den Vorkindergarten anmeldeten. Ein Schulbezirk tat sich dazu mit der Kirche zusammen, um die Familien über die Vorteile frühkindlicher Bildung zu informieren und auf ihre Sorgen einzugehen. Daraufhin starteten wir als Teil der Lösung eine Anmeldeaktion in der Kirche, die dazu führte, dass mehr Familien ihre Kinder anmeldeten.

Der Aha-Moment in unserer Arbeit ist meistens der Moment, in dem wir erkennen, wer noch an der Lösung mitwirken könnte, bislang aber nicht berücksichtigt wird.

– Durell Coleman

45 Die Bananen-Challenge

Eine Idee von Thomas Both

In dieser Übung gehen Sie dem Gedanken nach, dass die zu entwickelnden Lösungen zwar die Bedürfnisse Ihrer Zielgruppe befriedigen müssen, dass sie gleichzeitig aber ein Produkt Ihrer Kreativität und persönlichen Erfahrungen sind.

Die Bananen-Challenge dreht sich um das Konzept der Besessenheit. Es geht darum, Ihre eigenen Leidenschaften, Vorlieben und Interessen mit dem Prozess der Ideenfindung zu verknüpfen. (An der *d.school* gibt es eine Vielzahl von Obsessionen: Motorräder, Sneaker, alte Radios, Haie, schwedisches Gebäck, Kalligrafie, wirbellose Meerestiere, Bananen, Tollpatschigkeit, Drachenbootrennen und exotische Fruchtgummis.

Überlegen Sie nur mal, welche Ideen entstehen können, wenn man einige dieser Obsessionen miteinander kombiniert!)

Diese Übung bietet sich an, wenn Sie neue Aspekte Ihrer eigenen Sichtweise erkunden möchten. Sie können sie allein durchführen, aber mehr Spaß macht sie in der Gruppe. Die Bandbreite an durch diese Übung zutage kommenden individuellen Leidenschaften hilft Ihnen, mehr über die Menschen zu erfahren, denen Sie sich bereits verbunden fühlen, oder Gemeinsamkeiten im Team zu entdecken und den Respekt für Ihre Mitstreiterinnen und Mitstreiter zu stärken.

So geht's

Halten Sie mehrere Bananen bereit. Ja, echte Bananen. (Sie sollten eher grün als reif sein. Matschige Bananen eignen sich weniger.)

Machen Sie sich eine Ihrer Leidenschaften bewusst und überlegen Sie, warum sie Ihnen wichtig ist oder was Sie an ihr mögen. Womit beschäftigen Sie sich mehr als andere und was bringt Sie besonders zum Nachdenken? Was sagt das über Sie aus? Sollte Ihnen diese Frage unangenehm sein, denken Sie daran: In dieser Übung geht es darum herauszufinden, was Sie anders und besonders macht.

Stellen Sie sich nun Folgendes vor: Eine angesagte Werbeagentur hat Sie mit dem Auftrag engagiert, den Absatz von Bananen anzukurbeln. Nehmen Sie sich 30 Minuten Zeit und entwerfen Sie eine Printanzeige, die genau das erreichen soll.

Dabei gelten folgende Regeln:

Ihre Anzeige muss ein Foto und einen prägnanten Slogan enthalten.

Die Idee für die Anzeige muss mit Ihrer Leidenschaft zu tun haben.

In Ihrem Bild muss mindestens eine Banane vorkommen.

Nehmen Sie sich eine Banane und suchen Sie einen passenden Ort in Ihrer Umgebung oder entwerfen Sie eine Szene und platzieren Sie die Banane dort. Machen Sie ein Foto und formulieren Sie einen Slogan.

Denkpause: Wie hat Ihnen Ihre Leidenschaft – oder Ihre Beziehung zu dieser – geholfen, die zündende Idee für Ihre Werbeanzeige zu entwickeln? Wie können Sie die Erkenntnisse aus dieser Übung für künftige Ideenfindungen nutzen?

Wenn Sie die Übung in der Gruppe durchgeführt haben, laden alle ihr Foto auf eine Online-Plattform hoch und Sie betrachten die Fotos gemeinsam. Es ist schön, wenn man sich die Ergebnisse gleich ansehen kann. Erkennen Sie die Leidenschaften der anderen?

Ein schöner Nebeneffekt dieser Übung ist, dass sie physische und digitale Welt verknüpft. Heute greifen

wir schnell zu digitalen Tools wie Photoshop oder einer Folienpräsentation, um Visuelles zu erstellen. Je mehr Menschen aber direkt in diesem flachen, zweidimensionalen Medium beginnen, desto mehr ähnliche Ergebnisse produzieren sie. In dieser Übung müssen Sie dagegen etwas Physisches erschaffen und profitieren dadurch von den glücklichen Fügungen Ihrer Umgebung. Das hilft Ihnen, etwas noch Einzigartigeres zu erschaffen.

Einschränkungen können die Ideenfindung fördern. In dieser Übung gebe ich Ihnen einige allgemeine Einschränkungen hinsichtlich Format, Medium und der Idee des Bananen-Verkaufens und Sie fügen dann durch Ihre persönliche Leidenschaft eine spezifische Einschränkung hinzu. Weil es Ihre Leidenschaft ist, hilft Ihnen Ihr Wissen, eine größere Anzahl an Ideen zu generieren. Durch dieses Wissen stellen Sie Verknüpfungen in Ihrem Gehirn her, wie es kein anderer kann.

Indem offengehalten wird, wie die Anzeige aussehen soll, gebe ich Ihnen den Freiraum und die Möglichkeit, Ihre eigenen Entscheidungen zu treffen. Die Übung soll Ihnen Ihre individuellen Sichtweisen, Gedankensprünge und Schlussfolgerungen vor Augen führen, zu denen allein Sie fähig sind.

– *Thomas Both*

46 Achtsamkeitsübungen für zwischendurch

Eine Idee von Leticia Britos Cavagnaro, Maureen Carroll und Frederik G. Pferdt, inspiriert von Keri Smith und Jan Chozen Bays

Was ist nur aus unseren Tagträumen geworden?

Wenn Sie diese Zeilen Anfang des 21. Jahrhunderts lesen, leiden Sie wahrscheinlich an der Modekrankheit „Fantasieschlaflosigkeit". Typische Symptome sind unter anderem die Unfähigkeit, kreativ zu denken. Wenn das bei Ihnen der Fall ist, könnte es daran liegen, dass Ihre Tagträume von Ihrem Smartphone verschluckt wurden.

Wenn Sie in jedem untätigen Moment nach Ihrem Telefon greifen, sind Sie nie gelangweilt oder denken einfach nach. Wenn Sie immerzu durch die Welt eilen und das nicht merken, rauben Sie Ihrem Gehirn die Möglichkeit, magische Verbindungen herzustellen, wann immer es möchte. Diese Verbindungen und Ideen sind jedoch wichtige Nahrung für Ihre zukünftigen kreativen Projekte.

Für das, was nächtliche Schlaflosigkeit anrichtet, haben wir bereits einen Begriff: Schlafmangel. Dieser fühlt sich schlecht an und Sie wissen, dass er Ihnen langfristig schaden wird. Genauso wie unser Körper Schlaf braucht, um sich zu erholen, braucht unsere Kreativität Tagträume, um sich zu regenerieren.

Mit dieser Übung holen Sie sich Ihre Tagträume zurück. Sie ist wie eine Karte, die Sie zu einem bestimmten Bereich Ihres Gehirns führt und Ihnen hilft, die Welt um Sie herum mit neuer Aufmerksamkeit zu betrachten. Ihre Tagträume werden schnell den Weg zu Ihnen zurückfinden. Sie vermissen Sie auch!

So geht's

Für diese Übung brauchen Sie ein Notizbuch, in dem Sie alles aufschreiben, was Ihnen während der Aktivitäten auffällt. Machen Sie das Buch zu Ihrem. Verunstalten oder beschädigen Sie dazu die ersten ein/zwei Seiten mit etwas, das Sie gerade zur Hand haben, zum Beispiel Kaffee, einem Stempel, Klebeband oder Stiften. Damit befreien Sie sich von vornherein von der Angst, Ihr tadelloses neues Notizbuch später mit Ihren unausgegorenen Ideen zu ruinieren. Keri Smith macht in ihrem Buch *Wreck This Journal* viele wunderbare Vorschläge, wie man ein neues Notizbuch verhunzen kann. Probieren Sie einen davon aus!

Führen Sie dann vormittags eine dieser kleinen Achtsamkeitsübungen durch.

Ab damit in die Hosentasche!

Greifen Sie einen Vormittag lang nicht zu Ihrem Smartphone, wenn Sie zu Fuß oder mit (öffentlichen) Verkehrsmitteln unterwegs sind oder irgendwo warten.

Überlegen Sie am Nachmittag: Wie sind Sie mit dieser Herausforderung zurechtgekommen? Was haben Sie gemacht und wie haben Sie sich in diesen Momenten des Fortbewegens oder Wartens ohne Ihr Telefon gefühlt? Sind Ihnen Dinge – an Ihnen, an anderen oder an der Umgebung – aufgefallen, die Ihnen normalerweise nicht aufgefallen wären? Schreiben Sie alles auf.

Neue Räume betreten

Eine Kurzform dieser Achtsamkeitsübung ist „Auf Türen achten" und sie geht so: Halten Sie einen ganzen Vormittag lang jedes Mal, bevor Sie durch eine Tür gehen, inne – wenn auch nur für eine Sekunde –, und atmen Sie einmal tief ein. Achten Sie darauf, wie unterschiedlich es sich anfühlt, den jeweiligen Raum zu betreten. Wenn es mit den Türen gut klappt, konzentrieren Sie sich als Nächstes auf alle Formen des Übergangs, bei denen Sie einen Raum oder Bereich verlassen und einen anderen betreten.

Notieren Sie am Nachmittag in Ihrem Notizbuch: Ist Ihnen heute an den physischen (oder mentalen) Räumen, die Sie betreten (oder verlassen) haben, etwas Neues aufgefallen?

Fotofreier Tag

In dieser Übung betrachten Sie die Welt einmal durch Ihre Augen, nicht durch Ihren Bildschirm. Machen Sie einen Tag lang keine Fotos mit Ihrem Handy, oder – wenn Sie sowieso selten Fotos machen – verschicken Sie einen Tag lang keine Nachrichten.

Notieren Sie anschließend, welche Gefühle das bei Ihnen ausgelöst hat und welche Erfahrungen Sie gemacht haben.

Bitte lächeln!

Erlauben Sie sich, einen Vormittag lang zu lächeln. Achten Sie dabei auf Ihren Gesichtsausdruck und darauf, wie es sich anfühlt: Zeigen Ihre Lippen nach oben oder nach unten? Beißen Sie die Zähne zusammen? Runzeln Sie die Stirn? Immer, wenn Sie an einem Spiegel oder einem reflektierenden Fenster vorbeikommen, achten Sie auf Ihren Gesichtsausdruck. Sie müssen nicht breit grinsen; ein kleines Mona-Lisa-Lächeln genügt.

Notieren Sie am Nachmittag: Was hat diese Challenge mit Ihnen gemacht? Wie haben andere auf Ihr Lächeln reagiert?

Diese Übungen kombinieren zwei starke Aktionen, die für die kreative Arbeit wichtig sind: Beobachten und Reflektieren. Durch Reflexion können Sie steuern, wie Sie Ihre Kompetenzen verbessern. Damit diese Übungen ihre volle Wirkung entfaltet, sollten Sie vier Tage hintereinander jeden Tag eine der Aktivitäten durchführen. Wenn Sie die ganze Sequenz absolvieren, finden Sie eher einen Reflexionsrhythmus, der sich einprägt.

47 Ein Tag im Leben von ...

Eine Idee von Jules Sherman, Seamus Yu Harte und Dr. Henry Lee

In der Designarbeit geht es grundsätzlich um andere, nicht um uns selbst.

Wenn Sie das Leben anderer in seiner Fülle und Komplexität verstehen, sind Sie viel besser in der Lage, Lösungen zu entwickeln, die dessen Bedürfnissen entsprechen. Dabei ist es egal, ob Sie Designerin, Lehrer, Ärztin oder Nachbar sind. Selbst wenn Sie für Ihre Kunden, Ihre Studierenden oder Ihre Patienten designen – und selbst wenn Sie unmittelbar Einfluss auf deren Leben haben oder diese Sie um Hilfe gebeten haben –, sollten Sie sich Folgendes bewusst machen: Diese Personen wachen nicht morgens auf mit dem alleinigen Ziel, die von Ihnen entwickelte Lösung zu nutzen oder sich mit dem Thema zu beschäftigen, das Sie ihnen aufgeben haben, oder sich an Ihre ärztliche Empfehlung bzw. Ihren Therapieplan zu halten. Sie wachen auf und versuchen, ihre eigenen Ziele und Prioritäten zu erfüllen.

Wenn Sie das verinnerlicht haben, werden Sie intuitiv verstehen, wie Sie Ihre Lösung gestalten müssen, damit sie sich in das Leben anderer einfügt, ohne dass diese sich für deren Nutzung verbiegen müssen.

Das ist natürlich nicht einfach. Menschen sind kompliziert. Deshalb müssen Sie das große Ganze verstehen. Wenn Sie lediglich den Teil einer Person verstehen, der mit Ihrer Arbeit oder Ihrer Beziehung zueinander zu tun hat, werden Sie nie herausfinden, was diese Person ausmacht und antreibt.

In dieser Übung lernen Sie, tiefere Einblicke in das Leben eines anderen Menschen zu gewinnen. Sie werden aufgefordert, den ganzen Menschen kennenzulernen – und zwar indem Sie eine Geschichte erzählen, die die einzelnen Punkte miteinander verbindet: seine Motivationen, Überzeugungen, Verhaltensweisen und täglichen Gewohnheiten. Führen Sie die Übung durch, wenn Sie besser darin werden wollen, etwas von und über andere zu lernen, und genügend Zeit haben, sich auf eine Person oder Familie einzulassen. Die Aktivitäten in dieser Übung wurden ursprünglich für angehende Medizinerinnen und Mediziner entwickelt, um ihre Empathie gegenüber Patienten zu schulen. Dabei geht es nicht einfach darum, sich ausgehend von Ihren Zielen für Ihr Gegenüber oder die Situation mit anderen Menschen zu verbinden. Die Übung hilft jungen Ärztinnen und Ärzten, Mitgefühl zu entwickeln, das über die typischen acht oder zehn Minuten Patientenzeit hinausgeht – und sie ist ein echter Augenöffner.

So geht's

Ihre Aufgabe besteht darin, ein 5- bis 7-minütiges Video über eine Person zu drehen mit dem Titel „Ein Tag im Leben von ...". Dabei gehen Sie schrittweise vor: Zunächst begleiten Sie die Person einige Tage lang und machen Fotos von ihren Gewohnheiten. Dann wählen Sie 10 wichtige Fotos aus und führen anhand dieser ein Interview mit der Person.

Suchen Sie sich zunächst eine Protagonistin oder einen Protagonisten für Ihr Video. Das sollte jemand sein, der in seinem Leben vor Herausforderungen steht, die idealerweise mit Ihrer Arbeit zu tun haben. Wenn Sie eine Lösung für Sportlerinnen und Sportler entwickeln, finden Sie vielleicht jemanden, der sich auf einen Marathon vorbereitet. Wenn Sie im Gesundheitswesen arbeiten, suchen Sie sich eine Person, die an einer chronischen Krankheit leidet. Sie können auch einen älteren Menschen aus Ihrer Verwandtschaft auswählen

oder eine Frau, die gerade ein Kind bekommen hat. Es ist wichtig, dass die Person dem Projekt voll und ganz zustimmt. Deshalb sollten Sie sie genau über Umfang und Rahmen – wie hier beschrieben – informieren (mindestens über die Dauer, die Art der persönlichen Interaktion und den Rahmen, in dem Sie das Video später zeigen).

Nachdem Sie die Erlaubnis der Person eingeholt haben, begleiten Sie sie 3 Tage lang für jeweils 4 bis 5 Stunden und notieren Sie Ihre Beobachtungen. Die meiste Zeit sollten Sie bei der Person zu Hause verbringen, auch wenn Ihnen das lang vorkommt. Denn in den alltäglichen Details und Zwischenräumen findet das eigentliche Leben statt. Wenn Sie lediglich das notieren, was „auffällig" ist, werden Sie nicht das große Ganze sehen. (Diese Praxis des Beobachtens können Sie auch mit der Übung *Shadowing* auf S. 41 trainieren.)

Sie möchten herausfinden, was im Leben der Person passiert, wie sie mit ihren Herausforderungen umgeht, wie sie sich diesbezüglich anderen Personen gegenüber verhält, was sie darüber denkt und was sie dabei fühlt. Dabei geht es nicht allein um die Details, die Sie herausfinden wollen, um Ihre Storytelling-Ziele zu erreichen. Es geht darum, der Person während des gesamten Projekts das Gefühl zu geben, gehört, gesehen und wertgeschätzt zu werden.

Nehmen Sie immer wieder Schnappschüsse auf. Diese dienen Ihnen später als wichtiges Prototypmaterial für das Video: Wo bewahrt die Person ihre Laufschuhe auf und wie pflegt sie diese? Wie organisiert sie ihre Medikamente und wie fühlt es sich für sie an, bei der Einnahme auf Hilfe angewiesen zu sein?

Sichten Sie nach diesen drei Tagen des Shadowing Ihr Fotomaterial und wählen Sie alle Bilder aus, die wichtige Elemente des Lebens der Person darstellen. So finden Sie die Dinge, die die Person ausmachen und ihr wichtig sind, und betrachten sie nicht lediglich durch Ihre voreingenommene Brille. Wählen Sie 10 Fotos aus und erstellen Sie damit einen groben Handlungsverlauf, den Sie später im Video wiedergeben wollen. Dabei können Sie die Fotos hin- und herschieben, bis Sie wissen, was Sie im Video zeigen möchten. Hierfür eignen sich Digitalbilder besonders, da Sie diese leicht auswählen und in eine Reihenfolge bringen können.

Anders als ein Märchen oder ein Heldenepos hat Ihre Geschichte vielleicht kein klares Ende. Vielleicht endet sie damit, dass die Person eine Frage stellt oder eine Aussage macht, die zeigt, wie sie mit der Herausforderung umgeht. In Ihrer „Ein Tag im Leben von …"-Geschichte geht es um die Details und die Person als Mensch.

Wenn Sie das Shadowing abgeschlossen und einen Prototyp des geplanten Handlungsverlaufs erstellt haben, befragen Sie alle Personen, die für die Geschichte wichtig sind, und nehmen Sie die Gespräche auf Video auf. Das ist entweder nur Ihre Protagonistin bzw. Ihr Protagonist oder auch andere Menschen, mit denen die Person täglich interagiert. Schneiden Sie Ihren Film mit einem Videobearbeitungsprogramm. Wenn Sie möchten, können Sie einige der Fotos in das Video integrieren. Vielleicht brauchen Sie sie aber auch nicht, wenn Sie alle wichtigen Ideen mit der Kamera festgehalten haben.

Zeigen Sie das Video Ihrer Protagonistin bzw. Ihrem Protagonisten und anderen Beteiligten, für die es relevant sein könnte, den Tagesablauf durch die Augen dieser Person zu betrachten.

Wir haben diese Übung entwickelt, um besser zu verstehen, wie Storytelling, Empathie und die medizinische Arbeit zusammenhängen. Ich unterrichte viele Medizinstudierende, die sich auch für Design interessieren, und ich wollte, dass sie Empathie für chronisch kranke Menschen entwickeln. In ihrer Ausbildung lernen sie, die richtigen diagnostischen Fragen zu stellen, aber sind sie auch in der Lage, wichtige Informationen zu erfragen, um mehr über den größeren Kontext des Lebens der betroffenen Person zu erfahren? Sie sollten nicht einfach fragen, „Haben Sie Ihre Medikamente genommen", sondern wissen, wie die Person ihren Tag gestaltet, um präzisere Fragen stellen zu können, etwa: „Wie können wir ein System schaffen, das Sie über den Tag hinweg daran erinnert, Ihre Medikamente zu nehmen?" Ein Mensch und eine Krankheit sind nicht dasselbe.

Planen Sie diese Übung mit Sorgfalt und Fingerspitzengefühl. Für einige meiner Studierenden ist es das erste Mal, dass sie aufgefordert werden, die Welt durch die Augen ihrer Patientinnen und Patienten zu betrachten. Und viele Patienten zögern, den Studierenden so viel Einblick in ihr Leben zu geben. Doch wenn sie dann das fertige Video sehen, sind sie ganz gerührt: „Das ist genau das, was ich jeden Tag erlebe, und Sie sind der erste Mensch, der sich die Mühe macht, genau hinzuschauen."

Die Patientinnen und Patienten sollen sich nicht analysiert fühlen, sondern gehört und gesehen. Wenn wir uns gesehen fühlen, haben wir das Gefühl, dass andere anerkennen, womit wir jeden Tag zu kämpfen haben. Das ist mein Ziel. Alle weiteren Designschritte werden dann zu einer Co-Creation zwischen den Studierenden, den Patienten und ihren Familien.

— Jules Sherman

Lernen mit Gefühl(en)

Die Frage, die an der *d.school* wohl am häufigsten gestellt wird, lautet: „Wie hat sich das angefühlt?"

Wenn da bei Ihnen die Alarmglocken schrillen oder Sie sich von uns gefühlsduseligen Menschen aus Kalifornien leicht genervt fühlen, sollten Sie den folgenden Text aufmerksam lesen. Denn es gibt einen guten Grund, warum Sie so fühlen. Mehr dazu gleich.

„Wie hat sich das angefühlt?" ist eine typische Impulsfrage, mit der Studierende an der *d.school* Probanden nach Erledigung einer anspruchsvollen Aufgabe zum Diskutieren anregen können. Es ist eine offene Frage an Personen, die gerade einen sich in der Entwicklung befindenden Prototyp getestet haben. Sie fordert dazu auf, über das *Wie* statt nur das *Was* nachzudenken und führt so zu tiefgründigeren Diskussionen und damit zu besseren Erkenntnissen. Wir interessieren uns für Gefühle, weil sie uns immer wieder mit voller Wucht überkommen.

Die kreative Arbeit ist voller Gefühle – von der Euphorie, etwas Neues oder Nützliches entwickelt zu haben, bis zu der Mischung aus Anstrengung und Enttäuschung, wenn wir zurückgeworfen werden oder uns etwas misslingt. Gefühle beeinflussen auch die Art und Weise, wie wir lernen. Die Wissenschaftlerinnen Mary Helen Immordino-Yang und Rebecca Gotlieb beschäftigen sich mit dem Aufbau des menschlichen Gehirns und schreiben: „Neurobiologisch gesehen ist es unmöglich, intensiv über etwas nachzudenken oder sich an etwas zu erinnern, zu dem wir keine emotionale Verbindung haben. Denn ein gesundes Gehirn verschwendet keine Energie darauf, Informationen zu verarbeiten, die uns nicht wichtig sind."

Dennoch gelten Gefühle selten als essenzielle Voraussetzung für produktives Arbeiten oder Lernen. Und selbst wenn ihre Existenz anerkannt wird, werden sie häufig als etwas betrachtet, mit dem wir umgehen müssen, nicht als Hilfsmittel für bessere Ergebnisse.

Kulturell haben wir Denken und Fühlen voneinander getrennt, so als sei Denken Aufgabe des Gehirns und Fühlen Aufgabe des Herzens. Nimmt man das wörtlich, könnte man meinen, es handle sich um Aktionen, die von zwei verschiedenen Körperteilen ausgeführt werden. Biologisch betrachtet ist es natürlich nicht so einfach. Gefühle entstehen im Gehirn, genauso wie Gedanken, dennoch verstehen wir sie mitunter weniger. Verantwortlich für diese Komplexität sind die physiologischen Effekte, die sich je nach Gefühl oder Gedanke in unserem Körper zeigen. Es ist alles eng miteinander verknüpft, doch dieses Prinzip wird bei der Frage, wie wir lehren und lernen, leider nicht immer berücksichtigt.

Geschlechterspezifisches Denken früherer Epochen drückt sich noch immer in dem impliziten (und manchmal expliziten) Glauben aus, dass Gefühle weich und eher weiblich sind, während Gedanken und Ideen objektiv und eher männlich sind. Das ist nicht nur eine falsche Dichotomie, sondern auch eine falsche Zuschreibung. Trotzdem hält sich dieses Überbleibsel einer patriarchalischen Gesellschaft hartnäckig. Es zeigt sich in Normen, die das Arbeiten und Lernen auf Basis rationaler Ergebnisse und Erkenntnisse hochhalten und das Arbeiten und Lernen mit Gefühlen ausschließen. Diese Denkweise hält uns davon ab, unsere Fähigkeiten voll zu entwickeln.

An der *d.school* sind wir davon überzeugt, dass die Verbindung von Gedanken und Gefühlen effektives Lernen fördert. Für uns ist dieses Framing selbstverständlich und vertraut, denn Design funktioniert genau so: Auch für die Designarbeit ist eine Kombination aus *Denken*, *Beobachten*, *Fühlen* und *Tun* erforderlich. Dieses Modell hat das Bildungsforscherduo Alice und David Kolb schön beschrieben.

Ein trauriges Resultat dieser Priorisierung von Gedanken über Gefühle ist, dass wir uns in lernpraktischer Hinsicht darauf fokussieren, Kompetenzen aufzubauen, die *Denken* und *Beobachten* beinhalten und unsere Fähigkeiten zum *Fühlen* und *Tun* vernachlässigen.

Meine Kollegen Leticia Britos Cavagnaro, Meenu Singh und sam seidel nutzen in ihrem Unterricht eine schöne Analogie, um das zu veranschaulichen: Stellen Sie sich vor, sie sind im Fitnessstudio und trainieren jeden Tag nur eine Seite Ihres Körpers. Bald ist einer Ihrer Arme muskulös und wohlgeformt, während der andere eher schwach bleibt. Es klingt grotesk, aber die Wahrheit ist, dass die meisten von uns genau das seit knapp 15 Jahren tun (oder seitdem wir eine formale Ausbildung genießen).

Legt man die Arbeiten von Alice und David Kolb, James Zull, Paolo Freire und vielen weiteren Wissenschaftlerinnen und Bildungsforschern zugrunde, wird klar: Um unser volles Potenzial zu entfalten, müssen wir alle Muskeln trainieren, denn diese unterstützen sich gegenseitig. Alice und David Kolb beschreiben zum

Beispiel, wie diese verschiedenen Fähigkeiten das Lernen fördern, weil sie wie Stimmen in einer Unterhaltung fungieren. Wenn eine Stimme die andere übertönt, wird Lernen blockiert. 2018 schrieben sie in einem Artikel in der Fachzeitschrift *Australian Educational Leader (AEL)*: „Hyperaktivität oder der Rückzug in die Reflexion verhindert Lernen. Dogmatische Ansichten versperren uns neue Erfahrungen, während das komplette Eintauchen in Erfahrungen klares Denken behindert. Gleichzeitig kann die ‚Schockwirkung' einer intensiven Erfahrung dazu führen, dass Menschen eine tief verwurzelte Überzeugung überdenken, während eine neue Idee verändern kann, wie wir Dinge erleben. Indem wir über die Folgen unserer Handlungen nachdenken, können wir Fehler korrigieren und zukünftige Handlungen überdenken, und indem wir entsprechend unserer Überlegungen handeln, können wir das ständige Grübeln stoppen."

Menschen empfinden das Lernen an der *d.school* zum Teil deshalb als ungewöhnlich, weil es die beiden „Muskelgruppen" betont, die normalerweise am wenigsten ausgeprägt sind: *Fühlen* und *Tun*. Das sind die Aspekte unserer Übungen, die am meisten Skepsis und Unbehagen auslösen. Da aber genau diese beiden Aspekte so wichtig für Design und Kreativität sind, zeigen wir mit unserer Arbeit, wie Menschen sie nutzen können. Selbst erleben können Sie das in allen Übungen dieses Buches, die Sie durch konkrete Erfahrungen zum *Fühlen* oder durch aktives Experimentieren zum *Tun* anregen (z. B. *Mit Fremden reden*, Seite 32; *Party, Park, Panne*, Seite 61 oder *Die Monsun-Challenge*, Seite 89).

Tom Maiorana unterrichtet häufig an der *d.school* und ist Professor für Design an der University of California, Davis. Er erklärt seinen Studierenden: „In meinem Unterricht möchte ich, dass ihr verschiedene Aspekte von Design am eigenen Leib erfahrt, vor allem die eher abstrakten Phasen. Zum Beispiel möchte ich, dass ihr die Möglichkeit habt, euer eigenes Verhalten bei Unsicherheit zu beobachten. Wenn ihr in der Lage seid, das zu beobachten, könnt ihr bewusst darauf achten und eure Fähigkeiten stärken. Ich möchte, dass ihr euch in meinem Kurs unmittelbar einlasst und euren Körper regelmäßig als Denkwerkzeug nutzt. Ich möchte, dass ihr erkennt: Egal ob an der Universität oder im echten Leben, häufig muss man die Dinge aus einem anderen Blickwinkel betrachten."

Auch die anderen beiden Muskelgruppen – *Denken* und *Beobachten* – verdienen eine genauere Betrachtung, da Designerinnen und Designer sie beim Arbeiten und Lernen ebenfalls brauchen. Sie müssen sich Zeit lassen und bestimmte Methoden anwenden, um komplexe Dinge zu verstehen und die Kernelemente in den gesammelten Daten zu visualisieren. Das hilft Ihnen, sich auf Ihre Arbeit zu fokussieren und neue kreative Ansätze für komplizierte Sachverhalte zu finden. Wie Sie komplizierte Probleme designbasiert angehen, erfahren Sie zum Beispiel in *Metaphern verwenden* (Seite 81) und *Den Designraum kartieren* (Seite 106). In diesen Übungen trainieren Sie die abstrakte Konzeptualisierung. Damit lassen sich unterschiedliche Beispiele, Geschichten oder Informationen miteinander verknüpfen, indem man sie mit einer größeren Idee verbindet. Wenn Sie jemanden kennen, der gut Verbindungen herstellen kann, beherrscht diese Person wahrscheinlich die Methode der abstrakten Konzeptualisierung.

Natürlich treten diese Formen nicht komplett isoliert voneinander auf. Sie können nicht kreativ handeln und dabei einen Muskel komplett aussparen, auch wenn Sie zu diesem Zeitpunkt einer bestimmten Arbeitsmethode folgen. Und wenn Sie erst einmal Ihre verschiedenen Fähigkeiten einsetzen, werden Sie feststellen, wie häufig Gefühle die Qualität dessen, was Sie lernen oder entwickeln, beeinflussen. Wie die Überschrift dieses Kapitels nahelegt, ist „Lernen mit Gefühl(en)" ein zentrales Element jeder kreativen Praxis. Indem Sie sich das bewusst machen, können Sie besser steuern, wie Sie Ihre kreativen Fähigkeiten ausbauen und einsetzen.

Während Sie Ihre kreativen Skills im Laufe Ihres Lebens verfeinern, werden Sie viele Gefühle erleben – positive wie negative. Wenn Sie deren Auslöser kennen und verstehen, wie Ihr Verhalten die Gefühle der Menschen um Sie herum beeinflusst, fällt es Ihnen leichter, die Bedingungen dafür zu schaffen, sich sowohl emotional als auch intellektuell auf Ihre Arbeit einzulassen. „Die Bedingungen schaffen" bedeutet, bewusst den physischen oder zwischenmenschlichen Kontext Ihrer Arbeit zu verändern. Das können ganz einfache Dinge sein, wie die Stühle aus einem Raum zu entfernen, damit diejenigen, die in der Lage sind zu stehen, dies auch tun können, wenn Sie Ihre uneingeschränkte Aufmerksamkeit haben wollen. Oder ein Ritual – etwa ein paar Dehnübungen machen oder eine Minute meditieren –, bevor Sie mit der eigentlichen Arbeit beginnen. Oder ein langfristiges Projekt wie eine kollaborative Arbeitsumgebung schaffen oder eine bestimmte Kultur im Unternehmen etablieren.

Drei Bedingungen fördern das Lernen und die kreativen Ergebnisse, die wir an der *d.school* anstreben, besonders. Jede von ihnen schafft die Voraussetzungen für noch mehr Kreativität. Wenn Sie diese Bedingungen in den Umgebungen etablieren, in denen Sie lernen und arbeiten, setzen Sie nicht nur Ihre eigenen kreativen Kräfte frei, sondern auch die Ihrer Mitmenschen.

Wenn Sie mit anderen zusammenarbeiten, wissen Sie bereits, dass Menschen sehr unterschiedlich auf Emotionen reagieren. Das kann an kulturellen Unterschieden, geschlechterspezifischer Sozialisierung oder biologischer Neurodiversität liegen. Es gibt kein Richtig oder Falsch bei dem, wie wir Gefühle erleben oder ausdrücken. Besser zu verstehen, wie die Menschen in Ihrem Team oder Ihrer Gruppe Gefühle erleben und ausdrücken, hilft Ihnen, die folgenden Hebel bewusster einzusetzen. Probieren Sie die Ideen, die ich Ihnen auf den folgenden Seiten vorstelle aus, besprechen Sie sie in der Gruppe, und beobachten Sie, wie sie in Ihrer Umgebung funktionieren.

Die erste Bedingung ist *Sicherheit*. Sicherheit bedeutet zweierlei: sicher *sein* und sich sicher *fühlen*. Ist die physische Sicherheit gewährleistet, geht es um die *psychologische Sicherheit*, also das Gefühl zwischenmenschlichen Vertrauens, das uns erlaubt, verletzlich zu sein. Vertrauen in der Zusammenarbeit ist wichtig, wenn das Ergebnis ungewiss ist, was auf jegliches kreative Projekt zutrifft. Unsere Angst, bewertet zu werden, hält uns davon ab, neue Ideen zu äußern. In *Wo gute Ideen herkommen* schreibt Steven Johnson dazu: „Was aus einer vagen Ahnung eine erfolgreiche Idee macht, ist häufig eine andere vage Ahnung, die im Kopf eines anderen herumgeistert." Wenn wir diese Ahnung nicht äußern, werden wir nicht wissen, was sie vielleicht bei anderen auslöst.

Die Angst, wie unsere Arbeit oder Ideen von anderen wahrgenommen werden, ist häufig so groß, dass sie wie eine Selbstzensur wirken kann. Diese Erfahrung haben Sie vielleicht schon gemacht, selbst wenn Sie etwas ganz allein kreiert haben. Auch dann ist es uns nämlich nicht egal ist, wie andere darüber denken. Wenn Sie sich in Ihrer Kreativität gehemmt fühlen, überlegen Sie, wo dieses Gefühl herkommen könnte. Kreative Blockaden sind häufig das Ergebnis fehlender Inspiration oder fehlenden Vertrauens. Inspirationen sind im Überfluss vorhanden; Vertrauen müssen Sie aus sich heraus aufbauen. Je sicherer Sie sich im Prozess des kreativen Schaffens fühlen und je mehr Sie das Gefühl haben, anderen vertrauen zu können, desto besser sind Sie in der Lage, neue und ungewöhnliche Ideen zu erkunden. Dieses Buch enthält viele Möglichkeiten, das zu üben, denn Vertrauen ist ein wesentliches Element vieler Aktivitäten an der *d.school*.

Vertrauen aufzubauen und die psychologische Sicherheit zu fördern ist besonders wichtig, wenn Sie ein neues Projekt beginnen oder ein Team zusammenstellen. Dazu sollten Sie ein Repertoire Ihrer präferierten Warm-up-Übungen anlegen. Bei der Auswahl der Übungen für dieses Buch ist mir die Zusammenstellung in dieser Kategorie am schwersten gefallen, denn die Designerinnen und Designer der *d.school* erfinden einfach ständig neue Aufwärmübungen. Mit der Zeit werden Sie feststellen, dass Sie bestimmte Warm-up-Übungen lieber mögen als andere und einige Sie selbst und Ihr Team besser auf eine produktive, kollaborative, ideenreiche oder vernetzte Zusammenarbeit vorbereiten.

Am wirkungsvollsten sind Aufwärmübungen, wenn sie mit einem aktuellen Projekt oder einer aktuellen Situation verknüpft werden. Dann sind sie mehr als nur ein „Eisbrecher". Das Eis brechen zu wollen ist als Konzept völlig in Ordnung und es ist immer besser, eine Aktivität oder ein Meeting mit einer witzigen oder interaktiven Übung einzuleiten, anstatt gar nichts zu tun. Doch wenn Sie Ihre Auswahl an Aufwärmübungen von Anfang an auf etwas ausrichten, das Sie im Verlauf Ihrer Arbeit oder Ihres Lernprozesses erreichen möchten, werden Sie das Verhalten, das Sie von sich selbst und Ihrem Team erwarten, eher an den Tag legen können. Hierzu ein paar Beispiele: Mit *Blindzeichnen* (Seite 30) finden Sie Ihren inneren Kritiker und fördern Ihre Kreativität (oder die Ihres Teams). In *Erstes Date, schlimmstes Date* (Seite 112) verwandeln Sie etwas Abstraktes in etwas Konkretes, indem Sie ein physisches Objekt bauen und damit eine Geschichte erzählen. Wenn Sie Warm-up-Übungen gezielt einsetzen, üben Sie die Themen und Gewohnheiten ein, die mit Ihrer anstehenden Arbeit zu tun haben. Diese Sensibilität nehmen Sie dann direkt mit ins nächste kreative Projekt.

Keine strukturierte Aktivität und kein Ritual allein können psychologische Sicherheit aufrechterhalten. Sie müssen auch dazu bereit sein, sich jederzeit auf die hochkommenden Emotionen einzulassen. Menschen sind Gefühlswesen und kreative Arbeit wird früher oder später immer emotional. Wenn Sie eine Aufwärm-Routine entwickeln (oder eine Routine zum Reflektieren oder zur Nachbesprechung), schaffen Sie damit ein Ablassventil für Emotionen. Doch selbst wenn Sie damit rechnen, dass Gefühle hochkommen, werden Sie hin und wieder von einer starken Reaktion infolge von Unsicherheit oder einem starken Gefühl der Freude überrascht werden. Seien Sie in solchen Momenten für sich und andere da. Diese Gefühle behindern die kreative Arbeit nicht, sie sind Teil von ihr.

Die zweite Möglichkeit, Emotionen als Hebel für Kreativität einzusetzen, ist, *Spaß zu haben* und dadurch Freude, Staunen oder Vergnügen auszulösen. Das klingt so einfach – und ist es auch. Kreativität beinhaltet Spiel, Improvisation, Überraschung und (hoffentlich) Vergnügen. Und angesichts der harten Arbeit und der Ungewissheit, die mit großartigen Ergebnissen einhergehen, muss man einfach immer wieder für Spaß sorgen.

Freude und Spaß manifestieren sich an der *d.school* auf ganz unterschiedliche Weise. Nutzen Sie die Übungen, die Sie am meisten ansprechen, oder entwickeln Sie Ihre eigenen. Zum Einstieg eignen sich Warm-up-Übungen oder „Impulse" – und von ihnen gibt es in diesem Buch einige. Impulse entzünden die kreative Flamme, die nach anstrengenden Phasen zu erlöschen droht, erneut und verleihen einem Projekt neue Ideen und neuen Schub. Impulse beinhalten fast immer eine Kombination aus *Tun* und *Fühlen* und stellen damit ein Gegengewicht zu einer langen Phase des *Beobachtens* und *Denkens* dar. Das *Schere-Stein-Papier-Turnier* (Seite 109) ist hierfür ein gutes Beispiel: Dieses bekannte Spiel kombiniert eine gute Portion Chaos mit freundschaftlichem Wettbewerb und erweckt Sie und Ihren Geist zu neuem Leben. Doch auch wenn Sie allein arbeiten, können Sie sich einen Impuls geben, zum Beispiel indem Sie ihren Körper auf einer Ein-Personen-Tanzparty bewegen, einem lieben Menschen eine kurze, wertschätzende Nachricht senden oder Ihre Augen schließen und einem Lied lauschen, das Sie in der Regel bewegt. Was auch immer es ist: Wichtig ist, dass Sie mit dieser *Tun-/Fühlen*-Pause einen Kontrast herstellen zur Phase des *Beobachtens/Denkens*.

Freude lässt sich auch durch Überraschungen und „Offenbarungen" auslösen, die Sie im Verlauf eines Projekts platzieren. In *Diese Übung ist eine Überraschung* (Seite 238) geht es zum Beispiel darum, die eigenen Hemmungen für kurze Zeit zu vergessen, um herauszufinden, wozu man fähig ist, lange bevor man es glaubt. Sie reiht sich ein in eine Tradition von Überraschungen, die wir an der *d.school* immer wieder praktizieren. Das kann ein Gastredner, eine neue Design-Challenge oder eine unerwartete Auszeichnung für hervorragende Arbeit ein.

Im Rahmen der Präsentation eines umfangreichen Designprojekts zum Thema „Das Studienerlebnis neu erfinden" haben wir einmal Hunderte von Ausstellungsbesucherinnen und -besucher (einschließlich des Präsidenten und des Verwaltungsgremiums der Stanford University) damit überrascht, dass wir sie eingeladen haben, die Ausstellung durch eine Zeitmaschine zu betreten. Dadurch sollten sie die Universität der Zukunft kennenzulernen. Mit diesem witzig gemeinten Element verfolgten wir jedoch ein klares Ziel: Wir wollten den Anwesenden helfen zu verstehen, wie radikal sich eine Universität verändern kann. Gleichzeitig wussten wir, dass viele Gäste nicht erscheinen würden, wenn wir die Zeitmaschine vorab ankündigten. So schwiegen wir, und siehe da: Alle ließen sich auf die Zeitreise ein, wodurch die Veranstaltung intensiver wurde. Solche Überraschungen bedeuten einfach eine Menge Spaß. Doch das ist nicht alles: Indem Sie sie mit Sorgfalt, Freude und Optimismus konzipieren, bauen Sie gleichzeitig Skepsis oder Angst ab und erproben neue Verhaltensweisen, zu denen vorhersehbarere Methoden Sie wahrscheinlich nicht bewegen würden.

Wer allein arbeitet, hat es etwas schwieriger, eine Überraschung für sich selbst zu planen. Sie können jedoch auf bestimmte Methoden aus der Kunst zurückgreifen, bei denen durch das Zufallsprinzip ein ganz ähnlicher Effekt erzielt wird. *Protobot* (Seite 144) liefert Ihnen zum Beispiel eine schier endlose Liste mit urkomischen und überraschenden Ideen zur Prototyperstellung. Und in *Bisoziation* (Seite 102) entwickeln Sie auf Grundlage unvorhersehbarer Kombinationen völlig neue Ideen.

Die Theorie hinter Impulsen und Überraschungen ist folgende: Begeisterung steigert unsere Fähigkeit zum Lernen und Lösen bestimmter komplexer Aufgaben. Die Wissenschaft spricht hier von „Arousel" und meint damit den Grad der Aktivierung des zentralen Nervensystems. Wenn unser Gehirn angeregt oder stimuliert wird (engl.: *arouse*), können wir bestimmte Aufgaben besser bewältigen. Kurze, dynamische Aktivitäten oder Überraschungen sind hier vielleicht am effektivsten, da es bei ihnen nicht nötig ist, ein hohes Energielevel aufrechtzuerhalten (was über einen längeren Zeitraum energieraubend sein kann). Sie erzeugen vielmehr eine abrupte Veränderung unserer Umgebung und stimulieren so unser Gehirn.

Bei psychologischer Sicherheit und Freude geht es um positive Emotionen. Da Sie in Ihrer Designarbeit aber das komplette Spektrum von Höhen und Tiefen durchlaufen werden, sollten Sie auch in der Lage sein, die Voraussetzungen dafür zu schaffen, den dritten emotionalen Treiber produktiv nutzen zu können: *Denkhürden*. Dies ist ein solch wichtiger Aspekt der kreativen Arbeit, dass ich ihm ab Seite 207 ein eigenes Kapitel widme.

Die Geschichte des Gründerteams von Noora Health am Anfang des Buches zeigt eindrucksvoll, wie Gefühle die kreative Arbeit durchziehen: Die vier Absolventinnen und Absolventen haben bewusst psychologische Sicherheit im Team geschaffen, indem sie problematische Dynamiken und Spannungen adressiert haben. Sie haben Spaß und Humor in die Prototyperstellung einfließen lassen, was zu einer authentischen Idee geführt hat, die in der halben Welt Anklang fand. Sie haben im Verlauf ihres Designprojekts viele Höhen und Tiefen erlebt. Und sie haben Leidenschaft und Committment für ihre Arbeit entwickelt, indem sie Menschen zugehört und beobachtet haben, die ein ganz anderes Leben führen als sie selbst.

Emotionen den Raum in Ihrer Designarbeit zu geben, den sie verdienen, braucht Zeit – egal wo Sie gerade stehen. Ebenso braucht es Zeit zu erkennen, welchen Mehrwert Emotionen bringen, und einzuschätzen, wann sich diese Ansätze wohlüberlegt, moralisch vertretbar und wirkungsvoll einsetzen lassen. Die Erfolge und Rückschläge, die Sie dabei erleben werden, sind ein wichtiger Teil des Prinzips „Lernen mit Gefühl(en)". Diese spannende, manchmal beängstigende, aber stets fruchtbare Methode bietet sich immer dann an, wenn Sie die Antworten oder Ergebnisse noch nicht kennen, aber spüren, dass Ihre Kreativität Ihnen auf dem Weg dorthin wertvolle Dienste leisten kann.

48 Sich an einen Ort ketten

Eine Idee von Carissa Carter, inspiriert von Jennifer L. Roberts und kommentiert von Laura McBain

Beobachtungsgabe ist eine wichtige Fähigkeit beim Designen. Ihnen müssen Dinge auffallen. Sie ist jedoch eine Fähigkeit, die angesichts der vielen Bildschirme, auf die wir täglich starren, und der Schnelllebigkeit unserer modernen Welt immer mehr verloren geht. Das heißt nicht, dass Geschwindigkeit per se schlecht ist. Wenn Sie aber erkennen und verstehen möchten, was um Sie herum geschieht, müssen Sie auch in der Lage sein, das Tempo zu drosseln.

In dieser Übung trainieren Sie Ihre Beobachtungsgabe. Sie lernen, sich Zeit zu nehmen, um genau hinzusehen, nachzudenken und etwas Neues zu verinnerlichen.

Die Dinge, die Ihnen sofort auffallen, bilden die Oberfläche. Interessante Reflexionen kommen später. Sie erfahren, wie Sie Dinge *sehen*, die interessant, bedeutsam oder sogar wesentlich sind.

Das erfordert Zeit.

Vielleicht ist das auch der Grund, warum diese außerordentlich einfache Übung gleichzeitig die schwierigste in diesem Buch ist. Setzen Sie sie immer dann ein, wenn Sie eine Erfahrung machen möchten, die Sie verändert. Sie müssen sich nur Zeit nehmen.

SICH AN EINEN ORT KETTEN

So geht's

Suchen Sie sich einen Ort, an dem Sie sich vorstellen können, 3 Stunden lang zu sitzen. Das kann ein Marktplatz, ein Zoo, ein Wochenmarkt oder ein Krankenhaus sein.

Wählen Sie entweder einen vertrauten Ort, den Sie neu entdecken möchten, oder einen Ihnen unbekannten Ort. Egal wofür Sie sich entscheiden: Sie werden wichtige Erkenntnisse darüber gewinnen, wie Sie die Welt wahrnehmen und was Ihnen auffällt.

Sobald Sie es sich an Ihrem Ort bequem gemacht haben, ist Ihr Handy tabu. Das Einzige, was Sie damit machen dürfen, ist, die Zeit im Blick zu behalten (oder Sie verwenden dazu Ihre Armbanduhr). Schalten Sie alle Benachrichtigungen auf lautlos, damit Sie nicht abgelenkt werden.

Halten Sie in Ihrem mitgebrachten Notizbuch alles fest, was um Sie herum passiert. Dabei durchlaufen Sie verschiedene Phasen der Verarbeitung:

Gewisse Dinge werden Ihnen sofort auffallen.

Dann erleben Sie – es ist leider so – eine schreckliche Tiefphase der Langeweile, die fast an Unruhe grenzt. Vielleicht vernehmen Sie eine kleine Stimme im Ohr, die flüstert: *Wie lange muss ich denn noch hier sitzen?*

Und dann merken Sie plötzlich, wie befreiend es ist, Zeit zu haben, die Dinge zu beobachten. Besonders wenn dies das Einzige ist, was Sie machen müssen.

Während der 3 Stunden werden Sie immer wieder Momente der Langeweile erleben.

Das sind jedoch die Momente, in denen Sie erkennen, wie die Schatten miteinander spielen.

Und warum sich jemand dazu entschieden hat, einen bestimmten Gegenstand genau dort zu platzieren, wo er sich jetzt befindet.

Und warum sich die Leute gerade dorthin bewegt haben, anstatt auf dem Weg zu bleiben.

Manchmal beobachten Sie Menschen. Und manchmal, wenn keine anderen Menschen da sind, denken Sie darüber nach, welche Faktoren Ihren Raum auf unsichtbare Weise beeinflussen könnten. Sie beginnen zu überlegen, was in diesem Raum passiert ist, bevor Sie gekommen sind … vielleicht sogar bevor Sie geboren wurden. Das führt zu Erkenntnissen, die ohne langes, langsames und bewusstes Beobachten nicht möglich sind.

Wenn Sie einmal keine Lust auf Beobachten haben, hören Sie zu. Welche anderen Sinne helfen Ihnen, Neues zu entdecken?

Sie haben sich an einen bestimmten Ort „gekettet". Vergessen Sie nicht, sich Notizen zu machen. Toilettenpausen zwischendurch sind in Ordnung, aber tun Sie möglichst nichts, das Sie aus Ihrem fokussierten Geisteszustand herausreißen könnte, etwa aufs Handy schauen oder anderes.

Sichten Sie nach Ablauf der 3 Stunden Ihre Notizen und betrachten Sie Ihre Entwicklung: Wann waren Sie geduldig, wann ungeduldig? Wie hat das jeweils beeinflusst, was Sie gesehen, gehört oder wahrgenommen haben? Wie würden Sie Ihren Beobachtungsansatz bei Ihrem nächsten kreativen Projekt ändern?

Für Designerinnen und Designer ist es wichtig, den Kontext zu verstehen und auf eine tiefere Ebene der Beobachtung zu gelangen.

Einmal habe ich meine Studierenden zu einem See geführt, der kein Wasser enthielt. Komisch, nicht? Ich habe ihnen den historischen Kontext des Ortes erläutert, sie durften aber keine Fragen stellen. Ich wollte erreichen, dass sie sich ganz ohne Worte auf das Wahrnehmen und Beobachten einlassen. Würde es uns gelingen, einfach nur an diesem Ort zu sitzen und die Geräusche wahrzunehmen?

Häufig stoßen wir direkt eine Diskussion über unsere Designarbeit an. Das ist verständlich: Schließlich wollen wir wissen, was die Leute denken. Doch es ist wichtig, sich Zeit zu nehmen, den Kontext zu betrachten. Eine Aktivität, die unseren Fokus nach innen richtet und uns zur Ruhe kommen lässt, hilft uns, in einen anderen Raum unserer Vorstellung zu gelangen – und das ist für unsere Arbeit entscheidend.

– Laura McBain

49 Lösungs-Tic-Tac-Toe

Eine Idee von Rich Crandall, Adam Royalty und Shelley Goldman

Sie haben also eine Idee! Sie haben ein Bedürfnis identifiziert, das niemand sonst adressiert. Sie denken, jetzt ist die Chance, etwas Neues zu schaffen, und Sie wollen so schnell wie möglich loslegen. Es erscheint Ihnen nur logisch, nun ein Mock-up Ihrer Idee zu erstellen und es den Leuten zu zeigen.

Aber Vorsicht: In diese Falle tappen viele.

Design widersetzt sich den Gesetzen von Zeit, Raum und Effizienz. Der beste Weg ans Ziel ist nicht immer der geradlinigste. Zunächst mag es Ihnen wie Zeitverschwendung vorkommen, mehrere Lösungsmöglichkeiten zu testen, doch es ist tatsächlich essenziell. Es ist der Unterschied zwischen: die gesamte Landschaft betrachten und mit geschlossenen Augen in eine Sackgasse rennen.

Diese Übung hilft Ihnen, intensiver über das Was und Wie Ihrer Lösung nachzudenken, damit Ihre Idee am Ende auch realisierbar ist. Sie erkunden die verschiedenen Formen, die Ihr Grundkonzept annehmen könnte, und Sie lernen, zwischen Ihrer ersten Idee und Ihrer besten Idee zu unterscheiden, was nicht einfach ist! Zudem gewinnen Sie ein besseres Verständnis für Ihr Problem oder Ihre Idee. Zu diesem Zeitpunkt Ihrer Arbeit geht es darum, noch etwas im Lernmodus zu verweilen und viele verschiedene Umsetzungsmöglichkeiten Ihrer Idee zu erkunden.

Dazu ein Beispiel: Stellen Sie sich vor, Sie wollen eine Lösung konzipieren, die etwas kühl hält. Je nachdem, was und wie Sie kühlen möchten, könnten das ganz unterschiedliche Dinge sein: eine Tiefkühltruhe, ein Ventilator, ein Gebirgsbach, Schatten, die Nacht oder ein Sensor, der den kühlsten Ort im Haus identifiziert. Ihre Idee und die Form, die sie in der Realität annimmt, sind nicht dasselbe.

Sie können die Übung allein durchführen, produktiver ist sie jedoch in der Gruppe. Denn wenn Sie auf den Ideen anderer aufbauen können, haben Sie am Ende mehr Variationen.

So geht's

Überlegen Sie als Erstes, wie Sie Ihre Idee umsetzen könnten. Skizzieren Sie mindestens 9 Möglichkeiten jeweils auf einem separaten Blatt Papier oder Klebezettel. (Wenn Sie eine Proberunde machen möchten, können Sie das Kühlungsbeispiel von oben verwenden, aber mit folgender Spezifikation: Finden Sie 9 verschiedene Wege, wie man dafür sorgen kann, dass ein Eis in der Waffel nicht zu schnell schmilzt.)

Übertragen Sie das hier dargestellte Tic-Tac-Toe-Feld (auch: Drei Gewinnt) auf ein großes Blatt Papier oder ein Whiteboard. Platzieren Sie dann Ihre 9 Skizzen auf den Feldern, in die sie passen.

Wenn Sie eine Idee nicht zuordnen können, überlegen Sie, ob Sie sie so abändern können, dass sie in eine Kategorie passt, die noch nicht viele Zettel enthält. Achten Sie auf die Felder, die leer bleiben. Verfolgen Sie wirklich die unterschiedlichsten Ansätze! Wenn die meisten Ihrer Skizzen im selben Feld landen, wissen Sie, dass Sie bei Ihren Entwürfen zu einem bestimmten Medium tendieren. Erweitern Sie Ihr Denken, und laden Sie auch Ihre Mitstreiterinnen und Mistreiter ein, einen anderen Blickwinkel einzunehmen.

Ziel ist es, alle Felder mit Entwürfen zu füllen. Damit erhöhen Sie Ihre Chance, etwas Wesentliches zu erkennen, und entwickeln viele neue Ansatzpunkte zur Umsetzung Ihrer Idee.

Nachdem Sie Ihre Idee mithilfe des Tic-Tac-Toe in neue Richtungen weiterentwickelt haben, sollten Sie einige der Entwürfe mit anderen teilen und sie um Feedback bitten. Das sind idealerweise Personen, die das Bedürfnis kennen, für das Sie eine Lösung entwickeln.

Reflektieren Sie anschließend darüber, was Sie in dieser Übung gelernt haben:

Was haben Sie über die Person erfahren, die die Lösung später nutzen könnte?
Was haben Sie über die Art und Weise erfahren, wie Sie das Problem eingegrenzt haben? (Framing)
Was haben Sie über die Konzepte im Einzelnen erfahren?

Sie werden überrascht sein, wie sehr Sie Ihre Idee weiterentwickeln und stärken können und wie viel Boden Sie allein dadurch gewonnen haben, dass Sie jede Kategorie auf dem Spielfeld gefüllt haben. Und das Wichtigste: Sie wissen jetzt besser, in welche Richtung es weitergeht.

Mithilfe der Impulse auf dem Spielfeld entwickeln Sie Ihre Anfangsidee weiter. Indem Sie auch die Felder in den Blick nehmen, zu denen Sie zunächst nichts skizziert haben, begeben Sie sich auf unbekanntes Terrain und verfeinern Ihre Idee. Niemand möchte sich unnötige Arbeit aufhalsen, doch indem Sie verschiedene Blickwinkel berücksichtigen, trainieren Sie Ihren Kreativmuskel für die verschiedensten Settings. Das Schöne an der Übung ist: Wenn Sie sie als Spiel betrachten, gelingt Ihnen das ganz automatisch. Im Rückblick kommt es Ihnen dann nicht wie unnötige Arbeit vor, und Sie erkennen, dass Sie vorangekommen sind. Manchmal bedarf es eines kleinen Tricks, sich dazu zu motivieren, in neue Richtungen zu denken.

50 Standpunkt „Aktentasche"

Eine Idee von Charlotte Burgess-Auburn, inspiriert von Wim de Wit und David M. Kelley und kommentiert von Kareem Collie

Unabhängig davon, was Sie entwickeln, sollten Sie sich fragen: Kennen Sie Ihre Zielgruppe? Wissen Sie, was ihr wichtig ist, wie sie Ihre Lösung nutzen wird und was sie damit erreichen kann? Und ebenso wichtig: Wissen Sie, für wen Ihre Lösung *nicht* ist?

An der *d.school* verwenden wir den Begriff „Standpunkt", um die Klarheit zu beschreiben, die wir haben, wenn wir genau sagen können, wem unsere Arbeit dient und welches Bedürfnis sie erfüllt, und wenn wir zeigen können, dass wir eine einzigartige Sicht auf die Richtung haben, in der unsere Lösung liegen könnte. Eine Lösung kann niemals für „jeden" oder für „alle" sein. Mit solch einer schwammigen Beschreibung können Sie nicht genau genug werden und Ihrer Arbeit nicht so zuzuschneiden, dass sie für bestimmte Menschen wertvoll wird. Wenn Sie Lösungen entwickeln, die zu viele Dinge auf einmal können oder sich an zu viele verschiedene Menschen richten, hält Sie das davon ab, eine richtig gute Lösung zu finden. Es ist wesentlich besser, wenn eine kleine Gruppe von Personen Ihre Lösung schätzt, als wenn alle sie mehr oder weniger interessiert zur Kenntnis nehmen.

Einen „Standpunkt" zu erklären ist, wie einen Pflock in den Boden zu rammen. Es klingt entschieden, aber Sie können den Pflock natürlich wieder herausziehen und später an anderer Stelle erneut in den Boden schlagen, wenn Sie einen besseren Platz für Ihr Zelt gefunden haben. Im Verlauf Ihrer Arbeit – doch lange bevor Sie fertig sind – sollten Sie in der Lage sein, die Fragen in dieser Übung klar und präzise zu beantworten. Mit der Zeit werden Sie sich Ihres Standpunkts immer klarer, denn Sie erfahren immer mehr über das Bedürfnis, die Zielgruppe und den Kontext.

Diese Übung basiert auf einer legendären Vorlesung von David M. Kelley, dem Gründer der *d.school*. Darin lädt er die Studierenden ein, seine ungewöhnlich große Sammlung an Aktentaschen zu erkunden. Sie sollen erfahren, was es bedeutet, einen festen Standunkt zu haben. Sie denken vielleicht anders darüber, aber viele Aktentaschen haben einen überraschend konkreten Standpunkt: Es gibt Aktentaschen aus recycelten Lkw-Planen für ökologisch bewusste Verbraucherinnen und Verbraucher. Es gibt teure, handgefertigte italienische Aktentaschen für Menschen, deren Wissen über die verwendeten Materialien und die Art der Herstellung die Taschen – und die Menschen, die sie tragen – besonders machen. Es gibt Aktentaschen mit vielen kleineren Fächern für besonders ordentliche Menschen. Es gibt Taschen mit Konferenzlogos, die als Aktentasche genutzt werden und Zugehörigkeit zu einer Gruppe signalisieren. Und so weiter und so fort. Ein genauerer Blick in Davids Aktentaschenkollektion zeigt, wie viele

konkrete Entscheidungen die Designerinnen und Designer getroffen haben und wie genau sie wussten, für wen sie die Aktentaschen designen.

Diese Übung hilft Ihnen zu verstehen, wie sich diese Klarheit anfühlt, damit Sie wissen, wonach Sie in Ihrer kreativen Arbeit streben sollten.

So geht's

Für diese Übung müssen Sie Fotos von Aktentaschen aus dem Internet ausdrucken. Außerdem brauchen Sie eine Schere, Tesafilm, dickes Papier oder Pappkarton und eine freie Wand.

Erstellen Sie als Erstes Ihre eigene Aktentaschensammlung. Wenn Sie nicht viele Aktentaschen besitzen, suchen Sie Fotos im Internet oder schneiden Sie sie aus Zeitschriften aus. „Sammeln" Sie 20 bis 25 Modelle, die sich möglichst stark voneinander unterscheiden. Sie werden Aktentaschen aus exquisitem Leder, Aktentaschen mit Rollen, Aktentaschen in knalligen Farben und Aktentaschen mit integrierter Technologie finden. Wenn Sie möchten, können Sie Ihre Suche erweitern und zum Beispiel nach „Arbeitstaschen" suchen.

Wenn Sie genügend Aktentaschen gefunden haben, drucken Sie die Bilder aus und verteilen Sie sie auf dem Tisch. Beginnen Sie mit einer Tasche, die Sie besonders anspricht:

Für wen ist die Tasche Ihrer Meinung nach gedacht? Warum denken Sie das? Welche Details fallen Ihnen auf? Welche Entscheidungen wurden wohl im Design- und Herstellungsprozess getroffen? Machen Sie sich Notizen, während Sie überlegen. Ziel ist es, die wichtigsten Eigenschaften der Tasche herauszuarbeiten. Machen Sie dasselbe mit mindestens 10 bis 15 weiteren Taschen.

Entwickeln Sie nun Ihren eigenen Metaebene-Standpunkt, indem Sie eine Aktentaschenausstellung konzipieren.

Wählen Sie dazu 4 oder 5 Fotos Ihrer Aktentaschen aus. Diese werden Sie gleich an der Wand befestigen. Stellen Sie sich dabei vor, Sie führen jemanden durch die Ausstellung. Sie möchten, dass die Person versteht, warum diese Taschen zusammengehören, und Verbindungen zwischen ihnen erkennt. Das ist ein kuratorischer Standpunkt: eine Sicht darauf, wie eine Gruppe von Dingen zusammengehört, basierend auf einem tiefen Verständnis der Eigenschaften der einzelnen Objekte.

Folgende Leitfragen helfen Ihnen, Ihren Standpunkt zu entwickeln:

Warum gehören diese Aktentaschen zusammen?
Was ist der rote Faden? (Das ist der erste Teil Ihres Standpunkts.)
An wen richtet sich die Ausstellung?
Was möchten Sie Ihrem Publikum mitteilen? (Das ist der zweite Teil Ihres Standpunkts.)
Wie unterstützen die einzelnen Aktentaschen Ihren Standpunkt? Welche Aspekte der Tasche zeigen, dass sie zu den anderen gehört?

Überlegen Sie nun, wie Sie Ihren Standpunkt vermitteln möchten, damit Ihr Publikum ihn nachvollziehen kann. Wie präsentieren Sie Ihre Kunstobjekte? In welche Reihenfolge? Wie nutzen Sie den Raum? Welche Bilder oder Materialien möchten Sie ergänzen? Die Entscheidungen, die Sie jetzt treffen, haben Einfluss auf Ihr Publikum. Eine chronologische Anordnung wirkt zum Beispiel anders als ein Arrangement anhand von Ähnlichkeit oder Kontrasten. Ein kuratorischer Standpunkt ist eine Art Geschichte, und Ihre Besucherinnen und Besucher werden Ihre Ausstellung in Erinnerung behalten, wenn sie ihnen zu einer neuen Erkenntnis verhilft.

Verfassen Sie auf kleinen Zetteln oder Kärtchen einen Text, in dem Sie die jeweilige Tasche beschreiben oder Ihr Publikum neugierig machen. Sie können die Texte auch ausdrucken und aufkleben. Bringen Sie Ihre Ausstellung dann an der Wand an und arrangieren Sie die Fotos der Aktentaschen und alle weiteren Informationen und Bilder so, wie Sie es sich vorher überlegt haben. Sie wollen Ihren Standpunkt so klar wie möglich vermitteln.

Laden Sie wenn möglich eine andere Person zu Ihrer Vernissage ein und finden Sie heraus, was sie in Ihrer Ausstellung sieht.

Diese Übung zeigt auf einfache und eindrucksvolle Weise, wie ein fester Standpunkt Bedeutung schafft. Die gleichen Aktentaschen könnten in vielen anderen Ausstellungen auftauchen und doch immer etwas anderes ausdrücken – je nach Standpunkt. Und unabhängig von der Intention des Designers oder der Kuratorin kann ein Teil der Bedeutung immer nur vom Besucher erschossen werden. Davids Lieblingstasche in seiner Sammlung ist zum Beispiel die Aktentasche, die seinem Vater gehörte. Diese persönliche Bedeutung hat für ihn wesentlich mehr Gewicht als der Standpunkt des ursprünglichen Designers.

Der Standpunkt jeder kreativen Arbeit ist der erste Pflock im Boden, der darauf hindeutet, wo die Lösung liegt. Ohne Standpunkt erzeugen Sie Verwirrung. Mit einem festen Standpunkt schaffen Sie Klarheit. Doch der Anfang gibt auch einen Vorgeschmack aufs Ende. Ihr Standpunkt ist sowohl der Ausgangspunkt für Ihre Lösung als auch die Grenze, die Sie um Ihre Lösung ziehen. Wenn Sie mit einem Teleskop in den Himmel blicken, sehen Sie nur einen keinen Ausschnitt der Sterne und Konstellationen, die sich dort oben befinden. Es gibt immer noch eine gewisse Bandbreite an Möglichkeiten, aber sie ist nicht mehr so unendlich wie das Weltall. Liegt Ihre Lösung jenseits dieser Grenzen, müssen Sie Ihren Standpunkt ändern.

Die Vorteile (eines festen Standpunkts) sind Klarheit und Impuls. Gleichzeitig sollte man bedenken, dass man einen Standpunkt nur einnimmt, nicht übernimmt. In der Designarbeit den Sprung zu machen bedeutet, einen Standpunkt in Bezug auf die Frage einzunehmen, die man zu beantworten versucht. Es gibt jedoch immer eine Vielzahl von Blickwinkeln, die man einnehmen kann.

– Kareem Collie

51 Film ab!

Eine Idee von Eugene Korsunskiy

Jedes Team stellt eine einzigartige Zusammensetzung von Individuen dar und deshalb ist jedes Team anders – unabhängig von Ihren beruflichen oder persönlichen Umständen. Gerade in der kreativen Arbeit brauchen wir ausgeprägte soziale Kompetenzen wie Großzügigkeit, Flexibilität und Einfallsreichtum. Und die Teamdynamik ist niemals starr: Sie wächst und verändert sich mit der Zeit, da sich die Mitglieder gegenseitig beeinflussen – ähnlich wie in einer Familie. Die Organisationswissenschaft spricht hier von „emergenter Diversität". Sie kann eine große Bereicherung für den kreativen Austausch darstellen, erhöht aber gleichzeitig das Risiko für Missverständnisse und Reibungen.

Eine unerwartete Möglichkeit, um mit diesen Reibungen umzugehen, besteht darin, die chaotischen Missverständnisse zu forcieren und etwas noch Eigenartigeres zu tun: das Team bei seiner Arbeit auf Video aufzeichnen und sich dieses dann gemeinsam ansehen.

Mit dieser Übung stärken Sie die Selbstwahrnehmung von Gruppen, die seit einiger Zeit zusammenarbeiten und ihre Kollaborations- und Kommunikationsfähigkeiten verbessern möchten. Die Übung schafft einen Raum, in dem sich unbewusste Aspekte der Teamarbeit beobachten lassen, die ohne diese kleine, aber gezielte Intervention meist verborgen bleiben.

So geht's

Idealerweise setzen Sie die Übung dann ein, wenn Ihr Team bereit ist, sich zu öffnen und sich nicht gerade mitten in einer Krise befindet. Alle Mitglieder müssen mitmachen, damit sie funktioniert. (Gibt es bereits ein offensichtliches Problem, sollten Sie dies lösen, anstatt es weiter zu analysieren.)

Installieren Sie bei ihrem nächsten Teammeeting eine Videokamera (oder ein Smartphone) an einer Stelle, von der aus Sie alle Anwesenden sehen können. Arbeitet Ihr Team remote, nutzen Sie einfach die Kamera Ihres Videokonferenztools.

Wichtig ist, sowohl das Gesagte als auch die Körpersprache zu erfassen. Denn Körpersprache ist der Subtext jeglicher menschlichen Interaktion. Sie enthält häufig wichtige Hinweise auf Gefühle, Hierarchie oder Konflikte.

Zeichnen Sie 10 bis 15 Minuten des Teammeetings auf. Sehen Sie sich das Video dann gemeinsam an, und tauschen Sie sich darüber aus, was Ihnen auffällt.

Wichtig: Das Video ist nur für Sie und Ihr Team gedacht. Es dient nicht der Bewertung. Wird die Aufzeichnung zu Bewertungszwecken verwendet, und ist sich Ihr Team dessen bewusst, wird es Ihnen nicht gelingen, die natürlichen Abläufe in der Gruppe einzufangen. Alle müssen wissen, dass das Video lediglich zur internen Reflexion und Analyse dient.

Notieren Sie nun gemeinsam, was Sie an sich selbst, an anderen Personen und der Gruppe insgesamt beobachtet haben. Überlegen Sie dazu:

Was waren die besten, witzigsten oder produktivsten Momente? Warum?
Was waren die schlimmsten, unlustigsten oder am wenigsten produktiven Momente? Warum?
Welche Rollen haben die einzelnen Teammitglieder eingenommen? Wer war die offizielle oder inoffizielle Moderatorin? Wer der Advocatus Diaboli, die Zeitwächterin, der Gruppenclown usw.?
Wer hatte den größten Redeanteil? Wer den geringsten? Wer hat andere am häufigsten unterbrochen? Wer wurde am häufigsten unterbrochen? Wer am wenigsten?

Alle Teammitglieder sollten für sich überlegen: Was hat Sie am meisten überrascht, als Sie sich auf Video gesehen haben?

Wie könnten Sie Ihren Teamprozess in Zukunft verbessern? Was funktioniert bereits gut und verdient deshalb Anerkennung und sollte verstärkt werden? Was möchten Sie an Ihrem Prozess verändern?

Wenn Sie Ihre Notizen beendet haben, tauschen Sie sich in der Gruppe über Ihre Erkenntnisse aus. Sprechen Sie sowohl über förderliche als auch hinderliche Verhaltensweisen. Über Verhaltenswiesen, die dem Team helfen, zu divergieren und viele verschiedene Ideen zu erkunden, und Verhaltenswiesen, die Sie wieder zusammenbringen und Ihnen helfen, einige Ideen auszuwählen und weiterzuentwickeln. Sprechen Sie auch über Körpersprache, die Selbstbewusstsein und ein Sich-Wohlfühlen ausdrückt, und solche, die auf das Gegenteil hinweist. Nehmen Sie während des Gesprächs eine fragende Haltung ein: „Wie interpretierst du diese Interaktion", „Warum ist dir das besonders aufgefallen?"

Halten Sie einige Beschlüsse dazu fest, wie Sie die Zusammenarbeit im Team in Zukunft verbessern möchten.

Löschen Sie zum Abschluss gemeinsam das Video. Das ist ein nettes Ritual, und es schafft Vertrauen.

Wenn Sie diese Methode vorschlagen, werden einige Teammitglieder vielleicht zögern. Die Vorstellung, sich so aus der Außenperspektive zu sehen, erzeugt bei den meisten Menschen ein Gefühl der Verletzlichkeit. Weisen Sie diese Personen darauf hin, dass die anderen sie die ganze Zeit in Aktion erleben und sie nun Gelegenheit haben, ihr eigenes Verhalten einmal

von außen zu beobachten. Außerdem machen Sie die Übung ja gemeinsam.

Ähnlich wie Spitzenteams im Sport, die sich Videoaufzeichnungen ihre Spiele ansehen, um ihre Leistung zu verbessern, können auch Spitzenteams im Design ihren Mut zusammennehmen, um sich ihre Stärken und Schwächen auf ehrliche und direkte Weise bewusst zu machen.

Als ich diese Übung entwickelt habe, habe ich mich gefragt, ob die Leute wirklich sie selbst sein oder sich für das Video verstellen würden. Doch obwohl die Teilnehmenden wussten, dass sie aufgenommen werden, waren ihre Gedanken und Kommentare im anschließenden Gespräch so tiefgründig, dass ich mir sicher war: Die Übung funktioniert.

Ich erlebe häufig, wie Teammitglieder feststellen, dass sie die anderen ständig unterbrechen oder wie wenig sie in der Gruppe sagen. Die Übung führt zu teilweise bemerkenswerten Erkenntnissen, etwa: „Die Leute haben immer gesagt, ich sei so still, aber ich habe ihnen nie geglaubt. Jetzt, da ich es selbst auf Video gesehen habe, kann ich es wohl besser erklären. Ich höre erst mal zu und denke nach, und wenn ich dann etwas sage, hat es Hand und Fuß. Meine Kolleginnen und Kollegen wissen jetzt, dass sie mich nicht drängen müssen – das stört meinen Gedankenfluss sogar eher."

– *Eugene Korsunskiy*

52 Erzähl deinem Großvater davon

Eine Idee von Grace Hawthorne und Seamus Yu Harte

Riskante, mutige oder neuartige Ideen müssen überzeugend und klar vermittelt werden, damit sie ihren Weg von der Konzeption in die Realität finden. Der Trick besteht darin, die Essenz der Idee herauszuarbeiten und so wiederzugeben, dass andere sie leicht verstehen. Manchmal halten wir etwas für völlig selbstverständlich, während es für andere kaum nachvollziehbar ist.

In dieser Übung lernen Sie, schnell Metaphern zu finden, und trainieren Ihre gedankliche Flexibilität, Ideen anders darzustellen oder auf anderen Ebenen neu zu beschreiben.

Diese rasante, energiegeladene Übung bietet sich besonders für Teams und Gruppen an, die sich im Übergang von einer abstrakten Arbeitsphase (z. B. Informationen zusammentragen oder sich für eine Designrichtung entscheiden) in eine konkrete (z. B. Modelle bauen oder Texte verfassen) befinden oder von einer konkreten Phase zurück in eine abstrakte wechseln. Sie macht einen solchen Spaß, dass – auch wenn Sie allein arbeiten – Sie sicher ein paar Freunde finden, die die Übung gemeinsam mit Ihnen zu Hause durchführen.

So geht's

Ziel ist es, eine abstrakte Idee mithilfe von Metaphern, Analogien und Vergleichen auf möglichst viele unterschiedliche konkrete Weisen auszudrücken.

Stellen Sie sich dazu als Erstes eine zuhörende Person vor, die Sie gut kennen, die aber ganz anders ist als Sie. In dieser Übung nennen wir sie „Großvater".

Ihr Großvater ist höchstwahrscheinlich in einer vordigitalen Zeit aufgewachsen. Ihm ist ein Toaster vielleicht lieber als ein Sandwichmaker. Er liest Zeitungen in der Printausgabe und kauft seine Kinokarten direkt vor Ort. Er ist klug, er interessiert sich nur nicht für dieses ganze moderne Zeugs.

Ihre Aufgabe ist es, in Ihrer Erklärung Bezugspunkte zu schaffen, die Ihr Großvater versteht.

Erstellen Sie eine Liste abstrakter Konzepte, über die man gut diskutieren kann, zum Beispiel:

Klimawandel
Handysucht
Schulden von Studierenden
Beyhive (die Fangemeinschaft der Sängerin Beyoncé)
Robocalls
Fleischersatz auf Pflanzenbasis
Versauerung der Meere
Warum Harry und Meghan ihre royalen Aufgaben niedergelegt haben
Briefwahl
Emojis
Reality-TV
Doomscrolling (exzessives Konsumieren negativer Nachrichten)
Giving Tuesday (weltweiter Tag des Gebens)

Wenn Sie allein arbeiten, setzen Sie sich ein Zeitlimit von 1 bis 2 Minuten pro Thema und finden Sie so viele Metaphern wie möglich. Wenn Sie eine Gruppe sind, veranstalten Sie einen Wettbewerb. Sollte Ihre Gruppe international zusammengesetzt sein, ist die Konversationssprache vielleicht nicht die Muttersprache aller Personen. Seien Sie sich bewusst, dass die Übung aufgrund ihres mündlichen Charakters dadurch für einige Anwesende schwieriger ist. In diesem Fall können immer zwei Nicht-Muttersprachler zusammenarbeiten oder Sie bilden gemischtsprachliche Paare, um faire Ausgangsbedingungen zu schaffen.

1. Schritt

Bilden Sie Zweiergruppen und teilen Sie jede Zweiergruppe einer anderen Zweiergruppe zu, sodass Vierergruppen entstehen. In dieser Vierergruppe ist Team A das Team mit der kleinsten Person und Team B das andere. (Bei einer ungeraden Gruppengröße können Sie auch Dreiergruppen bilden.)

2. Schritt

Jedes Team A hat nun 1 Minute Zeit, so viele Analogien, Vergleiche oder Metaphern zu finden wie möglich, um das Konzept *Klimawandel* zu erklären. Dabei beginnen sie jeden Satz mit: „Es ist wie …"

Währenddessen notiert jedes Team B die genannten Metaphern auf Klebezetteln. (Eine tolle Metapher für Klimawandel ist zum Beispiel folgende: „Es ist, wie wenn man in einem Auto gefangen ist, dessen Fenster sich nicht öffnen lassen, es gibt keine Klimaanlage, draußen ist es heiß, und der Hund an Bord hört einfach nicht auf zu furzen." Toppen Sie das mal!)

3. Schritt

Jetzt ist Team B mit Erklären an der Reihe und findet so viele Analogien und Metaphern für *Handysucht* wie möglich. Auch hier beginnt der Satz immer mit: „Es ist wie …" Nun notiert Team A die genannten Metaphern auf Klebezetteln.

4. Schritt

Spielen Sie so viele Runden, wie die Zeit oder die Anzahl an Konzepten es zulässt.

5. Schritt

Zählen Sie, wie viele Klebezettel jede Vierergruppe beschriftet hat, um den Gruppensieger zu ermitteln.

6. Schritt

Teilen Sie die Ergebnisse aller Teams, indem Sie die Klebezettel nach Konzepten geordnet an eine Wand heften. Wenn sich Nicht-Muttersprachler in der Gruppe

befinden, können diese Paare ihre beste Analogie auswählen und ankleben. Um das Ganze spielerisch abzurunden, ernennen Sie eine Person zum Großvater (zur Großmutter). Diese verleiht dem Team mit der besten Metapher einen Preis.

Reflektieren Sie die Übung anschließend gemeinsam: Welche Metaphern haben wirklich gut funktioniert? Welche gar nicht? Warum könnte das so sein? Haben alle in gleicher Weise auf die Metaphern reagiert?

Die richtige Metapher zu finden kann Ihnen helfen, etwas Komplexes oder Neuartiges zu erklären, wenn es wirklich darauf ankommt.

Diese Übung ist aus dem Wunsch heraus entstanden, Menschen dahinzubringen, sich fließend zwischen konkreten Lösungen und abstrakten Ideen zu bewegen. Erfolgreiche Designerinnen und Designer machen das ständig; es wird jedoch kaum als bewusste Kompetenz vermittelt.

Durch das Zeitlimit und den Wettbewerbscharakter entsteht eine gewollte Dringlichkeit. Diese bringt Sie entweder ins Tun oder sie hemmt Sie. Je vertrauter Ihnen diese Gefühle werden, desto besser finden Sie auch in Stresssituationen die richtige Metapher, um Ihre Idee zu erklären.

Gute Themen für die Übung zu finden ist eine Kunst für sich. Handysucht funktioniert gut, weil es sehr abstrakt und von der Idee her komplex ist. Innerhalb bestimmter Kreise ist es vielleicht sehr technisch, aber grundsätzlich ist es ein breites Thema, das viele Blickwinkel und Ansatzpunkte zulässt. Das erlaubt Ihnen, das Konzept auf viele unterschiedliche Weisen zu beschreiben, was ja das Ziel dieser Übung ist.

– Grace Hawthorne

53 Distributions-Prototyping

Eine Idee von Sarah Stein Greenberg

Erinnern Sie noch an das letzte Mal, als Sie eine Zahnbürste gekauft haben?

Der Kauf mag sich einfach angefühlt haben, aber tatsächlich war eine lange Kette von Entscheidungen und Ereignissen notwendig zwischen dem Zeitpunkt, zu dem die Zahnbürste hergestellt wurde, und dem Moment, in dem Sie sie in der Hand hielten. In der Zwischenzeit wurde die Zahnbürste verpackt, gelagert, transportiert, ausgewählt, mit einem Preis versehen, vermarktet und im Supermarkt angeboten. Erst dann haben Sie Ihre Kaufentscheidung getroffen und die Zahnbürste bezahlt.

Das Gleiche gilt für das letzte Mal, als Sie sich einer Zahnreinigung unterzogen haben. Viele Schritte von vielen verschiedenen Personen waren nötig, damit Sie diese Serviceleistung in Anspruch nehmen konnten. Nachdem Ihre Zahnärztin ihr Studium abgeschlossen hatte, musste sie eine Umgebung schaffen, die Professionalität und Kompetenz ausstrahlt, die nötigen Geräte und Instrumente für die Zahnreinigung beschaffen und Sie auf sich aufmerksam machen, damit Sie sich für genau diese Praxis entscheiden. Jeder dieser Schritte war essenziell. Hätte auch nur eine Verbindung in dieser Kette nicht funktioniert, würden Sie heute eine andere Zahnbürste nutzen oder zu einem anderen Zahnarzt gehen. Und jede dieser Verbindungen bietet einen Ansatzpunkt für Kreativität.

Wenn Sie an den Prozess der Konzeption und Entwicklung eines neuen Produkts oder Services denken, überlegen Sie ganz selbstverständlich, wo Sie Inspiration finden, wie Sie feststellen, ob die Idee andere anspricht und wie Sie sie realisieren können. Als Unternehmerin oder Unternehmer fragen Sie sich vielleicht auch, ob der Bedarf groß genug ist, ob Ihre Idee rentabel sein wird und wo Sie die finanziellen Mittel herbekommen, um sie zu skalieren.

Doch selbst Menschen, die eine ganze Branche mit ihrer neuen Idee revolutionieren wollen, übersehen häufig einen der interessantesten Aspekte, wenn es darum geht, etwas Neues auf den Markt zu bringen:

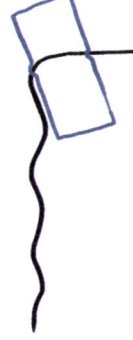

wie das Angebot die Menschen erreicht, die es nutzen möchten.

Die Frage der Distribution sollten Sie nicht zu spät beantworten. Es ist ratsam, frühzeitig zu überlegen, wie Sie Ihr Produkt an den Mann und die Frau bringen wollen, da diese Entscheidung stark beeinflussen kann, was Ihr Produkt am Ende ist oder wie es hergestellt wird. IKEA-Möbel sind zum Beispiel günstiger als Möbel anderer Hersteller, weil die Kunden sie selbst zusammenbauen. Die Möbel werden zudem flach verpackt verschickt, sodass wesentlich mehr Pakete in einen Lkw passen, wodurch die Transportkosten pro Möbelstück sinken. Das Distributionsmodell des Unternehmens hat einen großen Upstream-Effekt darauf, wie die einzelnen Möbelstücke designt werden.

In dieser Übung gehen Sie Distributionsprobleme, auf die Sie in Ihrer Arbeit stoßen könnten, mit einem Mindset des kreativen Ausprobierens an. Die Übung bietet sich an, wenn Sie etwas entwickeln, das eine große Zahl von Personen entdecken oder kaufen soll, ohne dass Sie mit ihnen persönlich interagieren müssen. (Oder anders ausgedrückt: Um Weihnachtsgeschenke an Ihre engsten Familienmitglieder zu „verteilen", brauchen Sie kein ausgeklügeltes Distributionssystem, für größere Projekte wäre dies allerdings ratsam.) Wenn Sie eine Idee haben, die Sie in ein Geschäft oder eine Nebentätigkeit verwandeln möchten, hilft Ihnen diese Übung dabei, kreative Herausforderungen zu identifizieren, um sie frühzeitig im Prozess anzugehen und nicht erst, wenn Ihr Konzept bereits unter Dach und Fach ist.

So geht's

Sie brauchen 10 bis 15 Karteikarten, ein Stück Schnur, das so lang ist wie Ihr größter Raum oder der Flur, und einige Büroklammern.

Nehmen Sie sich zwei Karteikarten. Zeichnen Sie auf die erste Karte – nennen wir Sie Karte A – ein Bild Ihres Produkts oder Services und notieren Sie mit einigen Begriffen, worum es sich handelt und wie es funktioniert. Beschreiben Sie auf der zweiten Karte – Karte Z –, wer Ihr Produkt oder Ihren Service hoffentlich nutzen wird. Kreieren Sie eine spezifische Persona (einen zukünftigen Kunden) und erfinden Sie folgende Angaben: Wohnort, Alter und Beruf der Person, wo sie ähnliche Dinge wie Ihre Idee kauft sowie weitere demografische Informationen, die Sie für relevant halten. Es kann sein, dass diese Persona auf einer realen Person basiert, mit der Sie im Zuge Ihrer Recherchen Kontakt hatten. Haben Sie keine konkrete Person im Kopf, erfinden Sie eine möglichst realistische Persona.

Befestigen Sie ein Ende der Schnur an einer Wand oder einem Stuhl in einer Ecke des Raumes und das andere Ende an einer Wand oder einem Stuhl (oder einem anderen sinnvollen Gegenstand), der am weitesten davon entfernt ist. Heften Sie Karte A (Ihre Idee) mithilfe einer Büroklammer an ein Ende und Karte Z (Ihren Kunden) an das andere. Die Schnur dazwischen ist Ihr Distributionskanal. Er stellt die Entfernung dar, die Ihr Produkt oder Service auf dem Weg zum Kunden zurücklegen muss.

Notieren Sie auf den restlichen Karteikarten Schritt für Schritt, durch welche Hände Ihr Produkt gehen muss (oder welche Schritte Ihr Service durchlaufen muss), um für den Kunden verfügbar und attraktiv zu sein.

Zum Zweck dieser Übung gehen wir davon aus, dass Ihr Produkt bereits gefertigt wurde oder Ihr Serviceanbieter geschult werden kann. Diese Fragen helfen Ihnen, die einzelnen Schritte zu identifizieren:

Wie wird Ihr Produkt von dem Ort, an dem es produziert oder zusammengebaut wurde, zu dem Ort transportiert, an dem Ihr Kunde es kaufen (z. B. ein Produkt wie eine Zahnbürste) oder nutzen (z. B. einen Service wie eine Zahnreinigung) kann?
Ist das Produkt sperrig oder klein? Wie ist es verpackt?
Wird es auf dem Weg für kurze oder lange Zeit gelagert? Wenn ja, wo?
In welcher Art von Einzelhandelsumgebung wird das Produkt verkauft? Wo erfolgt der Service? Handelt es sich um eine digitale oder physische Umgebung? Wie sieht die Umgebung aus, wie fühlt sie sich an?
Wie erfahren potenzielle Kunden von Ihrem Produkt oder Service? Wie werden sie davon überzeugt, dass Ihr Angebot besser ist als das eines anderen Anbieters?

Heften Sie so viele Karteikarten an die Schnur, bis ein überzeugender Distributionskanal entsteht. Wenn Sie jemanden mit Geschäftsexpertise kennen, bitten Sie diese Person, die Schnur gemeinsam mit Ihnen abzulaufen und Sie auf mögliche Lücken oder Schwachstellen hinzuweisen. Optimieren Sie Ihren Distributionskanal so lange, bis Sie überzeugt sind, Ihr Produkt oder Ihren Service über den gesamten Weg „verschicken" zu können.

Diese Übung hilft Ihnen, eine Liste von Fragen zu erstellen, die Sie bislang vielleicht noch nicht beantwortet haben. Sobald Sie die Fragen kennen, sollten Sie überlegen, wie Sie mehr über diese Aspekte in Erfahrung bringen und wie Sie sie vor Einführung der Idee lösen können. Vielleicht stellen Sie fest, dass Sie die Dimensionen Ihres Produkts ändern können, damit es günstiger transportiert und gelagert werden kann, wodurch es rentabler wird. Oder Sie merken, dass Sie sich noch gar keine Gedanken darüber gemacht haben, in welcher Einzelhandelsumgebung Sie Ihr Produkt präsentieren oder bewerben möchten, und beginnen, hierzu zu recherchieren. Oder Sie erkennen, dass Sie eine Marketing- oder Empfehlungskampagne starten müssen, um Ihrem Produkt Glaubwürdigkeit zu verleihen, selbst wenn Sie davon überzeugt sind, dass Ihr Service besser ist als das, was bereits auf dem Markt ist.

Was auch immer Sie entwickeln: Indem Sie einen Prototyp Ihres Distributionskanals bauen, steigern Sie Ihre Chancen, dass Ihr Angebot am Ende die Menschen erreicht, die es brauchen.

Ich habe diese Übung für Studierende konzipiert, die Produkte oder Services in Wachstumsmärkten ent-

wickeln, in denen es häufig noch keine robusten Distributionsnetzwerke gibt. Viele tolle Gesundheits-, Bildungs- oder landwirtschaftlichen Produkte wurden genau für die Bedürfnisse der Menschen in diesen Sektoren entwickelt, haben sie am Ende aber nicht erreicht, weil die Designerinnen und Designer diesen Teil der Herausforderung nicht bedacht haben und ihre Kreativität nicht auf die gesamte Distribution und das Geschäftsmodell insgesamt angewendet haben. Wenn Sie diese Fragen nicht im Vorfeld durchdenken, werden Sie das Marktumfeld und die Grenzen, in denen Sie designen, kaum verstehen. Dann könnte Ihre kreative Arbeit umsonst gewesen sein.

Die Übung basiert auf der Methode des Bodystorming, bei der man einen Prozess oder eine Erfahrung durchdenkt oder durchspielt, bevor sie realisiert wird. In unserem Fall erstellen Sie mit sich selbst, einem Raum und einigen einfachen Materialien ein Modell von etwas, das Sie nicht wirklich erleben können: die vernetzte Kette von Personen, Räumen und Interaktionen, die einen Distributionskanal bilden. Dadurch wird ein sehr abstrakter und gleichzeitig essenzieller Teil Ihrer Designarbeit in etwas verwandelt, das Sie sehen und anfassen können, und das wiederum liefert Ihnen eine Vielzahl von Erkenntnissen und Ideen.

Physische Modelle abstrakter Dinge zu bauen ist sehr wertvoll für die Designarbeit. Sie können diese Methode für viele Aufgaben nutzen, die kreative Lösungen erfordern. Wenn Sie zum Beispiel das nächste Mal ein Budget planen müssen, nehmen Sie sich Legosteine oder Bauklötze und stellen Sie damit die verschiedenen Ausgabentöpfe dar. Oder wenn Sie eine Feier mit schwieriger Familienkonstellation planen, erstellen Sie mithilfe von Plüschtieren, Schuhen oder Büchern eine Sitzordnung, die Ihre Verwandten davon abhält, aufeinander loszugehen. Indem Sie Gegenstände hin- und herschieben, können Sie über deren Anordnung nachdenken und darauf reagieren, wie es zeichnerisch oder schreibend nicht möglich wäre. Mit dieser greifbaren Methode lassen sich viele nicht greifbare Probleme lösen.

54 Eine andere Haltung einnehmen

Eine Idee von Erik Olesund

Erik Olesund nutzt seine Fähigkeiten als Impro-Comedian, um während des Designprozesses verschiedene Geisteshaltungen einzunehmen. So kann er von einem Moment auf den anderen von einem Zustand fester Überzeugung zu absoluter Unsicherheit wechseln. Indem er selbstbewusst an einer Lösung arbeitet, erzeugt er Dynamik. Und indem er bei der Präsentation seiner Idee eine demütige Haltung einnimmt, öffnet er sich für ehrliches, wertvolles Feedback, das ihm hilft, seine Arbeit zu verbessern.

Wie trainieren Sie diese verschiedenen Geisteshaltungen?

Denken Sie an das letzte Mal zurück, als Sie eine Idee entwickelt und vorgestellt haben:

Wie haben Sie sich verhalten, als Sie die Idee entwickelt und umgesetzt haben? Wie haben Sie sich dabei gefühlt?
Wie haben Sie sich verhalten und gefühlt, als Sie die Idee anderen präsentiert haben?

Stellen Sie sich zur besseren Veranschaulichung die zwei Seiten einer Münze vor: Die Verhaltensweisen und Gefühle, die Sie bei der Entwicklung Ihrer Idee unterstützen, sind die eine Seite der Münze. Und die Verhaltensweisen und Gefühle, die Ihnen beim Testen Ihrer Idee helfen, sind die andere Seite. Stellen Sie sich nun vor, diese Münze befindet sich immer, wenn Sie kreativ arbeiten, in Ihrer Hosentasche. Wenn Sie nun Ihre Geisteshaltung ändern möchten, drehen Sie die Münze in Gedanken einfach von einer Seite auf die andere.

Bauen Sie Ihren Prototyp in der festen Überzeugung, dass Ihre Lösung richtig ist, und testen Sie ihn in der festen Überzeugung, dass sie falsch ist.

Das Wissen, richtig zu liegen, verleiht Ihnen das Selbstbewusstsein, Ihre Idee zu konkretisieren. Das Wissen, falsch zu liegen, macht Sie offen dafür, Ihre Meinung zu ändern.

– Erik Olesund

55 Prototyping als körperliche Erfahrung

Eine Idee von Zaza Kabayadondo

Von Zeit zu Zeit ist es wichtig sich bewusst zu machen, dass alles um uns herum von jemandem designt wurde. Probieren Sie das direkt einmal aus.

Jemand hat das Fenster gestaltet, in dessen Nähe Sie sitzen, die Entscheidung getroffen, ob es sich öffnen lässt oder nicht, und damit, ob Sie dadurch die Zimmertemperatur regulieren können. Jemand hat die Elektrik im Raum designt, die Kabel, die Schalter; die Entscheidung getroffen, ob es Lampenschirme gibt oder nicht, und damit die Lichtqualität definiert, die Sie gerade erleben – vielleicht kräftiges, strahlendes Licht, vielleicht ruhiges Licht. Im Laufe der Zeit haben verschiedene Personen das Konzept „Wohnzimmer" oder „Schlafzimmer" entwickelt, sodass wir heute etwas Bestimmtes darunter verstehen, zumindest innerhalb eines Kulturkreises. Jemand hat Ihr Haus oder Ihre Wohnung in Abhängigkeit von den anderen Häusern in Ihrer Straße oder Wohnungen in Ihrem Wohnhaus designt. Jemand hat sich Gedanken darüber gemacht, wie viele Personen in Ihr Viertel „passen", weshalb dieses sich jetzt entweder dicht oder weitläufig anfühlt. Designentscheidungen auf solch höheren Ebenen werden manchmal als „Politik" bezeichnet. Das heißt jedoch nicht, dass sie neutraler sind oder menschliche Werte weniger berücksichtigen als andere Arten von Design.

Alle Personen oder Gruppen, die an der Gestaltung dieser physischen Objekte, Umgebungen und sozialen Räume (wie etwa Nachbarschaften) mitgewirkt haben, wurden beeinflusst von ihren eigenen Erfahrungen und Werten sowie ihrem sozialen Kontext. Diese haben wiederum beeinflusst, wie Sie das Ergebnis ihrer Arbeit wahrnehmen. Unabhängig davon, ob diese Werte zufällig oder bewusst eingebettet wurden: Die Wirkung ist beachtlich. Ob Sie sich in Ihrer Nachbarschaft dazugehörig oder ausgeschlossen fühlen, kann zum Beispiel das Ergebnis von Designentscheidungen sein, die vor langer Zeit getroffen wurden. Viele nach dem Ende des Zweiten Weltkriegs errichtete Vorstadtsiedlungen in den Vereinigten Staaten wurden beispielsweise mit dem Ziel entwickelt, durch die Architektur und Anordnung der Häuser „idyllische" Nachbarschaften mit bezahlbarem Wohnraum zu schaffen. Entstanden sind Viertel, die einige Menschen lieben, während sich andere von ihnen erdrückt fühlen. Und bestimmte Personen dürfen sie aufgrund von Richtlinien zur gewünschten Ethnie der zukünftigen Hausbesitzer nicht einmal betreten.

Die sozialen und physischen Räume und Objekte, mit denen wir täglich interagieren, beeinflussen unsere Gefühle und Erfahrungen. Diese Erfahrungen können stark oder schwach, positiv oder negativ sein. Diese Erkenntnis können Sie in Ihre Designarbeit einbeziehen. Wenn wir etwas designen, berücksichtigen wir vor allem die greifbaren Attribute dessen, was wir entwickeln, etwa das Aussehen oder die Funktionsweise eines Produkts. Doch auch die nicht greifbaren Elemente lassen sich aktiv gestalten: zum Beispiel ein Fenster, das Sicherheit vermittelt; eine Lampe, die für gute Laune sorgt; oder eine Nachbarschaft, die Fremde mit offenen Armen empfängt oder in der Kinder sich sicher fühlen. Sie müssen nicht hoffen, dass Ihre Arbeit ein bestimmtes Gefühl auslöst, sondern können diese emotionalen Attribute aktiv einbauen. Wie das gelingt, erfahren Sie in dieser Übung.

In dieser Prototyping-Aufgabe entwickeln Sie eine Erfahrung, die ein Gefühl auslöst. Die Funktionsweise interessiert Sie in diesem Moment nicht, ebenso wenig das größere Konzept. Sie isolieren einfach das Gefühl, das Sie erzeugen möchten, und konzentrieren sich voll und ganz darauf. Das versetzt Sie in die Lage, mit einem Gefühl oder einer Wertvorstellung, die häufig lediglich ein Zufallsprodukt der Designarbeit ist, aktiv zu spielen und sie zu formen. Dazu beobachten Sie, wie verschiedene Personen auf Ihren Prototyp reagieren. Indem Sie Ihren Prototyp innerhalb dieses „Mediums" bauen, verleihen Sie diesem subtilen aber einflussreichen Bereich der kreativen Arbeit mehr Intention und verbessern Ihre Fähigkeit, diese Erfahrungen von Anfang an mitzudesignen.

So geht's

Erstellen Sie eine Liste mit Gefühlen, die Menschen, die mit Ihrer Lösung interagieren, empfinden sollen. Hierbei hilft es, an ein aktuelles Projekt oder eine spezifische Herausforderung zu denken. Das kann alles Mögliche sein – beruflich oder privat. Es ist auch nicht wichtig, ob Sie normalerweise an einem physischen Produkt, einer Serviceleistung oder einer Erfahrung arbeiten. Sie erkunden im Folgenden Gefühle, die durch die Art und Weise hervorgerufen werden, wie Ihre Lösung designt ist und wie sie das menschliche Verhalten beeinflusst.

Hier ein paar immaterielle Attribute, die interessant sein könnten:

Wertschätzung
Zugehörigkeit
Kontrolle
Ermutigung
Befähigung
Freude
Unschuld
Faszination
Nostalgie
Unterdrückung
Macht
Sicherheit
Gerissenheit
Verletzlichkeit
Weisheit
Elan

Sie haben nun 30 Minuten Zeit, allein oder gemeinsam mit einem Partner eine 5-minütige Erfahrung zu konzipieren, mit der es einer kleinen Gruppe von Menschen gelingt, das gewünschte Gefühl bei jemandem auszulösen. Dazu müssen Sie etwas Lebensgroßes erschaffen, das die Person mit ihrem Körper erfahren kann. Sie können Gegenstände verwenden, die Möbel im Raum verschieben, eine Interaktion entwickeln oder einfach durch die Positionen der Menschen im Raum und ihr Verhältnis zueinander ein Erlebnis schaffen, in dem das gewünschte Gefühl erfahrbar wird.

Hier einige Beispiele: Manche Personen sitzen auf hohen Hockern, andere auf normalen Stühlen und diskutieren über ein aktuelles Thema. Durch ihre Positionen im Raum entsteht ein körperlich erfahrbares Machtgefälle oder ein Gefühl der Ungleichheit. Oder eine Person nennt ein Thema, bei dem sie Hilfe benötigt, und die anderen notieren Ratschläge – als würden sie eine geliebte Schwester oder einen geliebten Bruder adressieren – und lassen die Person dadurch Unterstützung erfahren. Oder Sie bitten eine Gruppe von Personen, ein Puzzle zusammenzusetzen. Dabei sieht eine Person nur das Bild auf der Schachtel und die anderen dürfen lediglich die Puzzleteile berühren. So entsteht ein Gefühl der Verbundenheit und Zusammenarbeit.

Sprechen Sie im Anschluss über die Erfahrung: Wie haben sich die Teilnehmenden gefühlt? Entspricht das den Gefühlen, die Sie erzeugen wollten? Was hat diese Gefühle ausgelöst?

Nutzen Sie diese Erkenntnisse für Ihre weitere Arbeit, um bewusst die ideellen Eigenschaften mitzudesignen, die Ihre Lösung transportieren soll.

Wenn Sie erst einmal erkannt haben, dass alles um Sie herum designt ist, werden Sie die Erfahrungen, die Sie designen, verfeinern wollen. Körperlich erfahrbares Prototyping hilft Ihnen, eine abstrakte oder theoretische Idee in die reale Welt zu übertragen, um durch die Art und Weise, wie andere mit Ihrer Lösung interagieren, zu lernen. Beispiele: „Ich möchte, dass meine Dinner-Gäste nostalgisch werden" oder „Ich hoffe, meine Kunden verspüren Verspieltheit, wenn sie mein Produkt nutzen". Wie bei jeder Form des Prototyping und Testens ist es hilfreich, die Perspektive der anderen einzunehmen. Sie können diese Übung als bewussten Akt der Inklusion und Vielfalt nutzen. Dann hilft sie Ihnen, Ihr Verständnis zu erweitern und einzigartige oder bislang unbeachtete Perspektiven in Ihrer Arbeit zu berücksichtigen.

Ich habe diese Übung als Aufhänger für meine Studierenden entwickelt, damit sie sich Gedanken darüber machen, wie „Körper" und „Ideen" zusammenhängen. Ich wollte erreichen, dass sich alle Körper im Raum bewegen, um Inhalte so aktiv wie möglich zu erfahren und miteinander zu interagieren. Es ist sehr nützlich, den Körper zu befreien. Ich möchte, dass Sie die Dinge mit Ihren Händen und Gefühlen begreifen.

Eine Gruppe von Studierenden wollte einmal das Konzept „Macht" und die Frage, wie diese alle unsere sozialen Beziehungen durchdringt, verkörpern. Alle Anwesenden saßen auf Hockern und notierten jeweils auf einem Blatt Papier die ersten drei Assoziationen, die ihnen zum Begriff „Macht" einfielen. Die einzige Einschränkung war: Es mussten Substantive sein.

Dann las die erste Person ihren Begriff vor: „Richterhammer". Dabei hielt sie einen Wollknäul in der Hand. Die Person, die einen Begriff notiert hatte, der mit „Richterhammer" in Verbindung stand, meldete sich, woraufhin die erste Person ihr den Wollknäuel zuwarf. Dabei behielt sie einen Teil der Schnur in der Hand. Die zweite Person las nun ihren assoziierten Begriff – „Richter" – sowie einen weiteren – „Krone" – vor. Jetzt meldete sich wieder eine Person, die einen damit in Bezug stehenden Begriff notiert hatte. Sie erhielt den Wollknäul und nannte ihren Begriff – „Königin" – sowie einen weiteren – „Größe". Am Ende waren alle Anwesenden miteinander verbunden. Der Wollfaden stellte dabei die Verschränkungen dieser verschiedenen Konzepte in der Gesellschaft dar und zeigte, wie stark diese Ideen miteinander verknüpft sind.

Damit hatten die Studierenden eine einfache, aber wirksame Methode gefunden, ein theoretisches Konzept erlebbar zu machen, sodass andere sich gemeinsam auf die Idee einlassen können.

– Zaza Kabayadondo

56 Der Schweige-Test

Eine Idee von Scott Doorley, Dave Baggeroer und Enrique Allen

Menschen brauchen Feedback, um im Leben voranzukommen – beruflich wie privat. Wenn wir kein konstruktives, detailliertes Feedback erhalten, verharren wir auf unserem derzeitigen Leistungsniveau. Wir mögen bereits gut sein, aber mit der Zeit kommen wir mit neuen Herausforderungen, Kontexten, Medien und Rollen in Berührung, weshalb wir unsere Designkompetenzen erweitern müssen. Durch das regelmäßige Einholen von Feedback sind wir in der Lage, schwierigere Herausforderungen zu meistern und mutigere Ideen zu entwickeln.

Bei der Entwicklung von nützlichen Dingen oder Erfahrungen für andere Menschen geht es nicht darum, ob *Sie* verstehen, wie dieses Wahnsinnsding funktioniert, sondern ob jemand *anderes* es versteht, wenn Sie nicht da sind, um es zu erklären. Wenn das Ihr Ziel ist, sollten Sie bereits in den Frühphasen Ihrer Designarbeit so viel Feedback einholen wie möglich. Indem Sie Ihre Idee frühzeitig und regelmäßig mit verschiedenen Perspektiven konfrontieren, gewinnen Sie wichtige Erkenntnisse hinsichtlich der Diskrepanz, die Sie zu überwinden versuchen – zwischen einer Lösung, die für *Sie* funktioniert, und einer Lösung, die die Bedürfnisse anderer Menschen ansprechen könnte.

Wenn es um das Testen der eigenen Ideen geht, stehen sich viele Designerinnen und Designer selbst im Weg. Sie erklären ihre Arbeit zu früh und wollen Missverständnisse aus dem Weg räumen. Doch wenn die Menschen erst auf Ihre Arbeit reagieren, *nachdem* Sie ihnen das Ziel erklärt haben, reagieren sie auf eine Mischung aus Ziel und Lösung und Sie wissen am Ende nicht, ob Ihre Lösung auch ohne Erklärung funktioniert. Hier überstrahlt unser Wunsch nach Verständnis und Anerkennung unser schwächer ausgeprägtes Streben nach kritischem Feedback. Natürlich *will* niemand hören, dass die eigene Arbeit nicht so ankommt, wie man gehofft hat. Doch wenn das tatsächlich der Fall ist, müssen Sie das so früh wie möglich wissen. Der Kampf zwischen „Wertschätzung erfahren" und „Kritik erhalten" ist nicht wirklich fair, doch diese Übung hilft Ihnen, ihn so zu entscheiden, dass Sie Ihr *eigentliches* Ziel erreichen: Ihre Lösung zu optimieren.

Feedback geben und Feedback erhalten sind zwei verschiedene Kompetenzen, die beide trainiert werden sollten. In dieser Übung lernen Sie, Feedback zu empfangen. Sie ist dann sinnvoll, wenn Ihre Lösung noch nicht voll entwickelt ist, sodass Sie nicht bis zum Schluss warten und dann womöglich erst den Kurs ändern. Sie brauchen eine weitere Person, die Ihre Arbeit testet, idealerweise sogar mehrere. (Probieren Sie auch die Übung *Richtig Feedback geben* auf Seite 196 aus, um die andere Seite der Gleichung zu trainieren).

So geht's

Stellen Sie sich darauf ein, Kommentare zu hören, die Sie ins Schwitzen bringen oder sogar verärgern. Wenn das passiert, nehmen Sie es zur Kenntnis, lassen Sie sich von dem Gefühl aber nicht übermannen. Versuchen Sie stattdessen, sich darauf zu konzentrieren, was Sie über Ihre Arbeit lernen.

Es ist wichtig, das noch einmal zu wiederholen: Als Designerin oder Designer müssen Sie einen Weg finden, Menschen beim Umgang mit Ihrer Lösung zu beobachten, *ohne dass Sie sie währenddessen erklären*. Ihre Strategie lautet: Die Lösung präsentieren und schweigen. Einleitend können Sie sagen: „Ich arbeite derzeit an etwas, wozu mich Ihre Meinung interessieren würde. Ich werde Sie beobachten, wie Sie mit der Lösung interagieren, dabei aber nichts sagen. Ich möchte sehen, wie die Menschen damit umgehen, ohne dass ich es erkläre."

Handelt es sich bei Ihrer Lösung um etwas Digitales wie eine App, eine Website oder ein Finanzmodell in einer Exceldatei, können Sie Ihr Gerät den Probanden einfach aushändigen und sie dann beobachten. Handelt es sich um ein physisches Objekt, können Ihre Testpersonen direkt damit interagieren. Egal worum es sich handelt: Bereiten Sie alles vor, sodass Ihre Probanden die Lösung selbstständig nutzen können. Zwingen Sie sich dazu, währenddessen wirklich nichts zu sagen (vielleicht kleben Sie sich tatsächlich einen Streifen Klebeband auf den Mund) und widerstehen Sie dem Impuls, dazwischenzugehen und der Person zu zeigen, was sie „falsch" macht.

Weisen Sie Ihre Testperson im Vorfeld an, ihre Gedanken und Gefühle laut auszusprechen, wenn sie die Lösung nutzt. Hier kann es helfen, ein paar Freunde als unterstützende Beobachter zu engagieren und sich im Anschluss über das Gesehene auszutauschen.

Vielleicht hören Sie Dinge wie, „Oh cool, was ist das denn?, „Das ist aber intuitiv und interessant!" oder „Ich verstehe gerade nicht, was hier passiert".

Wenn mehrere Personen Ihre Lösung testen, sollten Sie erst alle Personen zum Zug kommen lassen, bevor Sie in irgendeiner Weise reagieren. Es mag komisch klingen, aber vielleicht werden Sie Gefallen daran finden, dass andere über Ihre Lösung sprechen, als wären Sie gar nicht da. Zu sehen, wie Ihre Idee genutzt wird, haucht ihr Leben ein. Wenn Sie merken, dass das Feedback allmählich abebbt, können Sie Ihre Arbeit innerhalb von 1 Minute kurz zu erklären. Das stößt häufig eine zweite Feedbackrunde an.

Notieren Sie die Rückmeldungen, positive wie negative, und halten Sie auch neue Fragen und Anregungen für Ihre nächste Version fest.

Warum ist es so wichtig, dass Sie Ihre Absicht nicht zu früh bekannt geben oder Ihre Lösung erklären? Würden Sie das tun, wüssten Ihre Testpersonen, wie wichtig Ihnen Ihre Arbeit ist. Zudem würde es wie ein subtiler Rechtfertigungsmechanismus wirken und unsere Tendenz, die Gefühle unserer Mitmenschen schonen wollen, würde dazu führen, dass Ihre Probanden weniger aufrichtig in ihrem Feedback sind.

Negatives Feedback gilt mittlerweile als bösartig. Ein strukturierter Umgang mit Kritik kann Ihnen und Ihren Testpersonen helfen, das zu vermeiden.

In einem Kurs zum Thema „digitales Design" haben wir eine Kritikmethode entwickelt, auf der auch diese Übung basiert: Alle reichen Ihre halbfertige Arbeit auf einem digitalen Gerät ein. Das Gerät wird auf einem Tisch platziert, über dem eine Overhead-Kamera (nur Bild, kein Ton) angebracht ist. Die erste Testperson setzt sich an den Tisch und hat 5 Minuten Zeit, die Lösung vor der Klasse auszuprobieren, ohne zu wissen, wer sie entwickelt hat. Dabei kommentiert sie laut ihre Erfahrung. Die Szene wird auf einen Bildschirm übertragen, sodass alle Studierenden sie sehen können.

Wir wollen ganz bewusst nicht wissen, um wessen Arbeit es sich handelt, um die objektive Lösung von ihrem empfindsamen Entwickler zu trennen. Damit wollen wir den Studierenden zeigen, dass ihr Design für sich stehen muss. Wenn sie etwas entwickeln, werden sie später nicht da sein, um die Funktionsweise erklären oder die Millionen Entscheidungen, die in die Arbeit eingeflossen sind, begründen zu können.

Menschen erhalten heute viel falsches „Feedback", bei dem es nur darum geht, dem anderen ein gutes Gefühl zu geben. Likes in den sozialen Medien helfen Ihnen jedoch nicht, besser zu werden und neue Dinge zu erfahren.

Sie müssen so mutig sein, danach zu fragen.

– Scott Doorley

57 Richtig Feedback geben

Eine Idee von Andrea Small, inspiriert von Aaron Irizarry, Karen Cheng und John Moore Williamstakes

Man könnte meinen, der schwierigste Aspekt von Feedback sei das Empfangen von selbigem, aber Feedback zu geben ist ebenso eine Kunst. Um hilfreichen Input liefern zu können, sollten Sie die Rolle des wohlwollenden Kritikers einnehmen. Ihre Worte helfen dem Feedbackempfänger nicht weiter, wenn dieser am Ende am Boden zerstört ist. Wohlwollende Kritik ist jedoch nicht nur eine Haltung; sie muss auch richtig umgesetzt werden. Wie das geht, lernen Sie in dieser Übung.

Rufen wir uns noch einmal in Erinnerung: Gutes Feedback zu erhalten bedeutet nicht, nur positive Dinge zu hören. Streben Sie nicht nach Bestätigung oder Anerkennung. Laut der Designerin und Dozentin Juliette Cezzar ist gutes Feedback „Kritik, bei der Sie zwei oder drei Erkenntnisse, Ideen oder Vorschläge erhalten, die Sie begeistern und auf die Sie nicht selbst gekommen wären".

Niemand ist von Natur aus ein guter Feedbackgeber oder -empfänger. Doch beides lässt sich trainieren. Wenn Sie lernen, konstruktiv Feedback zu geben, werden Ihre Freunde und Kollegen Sie häufiger darum bitten. Feedbackgeben ist eine seltene und wertvolle Fähigkeit und wenn es Ihnen gelingt, eine Umgebung der wohlwollende Kritik zu schaffen, machen Sie diese Umgebung insgesamt kreativer.

Für diese Übung brauchen Sie zwei Freunde oder Kollegen und etwas, zu dem jeder von Ihnen gern Feedback erhalten würde. Da diese Aufgabe Übungszwecken dient, muss die Idee nicht unbedingt etwas sein, von dem Sie völlig überzeugt sind. Doch auch wenn es sich um etwas handelt, dass Ihrer Meinung nach gar nicht kritikwürdig ist, können Sie es für diese Übung verwenden. Schreiben Sie zum Beispiel ein Haiku (traditionelles japanisches Gedicht), erstellen Sie eine Skizze oder bringen Sie die Grobplanung für Ihren nächsten Urlaub mit.

Stellen Sie Ihren beiden Partnern die Prinzipien des Feedbackgebens und -empfangens vor (siehe Kasten auf Seite 198: *Wie Sie Feedback geben*), und geben Sie ihnen ein paar Minuten, um sich mit ihnen vertraut zu machen.

So geht's

Jeder aus Ihrer Dreiergruppe übernimmt eine Rolle: Präsentator, Kritiker oder Beobachter. Im Verlauf der Übung rotieren Sie diese Rollen, sodass jeder jede Rolle einüben kann.

Sie werden zwei Feedbackrunden durchführen, wobei jede Runde einen etwas anderen Schwerpunkt hat.

Runde 1

Konzentrieren Sie sich darauf, Person und kreatives Produkt voneinander zu trennen.

Die Person, die in dieser Runde zuerst der Präsentator ist, hat 2 Minuten Zeit für die Präsentation ihrer Arbeit. Anschließend kritisiert der Kritiker diese Arbeit. Dazu hat er ebenfalls 2 Minuten Zeit. Dann berichtet der Beobachter innerhalb von 2 Minuten, welche Dynamiken er zwischen dem Präsentator und dem Kritiker beobachtet hat.

Wechseln Sie anschließend die Rollen und wiederholen Sie das Ganze.

Wechseln Sie die Rollen erneut, sodass alle nun einmal präsentiert, kritisiert und beobachtet haben.

Reflektieren Sie dann gemeinsam folgende Fragen:

Wie hat sich diese Runde angefühlt?
Wie haben Sie sich in den verschiedenen Rollen gefühlt?
Haben Sie neue Erkenntnisse über Ihre Fähigkeiten im Feedbackgeben und -empfangen gewonnen?
Gibt es weitere Erkenntnisse?

Runde 2

Konzentrieren Sie sich nun auf das Ziel der Arbeit. Welche Elemente der Arbeit stehen mit dem Ziel in Verbindung? Erfüllen diese Elemente das Ziel? Warum (nicht)?

Geben Sie wieder jeder Rolle 2 Minuten Zeit und rotieren Sie die Rollen zweimal wie in Runde 1.

Reflektieren Sie anschließend gemeinsam die Fragen aus Runde 1.

Feedbackgeben und -empfangen unterliegen starken kulturellen Einflüssen. Je nach Kulturkreis fühlen sich Menschen mehr oder weniger berechtigt, ihre Meinung zu äußern und zollen Expertinnen und Experten mehr oder weniger Respekt. Achten Sie in Ihrer Gruppe auf diese Dynamiken und passen Sie die Übung so an, dass Sie in Ihrem Kontext gut funktioniert.

Wie Sie Feedback geben

In der Hauptrolle: die kreative Arbeit

Bewerten Sie nicht die Person, die die Arbeit erstellt hat, sondern die Arbeit selbst. Sagen Sie nicht: „Die Entscheidung, die du hier getroffen hast, ist nicht …", sondern sagen Sie: „Dieser Aspekt der Arbeit ist nicht …".

Vorgruppe: Fragen

Bringen Sie mehr über die Ziele der Person in Erfahrung und beginnen Sie ein Gespräch: „In welchem Stadium befindest du dich gerade?" oder „Wo kann ich dich am besten unterstützen?".

Die Kritiker sind begeistert: „Es ist die perfekte Mischung aus Stärken und Schwächen!"

Gleichen Sie kritisches Feedback durch positive Rückmeldungen aus. Beim Kritiküben geht es nicht nur darum, die NICHT funktionierenden Dinge zu finden oder auf jede kleine Schwäche hinzuweisen, sondern auch darum, das Design insgesamt zu bewerten.

Featuring: Spezifika …

Spezifische Hinweise und konkrete Verbesserungsvorschläge sind hilfreicher als allgemeine Aussagen wie „Ich finde es nicht gut" (oder: „Ich finde es super."). Es ist produktiver und ergiebiger, wenn Ihre Kritik beinhaltet, warum Sie die Lösung gut oder schlecht finden.

… und Zurückhaltung

Eine Lösung zu finden ist Aufgabe des Feedbackempfängers. Es ist zwar natürlich, Dinge verbessern zu wollen, die das definierte Ziel nicht erfüllen, doch wir sollten uns in Erinnerung rufen: Kritik ist eine Form der Analyse. Wenn Sie sich mit der Problemlösung beschäftigen, verlassen Sie den Bereich der Analyse. Alles zu seiner Zeit.

Aber keine persönliche Meinung

Autor Scott Berkun sagt: Sie müssen sich von der Idee verabschieden, dass alles, was Sie mögen, gut ist, und alles, was Sie nicht mögen, schlecht. Auch wenn Sie um Ihre persönliche Meinung gebeten werden, sollten Sie versuchen, objektiv zu bleiben. Das hilft dem Designer, sein Ziel zu erreichen.

SPECIAL GUEST: TIM GUNN

TESTEN SIE DIE METHODE DES IM-MOMENT-LERNENS VON TIM GUNN, DESIGN-MENTOR IM REALITY-TV-PROGRAMM PROJEKT RUNWAY. WENN ER DIE ABSICHT EINES DESIGNS NICHT VERSTEHT, GIBT ER DAS OFFEN ZU: „ICH BIN VERWIRRT …" ODER „ICH BIN VERBLÜFFT …". STELLEN SIE FRAGEN, UM DIE ABSICHT ZU VERSTEHEN: „KANNST DU MIR MEHR ÜBER DEINE ZIELE VERRATEN?", „WARUM HAST DU DIESEN ANSATZ GEWÄHLT?", „WELCHEN BESCHRÄNKUNGEN UNTERLAGST DU BEI DEINER ARBEIT?"

Wie Sie Feedback empfangen

In der Hauptrolle: Sie
Betrachten Sie Ihre Arbeit gemeinsam mit Ihrem Kritiker. Gehen Sie dazu auf seine Seite des Tisches oder stellen Sie sich neben ihn, falls nötig, und nutzen Sie diese Zeit, um Ihre eigene Arbeit kritisch zu beäugen.

Co-Star: Detailfragen
Vermeiden Sie vage Fragen wie „Gefällt es dir?" oder „Was hältst du davon?" und versuchen Sie es stattdessen mit: „Woran denkst du, wenn du den Titel hörst?", „Wer würde das am ehesten nutzen?" oder „Wie bewertest du die Einfachheit der Lösung?".

Kritiker warnen: „Es ist kein Sales Pitch!"
Sagen Sie Ihrem Feedbackgeber nicht, was er denken soll. Eine Kritik ist kein Sales Pitch. Loben Sie Ihre Lösung nicht übermäßig, machen Sie sie aber auch nicht klein. Seien Sie optimistisch und selbstbewusst, bleiben Sie aber objektiv. Geben Sie Ihrem Kritiker nicht vor, was er bewerten darf und was nicht.

Und: „Rechtfertigen Sie sich nicht!"
Distanzieren Sie sich von Ihrer Arbeit und rechtfertigen Sie sie nicht. Sonst könnte man meinen, Sie seien unfähig, Kritik anzunehmen. Lassen Sie Ihren Kritiker offen seine Meinung sagen. Wenn Sie sofort dagegen argumentieren, machen Sie dicht und wirken defensiv. Es hinterlässt einen besseren Eindruck, wenn Sie wohlüberlegt auf die Kritik reagieren.

Das erste Mal dabei: Neue Erkenntnisse
Es ist nicht Aufgabe Ihres Kritikers, sich gut zu artikulieren. Sie müssen erkennen, was sich hinter dem Feedback verbirgt. Fragen Sie stets „Warum?" und ziehen Sie keine schnellen Schlussfolgerungen.

Last but not least: Schweigen ist Gold
Hören Sie zu. Je mehr Sie reden, desto weniger Zeit hat Ihr Feedbackgeber. Designerinnen und Designer begehen häufig den Fehler, für ihre Arbeit zu sprechen und auf Dinge hinzuweisen, die eigentlich selbsterklärend sein sollten. Lassen Sie Ihre Arbeit für sich sprechen.

58 Was? Was heißt das? Was nun?

Eine Idee von Leticia Britos Cavagnaro, Maureen Carroll und Frederik G. Pferdt

Reflexion ist ein äußerst wirksames Lerninstrument. Herausfordernde Situationen sind häufig chaotisch. Deshalb hilft es, die währenddessen erlebten Gefühle von dem zu trennen, was man mit etwas Abstand darüber denkt. Indem wir unser Gehirn dazu zwingen, das Erlebte noch einmal durchzugehen, schaffen wir eine neue Ebene der Interpretation und Bewertung dessen, was funktioniert hat und was nicht. Und das hilft uns, besser zu werden. Ähnlich wie Profi-Teams sich ihre Leistung im Spiel später auf Video ansehen, um Verbesserungspotenziale zu identifizieren, sollten auch Sie eine Reflexionspraxis entwickeln.

Reflexionskompetenz ermöglicht Weiterentwicklung – egal in welchem Bereich. Wenden Sie diese Übung an, wenn Sie ein neues anspruchsvolles Projekt beginnen oder etwas Neues lernen möchten. Sie hilft Ihnen, Lernprozesse in Ihrem Vorhaben zu verankern; ob das nun Ihre kreative Arbeit ist, ein Unterrichtskurs, ein persönliches Ziel wie ein Marathonlauf oder die Perfektionierung Ihrer Gärtnerkompetenz.

Es gibt zahlreiche Reflexionsmethoden. Mit dieser hier starten Sie gleich richtig durch.

So geht's

Überlegen Sie, welche Erfahrung Sie reflektieren möchten, und seien Sie beim Reflektieren konkret und präzise. Das wird sich später auszahlen.

Überlegen Sie nun, wann Sie die Erfahrung reflektieren möchten: direkt danach oder erst einen Tag später, damit sich das Ganze setzen kann? Sie sollten jedoch nicht zu lange warten, sonst ist die Reflexion weniger eindringlich. Wenn Sie eine wiederkehrende Erfahrung reflektieren möchten (etwa regelmäßige Trainingsläufe oder die verschiedenen Phasen eines Designprojekts), legen Sie einen Rhythmus fest und richten Sie sich einen täglichen oder wöchentlichen Reminder ein, der Sie ans Reflektieren erinnert. Halten Sie Ihre Reflexion in einem Notizbuch oder digital fest, um später darauf zurückgreifen zu können.

Diese Impulse können Ihnen beim Reflektieren helfen:

Was?

Beschreiben Sie die Situation mit Worten oder Skizzen. Beziehen Sie dabei alle Sinne (Sehen, Hören, Riechen, Schmecken) und Ihre Körpersprache ein. Notieren Sie auch die Körpersprache und verbalen Äußerungen anderer Personen. Beschreiben Sie, wie Sie sich gefühlt und was Sie gedacht haben.

Was ist Ihnen an sich selbst aufgefallen?

Was heißt das?

Bewerten Sie: Was hat gut funktioniert? Belegen Sie dies. Was hat nicht gut funktioniert? Führen Sie auch hierfür Belege an.

Schlussfolgern Sie: Wie können Sie einige der Dinge, die Ihnen aufgefallen sind, erklären? Welche Verbindungen können Sie zu anderen Erfahrungen herstellen?

Inwiefern ist das relevant für Sie?

Was nun?

Was haben Sie aus der Erfahrung gelernt?

Welche Erkenntnisse können Sie auf Ihre weitere Arbeit anwenden?

Welche neuen Fragen haben sich ergeben?

Inwiefern hat diese Erfahrung Ihre Annahmen über sich und andere bestätigt? Inwiefern hat sie sie infrage gestellt?

Wenn Sie Ihr Projekt abgeschlossen oder einen wichtigen Meilenstein erreicht haben, gehen Sie noch einmal Ihre Reflexion durch: Welche Themen kristallisieren sich heraus? Wie haben Sie sich weiterentwickelt? Wo ist Ihnen etwas schwergefallen? Wie geht es weiter?

Viele Menschen betrachten Reflexion nicht als Kompetenz oder Herausforderung. Doch wenn wir unseren Studierenden diese Methode vorstellen, sind sie danach wesentlich besser in der Lage zu reflektieren und entwickeln sich weiter. Wir bitten sie immer, ihre erste Reflexion einzureichen (zu diesem Zeitpunkt haben sie noch keinen Input von uns erhalten) und dann die Qualität ihrer Reflexionen bevor und nachdem sie diese Methode angewandt haben, zu vergleichen. Sie können selbst entscheiden, welche Aspekte der Methode sie am nützlichsten finden und in ihre Arbeit integrieren möchten. Reflexion ist etwas Persönliches. Es gibt kein Standardrezept. Nutzen Sie dieses Modell so, wie es für Sie am besten passt.

– Leticia Britos Cavagnaro

59 Hohe Wiedergabetreue, geringe Auflösung

Eine Idee von Erik Olesund, Sarah Stein Greenberg und Carissa Carter, inspiriert von Paul Rothstein

Nach dem in unserer Welt vorherrschenden Narrativ kennt erfolgreiche, harte Arbeit nur eine Richtung: vorwärts. Doch kreative Projekte unterscheiden sich hier insofern, dass sie nicht geradlinig verlaufen.

Das ist ein ziemlich großer Unterschied, wenn man es genau nimmt. Ärztinnen und Ärzte lernen, bei der Diagnose so viele Optionen wie möglich auszuschließen, um festzustellen, was ihren Patienten fehlt, und dann die richtige Therapie einzuleiten. Automechaniker bauen Teile zusammen und haben am Ende ein Fahrzeug geschaffen.

Linearität ist in vielen Situationen äußerst hilfreich, da sie zu verlässlicheren Ergebnissen führt, Standards schafft, auf die man sich berufen kann, und geringere Kosten oder mehr Sicherheit mit sich bringt. Wenn Sie jedoch kreativ arbeiten, sind die Antworten – ja selbst die Richtung – nicht bekannt oder vorhersehbar. Sie brauchen also ein anderes Vorgehen. In kreativen Projekten gibt es Momente, in denen Sie sich vorwärts bewegen, und Momente, in denen Sie seitlich ausscheren – in mehrere Richtungen gleichzeitig –, um Ahnungen zu erkunden, die sich noch nicht ganz bestätigen lassen. Ist man daran nicht gewöhnt, kommt einem das komisch vor. Doch einer der produktivsten und wichtigsten Prozesse, den Designerinnen und Designer nutzen – und den jeder übernehmen kann –, ist, mehrere Versionen einer Idee gleichzeitig zu verfolgen und mithilfe von externem Feedback zu bestimmen, welcher Weg der richtige ist. Diese Praxis ist äußerst nützlich, unabhängig davon, woran Sie arbeiten. Sie hilft Ihnen, zügig unbekanntes Terrain zu erkunden und viele schlechte Optionen auszuschließen. Wenn Sie dagegen immer nur eine Idee verfolgen, trotten Sie weiter in dieselbe Richtung, anstatt andere Möglichkeiten in Betracht zu ziehen – schließlich soll die Mühe, die Sie bereits investiert haben, nicht umsonst gewesen sein. Diese Falle umgehen Sie durch paralleles Prototyping und Testen.

Diese Übung führt Sie durch den Prozess des Ideentestens und hat das Ziel herauszufinden, in welche Richtung es weitergehen soll. Setzen Sie sie dann ein, wenn Sie mehrere Ideen entwickelt haben, aber noch nicht wissen, welche Sie weiterverfolgen sollten. Bevor Sie mit dem Testen beginnen, müssen Sie einige Ihrer Ideen schnell und kostengünstig in die Realität übertragen. Wie Sie das tun, ist abhängig von der Art Ihres Projekts. Wenn Ihre Lösung etwas Physisches ist, können Sie sie zunächst skizzieren und dann ein einfaches Modell aus Schaumstoffplatten, Heißkleber und anderen Materialien bauen. Wenn Sie einen Unterrichtsraum entwickeln, können Sie mithilfe von Möbelstücken und Kartons ein interaktives, lebensgroßes Abbild des Raums erstellen. Und wenn Sie an einer Serviceleistung arbeiten, können Sie ein Rollenspiel konzipieren, das die Nutzerinnen und Nutzer durch das Erlebnis führt, und mithilfe physischer Requisiten die Atmosphäre und die gewünschten Interaktionen nachbilden. Für das Prototyping eignen sich die verschiedensten Materialien, doch Sie sollten einige Faustregeln befolgen:

Nicht die Prototypen sind wertvoll, sondern die Erkenntnisse, die Sie daraus ziehen. Betrachten Sie sie deshalb als Mittel zum Zweck, nicht als Zweck selbst.

Binden Sie sich emotional nicht an Ihre Prototypen – das würde Ihre Arbeit behindern.

Wenn Sie unsicher sind, bauen Sie etwas. Denken ist nicht gleich Tun.

Sie können entweder mehrere Prototypen verschiedener Ideen bauen oder mehrere Prototypen einer Idee. Wenn Sie nur eine Idee testen möchten, können Sie verschiedene Aspekte der Idee umsetzen oder Prototypen bauen, die drei unterschiedliche Annahmen über Ihre Idee verkörpern. Oder Sie stellen drei verschiedene Arten dar, wie die Nutzer mit Ihrer Idee interagieren könnten: eine physische Version, eine digitale Version und ein Serviceerlebnis.

Wenn Sie Ihre Prototypen gebaut haben, laden Sie einige Personen ein, diese zu testen. Führen Sie dann die folgende Übung durch:

So geht's

Ziel der Übung ist es, die Qualität des Feedbacks zu Ihrer Idee zu verbessern. Dazu designen Sie das zu testende Objekt, die Interaktion, die während des Tests stattfindet, sowie die Testumgebung. Hierbei bewusst vorzugehen zahlt sich am Ende aus. Sie entwickeln ein Szenario, das sich so real wie möglich anfühlt (hohe Wiedergabetreue), bauen aber gleichzeitig Prototypen, die unfertig genug sind (geringe Auflösung), sodass Ihre Testpersonen keine Hemmungen haben, sie zu kritisieren.

Nehmen wir einmal an, Ihre Grundidee ist ein 20-minütiger Fellpflegeservice für Hunde und Sie möchten drei Annahmen darüber testen, was den Service besonders attraktiv macht. Soll er *fachlich*, *magisch* oder *einfach* sein? In allen drei Tests bleibt Ihr Prototyp im Wesentlichen derselbe: Sie händigen der Testperson einen Plüschhund aus und bitten sie, einen Hundebesitzer zu spielen, der bei Ihnen drei verschiedene Versionen Ihres Pflegeservices in Anspruch nehmen möchte.

Im Folgenden stellen wir Ihnen einige Tools vor, mit denen Sie die Wiedergabetreue Ihres Tests erhöhen können. Dabei beziehen wir uns auf ein Framework, das der Designdozent Paul Rothstein entwickelt hat.

Atmosphäre

Bereiten Sie die Bühne vor: Wo befinden Sie sich? Warum sind Sie dort? Wie fühlt sich diese Umgebung an? Schaffen Sie eine möglichst intensive Atmosphäre. Durch Musik, Lichtverhältnisse und das Umstellen von Möbeln lässt sich die Atmosphäre eines Raums mehr verändern, als man denkt. Für Ihren Hundepflegeservice können Sie beispielsweise die Möbelstücke in Ihrem Wohnzimmer verrücken und mit Klebeband verschiedene Bereiche Ihres Salons markieren. Und mithilfe von Musik und Licht lassen sich die drei verschiedenen Stimmungen erzeugen, die Sie testen möchten: *fachlich, magisch, einfach*.

Schauspieler

Geben Sie allen Anwesenden eine Rolle. Überlegen Sie dabei, ob sie sich selbst oder jemand anderen spielen sollen. (Eine höhere Wiedergabetreue erreichen Sie, wenn die Personen sich selbst spielen oder zumindest einige Gemeinsamkeiten mit Ihrer Zielgruppe haben). Wen spielen Sie selbst? Was sind die Motive der einzelnen Charaktere? Für Ihren Hundesalon arbeiten Sie am besten mit Menschen, die tatsächlich ein Haustier besitzen und nun in die Kundenrolle schlüpfen. Wenn das nicht möglich ist, drücken Sie Ihrer Testperson einfach einen kleinen Spickzettel mit Hinweisen zur Motivation des Hundebesitzers in die Hand, damit sie sich besser in die Rolle hineinversetzen kann. (Zum Beispiel: „37-jähriger alleinstehender Mann, der mit Hunden aufgewachsen ist und nun selbst zwei besitzt; spielt gern Tennis und hat immer ein sauberes Auto".) Sie selbst können eine der Hauptrollen übernehmen – hier die Betreiberin des Salons – oder Sie vergeben diese an jemand anderen, damit Sie Zeit zur Beobachtung der Szene haben.

Requisiten

Welche Gegenstände gibt es in Ihrer Umgebung? Wer interagiert mit ihnen? Wie? Warum? Sammeln Sie Requisiten oder basteln Sie welche. Mit vermeintlich einfachen Dingen wie einem Namensschild, einem Hut oder einem Karton, der einen Apparat darstellen soll, ziehen Sie Ihre Testpersonen direkt in Ihre erschaffene Welt. Auch simple Arbeitskleidung wie eine Schürze für die Hundepflegerin und ein Hundekorb und ein Stofftier für Ihren Kunden können viel bewirken. Denkbar sind auch weitere Kartons, die zum Beispiel eine Badewanne und eine Kasse darstellen.

Handlung

Was *machen* Ihre Schauspieler in dieser fiktiven Welt? Tun sie so, als würden sie eine Handlung ausführen, oder nehmen sie tatsächlich etwas in die Hand und führen damit eine Tätigkeit aus? Welche Handlungen sind erforderlich, damit Ihre Idee funktioniert? Geben Sie Ihren Schauspielern vorab einige Regieanweisungen (und überlegen Sie, wie sich diese hinsichtlich der drei zu testenden Attribute ändern müssen) und lassen Sie die Szene dann spielen. Wenn Sie das Attribut *fachlich* testen, könnte die Hundepflegerin zum Beispiel all die biologischen Bedürfnisse der Hunde aufzählen, die in ihren Salon kommen. In der *magischen* Version könnte sie den Hund hinter einen glitzernden Vorhang führen.

Nachdem Sie die Testumgebung und die Interaktionen designt haben, führen Sie den Test das erste Mal durch. Dabei muss nicht alles perfekt sein; improvisieren Sie ruhig. Rufen Sie am Ende der Szene „Cut", um alle Anwesenden in die Wirklichkeit zurückzuholen. Tauschen Sie sich dann mit Ihrer Testperson aus. (Benötigt Ihr Prototyp mehrere Szenen, besprechen Sie sich nach Ende jeder Szene.) Es kann ein paar Runden dauern, bis Sie einen funktionierenden Testablauf etabliert haben.

Reflektieren Sie nach jedem Testlauf folgende Fragen:

Wie war die Körpersprache der Testperson, während sie mit Ihrem Prototyp interagiert hat und welche Handlungen hat sie ausgeführt?
Welche Aussagen haben sich Ihnen eingeprägt?
Was hat funktioniert?
Was hat nicht funktioniert?
Welche Ihrer Annahmen haben sich bestätigt? Welche nicht? Woraus schlussfolgern Sie das?
Welche neuen Fragen haben sich ergeben?
Welche neuen Ideen sind Ihnen gekommen?

Im Verlauf des Prozesses wird deutlich, warum die parallele Testung mehrerer Ideen von Vorteil ist: Wenn Sie mehrere interessante Alternativen haben, ist es wesentlich einfacher, sich von nicht funktionierenden Ideen zu verabschieden.

Durch das Testen verfeinern und optimieren Sie nicht nur Ihre Ideen, sondern verstehen auch die Bedürfnisse und Sichtweisen Ihrer Zielgruppe besser. Wenn Ihre

Testpersonen einen bestimmten Prototyp nicht mit Lob überziehen, hat dieser seinen Zweck gut erfüllt. Häufig hält ein gescheiterter Prototyp mehr Erkenntnisse bereit als ein erfolgreicher.

Wenn ein Prototyp scheitert, ermitteln Sie die Gründe: Was an der Idee hat nicht funktioniert? Vielleicht war die Idee nicht ausgereift genug? Oder lag es am Prototyp selbst? Vielleicht haben Sie Ihre Idee nicht in der richtigen Form umgesetzt; die Idee an sich könnte aber funktionieren. Oder lag es am Test? Es kann sein, dass Ihre Idee und Ihr Prototyp vielversprechend sind, Sie aber Ihren Test nicht gut durchgeführt haben.

Indem Sie die Wiedergabetreue Ihres Tests erhöhen, erhöhen Sie auch die Chance, dass Ihre Testpersonen authentisch auf Ihre Idee reagieren (so als existierte die Lösung bereits). Und es ist wahrscheinlicher, dass sie emotional reagieren statt nur intellektuell. Das wiederum liefert Ihnen genauere Hinweise darauf, wie sie auf die endgültige Lösung reagieren könnten, und führt zu besseren Gesprächen darüber, was sie an Ihrer Idee schätzen oder von ihr erwarten. Die Schauspielerei und das Bühnenbild trivialisieren das Ganze nicht etwa, wie man befürchten könnte. Im Gegenteil: Sie sorgen dafür, dass die Anwesenden wirklich in die Szene eintauchen, und zeigen, dass man so bei der Sache sein kann, dass man bereit ist, etwas Ungewöhnliches zu tun.

Ich hatte einmal eine Gruppe Studierende, die Unterhaltungsmöglichkeiten für Menschen entwickeln wollten, die lange im Krankenhaus bleiben müssen. Ihre Idee war ein wandgroßer Bildschirm, der die Patienten live mit ihren Familien verbindet, sodass sie mit ihren Angehörigen wie im täglichen Leben interagieren können. Um eine frühe Version der Idee zu testen, baten die Studierenden eine Person, sich auf einen niedrigen Tisch zu legen, der ein Krankenhausbett darstellen sollte. Eine andere Gruppe in weißen Kitteln verkörperte die „behandelnden Ärzte", die ins Zimmer kamen und sich über den „Patienten" unterhielten. Im Anschluss daran stellten die Studierenden ihren Prototyp vor und erklärten, wie er funktionierte. Durch diese Kombination aus Atmosphäre, Schauspielern, Requisiten und Handlungen erlebte der Patient einen kurzen Moment der Verletzlichkeit, der eine echte emotionale Reaktion auslöste. Insofern fiel das Feedback zur Patientenerfahrung empathischer aus als es sonst wohl der Fall gewesen wäre. Zudem konzentrierten sich die Testpersonen dadurch mehr auf die Attraktivität der Lösung als auf ihre technische Umsetzbarkeit, was zu diesem Zeitpunkt für die Studierenden äußerst hilfreich war. Wie sich herausstellte, war die Idee ihrer Zeit voraus, wenn man bedenkt, wie viele Menschen heute Skype, Zoom, Portal und andere Videokonferenztools nutzen, um mit ihren Lieben in Kontakt zu bleiben.

Frühes Prototyping und Testen ist nicht ausschließlich kreativen Projekten vorbehalten. Praktisch jedes Setting profitiert hin und wieder von Kreativität und indem Sie in mehrere Richtungen vorstoßen, können Sie verschiedene Ideen gleichzeitig testen, egal woran Sie im Einzelnen arbeiten.

Produktiver Umgang mit Denkhürden

Als ich zum ersten Mal hörte, dass Niedergeschlagenheit ein fester Bestandteil des kreativen Prozesses sein könnte, war ich gerade extrem deprimiert über die Lösung, an der ich damals arbeitete. Es handelte sich um ein Projekt zur Entwicklung von Bewässerungsanlagen für Kleinbauern in Myanmar und eine Woche vor der Abschlusspräsentation war ich am Verzweifeln. Angesichts der Probleme, mit denen die Bauern zu kämpfen hatten, erschien mir unser Vorschlag zur Umgestaltung der Bewässerungspumpen und die damit einhergehende Kostenersparnis völlig irrelevant. Eine wesentlich erfahrenere Designerin, Nicole Kahn, war damals meine Mentorin. Als sie mich so niedergeschlagen sah, sagte sie unverblümt: „Ich weiß genau, wie du dich gerade fühlst. Ich nenne dies das Tal der Verzweiflung. Alle Designerinnen und Designer, die ich kenne, durchleben es von Zeit zu Zeit." Sie erklärte weiter, dass sie bislang in jedem kreativen Projekt einen Moment erlebt habe, in dem sie das, was sie gerade entwickelte, absolut schrecklich fand. Sie sehe dann nur die Schwächen der Lösung statt ihre Stärken. Selbst wenn sie vielleicht etwas Unglaubliches aus Stahl erschaffen hat, fallen ihr nur die vielen kleinen Fehler in der Form oder die winzigen Kerben im Metall auf.

Doch dann geschieht etwas: Vielleicht gibt ihr jemand ein positives Feedback, das ihren Kokon des Selbstzweifels aufbricht, oder sie hat selbst eine Idee, wie sie ihre Lösung verbessern kann, und sieht sie plötzlich mit anderen Augen. Dann ist sie wieder stolz auf das Erschaffene und hat das Gefühl, etwas erreicht zu haben. Mit der Zeit, so erklärt mir Nicole, habe sie gelernt, dieses schreckliche Tal als das zu betrachten, was es ist: ein wichtiger Teil des kreativen Prozesses.

Trotz der vielen Freuden, die kreatives Arbeiten mit sich bringt, gibt es fast immer eine Phase, die sich furchtbar anfühlt. Das ist der schwierigste Teil des Prozesses. Die gute Nachricht: Es geht nicht nur Ihnen so. Und: Dieses unangenehme Gefühl dient einem Zweck.

Im Fall meines Pumpenprojekts habe ich es aus dem Tal der Verzweiflung herausgeschafft. Die ersten Entwürfe meines Teams kamen gut an und unsere Partner von *Proximity Designs* in Myanmar waren erpicht darauf, sie umzusetzen. Im darauffolgenden Sommer verbrachte ich sechs Wochen in Yangon. Wir testeten die Konzepte mit den Kleinbauern und sie machten Verbesserungsvorschläge.

Von da an übernahmen die Ingenieure und das Werkstattteam von *Proximity Designs*. Wenige Monate später waren 1.500 noch günstigere Pumpen in den Feldern der Region im Einsatz.

Mit der Zeit habe ich verstanden: Das Tal der Verzweiflung ist nicht nur ein fester Bestandteil des Designprozesses, es ist auch essenziell. Die in diesem Tal erlebten negativen Gefühle sagen Ihnen, ob Ihre Arbeit anspruchsvoll und komplex genug ist, um Ihre volle kreative Aufmerksamkeit zu verdienen. Nur Herausforderungen, für die es keine einfachen Lösungen gibt, erfordern die Art von mutigen kreativen Sprüngen, die zu Durchbrüchen führen. Und nur Projekte, die Sie zum Erlernen neuer Fähigkeiten zwingen, statt bloß Ihre vorhandenen einzusetzen, ermöglichen Ihnen, kontinuierlich Neues zu lernen und so Ihr volles Potenzial zu entfalten.

Irgendwann werden Sie wie Nicole und ich und die vielen tausend Studierenden der *d.school* verstehen, dass den Problemen und Projekten ohne diese Eigenschaften etwas fehlt. Sie sind ein wenig, nun ja, langweilig. Sie werden feststellen, dass Sie lieber an Herausforderungen arbeiten, die eine gewisse Prise Unbekanntes und Unsicherheit beinhalten. Sie werden mehr Ambiguität in Ihre Arbeit oder Ihr Leben lassen. Sie werden Lust haben, schwierigere Dinge auszuprobieren. Und Sie werden das riskante Gefühl des Noch-nicht-Wissens berauschend finden und mehr davon wollen. Dann wissen Sie, dass Sie das etwas mulmige Gefühl des *Nicht-Wissens* in das wesentlich produktivere Gefühl des *Ich könnte bald einen Durchbruch erzielen* verwandelt haben. Und Durchbrüche fühlen sich einfach unglaublich an.

Wenn Sie tiefer in das Tal der Verzweiflung eintauchen (bitte nur metaphorisch!), stoßen Sie auf verschiedene Bezeichnungen dafür. Mein Favorit ist *productive struggle*, also der produktive Umgang mit Schwierigkeiten und Denkhürden. Dieser Begriff stammt aus der Mathematikdidaktik. Es hat sich gezeigt, dass Schülerinnen und Schüler, die eine Matheaufgabe ohne Probleme lösen können, im weiteren Verlauf ihres Schullebens bei ähnlichen Aufgaben mehr Fehler machen als solche, die sich am Anfang mit der Aufgabe schwergetan haben. Der Grund: Wir lernen nachhaltiger und verankern Wissen besser im Gedächtnis, wenn wir mehr Zeit und Mühe investieren müssen, um einen Sachverhalt zu verstehen. Daran muss ich immer denken, wenn ich das Sprichwort „Eine ruhige See macht noch keinen guten Seemann" lese.

Die Spannung zwischen dem Moment, in dem ein Durchbruch möglich scheint, und der Phase von Ungewissheit auf dem Weg dorthin, ist Bestandteil jeder Übung in diesem Buch und vieler an der *d.school* konzipierten Lernerfahrungen. Wir lassen uns gern bewusst auf diese unangenehme Situation ein. Dazu ermuntern wir unsere Studierenden, an Projekten zu arbeiten, für die es keine einfachen, klaren Lösungen gibt. Wir bilden Teams aus Studierenden mit unterschiedlichen fachlichen und kulturellen Hintergründen und zeigen ihnen, wie sie die verschiedenen Perspektiven der Gruppe zu ihrem Vorteil nutzen können. Wir helfen ihnen, ein entdeckendes Mindset zu entwickeln. Wir lassen sie erfahren, wie es ist, Wissen nicht nur aus Expertise und Erfahrungen zu generieren, sondern auch durch Bauen, Tun und Ausprobieren.

Klingt gut, oder? In der Praxis ist das häufig aber ganz schön anstrengend – ein Kampf eben. Wir geben unseren Studierenden den Raum, die Zeit und Mühe zu investieren, die nötig sind, um ihren eigenen Weg zu finden. Deshalb müssen wir wissen, wie sich das in der Praxis äußert und was wir tun können, wenn Schwierigkeiten auftreten. Jules Sherman, die medizinische Geräte designt und an der *d.school* Kurse zu den komplexen Bedürfnissen in der medizinischen Versorgung von Müttern und Neugeborenen hält, beschreibt, wie sich *productive struggle* in ihren Kursen äußert: „Allen anspruchsvollen Aufgaben scheint gemein, dass die Studierenden – wenn sie damit zu kämpfen haben – sagen, die Aufgabe sei zu schwierig. Wir hören dann häufig Aussagen wie ‚Das ist zu viel Arbeit, und sie frisst zu viel Zeit' oder ‚Wir brauchen mehr Zeit, um ein gutes Ergebnis zu erzielen'. Auch wenn es nicht so klingt, ist das ein gutes Zeichen. Aus Erfahrung weiß ich: Wer sich beschwert, der kämpft. Den Studierenden ist ihre Arbeit wichtig, aber zunächst wünschten sie, sie wäre einfacher.

Meine Aufgabe ist es, ihnen einen Spiegel vorzuhalten und durch die schwierigsten Phasen zu helfen, nicht aber die Sache an sich einfacher zu machen."

Jules' Erfahrung hilft ihr, das Unbehagen ihrer Studierenden richtig zu interpretieren: Sie beschweren sich auf ziemlich erwartbare, einfallslose Weise. Und natürlich haben sie viel zu tun, denn Jules verlangt viel von ihnen. Sie fühlt da mit ihnen. Gleichzeitig liest sie jedoch zwischen den Zeilen und erkennt hinter den einfältigen Ausreden das Tal der Verzweiflung, das Nicole beschrieben hat. Es ist voller Angst: Angst, dass man der Sache nicht gewachsen ist, dass das Ergebnis nicht gut genug ist oder dass man – weil man nicht genau weiß, wie die Lösung ankommen wird – womöglich kein grünes Licht dafür erhält.

Hier ist es hilfreich, sich bewusst zu machen, wann und warum man sich schwertut. Der erste Instinkt, sich über die äußeren Umstände zu beschweren („Es ist zu viel Arbeit; das Projekt ist zu kompliziert") hält uns in der Regel davon ab, den Fokus nach innen zu richten. Konstruktiver ist es, sich mithilfe seiner Erfahrungen zu vergegenwärtigen, wie man am besten lernt und arbeitet. Wenn Sie das direkt tun möchten, finden Sie auf Seite 246 eine Lernlandkarte, die Ihnen hilft, sich Ihre eigenen Erfahrungen mit *productive struggle* vor Augen zu führen.

Diese und ähnliche Praktiken beruhen auf der Idee der „Reflection-on-Action" des Philosophen Donald Schön. Damit beschreibt dieser die Praxis von Expertinnen und Experten aus unterschiedlichen Bereichen, zurückzuschauen und frühere Leistungen zu bewerten, um daraus zu lernen und besser zu werden. Wenn man Reflection-on-Action trainiert weiß man besser, wann einem Dinge besonders schwerfallen, und kann dadurch bewusster über das weitere Vorgehen entscheiden. Manchen Menschen genügt es schon, Momente des *productive struggle* zu erkennen, um die Blockade zu lösen.

Nicht immer ist der Umgang mit Denkhürden allerdings produktiv. Wenn etwas zu schwierig oder komplex ist, verspüren wir Stress und Angst. Dann können wir weder Leistung erbringen noch etwas lernen. Doch Sie können üben, den Unterschied zu erkennen und – besser noch – sich bewusst auf den richtigen *productive struggle* einzulassen. Dabei hilft es, sich in der richtigen Zone zu befinden.

Beim Meistern neuer Herausforderungen wissen Sie bei vielen Dingen schon, wie sie zu tun sind. Diese „Zone" fühlt sich einfach und vertraut an. Gleichzeitig gibt es Dinge, die Sie niemals können werden, und wenn Sie sich in diese Zone begeben, könnte Sie Panik überkommen. Dazwischen gibt es viele Dinge, die Sie mit ein wenig Unterstützung bewerkstelligen können. Diese Zone fühlt sich schwierig an, aber auch aufregend – so wie: *Ich bin mir nicht sicher, aber ich möchte es versuchen.* Der offizielle Begriff hierfür lautet „Zone der nächsten Entwicklung", erstmals beschrieben in den 1920er- und 1930-Jahren von dem Psychologen Lew Wygotski. Ganz grundsätzlich versteht man darunter die Zone, in der Sie heute bereits mehr können als gestern – solange das, was Sie tun, Ihre aktuellen Fähigkeiten nur *leicht* übersteigt *und* Sie Hilfe erhalten.

Vielleicht kennen Sie das Gefühl, im Flow zu sein – ein Zustand, in dem Ihnen alles mühelos zu gelingen scheint und Sie gar nicht wissen, warum das alles so gut funktioniert. Das ist ein tolles Gefühl, aber ich spreche hier von etwas anderem: von der herausfordernden Zone, in die man sich bewusst begibt, um es sich schwer zu machen. Wenn Sie dort dann anfangen zu strampeln, können Sie mit verschiedenen Methoden die Unterstützung abrufen, die Sie brauchen. Damit gelangen Sie von einem unproduktiven Umgang mit Denkhürden zu einem produktiven Umgang damit, der Ihnen langfristig hilft.

Die einfachste Art von Unterstützung besteht darin, jemanden mit mehr Erfahrung um Hilfe zu bitten und dann zu beobachten, wie die Person mit der Unsicherheit und Ambiguität in Ihrer konkreten Situation umgeht. Das klingt logisch. Es lässt sich aber in einer Branche mit dem sich hartnäckig haltenden Mythos des einsamen Genies, dem von Natur aus alles gelingt, nicht oft genug wiederholen: Sie müssen nicht allein leiden und Sie müssen nicht alles allein lösen. Wenn Sie Hilfe brauchen, bitten Sie darum, anstatt sich von der Angst, schwach zu wirken, lähmen zu lassen. Ihre ausgewählten Mentoren können Ihnen helfen, die Fähigkeiten zu entwickeln, die Sie zur Lösung des konkreten Problems brauchen. Oder sie helfen Ihnen einfach dadurch, dass sie solche Situationen schon oft genug erlebt haben und daher wissen, wie man sich auf den *struggle* vorbereitet und mit ihm umgeht, wenn er dann eintritt. Es ist dieses Bewusstsein, das den Ratschlag von Nicole so wertvoll für mich gemacht hat. Sie hat das Tal der Verzweiflung beim Namen genannt und mich daran erinnert, dass es normal ist, sodass ich daraus ausbrechen konnte. Erfahrene Designerinnen und Designer kennen die Höhen und Tiefen des kreativen Schaffens und sie haben ihre eigenen Strategien und Methoden, aus dem Tal herauszukommen – Strategien und Methoden, die auch Sie erlenen können.

Wie man aus dem Tal herauskommt, erscheint einem so lange rätselhaft, bis man es selbst oft genug erlebt hat. Sie werden feststellen, dass *productive struggle* immer in bestimmten Momenten auftritt – und damit fast vorhersagbar wird. Einer dieser Momente ist, wenn Sie Ihre Beobachtungen und Ergebnisse auswerten, um zu überlegen, wie Sie weitermachen. Ein anderer Moment ist, wenn Sie und Ihr Team Ihre Sichtweisen zusammenführen und verdichten oder eine Entscheidung treffen müssen. Selbst wenn Sie allein arbeiten, ist es angesichts der Ambiguität des Problems verdammt schwierig zu entscheiden, welche der vielen Möglichkeiten Sie weiterverfolgen. Niemand kann Ihnen sagen, ob Sie die „richtige" Entscheidung getroffen haben. Diese Unsicherheit auszuhalten ist hart.

Auch schwieriges Feedback kann ein Auslöser von *productive struggle* sein. (Wie Sie damit umgehen, lernen Sie in der Übung *Der Schweige-Test* auf Seite 193.) Das Wissen darüber, dass solche schweren Zeiten grundsätzlich herausfordernd sind, hilft Ihnen bei der Suche nach Unterstützung von erfahrenen Designerinnen und Designern. Bald werden auch Sie in der Lage sein, diese Momente zu antizipieren.

Eine andere Form der Unterstützung ist *Scaffolding*. Dieses Konzept, bei dem wir unseren Studierenden „Gerüste" an die Hand geben, ist tief in den Lehr- und Lernmethoden der *d.school* verankert. Sie werden feststellen, dass diese Philosophie viele Rubriken, Prozesse und Frameworks durchzieht, mit denen wir Kreativmethoden vermitteln. Die *d.school*-Designerin Katie Krummeck arbeitet mit Dozentinnen und Dozenten weltweit und stellt ihnen neue Designmethoden vor. Sie ist der Auffassung: „Beim Problemlösen versuchen Menschen häufig, aus ihrem Inneren zu schöpfen. Wenn sie das jedoch ohne Impulse, Frameworks oder neuen Input tun, sind sie naturgemäß auf das begrenzt, was sie bereits wissen und können. Doch mit ein paar kreativen Impulsen und einer externen Struktur werden sie in die Lage versetzt, neue Sichtweisen aus sich heraus zu generieren, zu denen sie ohne diese Unterstützung nicht gelangt wären. Tools und Frameworks wirken befreiend: Sie helfen uns zu erkennen, was alles in uns schlummert."

Dieses Buch bietet Ihnen viele Möglichkeiten, mit Gerüsten und Frameworks zu experimentieren. Im *Lösungs-Tic-Tac-Toe* (Seite 171) generieren Sie mithilfe eines Frameworks mehrere unterschiedliche Prototypen. *Protobot* (Seite 144) liefert Ihnen konkrete Impulse fürs Prototyping, sodass Sie sich ganz auf das Bauen des Prototyps konzentrieren können. In *Bewusst machen, anerkennen, hinterfragen* (Seite 78) lernen Sie einen mehrschrittigen Ansatz kennen, um potenziell schwierige Gespräche über Voreingenommenheit, Ausgrenzung und Ihre eigene Designarbeit zu führen. Und der letzte Teil, *Die Teile zusammenfügen* (Seite 250), ist selbst ein Scaffold, mit dem Sie sehr komplexe und anspruchsvolle Design-Challenges erkunden können.

Es mag der Moment kommen, in dem Sie auf diese Frameworks blicken und sich sagen, *Die sind zu einfach* oder *Wo ist das Gerüst, das mir genau bei dieser Aufgabe hilft?*. Das ist ein wunderbarer Moment. Ich erlebe ihn manchmal, wenn Studierende frustriert sind, weil sie nicht das passende Tool oder die geeignete Methode finden. Häufig liegt das daran, dass es das Framework noch nicht gibt. Nutzen Sie diese Chance: Das sind die Momente, in denen Sie unsere Tools nicht mehr brauchen und allein zurechtkommen oder Ihre eigenen entwickeln.

Eine weitere Möglichkeit, produktiv mit kreativen Denkhürden umzugehen, ist der bewusste Einsatz von Zeit. In *Das finale Finale* (Seite 242) stellen wir Ihnen eine provokante Methode des Zeitmanagements vor: sich selbst Deadlines setzen. Brechen Sie Ihr Projekt in kleine Einheiten herunter, schaffen Sie Momente, in denen Sie Ihre Arbeit mit jemandem teilen und *üben Sie Kritik wie ein Marsianer* (Seite 224). Es gibt keine bessere Möglichkeit ins Tun zu kommen, solange Sie Feedbackgeber auswählen, deren Meinung Sie schätzen.

Während Sie neue und eigene Herangehensweisen entwickeln, wie Sie Ihre Arbeit unterstützen und herausfordern können, sollten Sie sich immer wieder vergegenwärtigen: Durchbrüche sind zwar toll, doch was Sie wirklich weiterbringt, ist der produktive Umgang mit Denkhürden. Diese Spannung – dass das, was Sie erreichen wollen, Ihnen nicht einfach zufliegt – ist eine der größten Ironien und Freuden und vielleicht auch eines der größten Geheimnisse von Kreativität. Erlauben Sie sich, in dieser Spannung, diesem mühsamen Kampf, zu verweilen, denn das hilft Ihnen, bedeutsamere, schönere und zufriedenstellendere Lösungen zu entwickeln. Alle kreativen Herausforderungen, die Sie mithilfe der Designkompetenzen und Mindsets in diesem Buch angehen, bieten Ihnen die Chance, sowohl heute etwas Gutes zu entwickeln als auch sich auf die nächste große Herausforderung vorzubereiten.

60 Mir hat gefallen – ich hätte mir gewünscht

Eine Idee von Julian Gorodsky, inspiriert von George M. Prince und Rolf Faste

Das ist wahrscheinlich die mit Abstand effektivste Übung in diesem Buch. Bei regelmäßiger Anwendung bereitet sie den Weg für eine Kultur der Offenheit und Exzellenz. Wenn Sie nur eine Sache ändern möchten, um Ihre Arbeit, Ihre Familie, Ihr Team oder Ihr Unternehmen voranzubringen, empfehle ich Ihnen diese Übung.

Sobald man ein Projekt abgeschlossen hat, geht man gern direkt zum nächsten über, ohne das Erreichte zu reflektieren. Die Auswertung einer Erfahrung ist jedoch ein effektives Tool, mit dem Sie fast alles optimieren können. Richtig angewendet animiert sie uns dazu, aktiv zu lernen und uns weiterzuentwickeln.

Sie können diese Übung im Anschluss an alles Mögliche durchführen: ein Meeting, einen Kurs, ein Projekt oder ein Familientreffen. Mit ihr schaffen Sie Raum für konstruktives Feedback, unabhängig davon, wie kreativ die Gruppe ist.

Und Sie machen deutlich, wie wichtig es Ihnen ist, Ihre Arbeit zu verbessern. Wenn Sie die Übung anleiten, tun Sie dies, indem sie zuhören statt zu sprechen. Sie lernen, nicht in den Rechtfertigungsmodus zu verfallen und zeigen, dass Ihnen die Meinung anderer keine Angst macht. Damit sind auch Personen gemeint, die weniger Entscheidungsbefugnisse haben als Sie selbst. Durch Ihr Verhalten geben Sie zu verstehen, dass jeder Einzelne mit seinem Input zu einer Verbesserung beitragen kann.

So geht's

Planen Sie nach einer gemeinsamen Erfahrung 15 bis 30 Minuten ein, um Feedback zu sammeln und anzuhören. Wenn Sie das zu einem Ritual machen, gewöhnt sich die Gruppe an diese Art des Reflektierens und Austauschens, sodass Sie die Übung irgendwann in 5 bis 10 Minuten durchführen können.

Alle Anwesenden stellen sich wenn möglich im Kreis auf.

Erklären Sie, worum es geht: Sie suchen Anregungen, um Ihre Beziehungen, Ihre Arbeit, den Kurs, das Teammeeting zu verbessern.

Bitten Sie nun alle Anwesenden, das Erlebte zu reflektieren und Feedback zu geben. Dabei sollen sie folgende Sätze vervollständigen: „Mir hat gefallen, …" oder „Ich hätte mir gewünscht, …". Am besten geben Sie ein Beispiel: „Mir hat gefallen, wie sich unsere Teams heute mit den Expertinnen und Experten ausgetauscht haben" oder „Ich hätte mir gewünscht, dass wir zwischendurch mehr Zeit für Pausen gehabt hätten, um das Neugelernte aufzuschreiben". (Es genügt, wenn die Anwesenden einen der beiden Sätze vervollständigen.)

Erteilen Sie einem ersten Freiwilligen das Wort. Gehen Sie dann aber nicht einfach in Kreisrichtung weiter. Menschen verarbeiten ihre Reaktionen unterschiedlich schnell; geben Sie Ihnen deshalb die Zeit, die sie brauchen. Einige Teilnehmende werden aktiver sein als andere. Wenn Sie die Übung anleiten, ist es Ihre Aufgabe zu erkennen, wann es Zeit für eine Pause ist. Diejenigen, die bereits viel gesagt haben, bitten Sie, erst einmal andere Personen zu Wort kommen zu lassen.

Am Anfang müssen Sie die Gruppe eventuell immer wieder an die vorgegebenen Satzanfänge erinnern. Diese mögen manchen komisch vorkommen, sie sorgen aber dafür, dass das Feedback präzise und konstruktiv ausfällt. Vielleicht stellen Sie fest, dass Sie eine dritte Kategorie brauchen, mit denen die Anwesenden halbfertige Ideen äußern können, etwa „Was wäre, wenn …?" oder „Wie könnten wir …?" Um Dopplungen zu vermeiden, können die Teilnehmenden immer mit dem Finger schnipsen, wenn sie der gleichen Meinung sind wie die Person, die gerade spricht.

Halten Sie die Rückmeldungen für alle sichtbar fest, zum Beispiel indem Sie jemanden bitten, alle Kommentare auf dem Computer zu protokollieren und an eine Wand zu projizieren. Menschen wollen sicher sein, dass ihre Meinung gehört wird.

Wenn Sie die Gruppe offiziell leiten, müssen Sie sich wirklich zusammenreißen. Das ist keine einfache Aufgabe. Sie dürfen nicht auf das Feedback reagieren, sondern sich nur dafür bedanken. Sie können nachhaken, wenn etwas unklar ist, müssen den Anwesenden aber den Raum geben, ihr Feedback zu äußern, ohne direkt darauf zu reagieren. Sie können auch selbst mitmachen und Rückmeldung geben – halten Sie sich dabei aber an das vereinbarte Format!

Sie merken, wenn die Feedbackrunde beendet ist (zumindest mit einer gewissen Übung).

Später können Sie die Rückmeldungen in Ruhe durchgehen und überlegen, was Sie umsetzen wollen. Wichtig ist, dass Sie das Einholen von Feedback und die Auswertung des Feedbacks voneinander trennen. So treffen Sie am Ende bessere Entscheidungen.

Sie können diese Übung auch abändern und allein durchführen. Indem Sie jedes Mal nach einem Meeting oder einer anderen Erfahrung Ihr Feedback notieren, entwickeln Sie ein Mindset, in dem Sie alles als wertvoll und verbesserungsfähig betrachten. Sie können

MIR HAT GEFALLEN …

ICH HÄTTE MIR GEWÜNSCHT …

auch anonym Feedback einholen. Doch ihr volles Potenzial entfaltet die Übung, wenn Sie sie in der Gruppe durchführen und allen Anwesenden Zeit und Raum geben, ihre Gedanken zu äußern. Raum für Veränderung und Iteration zu schaffen ist der Kern kreativer Zusammenarbeit, nicht ein davon losgelöster Prozess.

Mir hat gefallen – ich hätte mir gewünscht hat einen großen Anteil daran, wie sich die d.school selbst weiterentwickelt hat. Die Übung funktioniert, weil sie nicht nach dem Prinzip „Mir hat gefallen/Mir hat nicht gefallen" operiert. Sie ermöglicht positives Feedback, wo es angebracht ist, und betrachtet negatives Feedback als konstruktive Möglichkeit, besser zu werden. Diese Balance ist sehr wichtig. Viel zu häufig interessieren sich Unternehmen nur für eins von beidem. Doch die Dinge sind niemals schwarz oder weiß: Es gibt immer Gutes und Schlechtes und Menschen nehmen Dinge unterschiedlich wahr. Indem Sie diese Übung regelmäßig durchführen, machen Sie diese Unterschiede sichtbar und lassen sie nebeneinander existieren.

Nach dem allerersten Kurs an der d.school wurden die Studierenden aufgefordert zu sagen, was ihnen gefallen hat und was sie sich gewünscht hätten. Sie waren vollkommen überrascht, dass sie an Ort und Stelle um ihr Feedback gebeten wurden. Und ihre Meinung wurde ernst genommen. Das Dozententeam reagierte auf das Feedback und nahm Änderungen vor, die gleich in der darauffolgenden Stunde sichtbar wurden. Das war sehr aufregend und hat uns geholfen, besser zu werden.

Wir haben diese Methode nicht nur mit Studierenden durchgeführt, sondern praktisch mit jedem. Als ich meine Tätigkeit an der d.school aufnahm, wurde die Schule von einer Gruppe erfahrener Fakultätsmitglieder geleitet. Alle waren Gründer. Es gab eine Menge Befindlichkeiten bezüglich der Zusammenarbeit, denn die Dozentinnen und Dozenten waren es gewohnt, allein zu arbeiten und im Mittelpunkt zu stehen. Es fiel ihnen schwer, ihre großen und wohlverdienten Egos zurückzustellen und sich auf Teamwork einzulassen. Doch siehe da: Heute lehren wir unsere Studierenden, Risiken einzugehen und ihre Kreativität miteinander zu teilen. Diese Übung ist für mich ein gutes Beispiel dafür, seinen Worten Taten folgen zu lassen: Wir sprechen nicht nur darüber, wie wir eine sichere Atmosphäre schaffen können, sondern setzen dies mithilfe dieser Übung auch um.

Die Menschen in Kalifornien sind sehr offen und redselig. Das trifft jedoch nicht auf alle Kulturen zu. Einige Leute mussten wir erst dazu ermutigen, in Anwesenheit von Autoritätspersonen Dinge zu äußern, die als Kritik aufgefasst werden könnten. In solchen Fällen ist etwas mehr Händchenhalten nötig oder Sie müssen den Leuten vormachen, wie es geht. Wenn Sie ehrliches Feedback erhalten möchten, müssen Sie den anderen entgegenkommen. Mir hat gefallen – ich hätte mir gewünscht hilft Ihnen dabei.

– Julian Gorodsky

WAS WÄRE, WENN …?

Wie es sich zugetragen hat

Eine Idee von Seamus Yu Harte, inspiriert von Kenn Adams

Hin und wieder werden Sie von höflichen Menschen gefragt, woran Sie gerade arbeiten und was Sie beschäftigt. Dann denken Sie vielleicht an Ihr jüngstes Designprojekt zurück und beginnen, im Detail davon zu berichten, mit wem Sie gesprochen und wie viele misslungene Prototypen Sie gebaut haben. Sie erzählen von dem einem Mal, als Ihr Drucker den Geist aufgegeben hat und Sie bis 4 Uhr nachts aufgeblieben sind, um ihn wieder in Gang zu bringen. Davon, wie die wunderbare Ahnung langsam in Ihnen gereift ist, dass Ihre Lösung einfach genial werden wird. Von den 153 Möglichkeiten, wie Sie sie optimieren wollen … und so weiter und so fort. (Wenn Sie ticken wie ich, wird Ihnen das bekannt vorkommen.) Wenn Sie dann endlich einmal Luft holen, bemerken Sie, dass die Person Ihnen gegenüber heimlich auf ihr Handy schaut und prüft, ob sie in den vergangenen 15 Minuten Ihres Monologs nicht vielleicht eine Textnachricht erhalten hat, die dringend beantwortet werden muss.

Ja, Ihr eigener kreativer Geist ist für *Sie* ein faszinierender Ort, andere Menschen brauchen jedoch eine Karte, um sich darin zurechtzufinden.

Kreative Prozesse sind für Außenstehende häufig undurchsichtig. Das heißt aber nicht, dass Sie Ihr Gegenüber automatisch verwirrt zurücklassen müssen. Bestimmte Phasen des Prozesses sind wichtig für andere, denn sie können ihnen helfen zu verstehen, warum Ihre Lösung nützlich oder innovativ ist. Indem Sie diesem komplexen, nichtlinearen Prozess des kreativen Schaffens eine Struktur geben, können Sie andere dazu einladen, an ihm teilzuhaben.

In dieser Übung lernen Sie, eine stimmige Geschichte über Ihre Arbeit – oder eine Situation, in der Sie etwas Wichtiges gelernt haben – zu erzählen, selbst wenn die zugrunde liegende Erfahrung viele Windungen und Wendungen hat. Sie hilft Ihnen nicht nur, interessierte Personen über Ihre Arbeit zu informieren, sondern auch Ihre Erfahrung auf präzise und spannende Weise herunterzubrechen und mit anderen zu teilen.

So geht's

Verschaffen Sie sich zunächst einen Überblick über den gesamten möglichen Rahmen Ihrer Geschichte – von dem Moment, in dem Sie das Projekt begonnen haben, bis zu dem Moment, in dem es abgeschlossen wurde. Notieren Sie dann zügig in chronologischer Reihenfolge all die Dinge, die in dieser Zeit passiert sind.

Zeichnen Sie anschließend eine horizontale Linie auf ein Blatt Papier. Sie steht für den Durchschnitt Ihrer Erfahrung. Betrachten Sie diese Linie als Ihren Anker und skizzieren Sie nun von links nach rechts den kreativen Prozess mit allen Höhen und Tiefen, die Sie durchlebt haben. (Ähnlich konzipiert ist die Übung *Lernlandkarten* auf Seite 246, sie führt Sie jedoch an einen anderen Ort. Probieren Sie beide aus!)

Identifizieren Sie nun den dramatischsten Moment. Das ist die Stelle, an der Ihr Diagramm vom höchsten Hochpunkt zum tiefsten Tiefpunkt abfällt und dann wieder aufsteigt. Ziehen Sie einen Kasten um diesen Bereich. So schaffen Sie im wörtlichen und übertragenen Sinne einen engeren Rahmen für Ihre Geschichte.

Ignorieren Sie einmal alle anderen Elemente auf dem Papier und überlegen Sie kurz, wie Sie diese Phase des kreativen Prozesses für Ihre Geschichte nutzen könnten, indem Sie formulieren, was sich in diesem Kasten befindet.

Nennen Sie vier Elemente und notieren Sie sie oder sprechen Sie sie laut aus:

Wo befanden Sie sich in diesem Moment? Wann war das? Und was wollten Sie da erreichen?
Was ist schiefgelaufen?
Wie haben Sie das Problem am Ende gelöst? Was haben Sie gemacht?
Welche Schlussfolgerung ziehen Sie daraus?

Führen Sie diese Elemente weiter aus – und schon haben Sie Ihre Geschichte!

Wenn Sie Ihre Geschichte dann erzählen, werden Ihre Zuhörerinnen und Zuhörer ihr gespannt lauschen, denn die zugrunde liegende Struktur ist ihnen bestens vertraut: Der Kontext schafft den Rahmen, dann sorgt ein Hindernis oder Problem für Spannung. Das

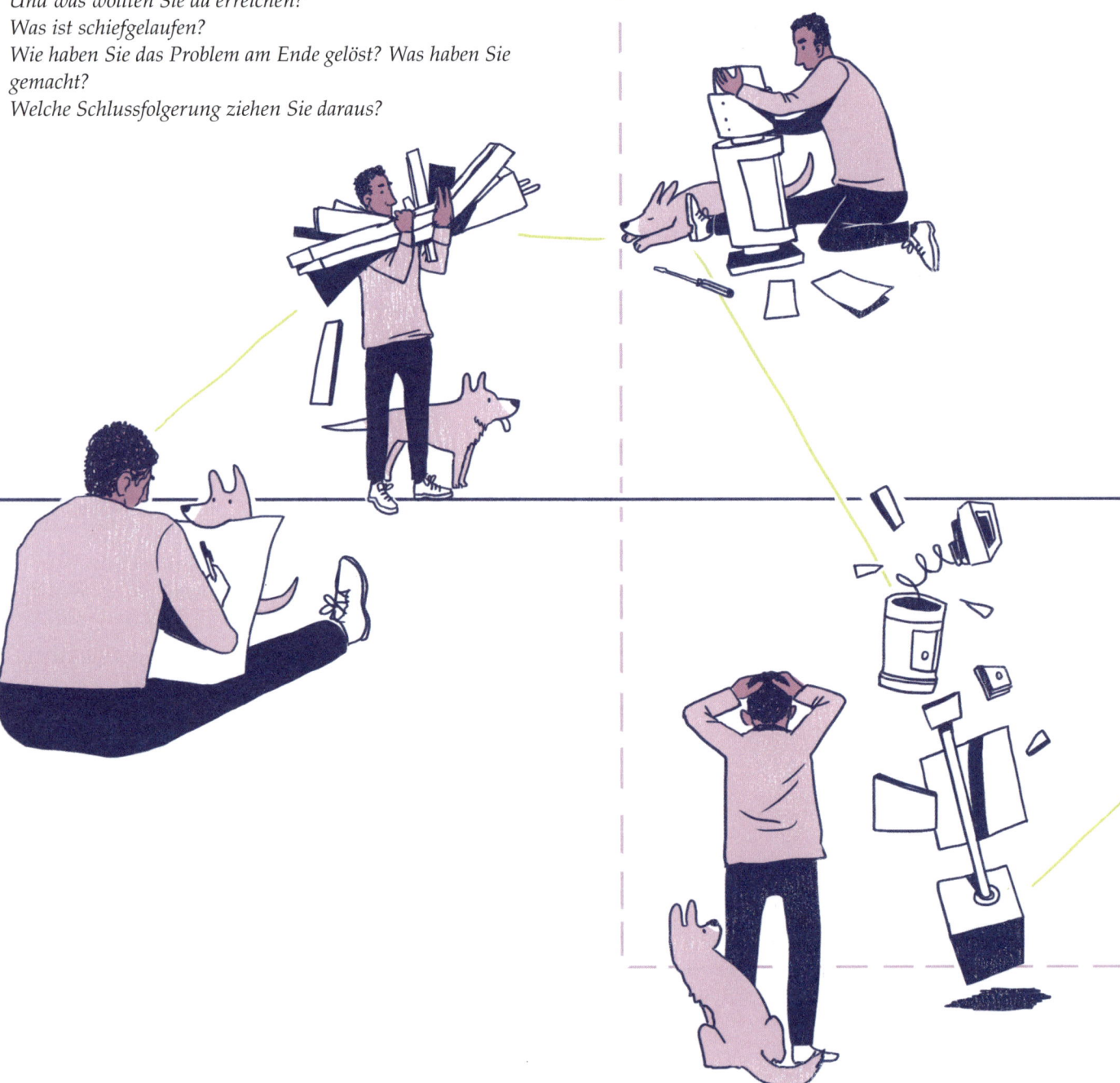

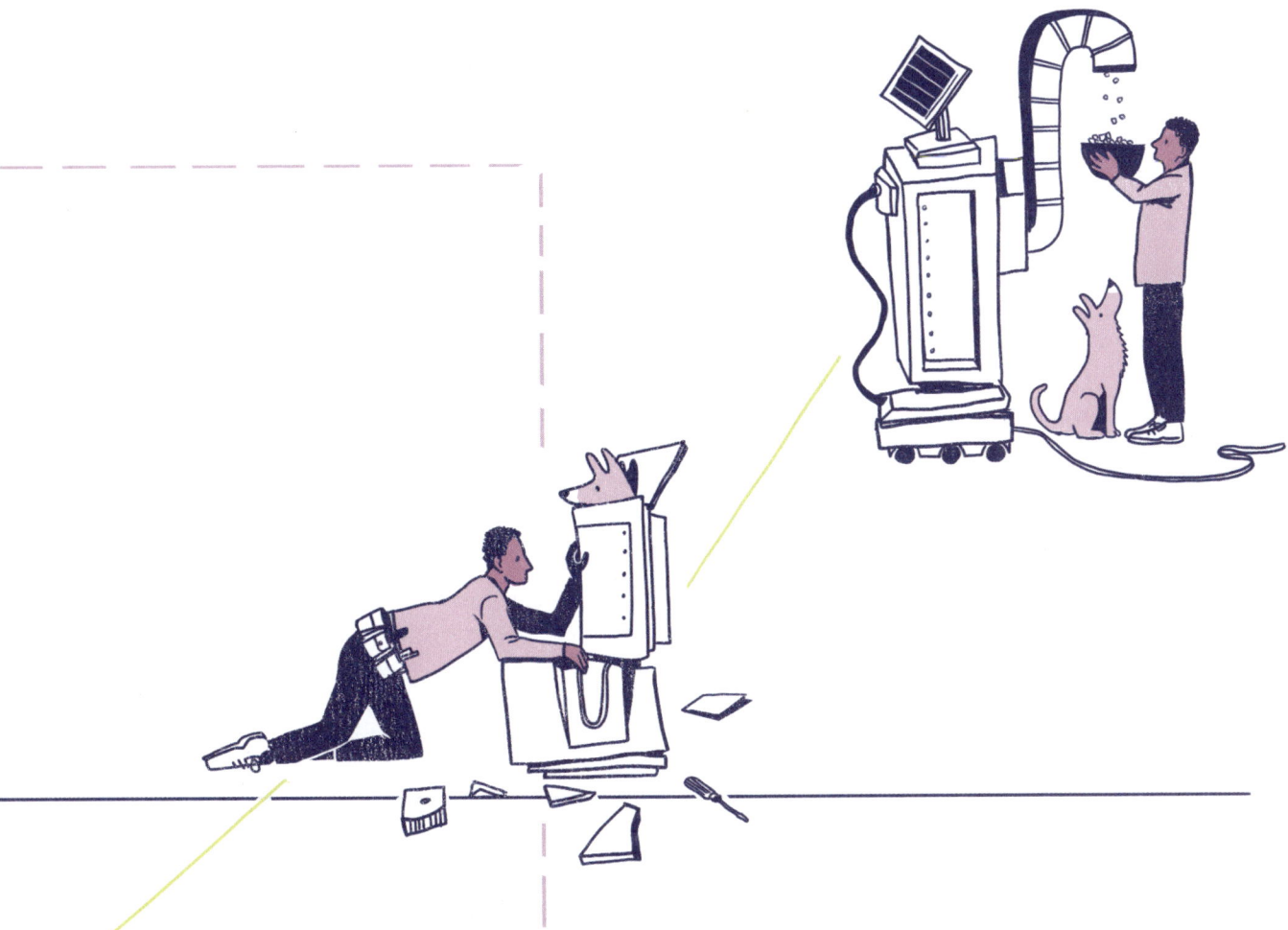

Problem wird gelöst, die Spannung löst sich und führt zu einer Erkenntnis oder Idee, die Ihrem Publikum hilft, dem Gehörten Sinn zu verleihen. Wie bei jeder guten Geschichte hat eine Sinnvermittlung stattgefunden und die Kultur entwickelt sich weiter.

Natürlich lässt sich Ihre kreative Arbeit oder eine Erfahrung, die Sie gemacht haben, nicht nur in *einer* möglichen Geschichte vermitteln. Es gibt zahlreiche Betrachtungswinkel. Wenn Sie Ihren Fokusrahmen in einen anderen Teil der Karte verschieben, welche Geschichte ergibt sich dann? Wie würden andere dann über Sie und Ihre Arbeit denken?

Diese Übung ist deshalb so hilfreich, weil Sie mit ihr den gesamten kreativen Prozess einmal schnell durchlaufen, bevor Sie Ihre Geschichte in Worte fassen. Sie ist damit ein einfaches Tool zum Story-Prototyping. Wenn Sie Ihre Geschichte bereits in diesem Anfangsstadium den Menschen erzählen, die Sie erreichen möchten, finden Sie sehr schnell heraus, was relevant ist und ankommt.

62 Ihr innerer Ethiker

Eine Idee von Stuart Coulson

Ethisch zu handeln ist heutzutage verwirrend. In den sozialen Medien prallen unterschiedliche Meinungen aufeinander und spalten die Menschen in gegensätzliche Lager. Rund um den Globus verändern sich Gesellschaften rasant und müssen enorme Herausforderungen meistern. Nicht zuletzt verschieben moderne Technologien die Grenze dessen, was möglich ist, immer weiter, ob es nun um die Automatisierung von Tätigkeiten oder die Beförderung von Menschen zum Mars geht. Angesichts solcher Umwälzungen ist es schwierig, die eigenen Designkompetenzen so einzusetzen, dass Lösungen entstehen, die den globalen und lokalen Bedürfnissen Rechnung tragen.

Um ethisch zu handeln und zu designen, müssen Sie sich persönlich bemühen, moralische Spannungen und Konflikte zu verstehen. Wenn Sie lediglich etablierten, „sicheren" Regeln folgen, werden Sie schnell feststellen, dass diese zu kurz greifen – besonders in Zeiten des Wandels. Ethisches Handeln ist ein Lernprozess, kein Regeln-Befolgen. Durch das regelmäßige Nachdenken über ethische Fragen versetzen Sie sich in die Lage, Ihr Verhalten und Handeln an sich verändernde Wertvorstellungen, Normen und Verhaltensregeln anzupassen.

Angesichts der Tatsache, dass Menschen unterschiedliche Meinungen haben, können Ihre Entscheidungen oder Handlungen sowohl als moralisch als auch unmoralisch wahrgenommen werden. Hier zeigt sich eine Parallele zwischen Design und Ethik: Es gibt nicht die eine richtige Lösung – nur Entscheidungen, die positive und negative Auswirkungen haben.

Jede Art von Design ist auf gewisse Weise übergriffig. Sie designen immer für jemand anderen und unabhängig davon, ob diese Person genauso ist wie Sie oder völlig anders, dehnen Sie Ihre Weltanschauung aus und bieten Sie über die Dinge, die Sie entwickeln, anderen an. Design ist die Ausübung von Macht – das sollten Sie sich bewusst machen und genau überlegen, welche Wirkung Sie dadurch bei anderen erzielen.

Machen Sie sich nicht nur Gedanken über das *Was*, sondern auch über das *Wer* und fragen Sie sich regelmäßig: *Was in Bezug auf meinen Hintergrund gibt mir die Autorität, die Macht und die Möglichkeit, diese Problemlösung zu versuchen? Wird mein Beitrag aufgrund dessen, wer ich bin, wertgeschätzt oder automatisch als besser (oder schlechter) wahrgenommen? Wie könnte dies meine kreative Arbeit beeinflussen?*

Diese Übung stellt einen Ausgangspunkt dar, sich die Komplexitäten ethischer Überlegungen in der kreativen Arbeit bewusst zu machen. Sie werden erfahren, dass ethische Entscheidungen nicht zwangsläufig klar sind und erkennen, dass nicht alle Menschen dieselben Ansichten teilen.

Für diese Übung brauchen Sie 4 bis 8 Personen. Das kann Ihr Designteam, Ihr Literaturkreis oder Ihre Familie sein oder jede andere Gruppe, die sich Gedanken über ihren Platz in der Welt machen möchte.

So geht's

Sammeln Sie in Vorbereitung dieser Übung einige kurze Texte, die unterschiedliche Sichtweisen ausdrücken. Leitartikel sind hierfür gut geeignet, da sie ausführlich darstellen, warum die Verfasserin oder der Verfasser ein bestimmtes Vorgehen für richtig oder falsch hält, und sich nicht bloß mit den zur Lösung eines bestimmten Problems erforderlichen Schritten beschäftigen. Heutzutage gibt es so viele Onlinequellen, dass Sie problemlos eine Auswahl zusammenstellen können.

Sammeln Sie Artikel, die sich mit verschiedenen ethischen Aspekten Ihres Themas beschäftigen, und wählen Sie dann vier davon aus. (Diese Vorgehensweise können Sie für praktisches jedes Thema nutzen: von „Sollte es in unserer Stadt mehr Fahrradwege geben?" über „Sollten Online-Wahlen erlaubt sein?" bis zu „Wie sollten Unternehmen mit sexueller Belästigung am Arbeitsplatz umgehen?".)

Alle Gruppenmitglieder lesen die vier Artikel zur Vorbereitung.

Wenn Sie sich dann treffen, sollten alle Anwesenden Flexibilität und Neugier mitbringen. Denn Sie werden vier 10-minütige Mini-Debatten führen – für jeden Artikel eine. Auf jede Debatte folgen weitere 5 bis 10 Minuten unstrukturierte Diskussion. Legen Sie für jede Runde zwei Personen fest, die die Diskussion führen. Sie sind die Diskussionsteilnehmer. An der anschließenden freien Diskussion dürfen sich jedoch auch die anderen Gruppenmitglieder beteiligen. Losen Sie per Münze aus, wer der beiden Diskussionsteilnehmer pro bzw. kontra dem im Artikel dargelegten Standpunkt argumentiert. Wählen Sie die Artikel dann nach dem Zufallsprinzip aus, damit alle die gleiche Chance haben, einen Standpunkt zu ziehen, den sie persönlich teilen oder nicht.

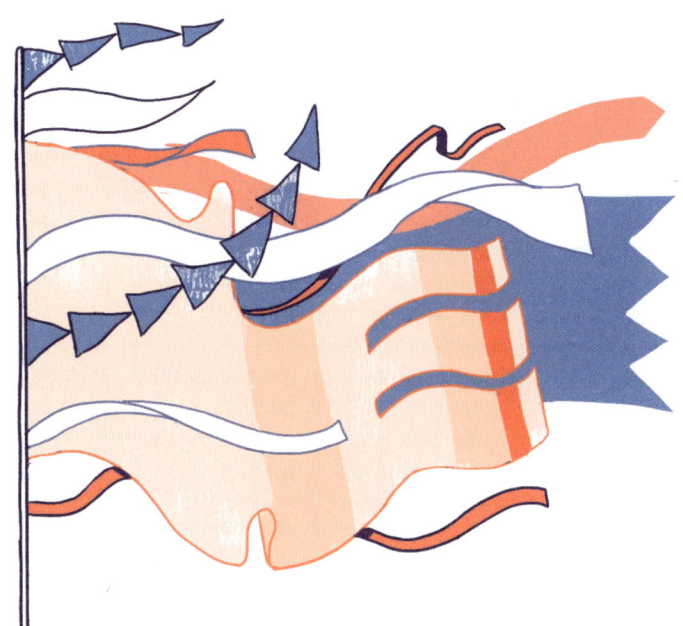

Hier geht es nicht darum, die Diskussion zu „gewinnen". Ihr Ziel ist vielmehr, verschieden ethische Sichtweisen zu diskutieren und auseinanderzunehmen. Dennoch sollten alle Teilnehmenden am Ende jeder Runde und offenen Diskussion für sich entscheiden, welche Position sie bevorzugen. Die Ergebnisse werden jedoch erst am Ende mitgeteilt.

Halten Sie nach Ablauf der vier Runden in einer Tabelle fest, wie sich die Teilnehmerinnen jeweils entschieden haben.

Diskutieren Sie die Ergebnisse in der Gruppe: Ist sich die Mehrheit beim jeweiligen Thema einig? Welche Folgen hat die Übereinstimmung oder Uneinigkeit in der Gruppe? Haben sich während der Diskussion Ideen für neue Normen oder Praktiken ergeben, die einige Mitglieder Ihrer Gruppe einführen möchten?

Diese Übung ist im Rahmen eines Kurses entstanden, in dem Studierende der *d.school* in internationalen Designprojekten mit Partnerunternehmen im jeweiligen Land zusammenarbeiten. Viele der ethischen Fragen, die in diesem Kontext aufkommen, beinhalten erstens Designarbeiten, die unterschiedliche Kulturen, Bildungsniveaus und Lebensstandards überspannen, und zweitens sich daraus ergebende Überlegungen hinsichtlich der Fragen, wer die Entscheidungsbefugnis hat und wer am ehesten von der Arbeit profitiert bzw. daran Schaden nimmt. Die ethischen Fragen, die in diesem Kontext sinnvollerweise diskutiert werden sollten, können denen ähneln, die Sie stellen würden, oder völlig andere sein. In beiden Fällen gibt Ihnen diese Übung eine Struktur an die Hand, die Sie an Ihre Bedürfnisse anpassen können.

Menschen zögern häufig, ethische oder moralische Fragen im Kollegen- oder Freundeskreis zu diskutieren. Sie haben Angst, dass Ihre Ansichten von den anderen als falsch angesehen werden könnten oder dass Uneinigkeit darüber besteht, was sie bedeuten. Diese Diskussionen sind häufig jedoch ein gutes Ventil, denn *irgendjemand* in Ihrer Gruppe macht sich bereits Gedanken oder Sorgen über diese Fragen und indem Sie sie offen ansprechen, nehmen Sie den Themen ihre Sprengkraft. Zudem können sie das Engagement der Gruppe stärken, indem jeder Einzelne erkennt, wie stark die eigene Arbeit andere beeinflusst. Niemand hat die „richtigen" Antworten auf alle Fragen. Nur indem Sie einen Prozess und eine Praxis etablieren, bei der unterschiedliche Meinungen zu Wort kommen, können Sie für sich die Verhaltensweisen finden, die am besten mit Ihren Werten übereinstimmen.

In einem Kurs mit 40 Studierenden hatten wir bei dieser Übung nie ein Ergebnis von 30:10. Meistens war es eher 50:50. Die Studierenden sind häufig überrascht zu sehen, dass es andere in ihrem Kurs gibt, die trotz gleichem Bildungshintergrund die Dinge ganz anders sehen. Das sind alles Grauzonen, Ermessensentscheidungen und praktische Überlegungen. Meine Studierenden erkennen, dass das, was sie für richtig halten, nicht von allen so gesehen wird.

Wir lassen Sie in dieser Übung bewusst über alle vier Artikel abstimmen, denn außerhalb der Schule gibt es kein Sicherheitsnetz. Sie werden sich in Situationen wiederfinden, in denen Sie einen Standpunkt einnehmen müssen, entweder um gegen eine Praxis zu argumentieren, die Sie für unethisch halten, oder um Ihr eigenes Verhalten anzupassen, weil Sie und die Welt um Sie herum sich verändern. Mit dieser Übung versuchen wir, die Brücke zu schlagen zwischen Ethik in der Theorie und Ethik in der Praxis.

– Stuart Coulson

63 Das Zukunftsrad

Eine Idee von Lisa Kay Solomon, inspiriert von Joel Barker

Immer wenn Sie etwas produzieren, produzieren Sie infolgedessen weitere Dinge. Wenn Sie Ihre kreativen Fähigkeiten in verschiedenen Lebensbereichen einsetzen, werden Sie feststellen, dass die Dinge oder Erfahrungen, die Sie designen, Auswirkungen haben. Diese können positiv oder negativ, beabsichtigt oder unbeabsichtigt sein.

Design bietet Ihnen viele Tools, um die Welt zu erkunden und zu interpretieren, kreative Standpunkte zu entwickeln und neue Konzepte für wichtige Bedürfnisse oder Chancen zu finden. Designtechniken richtig einzusetzen bedeutet, Verantwortung sowohl für die beabsichtigten als auch die unbeabsichtigten Folgen Ihrer Arbeit zu übernehmen, diese Folgen frühzeitig im Prozess zu bedenken und sie aus verschiedenen Blickwinkeln zu betrachten. Wie viel einfacher wäre das alles, wenn Sie in die Zukunft schauen könnten!

GENAU DAS macht diese Übung möglich – nein Scherz, natürlich nicht. Ich kann die Zukunft nicht vorhersagen und Sie können das ebenso wenig.

Was Sie aber tun können, ist, sich ganz bewusst Gedanken über die vielen möglichen Folgen Ihrer kreativen Arbeit zu machen. Das *Zukunftsrad* (oder auch *Futures Wheel*) hilft Ihnen dabei, sich zu fokussieren: auf den Aspekt Ihres Designs, der auf potenzielle zukünftige Szenarien hinweist, um dann zu versuchen, die Zukunft zu gestalten, die Sie sich wünschen. Setzen Sie die Übung ein, um Ihren Denkhorizont zu erweitern und sich die Bedeutung Ihres Designprojekts bewusst zu machen – unabhängig davon, ob Sie an etwas Großem oder Kleinen arbeiten.

Die Übung lässt sich umfassend einsetzen. Es ist häufig hilfreich, sich den größeren Kontext der eigenen Arbeit bewusst zu machen, um zu verstehen, wie sie in das große Ganze passt. Und es gibt einige Fälle, in denen diese Übung ein ganz wesentliches Tool darstellt: Setzen Sie sie immer dann ein, wenn Sie etwas mithilfe einer neuen Technologie entwickeln, die sich schnell weiterentwickelt und deshalb noch unbekannte Folgen hat. Aktuelle Beispiele sind maschinelles Lernen, synthetische Biologie, Blockchain und Social Media. Ein anderer Anwendungsfall ist, wenn Sie neue Regeln oder Systeme entwickeln, die häufig weitreichende, unvorhersehbare Auswirkungen haben. Zu guter Letzt sollten Sie diese Übung unbedingt verwenden, wenn Sie mit Menschen arbeiten, die Verletzungen erfahren haben; entweder durch Vernachlässigung oder bewusst designte Veränderungen in ihrer Umgebung. Überlegen Sie dabei, wie Sie diese Menschen in die Übung einbeziehen können.

So geht's

Wählen Sie als Erstes einen aktuellen Trend, der Ihrer Ansicht nach Ihre eigene Zukunft in den nächsten 5 bis 10 Jahren nachhaltig beeinflussen wird. Das kann ein umfassendes Thema wie autonomes Fahren, Roboter-Lieferungen, die zunehmende Automatisierung oder die Verbreitung von

Remote-Gesundheitsdienstleistungen sein. Oder ein sozioökonomisches Thema wie die zunehmende Kluft zwischen Arm und Reich oder der Aufstieg der Gig Economy. Auch ein lokaler Trend ist denkbar, etwa das Vorhaben, mehr Spielplätze in Ihrer Nachbarschaft zu bauen, oder der Rückgang kleiner Unternehmen in Ihrer Stadt.

Zeichnen Sie einen Kreis in die Mitte eines großen Blatt Papiers und schreiben Sie Ihren Trend in den Kreis. Lassen Sie dabei Platz für drei bis vier breite konzentrische Kreise, in deren Kreisringen Sie später ebenfalls Eintragungen vornehmen.

Ziehen Sie dann vom mittleren Kreis ausgehend drei Linien und notieren Sie an ihnen drei Folgen Ihres Trends. Schreiben Sie sie jeweils in einen kleinen Kreis: „Wenn es mehr autonome Fahrzeuge in unserer Stadt gibt, … gibt es vielleicht weniger Unfälle, … brauchen wir weniger Fahrlehrer, … müssen wir Extraspuren für diese Fahrzeuge schaffen, bis die Bürgerinnen und Bürger von ihrer Sicherheit überzeugt sind". Vielleicht fallen Ihnen mehr als drei Folgen ein. Nutzen Sie den Platz um den Mittelkreis herum. Dies sind Ihre Folgen erster Ordnung.

Gehen Sie dann zum zweiten konzentrischen Kreis über und notieren Sie in diesem Kreisring für jede Folge erster Ordnung drei Folgen. Schreiben Sie auch diese in kleine Kreise: „Wenn wir Extraspuren schaffen müssen, … gibt es weniger Platz für andere Autos, … müssen wir nach neuen Finanzierungsmöglichkeiten für diese Infrastruktur suchen, … animieren wir eventuell mehr Menschen zur Nutzung des öffentlichen Nahverkehrs, … könnte das bei einigen Bürgerinnen und Bürgern für Unmut und Protest sorgen".

Machen Sie so weiter, bis Sie alle Kreisringe befüllt haben. Notieren Sie dabei sowohl positive als auch negative Folgen und haben Sie keine Angst vor dystopischen oder utopischen Ergebnissen.

Wenn Sie den dritten oder vierten Kreisring ausgefüllt haben, halten Sie inne und überlegen Sie: Was wäre, wenn einige dieser Folgen tatsächlich eintreten würden? Wie sähe die Welt dann aus? Welche Folgen bevorzugen Sie? Was können Sie aktuell tun oder entwickeln, um die Zukunft in die gewünschte Richtung zu lenken? Welche unbeabsichtigten Folgen wollen Sie unbedingt verhindern? Wenn Sie diese Fragen für sich beantwortet haben: Wer könnte Ihnen weitere Informationen dazu liefern?

Versuchen Sie, diese Übung auf jegliches Thema anzuwenden, an dem Sie gerade arbeiten: Welche Veränderungen finden statt? Welche neuen Technologien ziehen Sie in Betracht? Welche neuen Produkte oder Services möchten Sie auf den Markt bringen? Sie werden unendlich viele Anwendungen für diese Mapping-Methode finden.

Das Zukunftsrad wird häufig von Gruppen genutzt, die die Ausdehnung eines Trends und seine Folgen erkunden möchten, um daraufhin entscheiden zu können, wie sie agieren oder was sie entwickeln. Wenn Sie die Übung allein durchführen, ist sie zwar auch hilfreich, doch Sie betrachten dann nur eine Perspektive. Eine bunt zusammengesetzte Gruppe ist hier von besonderem Vorteil, da sie mehr Vielfalt bietet: Eine Person wird das riesige Potenzial eines neuen medizinischen Verfahrens zur Rettung von Menschenleben erkennen, eine andere wird auf die steigenden Kosten im Gesundheitswesen hinweisen.

Keiner von beiden hat Recht oder Unrecht. Aber indem Sie sich Gedanken über die positiven *und* negativen Auswirkungen machen, können Sie mögliche zukünftige Szenarien besser abschätzen. Und dieses Wissen versetzt Sie in die Lage, Dinge zu designen, die den Menschen nutzen, statt ihnen zu schaden.

Das Zukunftsrad geht zurück auf den Zukunftsforscher Joel Barker, der in den 1970er-Jahren das erste Futures Wheel entwickelt hat. Es ist eine Methode zur Schulung des strukturierten Vorstellungsvermögens. Die Struktur ist hierbei besonders wichtig: Den meisten Menschen fällt es leicht, Folgen erster Ordnung zu finden, also die offensichtlichen Auswirkungen einer

Veränderung oder Entwicklung. Wesentlich mehr Vorstellungskraft erfordert es, eine ganze Kette von Ereignissen zu entwickeln und sowohl die utopischen als auch die dystopischen Konsequenzen der einzelnen Veränderungen in Betracht zu ziehen.

Das Zukunftsrad verrät Ihnen nicht, welches Szenario am ehesten eintreten wird. Es ist nicht binär („Meine Lösung ist entweder richtig gut oder richtig schlecht"), sondern erlaubt Ihnen vielmehr, die Grauzonen zu erkunden. Es bringt Sie schnell von etwas Konkretem und Beobachtbarem zu fantasievollen Möglichkeiten. Dort angekommen können Sie sich an Ihren Werten und Prioritäten orientieren, um Ihre Lösung in Richtung der Zukunft oder Zukünfte zu entwickeln, die Sie sich wünschen.

64 Kritik üben wie ein Marsianer

Eine Idee von Jeremy Utley, Perry Klebahn und Kathryn Segovia

Urteilsvermögen ist im Zusammenhang mit kreativen Projekten eine wesentliche, aber häufig falsch eingesetzte Fähigkeit. Sie wird entweder zu früh angewendet und erstickt damit noch nicht voll entfaltete Ideen im Keim oder zu spät, was zu suboptimalen oder schädlichen Ergebnissen führt.

Eine Art von primitiver Urteilsfähigkeit besitzen wir alle bereits. Die Fähigkeit, Situationen oder Erlebnisse auf Gefahren oder Chancen hin zu bewerten, ist tief im menschlichen Gehirn verankert. Sie hilft uns zu überleben. In dieser Übung lernen Sie, sich auf Ihre instinktive Urteilskraft zu verlassen und diese Fähigkeit zum Zwecke Ihrer kreativen Arbeit in eine produktive Form zu verwandeln, die wir „Kritik" nennen.

Wie können wir bewusster urteilen? Viele Menschen haben ein starkes Bauchgefühl, wenn es darum geht, was im Designkontext als „gut" bezeichnet werden kann. Doch sie nehmen sich nicht die Zeit zu überlegen, was „gut" eigentlich bedeutet. Wenn wir auf kreative Ergebnisse reagieren und uns oder andere bewerten, gründen wir unser Urteil häufig auf verborgene Kriterien, die wir nicht mitgeteilt oder definiert haben. Dadurch sind unsere Entscheidungen oft eigenwillig oder voreingenommen. Bewusst zu urteilen bedeutet in diesem Fall, die eigene Definition von „gut" zu schärfen, sodass Sie sich selbst und andere an hohen Standards messen können.

Kritik zu üben bedeutet, die eigene Arbeit regelmäßig mit dem Ziel zu beurteilen, sie zu verbessern. Dabei sollte die Kritik nicht nur einmal erfolgen, sondern zu bestimmten Zeitpunkten des kreativen Prozesses (also auch nicht zu *jeder* Zeit). Indem Sie zu vorher festgelegten Zeitpunkten und mit einer bestimmten Methode Kritik üben, sind Sie die restliche Zeit frei, Ihre Arbeit forschend und urteilsfrei zu verfolgen. Diese Methode ist ein wesentlicher Bestandteil des iterativen Prozesses: Jedes Mal, wenn Sie Ihre Arbeit beurteilen, beginnen Sie eine neue Schleife, die Ihre Lösung nicht nur in die nächste Phase führt, sondern auch zu besserer Qualität.

In dieser Übung üben Sie Kritik auf spielerische Weise. Sie können Sie allein durchführen. Ihre Arbeit und die Wirkung, die Sie erzielen möchten, profitieren jedoch davon, wenn Sie mehrere Personen und damit mehrere Perspektiven berücksichtigen. Denn jede Definition von „gut" muss durch viele Brillen betrachtet werden, um in unserer vielfältigen Gesellschaft allgemein akzeptiert zu werden.

Was Sie mit dieser Übung erreichen, ist abhängig vom Zeitpunkt ihrer Durchführung: Wenn Sie sie in einer frühen Phase einsetzen, in der Sie noch nach Inspirationen suchen, hilft sie Ihnen bei der Formulierung von Designprinzipien, an denen Sie Ihre Arbeit ausrichten können. Später, wenn Sie (und Ihr Team)

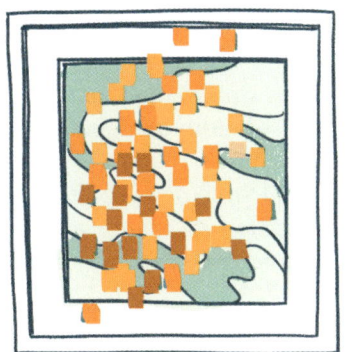

KRITIK ÜBEN WIE EIN MARSIANER

verschiedene Lösungen entwickelt haben (Anfangsideen, konkrete Konzepte, Prototypen oder vergleichbare Ergebnisse), unterstützt sie Sie dabei, diese zu optimieren.

So geht's

Jeder in der Gruppe bringt etwas mit, das beurteilt werden soll. Alternativ bringen Sie verschiedene Entwürfe mit. Vielleicht haben alle Gruppenmitglieder ein Statement of Direction für ein bestimmtes Projekt verfasst oder erste Konzeptskizzen erstellt, die zeigen, welche frühen Prototypen sie erstellen und testen könnten. Verschiedene Entwürfe zu ein und demselben Thema sind eine hervorragende Ausgangsbasis, um zu ermitteln, was „gut" bedeutet.

Befestigen Sie Bilder der Arbeiten (oder die Arbeiten selbst) an einer Wand und versehen Sie sie jeweils mit einer Nummer (Klebezettel).

Um die richtige Atmosphäre zu erzeugen, können Sie die Feedbackrunde folgendermaßen einleiten: „Stellt euch vor, alle hier Anwesenden kommen vom Mars, wo es keine Eigentumsrechte oder Urheberschaft gibt. Wir alle wollen lediglich verstehen, was ein spektakuläres Design ausmacht, um unsere Arbeit voranzubringen." Dieser spielerische Rahmen sorgt dafür, dass die Anwesenden ihre Egos zurückstellen und die Arbeiten objektiv betrachten. Das fiktive Setting hilft tatsächlich, genauso wie der Effekt, die eigene Arbeit neben der der anderen hängen zu sehen.

Bitten Sie die Anwesenden, ihre spontane Begeisterung als ersten Indikator für die Qualität der präsentierten Arbeiten zu betrachten. Fragen Sie:

Wenn ihr euch ein bestimmtes Statement of Direction oder Konzept anseht, wie sehr begeistert euch dieses?
Wenn ihr an einem dieser Entwürfe mitarbeiten könntet, welcher wäre das?
Welchen dieser Entwürfe hättet ihr gern selbst gefertigt?

Letztlich wollen Sie herausarbeiten, welches der Projekte sinnhaft und bedeutungsvoll ist. Das sind keine klassischen Bewertungskriterien; sie helfen Ihnen aber, ein instinktives Urteil zu fällen.

Geben Sie allen Anwesenden einen Klebezettel und erklären Sie, dass jeder Zettel eine sogenannte „Energieeinheit" ausdrückt. Jeder notiert seine Initialen auf dem Zettel sowie die Zahl des Projekts, das ihn am meisten begeistert. Schließlich sind Sie alle freie, eigenständige Marsianer, die selbst entscheiden können, an welchem dieser von Menschen geschaffenen Projekte sie arbeiten möchten. Dieses Vorgehen stellt einen wesentlichen Unterschied zu der Art und Weise dar, wie wir sonst häufig arbeiten, wenn wir ein Projekt zugeteilt bekommen und uns irgendwie durchwursteln müssen. Durch das Vergeben von Energieeinheiten erkennen Sie außerdem, was Sie wirklich bewegt, und das können Sie später auf Ihre eigene Arbeit übertragen.

Um Gruppendenken zu vermeiden (bei dem alle Anwesenden ihre Zettel bei dem Projekt platzieren, das bereits die meisten Energieeinheiten erhalten hat), sollten Sie die Teilnehmer bitten, ihre Zettel alle zur gleichen Zeit anzuheften. Treten Sie anschließend einen Schritt zurück und betrachten Sie die Wand. Sie haben eine Heatmap bzw. ein Wärmebild erstellt. Es zeigt Ihnen, wo sich die kollektive Energie der Gruppe bündelt.

Bitten Sie die Gruppe nun, ihre Gedanken zu äußern, und beginnen Sie eine kritische Diskussion. In der Regel gibt es einige klare Favoriten, die die meiste Energie erhalten haben. Es handelt sich hier jedoch nicht um eine Abstimmung. Sie wollen vielmehr verstehen, warum die Anwesenden so positiv auf den jeweiligen Entwurf reagiert haben.

Beginnen Sie mit einem Entwurf, der nur wenige Energieeinheiten erhalten hat. Untersuchen Sie ihn gemeinsam. Sagen Sie: „Diesem Entwurf fehlt offensichtlich etwas. Ich sage nicht, dass die Person, die ihn erstellt hat, nichts kann; sondern nur, dass er schlecht gemacht ist und dass der Urheber – wir wissen ja nicht, wer – einiges daran verbessern kann." Sie fällen hier ein punktuelles Urteil, das nicht die Designerin oder den Designer kritisiert, sondern lediglich die konkrete Arbeit. Durch diese Art von Formulierung wird die Kritik zielgerichtet. Es kann nun eine harte Diskussion folgen, doch die ausgetauschten Informationen helfen dem Urheber, seine Arbeit zu optimieren. Das ist die Verkörperung des Prinzips „Die Arbeit kritisieren, nicht ihren Urheber".

Fragen Sie ein oder zwei Personen, die diesen Entwurf mochten, warum er sie so begeistert hat. Häufig stellt das, was ihnen besonders aufgefallen ist, ein interessantes Designprinzip oder -kriterium dar. Vielleicht hat diese Person aufgrund ihres Erfahrungshintergrunds einen besonderen Blick. Das bietet Ihnen die Möglichkeit, über einen guten Aspekt der Arbeit zu sprechen, den Sie ohne diese Person übersehen hätten, sowie darüber, was der Arbeit fehlt.

Finden Sie als Nächstes heraus, warum manche Entwürfe viele Energieeinheiten erhalten haben. Bitten Sie dazu jemanden, dem die Arbeit gefallen hat, dies zu begründen und fragen Sie dann, ob jemand anderes dieselbe Arbeit aus anderen Gründen ausgewählt hat. Vielleicht ist in diesem Entwurf eine bestimmte Sache gut gelungen, vielleicht sind es auch mehrere. Die Struktur dieser Übung bietet noch einen weiteren Vorteil: Dadurch, dass alle gleich viele Energieeinheiten vergeben, hat jeder eine Meinung zum Thema, die Sie abfragen können. So vermeiden Sie, Kriterien zu entwickeln, die lediglich auf der Meinung derjenigen basieren, die sich am lautesten zu Wort melden.

Erstellen Sie anhand der Aspekte, die den jeweiligen Entwurf gut oder weniger gut machen, eine ungeordnete Liste der Dinge, die eine Lösung in diesem Kontext zu einer *guten* Lösung machen. Dazu ein Beispiel: Nehmen wir an, Sie haben verschiedene Ideen entwickelt, wie sich die Sicherheitskontrolle am Flughafen optimieren lässt. Ein Entwurf könnte kritisiert werden, weil er nur für eine bestimmte Gruppe von Reisenden funktioniert. Dann könnten Sie als ein Prinzip festhalten, dass die gewünschte Lösung für alle Arten von Reisenden – von Familien über Geschäftsleute bis hin zu Personen mit Mobilitätseinschränkungen – funktionieren muss. Oder Sie legen fest, dass bei der Kontrolle die individuellen Bedürfnisse der Reisenden berücksichtigt werden sollen und überlegen, welche Lösungen das ermöglichen würden. Nachdem Sie alle Entwürfe beurteilt haben, betrachten Sie Ihre Liste und verfeinern Sie sie. Am Ende sollten Sie vier bis fünf Prinzipien festgelegt haben, mit denen alle Anwesenden in die nächste Iterationsrunde starten können.

Im Verlauf des Projekts entwickeln sich Ihre Kriterien weiter und Sie können auf ihnen aufbauen. Zu Beginn sollten Sie sich auf Folgendes konzentrieren:

Erfüllt die Lösung eine wichtige Funktion?
Ist klar, wie sie funktioniert?
Ist sie einfach zu bedienen?
Später können Sie weitreichendere Fragen stellen:
Inwiefern stellt die Lösung wirklich eine Hilfe für Menschen dar?
Wer könnte von einer Nutzung ausgeschlossen sein?
Hat die Lösung negative Auswirkungen auf die Umwelt, etwa indem sie Müll produziert?
Hat sie weitere gesellschaftliche Auswirkungen?

Als Designerin oder Designer sind Sie sowohl für die beabsichtigten als auch die unbeabsichtigten Folgen Ihrer Arbeit verantwortlich. Indem Sie in späteren Phasen einen größeren Betrachtungswinkel für Ihre Kritik wählen, stellen Sie sicher, dass Ihre Lösung sowohl Ihre eigenen Qualitätsstandards erfüllt als auch die anderer.

Diese Art von Kritik erlaubt ehrliche Bewertungen. Sie müssen verstehen, dass Qualität in der kreativen Arbeit wirklich wichtig ist und dass es schlechte und gute Ergebnisse gibt. Diese sind jedoch hochgradig subjektiv, weshalb Sie viel Input von verschiedenen Leuten benötigen. Am Ende der Übung halten Sie nicht nur eine Liste mit Kriterien für gute Designarbeit in der Hand, sondern jeder in der Gruppe hat auch hilfreiches Feedback zu seiner Arbeit erhalten, das er in der nächsten Iterationsrunde nutzen kann.

Am effektivste ist die Übung, wenn jeder einzelne Entwurf an der Wand bewertet wird – mit positivem und negativem Feedback. Häufig erhalten Designerinnen und Designer zu schlechter Arbeit kein Feedback. Es werden dann nur die vielversprechendsten Entwürfe hervorgehoben, an denen sich alle orientieren sollen. Das ist jedoch viel zu abstrakt. Um Ihr Urteilsvermögen und Ihre Designfähigkeiten auszubauen, sollten Sie alle Entwürfe betrachten.

Nicht immer lässt sich geheim halten, wer welchen Entwurf erstellt hat. Das ist in Ordnung. Sie sollten lediglich sicherstellen, dass die Arbeiten alle auf die gleiche Weise präsentiert werden. Versuchen Sie einfach, einen einheitlicheren, objektiveren Rahmen zu schaffen. Je besser Ihre Gruppe in dieser Art des Kritikübens wird, desto weniger wichtig wird der Aspekt der Anonymität.

Wenn ich mit Führungskräften oder Studierenden an einer Design-Challenge arbeite, fordere ich sie regelmäßig auf, ihre Arbeit zu bewerten – fast in Echtzeit. Das verbessert ihre Designprojekte und zeigt ihnen, wie wichtig es ist, einen Prozess der offenen Kritik und Bewertung zu etablieren, der streng und hilfreich zugleich ist. Es bringt Ihrem Unternehmen oder Ihrer Hochschule wenig, wenn Sie schlechte Arbeit nicht beim Namen nennen, und es ist langfristig schädlich, wenn Ihr Prozess die Kreativität der Beteiligten hemmt. Meiner Erfahrung nach machen gerade die Menschen, deren Entwürfe weniger Begeisterung hervorrufen und die am schärfsten kritisiert werden, den größten Fortschritt. Manchmal überholen diese Personen die anderen nach der nächsten Iterationsrunde sogar.

– Jeremy Utleymigh

65 Mehr mutige Menschen

Eine Idee von Zaza Kabayadondo

Wie andere Tools und Methoden, die Veränderungen bewirken, kann auch Design zu positiven oder negativen Ergebnissen führen. Vielleicht wissen Sie um die vielfältigen Weisen, wie Design das Leben der Menschen verbessern kann. Es wurde jedoch auch dazu genutzt, soziale Probleme zu verschärfen, etwa Rassentrennung, Technologiesucht oder Drogenabhängigkeit.

Was sagt das über Design als Tool? Hat Design seine eigenen moralischen Eigenschaften oder hängt es davon ab, wie die Methode eingesetzt wird?

So geht's

Finden Sie ein Beispiel, in dem Design Ihr Leben oder die Welt um Sie herum positiv verändert hat.

Finden Sie dann ein Beispiel, in dem Design die Dinge verschlimmert hat.

Welche Schlussfolgerungen können Sie aus diesen Beispielen ziehen?

Und was sagt das über Ihre eigene Fähigkeit, Interaktionen, Objekte oder Umgebungen zu gestalten, die andere erleben werden? Wer sind die „mutigen Menschen", von denen Zaza spricht? Was bedeutet es für Sie, gleichsam kreativ und mutig zu sein?

Es ist gut, dass Design und soziale Probleme zusammenhängen …

Denn das heißt: Unterdrückung und Ausgrenzung sind keine natürlichen Phänomene, sondern menschengemachte Probleme. Das heißt, wir können uns einen Weg raus aus diesem Schlamassel „designen".

Je mehr mutige Menschen Design als mächtiges Werkzeug zur Gestaltung der Welt betrachten, desto bessere Chancen haben wir als Menschheit.

– Zaza Kabayadondo

Bau dir einen Bot

Eine Idee von Ariam Mogos, Laura McBain, Megan Stariha, Carissa Carter und Karen Ingram

Kennen Sie Alexa? Oder ihre Freundfeindin Siri? Und ist schon mal ein freundliches Kundenservice-Chatfenster in der Ecke Ihres Bildschirms aufgepoppt, als Sie gerade überlegt haben, in welcher Größe Sie die Hose im Onlineshop bestellen sollen? Wenn ja, haben Sie bereits Bekanntschaft mit einem der vielen KI-gestützten virtuellen Assistenten gemacht.

Diese KI-Assistenten sind aufmerksam und nützlich, doch sie sind keine Menschen. Sie sind Computerprogramme, die entwickelt wurden, um auf menschliche Befehle zu reagieren. Wenn sie „freundlich" wirken, liegt das daran, dass jemand sie auf Basis seiner Vorstellung dessen, was die meisten von uns als freundlich betrachten, so designt hat. Man hätte Siri oder Alexa auch so programmieren können, dass sie sagen: „Mensch, jeder Zweitklässler weiß, wie das Wetter morgen wird, aber da du scheinbar ahnungslos bist, sage ich es dir: Es regnet am frühen Nachmittag. Zieh dich also entsprechend an!" (Für eine gemeine Siri würden Sie aber wahrscheinlich kein Geld ausgeben.)

Alles an der Unterhaltung mit einem KI-Assistenten ist designt. Der Name des Assistenten, seine Stimme und das Geschlecht, das Sie ihm zuschreiben, entscheiden darüber, wie Sie mit ihm vor dem Hintergrund Ihrer eigenen Lebenserfahrung in Kontakt treten. All diese Elemente sind bewusste Entscheidungen der Personen, die die Interaktion designt haben.

Eine ganz wesentliche Designentscheidung ist der Datensatz an Wörtern und Satzfragmenten, auf die der Assistent bei seinen Antworten zurückgreift. Da die Userinnen und User Millionen unterschiedliche Fragen stellen könnten, müssen die Entwickler einen riesigen Datensatz an unterschiedlichen Antworten zusammenstellen. (Das Computerprogramm, das den KI-Assistenten steuert, wird besser darin, die Anweisungen zu interpretieren und die richtige Antwort zu geben, je mehr Antworten es ausprobiert und je häufiger es die Rückmeldung erhält, ob diese richtig oder falsch sind. Dann startet es einen neuen Versuch. Dieser Trainingsprozess wird auch als „maschinelles Lernen" bezeichnet.) Ist die Antwort nicht Bestandteil des Datensatzes, ist der KI-Assistent anders als das menschliche Gehirn nicht in der Lage, eine ganz neue Antwort zu generieren; er kann Dinge allerdings neu kombinieren.

Das bedeutet: Die Interaktionen zwischen Mensch und KI-Assistent unterliegen den Beschränkungen der Designerinnen und Designer. Unsere Persönlichkeit, unsere Vorurteile, blinden Flecke, Präferenzen und Vorlieben haben Einfluss darauf, was wir produzieren – das betrifft auch das Design moderner Technologien. Wenn wir nicht aufpassen, werden die Vorurteile und Ungleichheiten unserer analogen Welt in die digitale Welt übertragen und dort vielleicht noch verstärkt.

In dieser Übung designen Sie eine Unterhaltung mit einem KI-Assistenten. Keine Sorge: Sie müssen dazu nicht programmieren können. Die Übung lässt sich allein durchführen; mehr Spaß macht sie allerdings mit einer Freundin oder einem Freund. Setzen Sie sie ein, wenn Sie genauer verstehen möchten, wie die kleinen digitalen Helfer uns in unserem Alltag beeinflussen. Oder wenn Sie sich einen Überblick darüber verschaffen wollen, wie der neu entstehende Bereich des Voice-Design die Ungleichheiten reduzieren kann, statt sie zu vergrößern.

So geht's

Diese Übung besteht aus zwei Runden. In der ersten Runde erfinden Sie einen innovativen Namen für Ihren KI-Assistenten. In der zweiten Runde entwickeln Sie einen Datensatz, auf den der Assistent zurückgreifen könnte, und berücksichtigen dabei verschiedene Perspektiven. Klingt etwas verwirrend? Keine Sorge: Sie benötigen keine speziellen Fachkenntnisse.

Runde 1: Dem KI-Assistenten einen Namen geben

Denken Sie sich einen Namen für Ihren KI-Assistenten aus. Dieser darf jedoch keine negativen Vorurteile bestätigen. Wählen Sie zum Beispiel einen Namen, der Ihnen gefällt. Wir nennen unseren Bot jetzt mal „Jenny".

Notieren Sie in Ihrem Notizbuch oder auf einem Blatt Papier alle Eigenschaften, die Sie mit diesem Namen in Verbindung bringen, zum Beispiel „weiblich", „zwei Silben", „beliebt", „westlich", „Spitzname". Überlegen Sie sich für jede dieser Eigenschaften zwei bis drei Folgen, die es haben könnte, wenn Sie einen Namen mit dieser Eigenschaft verwenden, und zwar dahingehend, welche Klischees durch diese Eigenschaft bedient werden. Für „weiblich" könnten Sie beispielsweise notieren: „bedient das Klischee, dass Sekretärinnen und Assistentinnen in der Regel Frauen sind" und „nicht bedrohlich". Für „westlich" könnten Sie notieren: „unterstreicht die Vorstellung, dass ‚alle Menschen' englische Namen kennen sollten". Für „zwei Silben" können Sie überlegen, wem es einfach bzw. schwerfallen könnte, den Namen auszusprechen. Bei dieser letzten Folge geht es weniger um Vorurteile als um Benutzerfreundlichkeit. Das ist aber völlig in Ordnung, zeigt es doch, dass Sie die Auswirkungen Ihres KI-Assistenten aus unterschiedlichen Perspektiven betrachten. Wiederholen Sie das Ganze dann mit einem anderen gängigen Namen.

Nun, da Sie sich einige der Herausforderungen bei der Namensgebung bewusst gemacht haben: Fallen Ihnen Namen ein, die keine dieser negativen Auswirkungen haben? Fällt Ihnen ein Name ein, der keine Vorurteile bedient? Das ist eine anspruchsvolle Aufgabe! Wenn Sie ein paar Namen gesammelt haben, testen Sie Ihren Favoriten an einer Freundin oder einem Freund, die bzw. der idealerweise einen anderen Hintergrund oder eine andere Weltsicht hat als Sie. Vielleicht entdeckt diese Person Vorurteile, die Sie übersehen haben.

Runde 2: Einen Datensatz kreieren

Ein Datensatz ist eine Sammlung verschiedener Arten von Informationen, die miteinander in Verbindung stehen und so organisiert und strukturiert sind, dass sich daraus leicht Informationen generieren lassen. Menschen betrachten die verschiedenen Teile eines Datensatzes zum Beispiel, um sich einen Überblick

über ein Thema zu verschaffen. Ein Datensatz zu Ihrer Gesundheit könnte beispielsweise Informationen zu Ihrer Größe, Ihrem Gewicht, Ihrem Blutdruck, Ihrem Puls sowie die Ergebnisse Ihrer letzten Ohr- und Augenuntersuchung enthalten. Andere wichtige Informationen könnten dagegen fehlen, etwa Ihr Stresspegel oder Ihr Privatleben. Warum? Vielleicht hat die Person, die die Tools zur Datenerfassung und -strukturierung entwickelt hat, entschieden, dass diese Informationen nicht wichtig sind. Oder sie wusste nicht, wie man diese Daten erfasst. Vielleicht hat sie auch selbst nie privaten Stress und betrachtet diese Informationen deshalb als irrelevant.

Diese Entscheidungen haben Konsequenzen. Zum Beispiel ist die Art der Therapie, die Sie im Falle einer bestimmten Erkrankung erhalten, abhängig davon, welche Informationen für wichtig erachtet und entsprechend gesammelt und gespeichert wurden. Außerdem spiegeln diese Entscheidungen die Ansichten und Lebenserfahrungen der Person wider, die sie getroffen hat.

In dieser Runde schlüpfen Sie in die Rolle einer dieser Designerinnen und Designer und erfahren, wie ein Perspektivwechsel Ihre Meinung darüber beeinflusst, welche Informationen ein Datensatz umfassen sollte.

Nehmen wir als Erstes einmal an, jemand fragt Ihren frisch getauften KI-Assistenten: „Hey _____, was ist ein Baum?"

Sie möchten, dass die Antwort aus einigen Wörtern und einem Bild besteht.

Zur Inspiration können Sie sich die hier dargestellten Bäume ansehen.

Ihr KI-Assistent könnte zum Beispiel antworten:

„Bäume sind große Pflanzen mit Wurzeln, einem Stamm, Ästen sowie Blättern oder Blattwerk. Man findet sie in Parks, urbanen Grünflächen, Wäldern und an vielen anderen Orten. Aus Bäumen wird Holz und daraus werden Möbel, Brennholz oder Papier hergestellt.

Das ist eine gute Antwort, es ist jedoch nicht die einzig mögliche Antwort. Ihre Aufgabe besteht nun darin, drei verschiedene Datensätze mit ganz unterschiedlichen Blickwinkeln zu erstellen. Zeichnen Sie für jeden Blickwinkel einen Baum und notieren Sie ein/zwei Sätze wie im Beispiel oben. Überlegen Sie, welche Perspektive auf einen Baum besonders interessant sein könnte: die einer Ameise, eines Bärs oder eines Vogels vielleicht? Oder die einer Person, die *shinrin-yoku* (japanisch für „Waldbaden") betreibt? Notieren Sie zu jeder Perspektive Informationen zu folgenden Impulsen:

„Ein Baum sieht aus wie _____, man findet ihn und er wird für _____ verwendet."

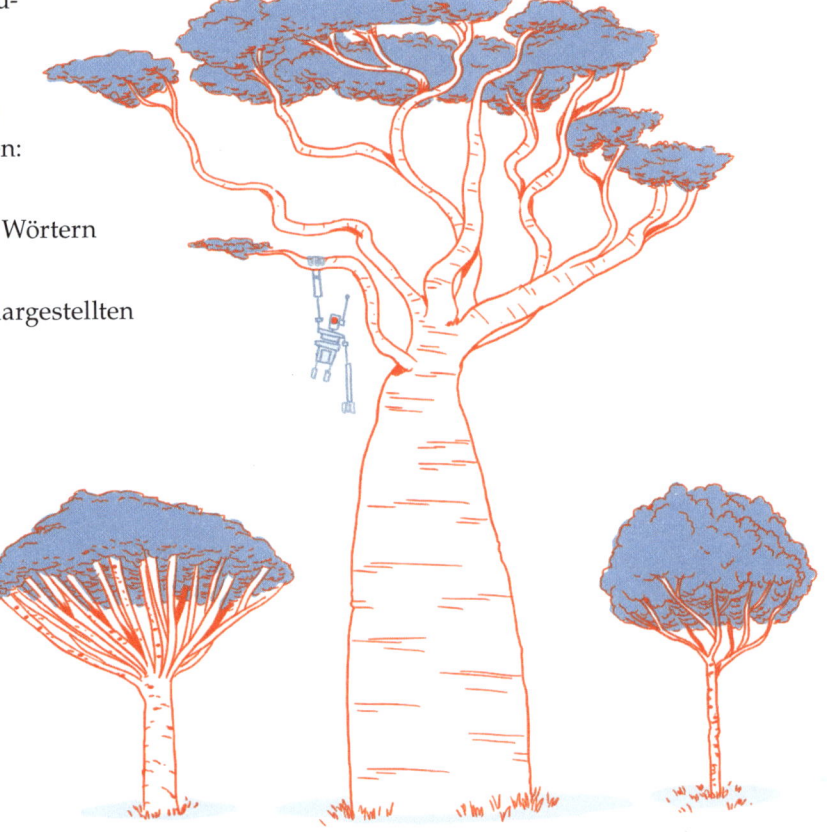

Damit haben Sie drei Datensätze kreiert, die alle verwendet werden könnten, um die Frage „Was ist ein Baum?" zu beantworten. Wie entscheiden Sie nun aber, welche Perspektive Sie jemanden anbieten, der Ihrem KI-Assistenten diese Frage stellt?

Bei jeder Frage, die Sie Ihrem KI-Assistenten stellen, greift dieser auf einen Datensatz zurück, um sie zu beantworten. Jeder Datensatz spiegelt dabei die Persönlichkeit sowie die Werte und Vorurteile der Personen wider, die entschieden haben, welche Informationen er enthält und welche nicht. Viele Datensätze repräsentieren damit ein vorherrschendes Narrativ, also die Meinung, die von der Mehrheit der Menschen geteilt zu werden scheint. Dabei wird häufig jedoch nicht hinterfragt, was „von der Mehrheit geteilt" eigentlich bedeutet. Geht es wirklich um die „Mehrheit der Menschen" oder um die „Mehrheit der Menschen, die das Sagen haben"?

Diese Fragen stellen die Entwicklerteams, die die Datensätze kreieren und die Parameter dafür festlegen, wie KI-gestützte Tools auf Befehle und Fragen reagieren, vor Herausforderungen. Wenn Sie zum Beispiel online nach Fotos von CEOs suchen, finden Sie vor allem Fotos von weißen Männern und nur wenige Fotos von Frauen, Schwarzen, indigenen Menschen oder People of Color. Das liegt daran, dass der für diese Suchanfrage verfügbare Datensatz auf veröffentlichten Fotos von tatsächlichen CEOs basiert und in den Vereinigten Staaten sind die CEOs, die am ehesten für öffentliche Zwecke fotografiert wurden, nun einmal weiße Männer. Jeder große Datensatz enthält überdurchschnittliche viele dieser Fotos. Einerseits ist das Suchergebnis dadurch sehr zutreffend, da es den Status quo unserer Gesellschaft widerspiegelt. Andererseits bestätigt es jedoch das Vorurteil, dass weiße Männer eher für einen CEO-Posten infrage kommen, weshalb das Suchergebnis in Bezug auf die Frage, wer am ehesten für diese Position „geeignet" ist, weitgehend unzutreffend ist. Das hat auch langfristige Folgen: Aufgrund dieser Suchergebnisse bekommen Frauen und People of Color weniger Menschen wie sie als CEOs zu Gesicht. Dass sie immer wieder subtil (oder weniger subtil) mit diesem

Vorurteil konfrontiert werden, hat Auswirkungen auf ihre Berufswahl und darauf, ob andere sie in Rollen akzeptieren, die ihnen in der Vergangenheit nicht offenstanden. Die Art und Weise, wie dieser konkrete Datensatz funktioniert, beeinflusst also, ob CEOs in Zukunft diverser oder weniger divers sind als heute.

Was kann die Person, die diesen Datensatz entwickelt, also tun? Die Suchergebnisse so ändern, dass ein differenzierteres Bild von CEOs vermittelt wird? Den Datensatz diversifizieren? Ihn so lassen, wie er ist? Die Antwort hängt von Ihren Werten, Ihrer Persönlichkeit und Ihrer Perspektive ab. Für jede Designerin und jeden Designer ist es wichtig zu untersuchen, wie diese Faktoren die Art und Weise beeinflussen, wie wir Erfahrungen mithilfe von Technologien designen, und welche unbeabsichtigten Folgen sie für Menschen mit einem anderen Hintergrund haben können.

KI-Assistenten sind wahre Goldgruben! Sie liefern uns so viele Informationen über neue Technologien und haben das Potenzial, die Gesellschaft zum Besseren zu verändern. Gleichzeitig ist es meiner Meinung nach dringend notwendig, die Vorurteile, vorherrschenden Narrative und realweltlichen strukturellen Ungleichheiten, die sie transportieren und reproduzieren, zu adressieren.

Ich möchte, dass wir uns bewusst sind, welche ethischen Konsequenzen die neuen Technologien haben und dass wir in der Lage sind, Entscheidungsprozesse zu designen, zu reflektieren und daran zu partizipieren. Mit dieser Übung fordere ich Sie auf, fachkundige Fragen über die neuen Technologien zu stellen und darüber nachzudenken, wie unsere Identitäten unsere Designarbeit beeinflussen. Ich hoffe, die Übung animiert sie dazu, zu fragen: Wer entscheidet darüber, wo all die Datensätze herkommen, die meiner Technologie zugrunde liegen? Wessen Perspektive spiegeln diese Datensätze wider? Und wie könnte das unsere Welt beeinflussen?

– *Ariam Mogos*

67 Tools für Teams entwickeln

Eine Idee von Nicole Kahn

Wenn Sie als besonders kreativ gelten, werden Sie vielleicht irgendwann einmal gefragt, ob Sie ein *Team aus mehreren Mitgliedern* anleiten möchten, um etwas Kreatives zu produzieren. Vielleicht fühlt sich das für Sie zunächst wie eine Bestrafung an: Wir gehen häufig davon aus, dass jemand, der sehr kreativ ist, eine größere Gruppe osmoseartig oder wie durch Zauberei mit seiner Kreativität anstecken kann. Individuelles kreatives Arbeiten und kreatives Arbeiten in der Gruppe sind jedoch nicht dasselbe.

Wenn Sie ein Team führen, müssen Sie viele verschiedene Dinge gleichzeitig berücksichtigen: wie gut die Arbeit vorangeht, wann die Teammitglieder selbstständig arbeiten wollen und wann sie Anleitung benötigen; zwischenmenschliche Dynamiken sowie andere Stakeholder, die ein Interesse daran haben, dass Ihre Arbeit erfolgreich ist. Viele dieser Kräfte üben unsichtbar Druck auf Sie aus und wenn Sie nicht geschult sind, wissen Sie nicht, wie Sie damit umgehen sollen.

Doch die kreativen Prinzipien, die Sie regelmäßig in Ihrer Designarbeit anwenden, können Ihnen auch helfen, neue Gruppenregeln, -rituale oder -tools zu entwickeln, die ein Team unterstützen und ein Projekt voranbringen. Team- und Führungsprobleme sind eine gute Spielwiese für kreative Ansätze, auch wenn sie in der Regel nicht als solche betrachtet werden. Tatsächlich können Sie Ihre Designkompetenzen einsetzen, um verborgene Verhaltensweisen, Spannungen oder Probleme im Team sichtbar zu machen, und sie dadurch zu adressieren.

In dieser Übung lernen Sie, das Thema Führung wie eine Designerin oder ein Designer anzugehen. Sie erkennen, dass Sie die Frage, wie sich eine Teamkultur etablieren und Ihr Führungsstil verbessern lässt, als Prototyp umsetzen und damit experimentieren können. Es ist praktisch ein weiterer Bereich, in dem Ihre Kreativität von Nutzen sein kann.

Um diese Übung durchführen zu können, müssen Sie ein sich regelmäßig treffendes Team finden, zu dem Sie selbst aber nicht gehören. (Das verschafft Ihnen die nötige Distanz.) Das mag etwas komisch klingen, doch es gibt viele Möglichkeiten, solch ein Team zu finden. Woran das Team arbeitet, ist egal. Es kann ein Team sein, mit dem Sie im Rahmen eines Führungskräfteprogramms in Kontakt kommen, die Personalabteilung Ihres Unternehmens, ein Literaturkreis, eine Projektklasse in einer Hochschule, in der Sie hospitieren dürfen, oder eine Elterninitiative. Sie können auch einen Mentor begleiten, der mit einem Team arbeitet, oder eine Art Austausch organisieren: Ihr Team hilft einem anderen Team bei dieser Übung und umgekehrt. Wenn Sie diese Übung einer Gruppe vorschlagen, erklären Sie, dass sie Ihren Führungsansatz kreativer gestalten möchten, oder führen Sie einen anderen Grund an, der zur Situation passt.

So geht's

Beobachten Sie Ihr ausgewähltes Team eine Stunde lang während eines Meetings und machen Sie sich detaillierte Notizen. Achten Sie auf Verhaltensweisen, individuelle Rollen, die Atmosphäre im Raum sowie darauf, wie die einzelnen Personen miteinander interagieren und wie sie zu dem Projekt stehen, an dem sie gerade arbeiten.

Findet das Meeting virtuell über ein Videokonferenztool statt, ist es für Sie sogar noch einfacher, im Hintergrund zu bleiben. Nachdem Sie sich vorgestellt und ihre Absicht erklärt haben, können Sie einfach ihre Kamera ausschalten und zum Beispiel Ihren Bildschirmnamen in „Team-Designerin" oder etwas Ähnliches ändern.

Reflektieren Sie nach dem Meeting, was Sie beobachtet haben. Gehen Sie dabei ganz bewusst vor und überlegen Sie, was Ihnen besonders aufgefallen ist und warum. Notieren Sie einige Bereiche, in denen das Team von einer neuen Vorgehensweise profitieren könnte: Vielleicht ist Ihnen aufgefallen, dass sich die Anwesenden schwergetan haben, eine Entscheidung zu treffen. Vielleicht gab es ständige Unterbrechungen, die für Frustration gesorgt haben. Was auch immer Ihnen aufgefallen ist: Halten Sie diese Verbesserungsbereiche fest.

Erstellen Sie nun im nächsten Schritt für diese Verbesserungsbereiche Prototypen, mit denen andere experimentieren können. Überlegen Sie zum Beispiel, welches Tool dem Team bei der Entscheidungsfindung helfen könnte. Könnte das ein physisches Objekt sein? Oder ein Sprichwort? Welches Ritual könnte ein dominantes Teammitglied dazu bringen, mehr Fragen zu stellen und den anderen Raum zu geben? Entwickeln Sie einige Ideen und entscheiden Sie dann, welche sie umsetzen und testen möchten.

Testen Sie Ihre Ideen zuerst in Ihrem eigenen Team, um zu sehen, wie sie ankommen. Die Tools müssen nicht perfekt funktionieren. Sie sollen vielmehr die Selbstwahrnehmung des Teams und die Bereitschaft fördern, mit verschiedenen Hebeln zu experimentieren, um das Teamgefühl zu verbessern und das Projekt voranzubringen.

Sie können die Übung entweder hier beenden oder noch einen Schritt weitergehen. Wenn Sie das Team, das Sie beobachtet haben, ein zweites Mal besuchen, stellen Sie Ihr Tool vor, testen Sie es und beobachten Sie die Mitglieder währenddessen.

Manche Menschen glauben, dass Führungskompetenz und Kreativität angeborene Fähigkeiten sind – unveränderbare Eigenschaften: Man hat sie, oder man hat sie nicht. Wenn Sie Teamführung jedoch als Designchance betrachten, können Sie zielgerichtet vorgehen, Ihre Ideen testen, Erkenntnisse gewinnen und Ihre Methoden nach und nach optimieren.

Ich habe diese Übung ursprünglich für eine Gruppe von neuen Designstudierenden entwickelt. Als diese im Verlauf des ersten Semesters ein interdisziplinäres Team anleiten mussten, war mir aufgefallen, dass sie von anderen Studierenden, die mehr Führungserfahrung besaßen, aber wenig über Design wussten, einfach übergangen wurden. Darunter litt die Qualität der Arbeit sehr.

Also forderte ich die Erstsemestler auf, die Teams zu beobachten, die von Studierenden im zweiten Semester geführt wurden. Diese Aufgabe hatte einen doppelten Effekt: Die Erstsemestler bewunderten die älteren Studierenden einerseits, sahen aber andererseits, wie schwierig es war, ein Team zu führen. Da sie diese Schwierigkeiten im zweiten Semester nicht selbst erleben wollten, waren sie motiviert, verschiedene mutige Prototypen zu testen und wirklich daraus zu lernen. Und aufgrund dieser Einstellung halfen ihre Ideen den Teams tatsächlich weiter.

Der Grund dafür, dass diese Übung so wirkungsvoll – und sogar überraschend – war, ist folgender: Die Erstsemestler haben erkannt, dass sie mit ein wenig Basiswissen und ein/zwei Stunden Designarbeit so etwas Abstraktes wie ihre eigene Führungskompetenz verbessern konnten. Im Design geht es immer darum, chaotische, komplexe Probleme in spezifische, konkrete Lösungen umzusetzen, die Veränderungen bewirken. Die Studierenden haben verstanden, dass Führungsstil und Teamleitung designt werden können und dass es nicht nur eine, sondern viele Arten gibt, wie Teams funktionieren.

Das ist der eigentliche Clou dieser Übung: Wenn Sie verschiedene Führungsstile entwickeln, können Sie Ihren Führungsstil immer an die jeweilige Situation anpassen. Dadurch sind Sie in der Lage, Wege zu designen, die Sie aus schlechten Teamdynamiken herausführen.

– Nicole Kahn

68 Diese Übung ist eine Überraschung

Eine Idee von Perry Klebahn und Jeremy Utley

Die meisten von uns wollen als jemand gelten, der seine Versprechen hält. Deshalb verhalten wir uns anders, wenn wir glauben, dass jemand dies nachprüft. Diesen Zusammenhang können Sie nutzen, wenn Sie eine herausfordernde Aufgabe angehen möchten – ob das nun die Entscheidung betrifft, mit dem Joggen anzufangen, sich einen erfüllenderen Job zu suchen oder eine neue Sprache zu lernen. Es ist wahrscheinlicher, dass Sie dies auch wirklich tun, wenn Sie ihre Absicht öffentlich erklären, also anderen davon erzählen. Dadurch setzen Sie sich einem gewissen sozialen Druck aus und dieser unterstützt Ihre innere Motivation. Es ist ziemlich schwierig, das eigene Verhalten zu ändern oder aus alten Mustern auszubrechen, und deshalb hilft es uns zu verstehen, wie wir dafür gezielt die optimalen Bedingungen schaffen können.

Diese Übung erzeugt ein wenig sozialen Druck (und etwas Zeitdruck), um Sie dazu zu bringen, eine bestimmte Gewohnheit aufzugeben: nämlich die Angst, noch nicht „bereit" zu sein. Vielleicht denken Sie, dass Sie erst so weit sind, wenn Sie den perfekten Plan entwickelt, den Test bestanden, das Zeugnis erhalten oder die Bestätigung von einem Experten bekommen haben. Wenn Sie in einer Branche wie der Medizin arbeiten, verstehe ich, warum es wichtig ist, sich abzusichern, bevor Sie zum Beispiel mit einer Operation beginnen. Doch wenn Sie im kreativen Bereich auf grünes Licht von außen warten, bevor Sie weitermachen, bereiten Sie sich innerlich weniger vor. Dadurch sind Sie weniger bereit, etwas auszuprobieren, bevor Sie ganz sicher sind, dass es Erfolg haben wird. Doch diese innere Vorbereitung ist wichtig, denn dadurch trauen Sie sich mehr, als Sie gedacht hätten. Genau diese Erfahrung machen Sie in dieser Übung. Setzen Sie sie ein, wenn Sie fast – aber noch nicht ganz – bereit dazu sind, Ihre Komfortzone zu verlassen und etwas Neues auszuprobieren.

Es gibt nur eine, aber entscheidende Voraussetzung: Sie müssen bereits einige andere Übungen in diesem Buch absolviert haben, bevor Sie weiterleisen. Erstellen Sie hierfür zunächst eine Liste Ihrer fünf Lieblingsübungen:

1.

2.

3.

4.

5.

Fünf Stühle (Seite 136), *Erzähl deinem Großvater davon* (Seite 181), *Mit Buchstaben zeichnen* (Seite 92), *Was ist in deinem Kühlschrank?* (Seite 68), *Dérive* (Seite 34) oder *Redner und Zuhörer* (Seite 48) sind zur Vorbereitung ebenfalls hervorragend geeignet.

Bevor sie weiterlesen, legen Sie das Buch zur Seite. Stellen Sie eine kleine Gruppe von Menschen zusammen, die sich grundsätzlich für die Themen in diesem Buch interessieren oder Freunde oder Kollegen sind und eine Stunde Zeit haben.

(Denken Sie gerade daran, weiterzulesen, bevor sie diese Hausaufgabe erledigt haben? Ich kann Sie natürlich nicht davon abhalten. Sie sind Herrin oder Herr dieses Buches. Falls es Ihnen hilft: Im Folgenden beschreibe ich, wie diese Übung entstanden ist und warum es so wichtig ist zu warten. Deshalb hoffe ich, dass Sie … warten.)

DIESE ÜBUNG IST EINE ÜBERRASCHUNG

Gut, Sie haben also Ihre kleine Gruppe zusammengestellt. Und ta-daa: Sie werden jetzt eine Übung anleiten!

Vielleicht fühlen Sie sich etwas unvorbereitet – das ist normal. Nehmen Sie die Rolle der Gruppenleitung an und verhalten Sie sich so, wie Sie es auch von den anderen erwarten, indem Sie sich aktiv beteiligen. Sie können sich das Ganze so vorstellen: Wenn Sie an einer Wanderung teilnehmen, setzen Sie die Gruppe ja auch nicht einfach irgendwo ab und sagen ihr, wo sie lang gehen soll. Stattdessen laufen sie vorn an der Spitze und gehen jeden Schritt gemeinsam mit den anderen, auch wenn der Weg Sie auf unbekanntes Gelände führt. Diese Art von Führung wird Ihnen in dieser Übung helfen.

Wählen Sie aus der Liste Ihrer fünf Lieblingsübungen die Übung aus, die Sie mit der Gruppe durchführen möchten. Entscheiden Sie sich dabei für eine Übung, die Ihnen geholfen hat, etwas Neues auszuprobieren oder etwas Unbekanntes und Anspruchsvolles zu tun.

Nehmen Sie sich 10 Minuten Zeit zu überlegen, wie Sie die Gruppe anleiten möchten, denken Sie aber nicht zu lange nach. Improvisieren Sie, wo es nötig ist.

Und los geht's.

Führen Sie im Anschluss an die Übung eine kurze Feedbackrunde durch. (Eine Struktur dafür liefert Ihnen *Mir hat gefallen – ich hätte mir gewünscht* auf Seite 212.) Was ist der Gruppe schwergefallen? Welche Erkenntnisse waren am bedeutendsten? Was hat Spaß gemacht, und was war schwierig? Wie unterscheiden sich die Reaktionen und Erfahrungen innerhalb der Gruppe?

Reflektieren Sie anschließend, was Sie selbst gelernt haben: als Gruppenleitung, als jemand, der „das jetzt einfach mal ausprobiert" und darüber, welche Kompetenzen Sie in dieser Übung ausprobiert haben. (Die Übung *Was? Was heißt das? Was nun?* auf Seite 200 eignet sich für diese Selbstreflektion besonders gut.) Fragen Sie sich: *Wie würde ich nach der Erfahrung dieser Übung meine Arbeit in Zukunft machen? Wie kann ich die Methoden, die ich gerade angewandt habe, künftig einsetzen?*

Und zu guter Letzt: Loben Sie sich selbst! Sie sind ein tolles Beispiel für jemanden, der Learning by Doing betreibt.

Sie haben vielleicht schon einmal von dem didaktischen Modell „See one, do one, teach one" gehört, allerdings wird es selten angewendet. Denn es erfordert Mut, andere miteinzubeziehen, wenn man selbst noch dabei ist, ein Thema zu erkunden oder eine Kompetenz zu erlernen. Es ist jedoch eine äußerst effektive Methode, um das Gelernte zu verankern und es aus unterschiedlichen Perspektiven zu betrachten. Dabei sollten Sie sich weniger auf die Ergebnisse konzentrieren oder darauf, wie gut Sie die Übung angeleitet oder die Gruppe geführt haben, sondern mehr darauf, was Sie durch das Anleiten und Erklären über die Methode selbst gelernt haben. In dieser Übung machen Sie einen riesigen Sprung nach vorn – vom Studierenden zum Praktiker oder von der Denkerin zur Macherin, obwohl Sie noch im Lernmodus sind.

Wir setzen diese Übung regelmäßig an der *d.school* ein. Wenn Fachleute aus dem Bildungswesen, der Wirtschaft oder anderen Bereichen einen Workshop oder Kurs bei uns besuchen, um mehr über Design zu lernen, kommt am Ende des Tages immer ein Moment, in dem es ruhiger wird. Die Teilnehmenden haben nun richtig Lust, die neuen Tools in ihrem beruflichen oder privaten Kontext auszuprobieren. Die Dozentinnen und Dozenten bedanken sich bei ihnen für ihre harte Arbeit und das, was sie erreicht haben, und die Teilnehmenden überlegen, wie sie das Neugelernte an ihre Situation anpassen können. Ein Seufzer der Entspannung scheint durch den Raum zu gehen, denn die Arbeit ist getan, und nun hat man Zeit zum Nachdenken, schließlich liegt der schwierigste Teil hinter einem.

Doch dann plötzlich überrascht das Dozententeam die Teilnehmenden mit der Ankündigung, dass etwa 200 fremde Menschen in einem anderen Teil des Gebäudes darauf warten, einen zweistündigen Mini-Kurs zu absolvieren ... angeleitet von den Teilnehmenden selbst! Der Moment, in dem die Anwesenden verstehen, dass die Dozenten es vollkommen ernst meinen, ist immer sehr intensiv: Man kann die Verwirrung und Ungläubigkeit im Raum förmlich spüren.

Dass die Lernerfahrung so endet, hätten die Teilnehmenden nicht erwartet. Und dieser Überraschungseffekt ist essenziell. Denn dadurch, dass sie nur wenige Minuten Zeit haben, sich auf den Kurs, den sie gleich leiten sollen, vorzubereiten, haben sie kaum Gelegenheit, nervös zu sein, sondern müssen direkt ins Tun kommen.

Nachdem die Teilnehmenden einige Minuten Zeit hatten, den Raum vorzubereiten, führen Sie kleine Teams vollkommen fremder Menschen durch eine einfache Übung, zum Beispiel „Das Auswärts-Essengehen neu designen" oder „Wie könnte das Schlangestehen im Supermarkt interessanter gestaltet werden?". Die Übung ist sehr strukturiert, damit die Teilnehmenden am Ende erkennen, wie viel man durchs Tun lernt und nicht durchs Planen.

Wenn die Teilnehmenden nach der Übung über das Gelernte reflektieren, sind sie beeindruckt von ihren eigenen Fähigkeiten. Einiges geht immer schief oder ist chaotisch, aber die Erfahrung gibt ihnen konkretes Futter, mit dem sie arbeiten können. Sie erleben, wo sie besser werden müssen und wie viel sie bereits gelernt haben. Dadurch, dass sie das erste Mal eine Gruppe auf diese Weise führen mussten, gewinnen sie viel Selbstvertrauen.

Und obwohl es riskant erscheint, wissen die Dozentinnen und Dozenten: Die Übung ist so gut strukturiert, dass die 200 Personen, die daran teilgenommen haben, etwas daraus mitnehmen. Und auch für diejenigen, die das erste Mal in die Führungsrolle schlüpfen, scheint viel auf dem Spiel zu stehen, doch die Übung ist so sorgfältig designt, dass jeder von ihr profitiert.

Diese Prinzipien können Sie auf andere Lebensbereiche übertragen: Wenn Sie Angst haben, etwas Neues auszuprobieren, oder das Gefühl haben, noch nicht bereit zu sein, überlegen Sie Folgendes: Gibt es eine Möglichkeit, nur ein ganz kleines Risiko einzugehen und dadurch etwas mehr Erfahrung zu sammeln, bevor Sie die eigentliche Aufgabe angehen? Wenn Sie wissen, dass Sie so etwas schon einmal gemacht haben, finden Sie eher das Selbstvertrauen, etwas zu tun, bei dem viel auf dem Spiel steht. Etwas nicht ganz perfekt gemacht zu haben ist hundertmal wertvoller als der perfekteste theoretische Plan.

Das finale Finale

Eine Idee von Carissa Carter und Ashish Goel

Manchmal produzieren wir trotz bester Absichten kreative Ergebnisse, die nicht die besten sind. Dann ist es leicht, den Misserfolg auf individuelle Unzulänglichkeiten zurückzuführen: fehlende Fähigkeiten, mangelnde Praxis oder eine andere persönliche Schwäche. Ehrliche Reflexion ist immer wichtig, doch wir sollten auch über die Bedingungen nachdenken, die wir *um unsere Arbeit herum* geschaffen haben, zum Beispiel über die Frage, wie wir den Faktor Zeit einsetzen.

Jedes Projekt braucht einen Zeitplan. Dabei sollten wir immer genügend Zeit für Feedback einplanen, denn dieses kann die Qualität des Endprodukts deutlich verbessern. Viele von uns verfallen noch einmal in regelrechten Aktionismus, wenn die Deadline näher rückt, doch unter dieser Eile leiden Fokus und Hingabe.

Trotz dieses großen Adrenalinschubs haben Sie nach der finalen Präsentation Ihrer Arbeit vielleicht das Gefühl: *Jetzt, da ich meine Idee umgesetzt habe, weiß ich, was ich hätte besser machen können.* Sie erkennen, dass Ihre Arbeit mit *einer* weiteren Iteration perfekt geworden wäre.

Diese Übung ist so einfach, dass sie eigentlich nicht funktionieren dürfte. Aber irgendwie tut sie es doch, auch wenn ich nicht genau weiß, warum. Auf jeden Fall erinnert sie uns daran, wie wichtig Sprache ist.

Probieren Sie die Übung aus, egal ob Sie zum Prokrastinieren neigen oder eher der disziplinierte Typ sind. Sie müssen lediglich wollen, dass Ihre Arbeit einen deutlichen Qualitätssprung macht.

So geht's

Überlegen Sie, welcher wichtige Termin bei Ihnen als Nächstes ansteht – beruflich oder privat. Es kann ein Projekt für die Arbeit oder die Schule sein, aber auch der erste Braten in Ihrem Leben, den Sie für das nächste Familientreffen zubereiten möchten.

Setzen Sie sich eine finale Deadline und bestimmen Sie einen Zeitpunkt, zu dem sie Ihr „Projekt" vorstellen möchten. Dieser sollte ein paar Tage oder Wochen vor der „finalen Deadline" liegen. Laden Sie ein paar Leute ein, deren Feedback Ihnen wichtig ist. Das muss keine große oder formale Runde sein, wichtig ist nur,

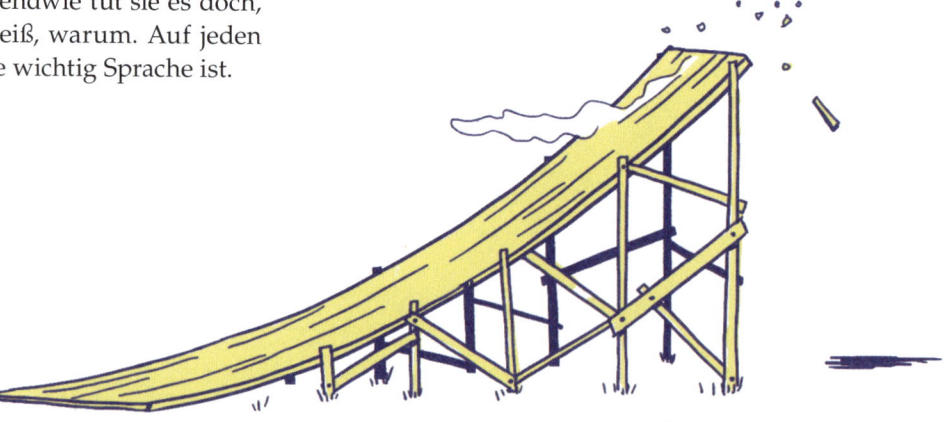

dass Sie Ihre Arbeit von jemandem bewerten lassen. Bereiten Sie eine Präsentation in Ihrem Wohnzimmer vor, laden Sie Ihre beste Freundin ein oder holen Sie Ihr Lieblingsbesteck heraus. Das hilft Ihnen, Ihre finale Deadline wirklich ernst zu nehmen.

Nachdem sie Ihr „finales" Ergebnis präsentiert haben, werden Sie wissen, was Sie noch ändern müssen, damit es perfekt wird. Sie erkennen, wozu sie fähig sind und wie Sie Ihr Ziel erreichen – und Sie haben noch genügend Zeit dazu.

Einmal habe ich ein Experiment mit meinen Studierenden durchgeführt, um ihnen dabei zu helfen, ihre Arbeiten zu optimieren. Anstatt zu akzeptieren, dass nach der Präsentation des Endergebnisses dieses Gefühl zurückbleibt, es noch nicht ganz perfekt gemacht zu haben, führte ich eine zweite „finale" Deadline ein. Darüber setzte ich die Studierenden in Kenntnis, es war also keine Überraschung und auch kein Trick. Alle wussten, wann der Tag der Deadline ist und wann der Tag der finalen Deadline.

Wichtig dabei war das Wörtchen „final". Wenn Sie „final" sagen, denken Sie: „Das ist der Zeitpunkt, zu dem meine Arbeit so gut wie möglich sein muss." Die Studierenden wissen dann, dass sie alles geben müssen. Wenn Sie dagegen nur von einem „groben Entwurf" sprechen, nehmen sie es nicht genauso ernst.

Nachdem die Studierenden ihre Arbeiten am Tag der Deadline präsentiert hatten, führten wir eine Feedbackrunde durch. Dann sagte ich: „Nächste Woche ist die finale Deadline: die Ausstellung oder Präsentation. Ihr habt noch Zeit, etwas vollkommen anderes zu entwerfen." Ich wusste nicht, was passieren würde, aber unheimlich viele Studierende schlugen noch einmal eine völlig neue Richtung ein. Diese deutliche Verbesserung zwischen Deadline und finaler Deadline stellte den größten Qualitätssprung in ihrer Arbeit dar.

Nach der Feedbackrunde am Tag der Deadline erkennen die meisten Studierenden, wozu sie fähig sind. Ich gebe ihnen dann den Raum, das in ihrer Arbeit umzusetzen. Mittlerweile führe ich diese Übung mit jedem Jahrgang durch.

Ich möchte auch Sie dazu ermuntern, ein finales Finale in Ihren Zeitplan einzubauen. Sie werden erstaunt sein, wie viel besser Ihre Arbeit dadurch werden kann.

– Carissa Carter

70 Ihr persönliches Projekt

Eine Idee von Bernie Roth, kommentiert von Terry Winograd

Wir werden mit allerlei Einschränkungen geboren. Das kann die Region sein, in der wir das Licht der Welt erblicken, unsere Familiensituation oder unser Zugang zu Ressourcen. Dies ist ein Designproblem, denn Design bedeutet zu handeln, und nicht lediglich ein Objekt zu erschaffen oder neue Ansätze oder Ideen zu entwickeln.

Bernie Roth hat diese bahnbrechende Übung mehr als 40 Jahre lang in Designkursen an der Stanford University gelehrt, lange bevor es die *d.school* gab. In ihr geht es darum, sich auf das Handeln zu fokussieren und uns den Einschränkungen, die wir als Hürden betrachten, zu stellen und sie zu überwinden. Diese Übung ist ungewöhnlich, da sie keinen festen Ablauf und nur sehr wenig Struktur hat. Sie werden dafür nicht benotet, selbst wenn Sie damals an einem von Bernies Kursen teilgenommen hätten. Sie erhalten keine detaillierten Anweisungen – und wie auch? Schließlich ist es Ihr persönliches Projekt. Es fordert Sie dazu auf, ausgehend von Ihrem bisherigen Wissen über Design eine neue Ebene der persönlichen Verantwortung zu etablieren, und zwar dahingehend, wie Sie Designmethoden in Ihrem Leben einsetzen.

Führen Sie die Übung durch, wenn Sie mit etwas in Ihrem Leben unzufrieden sind. Sie entwickeln hier keine Lösung für jemand anderen, sondern überwinden mithilfe Ihrer Designkompetenzen eine Hürde in Ihrem persönlichen Leben, um sich freier zu fühlen, besser in der zu Lage sein, Ihre Ziele zu erreichen, oder einfach glücklicher zu leben.

So geht's

Alles, was Sie für diese Übung brauchen, ist eine Vertrauensperson. Das kann eine Mentorin, ein Elternteil, ein Bruder oder eine Schwester, der/die Ihnen nahesteht, eine liebe Kollegin oder ein Freund sein. Betrachten Sie diese Person als Ihren „Bernie", und teilen Sie ihr mit: Ihre Aufgabe ist es, Sie zur Verantwortung zu ziehen.

Überlegen Sie, was Ihr Projekt sein soll: Möchten Sie ein Problem lösen, das Sie schon länger aus dem Weg schaffen wollten, oder etwas tun, das Sie schon immer einmal tun wollten? Stellen Sie sich dazu diese drei Fragen:

Wie viel Zeit werde ich auf dieses Projekt verwenden?
Was wäre ein zufriedenstellender Abschluss dieses Projekts?
Was würde mir das bedeuten?

Die Personen, die diese Übung bereits durchgeführt haben, wollten dadurch Dinge schaffen, die sie schon immer tun wollten, bei denen sie sich aber nicht sicher waren, ob sie sie tatsächlich schaffen. Manchmal waren das sehr persönliche Dinge, wie beispielsweise die Beziehung zu einem Familienangehörigen, mit dem man sich zerstritten hatte, zu kitten und ihn zu einem wichtigen Ereignis einzuladen, etwa einer Abschlussfeier oder einer Hochzeit. Oder ein ehrgeiziges Ziel: Eine Person wollte ein Buch schreiben und hat es geschafft, es zu veröffentlichen. Andere haben sich die Muttersprache ihrer Eltern angeeignet. Und dann gibt es natürlich diejenigen, die aus einem Flugzeug springen, Drachen fliegen oder Stand-up-Comedy vor Publikum machen. Sie sehen: Die Möglichkeiten sind vielfältig.

Wenn Sie ein Projekt ausgewählt haben, informieren Sie ihren Bernie darüber. Schließen Sie einen persönlichen Vertrag mit ihm: Sie sind nach wie vor verantwortlich für das Projekt, aber Ihr Bernie darf Sie von Zeit zu Zeit an Ihre Verantwortung erinnern.

Wenn die Hälfte der Zeit, die Sie für Ihr Projekt vorgesehen haben, verstrichen ist, treffen Sie sich wieder mit Ihrem Bernie. Vielleicht haben Sie festgestellt, dass Sie das falsche Projekt gewählt haben und möchten es ändern. Oder Sie stecken fest und wissen nicht weiter. Dann kennt ihr Bernie vielleicht jemanden, der Ihnen weiterhelfen kann, oder er hat selbst Ratschläge und Tipps.

Das Ablaufmodell können Sie sich folgendermaßen vorstellen: Äußern Sie Ihre Idee. Testen Sie Ihre Methoden. Drehen Sie eine Schleife (gehen Sie zurück und wiederholen Sie es).

Dieser Übung liegt die Überzeugung zugrunde, dass Sie sich nicht mit etwas zufriedengeben müssen, dass nicht funktioniert. Sie haben die Erlaubnis, die Dinge zu ändern. Es ist Ihr Projekt – Sie sind dafür verantwortlich.

Ursprünglich wollte ich mit dieser Übung erreichen, dass die Studierenden selbstständig arbeiten. Sie war äußerst erfolgreich und hat auch mich auf gewisse Weise verändert: Für mich bedeutet Designerin oder Designer zu sein, Mensch zu sein. Ein Mensch in der Gesellschaft. Ob Sie es glauben oder nicht: Jeder von uns ist auf gewisse Art ein Designer. Das bedeutet, am Leben teilzunehmen. Nicht auf morgen zu warten, um die Dinge zu erledigen, sondern die Dinge jetzt zu erledigen.

– Bernie Roth

Seit vielen Jahrzehnten lehrt uns diese Übung, dass das größte Übel, an der die akademische Wissenschaft krankt, die Entkopplung ist – so als sei der Forscher oder die Studentin nicht Teil dessen, womit er oder sie sich beschäftigt. Mit dieser Übung sagt uns Bernie: „Mach dir bewusst, inwiefern du Teil des Ganzen bist. Du bist Designer deines eigenen Lebens. Es geht nicht darum, wie eine Designfirma Produkte entwickelt, sondern darum, wie wir Design dazu nutzen, unser Leben zu gestalten."

– Terry Winograd

71 Lernlandkarten

Eine Idee von Sarah Stein Greenberg

Aktion und Reflektion – das ist wie Toast mit Butter: Das eine ergibt ohne das andere keinen Sinn.

Wenn wir etwas tun, erschaffen oder lernen und damit fertig sind, neigen wir dazu, direkt mit der nächsten Aufgabe weiterzumachen. Es tut gut, etwas abzuschließen! An der *d.school* sind Sie jedoch erst fertig, wenn Sie es auch reflektiert haben.

Diese Übung ermutigt Sie dazu, kritisch über eine gerade gemachte Erfahrung nachzudenken, vor allem wenn Sie dabei etwas Neues gelernt haben und dies verinnerlichen möchten. Sie ist außerdem besonders nützlich, weil Lernen nicht immer einfach ist – und das sollte es auch nicht sein. Mit einer Lernlandkarte stellen Sie Ihren Lernprozess im Zeitverlauf dar und identifizieren die Momente, in denen Ihnen etwas besonders leicht- oder schwergefallen ist. Dadurch visualisieren Sie einen Prozess, der sich normalerweise unsichtbar in Ihrem Inneren abspielt, um ihn anschließend objektiv untersuchen und wichtige Erkenntnisse gewinnen zu können.

Setzen Sie diese Übung ein, wenn Sie ein Projekt abschließen und aus den gemachten Erfahrungen lernen wollen.

So geht's

Nehmen Sie sich ein großes Blatt Papier und zeichnen Sie ganz links von oben nach unten eine vertikale Linie. Diese Achse ist eine Skala, die von sehr negativ unten auf dem Blatt bis zu sehr positiv oben auf dem Blatt reicht (siehe die Seiten 248–249).

Ziehen Sie in der Mitte dieser Skala eine horizontale Linie bis zum rechten Rand des Blattes, sodass die Skala in zwei Bereiche unterteilt wird. Diese Linie steht für die Dauer der Erfahrung, die Sie gleich darstellen werden. Das kann ein Tag, einige Monate oder sogar einige Jahre sein.

Unterteilen Sie die horizontale Linie in kleinere Einheiten wie Stunden, Wochen oder Monate. Wie detailliert diese Einteilung ist, hängt von der Länge Ihrer Erfahrung ab.

Sammeln Sie nun in einem Notizbuch all die Dinge, an die Sie sich im Zusammenhang mit dieser Erfahrung erinnern – große und kleine. Überlegen Sie zum Beispiel, was am allerersten Tag oder im ersten Moment passiert ist (oder sogar davor). Wie haben Sie sich gefühlt, als Sie den Raum betreten oder mit der

Arbeit begonnen haben? Überlegen Sie dann, was als Nächstes passiert ist. Und danach. Dabei spielt es keine Rolle, ob diese Dinge etwas mit dem Thema Lernen zu tun haben. Notieren Sie einfach alles, woran Sie sich erinnern.

Zeichnen Sie nun eine Linie, die die Höhen und Tiefen Ihrer Lernerfahrung darstellt – von eher negativen Ereignissen im unteren Bereich zu eher positiven im oberen Bereich. Nutzen Sie dazu die Dinge, die Sie in Ihrer Liste notiert haben, und ordnen Sie sie zeitlich ein. Wählen Sie für diese Linie eine helle Farbe, zum Beispiel Blau, oder verwenden Sie eine durchgezogene Linie. Zeichnen Sie Ihre Höhen und Tiefen ein: Wann haben Sie besonders viel gelernt? Wo kamen Sie nicht weiter? Manchmal hilft es, mit dem höchsten Hochpunkt oder dem tiefsten Tiefpunkt zu beginnen. Dadurch schaffen Sie einen Bezugspunkt, an dem Sie Ihre anderen Erfahrungen ausrichten können. Zeichnen Sie nun eine zweite Linie, entweder in einer anderen Farbe, zum Beispiel Orange, oder in einer anderen Form, etwa gestrichelt. Diese Linie stellt Ihre emotionale Erfahrung da: Wann waren Sie besonders beschwingt oder begeistert? Wann waren Sie frustriert oder nervös?

Beschriften Sie nun die Hoch- und Tiefpunkte beider Linien. Rufen Sie sich dazu in Erinnerung, was genau in diesen Momenten passiert ist. Das sind kritische Wendepunkte: Sie zeigen Momente, in denen sich etwas verändert hat oder Sie etwas verändert haben.

Betrachten Sie Ihre Karte. Was sagt sie Ihnen über ihre Lernerfahrung insgesamt? Was hat die Hoch- und Tiefpunkte verursacht? Welche Bedingungen oder Handlungen (Ihre eigenen oder die anderer Personen) haben die Wendepunkte herbeigeführt?

Betrachten Sie im letzten Schritt, wo sich Ihre Linien annähern oder auseinandergehen. Was ist an diesen Punkten geschehen? Versuchen Sie, das herauszufinden. Wenn möglich, zeigen Sie Ihre Karte einer anderen Person – idealerweise jemandem, der die gleiche Erfahrung gemacht und ebenfalls eine Karte erstellt hat. Indem Sie vergleichen, wo Ihre Erfahrungen sich ähneln oder verschieden sind, gewinnen Sie Klarheit. Überlegen Sie auch, wie Ihre Lernerfahrung und Ihre emotionale Erfahrung zusammenhängen und wie Sie dieses Wissen für Ihr nächstes kreatives Projekt nutzen können, das einen Lernprozess beinhaltet.

Eine Lernlandkarte liefert Ihnen viele nützliche Erkenntnisse darüber, was Ihnen beim Lernen oder beim Bewältigen einer Aufgabe hilft und was Sie blockiert. So können Sie in Zukunft gezielt förderliche Bedingungen schaffen.

EMOTIONALE ERFAHRUNG

- 1. TAG – UND ICH WEISS NOCH SO WENIG!
- BIN OPTIMISTISCH UND MEIN OUTFIT IST PERFEKT
- HABE EINIGE INTERESSANTE NEUE INTERVIEW-TECHNIKEN GELERNT
- OJE, DAS ERSTE INTERVIEW WAR NICHTS
- AHHH! KONNTE MEINEN GESPRÄCHSANSATZ DANK FEEDBACK VERBESSERN. ES WAR HART, ABER SUPERHILFREICH!
- MOMENT ... WAS?
- HÄ?
- TUE MICH IMMER NOCH SCHWER, ABER MEIN TEA UNTERSTÜTZT MICH
- ICH VERSTEH'S NICHT
- FÜHLE MICH FEHL AM PLATZ UND DENKE, ICH WERDE NIE VERSTEHEN, WIE KREATIVE FORSCHUNG FUNKTIONIERT

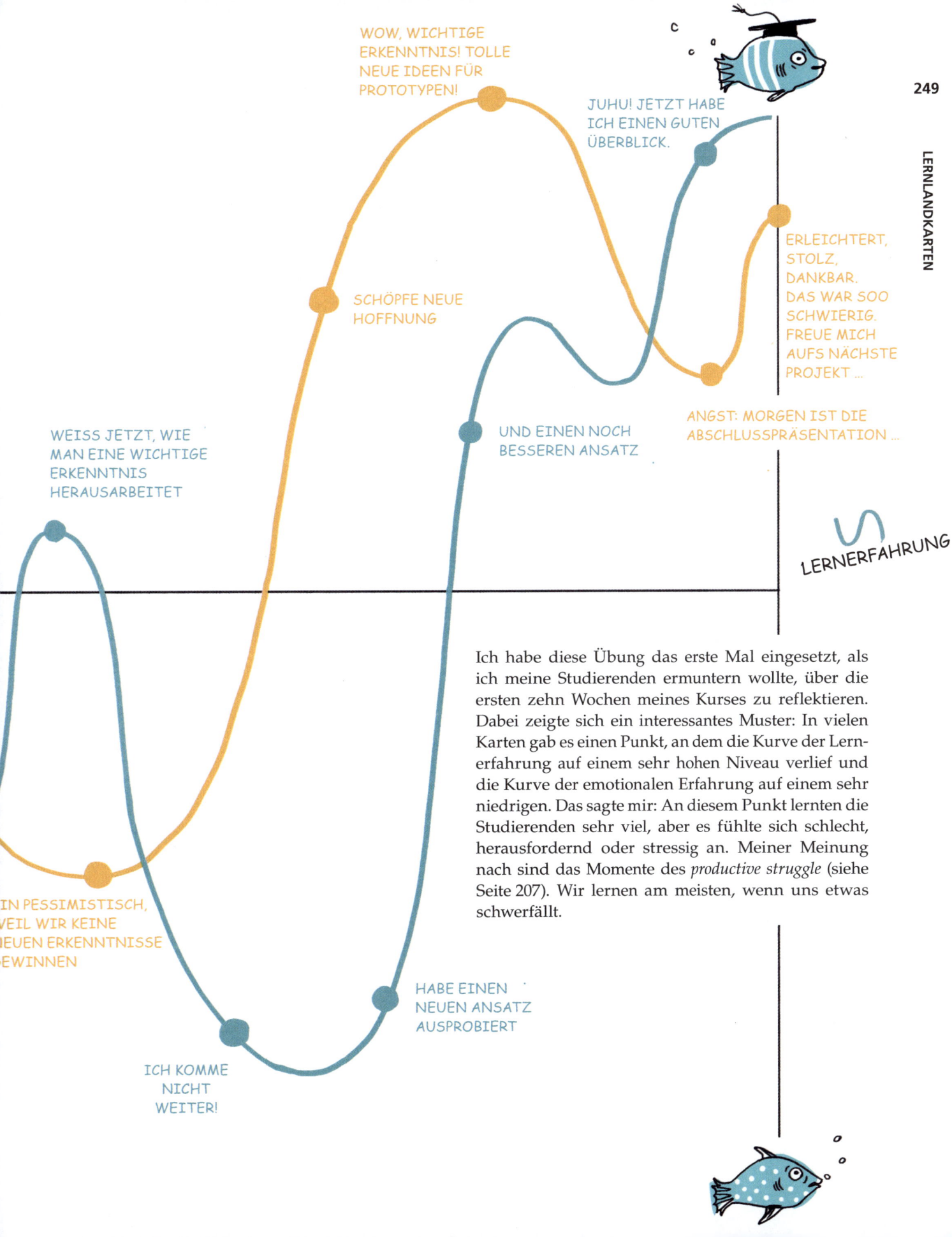

Ich habe diese Übung das erste Mal eingesetzt, als ich meine Studierenden ermuntern wollte, über die ersten zehn Wochen meines Kurses zu reflektieren. Dabei zeigte sich ein interessantes Muster: In vielen Karten gab es einen Punkt, an dem die Kurve der Lernerfahrung auf einem sehr hohen Niveau verlief und die Kurve der emotionalen Erfahrung auf einem sehr niedrigen. Das sagte mir: An diesem Punkt lernten die Studierenden sehr viel, aber es fühlte sich schlecht, herausfordernd oder stressig an. Meiner Meinung nach sind das Momente des *productive struggle* (siehe Seite 207). Wir lernen am meisten, wenn uns etwas schwerfällt.

Die Teile zusammenfügen

Das wäre kein Buch der *d.school*, wenn ich Ihnen nicht einige integrierte, reale Projekte zum Üben geben würde. Wir sind davon überzeugt, dass man nicht erst einen Abschluss oder eine offizielle Erlaubnis braucht, um seine kreativen Fähigkeiten zum Wohle anderer einzusetzen. In den abschließenden Übungen dieses Buches tun Sie deshalb genau das. Sie werden aufgefordert, Projekte zunehmender Komplexität durchzuführen, um Ihre Designkompetenzen auf eine neue Stufe zu heben.

Meine erste Designerfahrung machte ich, als ich die *d.school* zum ersten Mal betrat. Damals gab es die Schule gerade seit einer Woche. Es war Anfang Januar 2006 und ich hatte gerade meinen Abschluss an der Stanford University gemacht. Kaum war ich im Gebäude, wurde ich aufgefordert, meinen Geldbeutel herauszuholen – nicht etwa um Bücher oder Materialien zu bezahlen, sondern um ihn mit dem einer anderen Person zu tauschen. Und damit begann die allererste Übung im allerersten Jahrgang der *d.school*.

Was später als das Geldbeutel-Projekt bekannt wurde, war zunächst eine kleine, geniale 60-minütige Übung, in der wir herausarbeiteten, was Design ist. Wir hatten eine Stunde Zeit, um für unsere Partnerin oder unseren Partner etwas zu entwerfen – ausgehend von den Gewohnheiten, Wünschen, Sorgen oder der Unzufriedenheit der Person damit, wie sie gerade ihr Geld oder was sich sonst in ihrem Portemonnaie befand, mit sich herumtrug. Dabei stellte sich heraus: Menschen nutzen Geldbeutel für ganz unterschiedliche Dinge. Sich auf „Entdeckungstour" des Geldbeutels eines anderen Menschen zu begeben ist, wie als würden Sie das erste Mal dessen Kinderzimmer betreten: Am Anfang fühlt es sich komisch an, doch irgendwann führen Sie tolle Gespräche über Babyfotos und Sportpokale, die Sie in der dritten Klasse gewonnen haben.

Als Dozentin habe ich das Geldbeutel-Projekt später viele Male durchgeführt. Jedes Mal haben die Studierenden eine ganze Bandbreite von Ideen produziert. Manche bastelten einen echten Geldbeutel für ihren Partner, der aber mehr Struktur bot, hübscher aussah oder über eine Kette verfügte, damit er nicht verlorengeht. Viele Studierende sind ihrer Partnerin oder ihrem Partner dabei auf unerwarteten Wegen gefolgt – voller Nostalgie oder Verbundenheit – und haben Geldbeutel designt, die den

Besitzer an seine Familie oder an ein wichtiges Ereignis in seinem Leben erinnerten. In anderen Fall hat eine Person zugegeben, dass sie eher geizig ist, woraufhin ihr Partner ein Programm entwickelt hat, das ihr dabei hilft, ihr Budget einzuhalten. Was auf den ersten Blick einfach aussah, initiierte teilweise überraschend tiefgehende und persönliche Gespräche und führte die Studierenden direkt zum bedeutendsten Aspekt von Design: der Möglichkeit, das Problem neu zu umreißen.

Wenn Sie im Rahmen dieser oder einer ähnlichen Übung das erste Mal mit Design in Berührung kommen, hat das einem äußerst wertvollen Effekt: Sie erleben, wie befreiend es ist, einen Durchbruch zu erzielen. Sie gehen mit ihrer eigenen Vorstellung dessen, welche nützlichen Funktionen ein Geldbeutel erfüllen sollte, in das Projekt und eine Stunde später erkennen Sie plötzlich, wie viel breiter und interessanter der Designraum um „Geldbeutel" herum sein kann. Sie beginnen zu erahnen, was möglich ist, wenn Sie Ihre Designarbeit mit einem offenen Mindset angehen und bewusst die Bedürfnisse anderer erkunden, und Sie erkennen, wie viel vielseitiger Sie Ihre Kreativität und Ihren Einfallsreichtum einsetzen können, als wenn Sie Projekte allein nach Ihren Vorstellungen umreißen und durchführen.

Das Geldbeutel-Projekt hat Menschen, die über kein Wissen im Bereich Design verfügten, mit dessen Grundlagen vertraut gemacht, ohne sie mit abstrakter Theorie zu langweilen. Der Großteil der Übung war klar vorgegeben: Es kamen nur so viele verschiedene Ergebnisse zustande, weil die Teilnehmenden jeweils eine echte Person interviewten und ihrer persönlichen Geschichte folgten. In gewisser Weise ist das Geldbeutel-Projekt wie ein Laufrad, mit dem Kinder Fahrradfahren lernen: Es ist schwierig, gleichzeitig in die Pedale zu treten, das Gleichgewicht zu halten und zu lenken. Laufräder haben keine Pedale und sind so niedrig, dass man auf keinen Fall herunterfällt, selbst wenn man sich fortbewegt. Um vorwärts zu kommen, geht man einfach oder rennt, stößt sich mit den Füßen ab und gleitet. Dadurch trainieren Kinder den Teil des Fahrradfahrens, der am schwierigsten ist: in der Bewegung das Gleichgewicht zu halten. Mithilfe des Laufrads machen sie die ermutigende Erfahrung, eine erste Runde gedreht zu haben, ohne heruntergefallen zu sein oder sich das Knie aufgeschürft zu haben. Das ist ein guter Einstieg. Auf ähnliche Weise helfen Ihnen das Geldbeutel-Projekt und viele andere Einstiegsprojekte, das Gleichgewicht zu halten, während Sie schon mal ein Gefühl für den gesamten Ablauf bekommen. Kreatives Arbeiten ist schwierig und riskant und wir alle können zu Beginn ein wenig Selbstvertrauen gebrauchen.

Nach dem Geldbeutel-Projekt weisen viele Studierende darauf hin, wie sehr sich die Bedürfnisse und Interessen ihres Partners von ihren eigenen unterschieden haben und wie das schnelle Tempo der Übung ihren inneren Kritiker zum Schweigen gebracht und sie dazu gezwungen hat, unfertige Ergebnisse zu präsentieren, was wiederum konstruktives Feedback ermöglicht hat. Und sie berichten, wie das Erstellen einer Skizze oder eines Prototyps deutlich vor Ende des Projekts sie dazu animiert hat, ihre Idee zu verfeinern, und zwar nur indem sie sie umgesetzt haben.

Wir haben das Geldbeutel-Projekt mittlerweile zu den Akten gelegt und neue Einstiegsprojekte entwickelt, doch die Struktur, die der Übung zugrunde liegt, bringt einige zentrale Prinzipien dessen, wie wir an der *d.school* unterrichten und lernen, zum Ausdruck. Eines davon ist: Learning by Doing. Die Übung hat den Studierenden geholfen, mit vielen verschiedenen Aspekten von Design zu experimentieren und sie zu einer kreativen Lösung zusammenzufügen. Sie ermöglichte Anfängern einen einfachen Start und ebnete den Weg für die weitere kreative Arbeit, die zunehmend komplexer, offener und mehrdeutiger wurde.

An der *d.school* arbeiten wir auf zwei Arten: Entweder brechen wir einen komplexen Prozess oder eine komplexe Praxis herunter, um ein Element zu verbessern, oder wir fügen die Teile wieder zusammen, um zu sehen, wie sie miteinander interagieren. Wenn Sie zum Beispiel ihre Kochkünste verfeinern möchten, üben Sie vielleicht, Rosenkohl auf verschiedene Arten zuzubereiten: die ganzen Röschen dünsten, sie halbieren und anbraten oder sie in Streifen schneiden, um sie in Butter anzudünsten und mit etwas Paprikagewürz zu verfeinern. Es ist wichtig, dass Sie sich mit dem

Rosenkohl an sich vertraut machen, denn er ist ein recht schwieriges Gemüse. Gleichzeitig müssen Sie aber wissen, welche Lebensmittel gut zu Rosenkohl passen, um ein ganzes Gericht zubereiten zu können. Sie werden also kein guter Koch, wenn Sie lediglich wissen, wie sie Rosenkohl zubereiten.

In den meisten Übungen dieses Buches isolieren wir deshalb einen „Muskel" oder eine Fähigkeit, damit Sie diese gezielt ausbauen können. In *Sich an einen Ort ketten* (Seite 168) geht es darum, sich in Geduld zu üben und seine Umgebung zu beobachten. In *Blindzeichnen* (Seite 30) identifizieren Sie Ihren inneren Kritiker und setzen sich mit ihm auseinander. Im *Lösungs-Tic-Tac-Toe* (Seite 171) erweitern Sie Ihre ursprüngliche Idee, um verschiedene Prototypen zu testen und Ihre Erfolgschancen zu erhöhen. *Erzähl deinem Großvater davon* (Seite 181), *Wie es sich zu getragen hat* (Seite 215) und *Ein Tag im Leben von ...* (Seite 156) stellen drei verschiedene Ansätze dar, die Zubereitung von Rosenkohl zu üben – wenn Rosenkohl hier für Storytelling steht.

Design ist letztlich eine integrative Arbeitsmethode. Es bedient sich Praktiken aus verschiedenen Bereichen und fügt sie neu zusammen. Es nutzt viele Methoden des Lernens und Umsetzens und erfordert einen ständigen Wechsel zwischen Aktion und Reflektion. Deshalb reicht es nicht, wenn Sie nur einzelne Muskeln trainieren wie in den Übungen 1 bis 71, sondern Sie müssen auch wissen, wie Sie mehrere Muskeln auf einmal anspannen.

Anders als Kurse, bei denen Sie sich zunächst auf die einzelnen Aspekte einer Theorie konzentrieren, bevor sie etwas „Echtes" machen dürfen, beginnen die Lernerfahrungen an der *d.school* fast immer mit einem kurzen, integrierten Projekt und beschäftigten sich erst dann mit den verschiedenen Teilen des Ansatzes, wenn Sie bereits ein wenig praktische Erfahrung gesammelt haben, auf die Sie zurückgreifen können.

Wenn Sie die letzten Übungen dieses Buches durchführen, werden Sie feststellen, wie viele von ihnen mit Einschränkungen arbeiten. Dadurch ist es uns möglich, Projekte zu entwickeln, die mit größerer Wahrscheinlichkeit zu guten kreativen Ergebnissen führen. Den Studierenden ist häufig nicht bewusst, wie viel Aufwand wir betreiben, um diese Projekte zu konzipieren. Das findet hinter den Kulissen statt und häufig, bevor der Kurs beginnt. Wir suchen Projektpartner, die in der jeweiligen Kommune geschätzt werden, identifizieren Chancen, bei denen Design helfen kann, und untersuchen offene Problemstellungen, bei denen menschliche Bedürfnisse oder Verhaltensweisen eine wichtige Rolle spielen (im Gegensatz zu rein technischen oder geschäftlichen Problemen). Und wir müssen die Aufgabe so umreißen, dass sie zum Zeitplan des Projekts und zum Kompetenzlevel der Studierenden passt.

Indem Sie wissen, wie wir dabei vorgehen, können Sie unsere Projekte auf Ihren Kontext übertragen oder ein ganz neues Projekt aufsetzen, wenn Sie ein interessantes Bedürfnis oder eine spannende Chance entdecken. Sie lernen, ihre eigenen Challenges zu planen und Ihre kreativen Kompetenzen selbstständiger einzusetzen. Damit Ihnen das gelingt, müssen Sie verstehen, wo Einschränkungen hilfreich sind und wo Sie Raum für Entdeckungen und neue Ideen lassen sollten.

Um zu verstehen, wie diese Projekte funktionieren, probieren Sie am besten einige aus. Manche Projekte, die wir in den vergangenen Jahren an der *d.school* durchgeführt haben, habe ich für dieses Buch leicht abgeändert. Die Abfolge der Übungen folgt unserem Prinzip, einfach zu beginnen und die Komplexität langsam zu erhöhen. *Der Haarschnitt* (Seite 254) oder das damit verwandte *Ramen-Projekt* (Seite 255) statten Sie mit genügend Selbstvertrauen für den weiteren Weg aus und ermöglichen Ihnen erste Erfolgserlebnisse.

Wenn Sie so weit sind, wagen Sie sich an mittelschwere Projekte wie *Ein Abend mit der Familie* (Seite 258) und die *Dreißig-Millionen-Wörter-Lücke* (Seite 259). Darin lernen Sie, ein Projekt zu planen. Dabei werden Sie Momente erleben, in denen das Laufrad Sie unterstützt, aber auch Momente, in denen es an seine Grenzen kommt. Mit der Zeit werden Sie immer besser intuitiv erkennen, welche Entscheidungen Auswirkungen auf Ihre Arbeit haben, und diese Entscheidungen selbstbewusster treffen.

Wenn sie komplexere Herausforderungen suchen, sehen Sie sich die letzten Projekte an: *Organspende* (Seite 262), *Das Stanford-Community-Programm* (Seite 264) und *Kredite für Katastrophenopfer* (Seite 266). Sie spiegeln die größeren Herausforderungen – und die befriedigende Belohnung – wider, die mit Designprojekten einhergehen, die Kooperationen, Systeme und verschiedene Stakeholder umfassen – sowie die ethische Verantwortung, die Sie haben, wenn Sie mit Menschen arbeiten, die eine Verletzung erfahren haben oder in einer Krise stecken.

Doch zunächst sollten Sie mit *Der Haarschnitt* beginnen. Darin erproben Sie Ihre Kompetenzen und erleben die ganze Bandbreite an Gefühlen, die Design beinhaltet: Momente, in denen Sie sich schwertun, und Momente der Befriedigung. Die Erfahrung, diese neuen Kompetenzen anzuwenden, wird Sie motivieren, weiterzumachen.

Setzen Sie sich also aufs Laufrad, stoßen Sie mit den Füßen vom Boden ab und machen Sie eine Spritztour mit Ihren kreativen Fähigkeiten!

72 Der Haarschnitt

Eine Idee von Ashish Goel, Taylor Cone, Adam Selzer, Katie Krummeck und Eugene Korsunskiy

Ob Beehive, Bob, Bowl, Comb-Over, Dreadlocks, Pompadour, Pixie, Beach Waves oder Irokesenschnitt – die Geschichte hat immer wieder neue Frisuren hervorgebracht. Für manche Menschen ist ihr Hairstyling Ausdruck ihrer Persönlichkeit, wenn nicht sogar ein Akt der Rebellion – Frisuren können sinnstiftender und persönlicher sein, als Sie vielleicht denken. Für andere ist Haareschneiden dagegen ein notwendiges Übel, das sie über sich ergehen lassen, um den Wildwuchs auf ihrem Kopf unter Kontrolle zu halten. Das Angebot an Produkten und Dienstleistungen in der Hairstyling-Branche ist riesig: von Barbershops bis Friseursalons, von Trockenshampoos bis zu Rasierpinseln aus Wildschweinborsten. Die US-amerikanische Haarpflege-Industrie erzielt jährlich einen Umsatz von mehr als 85 Milliarden US-Dollar – weltweit sind es noch viel, viel mehr.

Ihre Aufgabe in dieser Übung ist es, ein Produkt oder einen Service für ein neuartiges Haarschneide-Erlebnis zu entwickeln. Die Arbeitsvorlage ab Seite 280 führt Sie Schritt für Schritt durch den Prozess. Sie stellt keinesfalls die einzige Möglichkeit dar, zu designen oder an diesem Thema zu arbeiten. Aber sie ist ein guter Anfang.

Die Anleitung in *Der Haarschnitt* ist nicht besonders präzise. Mit Absicht: Im Design müssen Sie selbst entscheiden, worauf Sie sich konzentrieren wollen. Die Arbeitsvorlage gibt Ihnen jedoch ein hilfreiches Gerüst an die Hand. Mehr dazu gleich.

Wenn Sie eine ähnliche Übung mit anderem Thema machen möchten, ist *Das Ramen-Projekt* eine Alternative zu *Der Haarschnitt*. Verwenden Sie genau die gleiche Methode wie in der Arbeitsvorlage ab Seite 280.

Wenn Sie intensiver mit diesem Gerüst arbeiten möchten, führen Sie beide Übungen durch. Indem Sie einen ähnlichen Ansatz anhand von zwei verschiedenen Themen üben, machen Sie sich intensiver mit den Techniken und dem Ablauf vertraut und Sie können am Ende beides miteinander vergleichen. Dadurch wird Ihr Vorgehen präziser. Wenn Sie beide Übungen durchführen, achten Sie darauf, ob die Tools oder Techniken in einem der beiden Projekte besser funktionieren als in dem anderen. Fragen Sie sich auch, welches Thema Sie stärker motiviert hat. Warum? Wenn Sie diese Ebene der Achtsamkeit in Projekten kultivieren, in denen Sie einer klaren Struktur folgen, entwickeln Sie sich vom Hilfskoch zum Sternekoch. Dann sind Sie in der Lage, zu improvisieren, wenn etwas nicht nach Plan läuft, und wagen sich irgendwann auch an größere Herausforderungen heran.

73 Das Ramen-Projekt

Eine Idee von Alex Ko, Scott Doorley, George Kembel und Alex Kazaks

Instantnudeln: für manche eine vollwertige Mahlzeit, für andere ein warmer Snack. Einige Menschen essen Instant-Ramen jede Woche, andere haben sich nur während des Studiums davon ernährt. Wir essen Ramen, wenn wir lernen, unter Stress sind oder beim Campen. Wir kaufen es in großen Mengen und lagern es. Bei manchen Menschen hält der Vorrat an Instantnudeln länger als der Shampoo-Vorrat. Manche mögen die Nudeln trocken und knusprig, andere bereiten sie genau nach Anleitung zu, wieder andere kombinieren sie mit dem, was sie gerade im Kühlschrank haben.

Ihre Aufgabe in dieser Übung ist es, ein neues, positiveres Ramen-Erlebnis zu designen. Verwenden Sie dazu dieselbe Struktur wie in *Der Haarschnitt*.

Ramen bedeutet eine Million verschiedene Dinge für Millionen verschiedene Menschen in den Vereinigten Staaten und weltweit. Deshalb sollten Sie in der Lage sein, eine Million verschiedene Möglichkeiten zu finden, das Ramen-Erlebnis zu verbessern.

Ich empfehle Ihnen, jedes Projekt in diesem Abschnitt mit einer Reflexion abzuschließen. Dazu können Sie die Methode *Mir hat gefallen – ich hätte mir gewünscht* (Seite 212) oder *Früher dachte ich – heute denke ich* (Seite 272) verwenden. So machen Sie sich Ihre persönlichen Erfahrungen bewusst und arbeiten heraus, was Sie in der jeweiligen Übung gelernt haben.

Wenn Sie dann mit den nächsten Projekten weitermachen, sollten Sie auch über Umfang und Zeitrahmen des Projekts nachdenken. Es ist immer wichtig, Zeit und Ressourcen so zu planen, dass genügend Raum für Kreativität bleibt. Dieser Balanceakt ist jedoch nicht einfach. Die Design-Challenge zu planen und gleichzeitig ausreichend Chancen für eigene Entdeckungen zu lassen, ist eine echte Herkulesaufgabe. Selbst die erfahrensten Dozentinnen und Dozenten an der *d.school* wissen oft erst im Nachhinein, ob sie es richtig gemacht haben. Mit der Zeit wird Ihnen die Projektplanung aber immer leichter fallen und Sie werden in der Lage sein, jegliches Problem oder jegliche Chance an Ihren Kontext und Ihr Kompetenzlevel bzw. das Kompetenzlevel Ihres Teams anzupassen.

Bei der Planung von Challenges geht es darum, das richtige Arbeitspensum zu definieren und gleichzeitig genügend Raum zu lassen, um wertvolle Designchancen zu identifizieren. *Der Haarschnitt* und *Das Ramen-Projekt* sind bewusst Einstiegsprojekte. Sie lassen Ihnen gerade genügend Raum, um hin- und herzumanövrieren. Wären die Projekte grober umrissen, ginge es vielleicht um weiter gefasste Themen wie Körperpflege oder Convenience-Food, die Sie nicht unbedingt in eine interessante Richtung führen würden. Sie müssen also einen Weg finden, den Rahmen eng genug zu fassen, zum Beispiel durch Sekundärforschung oder Vorbefragungen.

In Projekten mit einem zu eng gefassten Rahmen könnten Sie sich dagegen nur auf einen einzigen Aspekt konzentrieren, etwa „Gestalten Sie den Frisierstuhl neu" oder „Optimieren Sie die Verpackung der Instantnudeln". Das sind sehr gezielte Aufgabenstellungen, die wenig Raum für eigene Entdeckungen lassen. Wenn Sie mit diesen Einschränkungen starten, stellen Sie vielleicht irgendwann fest, dass Ihre potenzielle Zielgruppe gar keinen Frisierstuhl nutzt oder dass an der Ramen-Verpackung funktional gar nichts falsch ist – doch dann können Sie nicht mehr zurück. Der Bereich, in dem Design etwas bewirken kann, ist begrenzt, deshalb müssten Sie wahrscheinlich einen neuen Blickwinkel hinzunehmen, der das Projekt interessanter oder relevanter macht. Zum Beispiel einen Stuhl designen, der wesentlich günstiger ist als bestehende Alternativen, oder eine ökologisch nachhaltige Ramen-Verpackung entwickeln.

In *Der Haarschnitt* und *Das Ramen-Projekt* üben Sie, das Projekt zu einem gewissen Grad selbst zu umrahmen – nicht indem Sie den Lösungsraum begrenzen (zum Beispiel „Verpackung"), sondern indem Sie einen bestimmten Typ von Person auswählen, für den Sie designen. Indem Sie Ihre Zielgruppe definieren, trainieren Sie einen zentralen Aspekt von menschenzentriertem Design: Sie machen sich bewusst, für wen Sie Ihre Lösung entwickeln. Dadurch, dass Sie sich von Anfang an auf eine bestimmte Gruppe fokussieren, gewinnen Sie interessante Erkenntnisse.

Wenn Sie an einer Design-Challenge arbeiten, in der der Lösungsraum begrenzt ist, sollten Sie sich fragen, ob es überhaupt einen Bedarf für Ihre Entwicklung gibt. Deshalb ist es besser, mit einem „menschlichen" Rahmen zu beginnen als mit einem klar definierten Lösungsraum. Sie sollten sich die Möglichkeit geben, die richtige Frage zu identifizieren, nicht bloß die richtige Lösung.

Der Haarschnitt und *Das Ramen-Projekt* sind noch aus einigen anderen Gründen Einstiegsprojekte. Sich die Haare schneiden zu lassen oder Instantnudeln zu essen sind allgegenwärtige Erfahrungen. Sie werden überall Menschen finden, für die Sie eine Lösung designen und die Sie interviewen können. Zudem ist es möglich, direkt mit ihnen zu sprechen und sie in Aktion zu beobachten. Das ist eine wichtige Frage beim Planen einer Design-Challenge: Haben Sie die Möglichkeit, direkt mit den Menschen, für die Sie designen, in Kontakt zu treten? Ist dies nicht der Fall, wird es Ihnen schwerfallen, ihre Sichtweise einzunehmen, ihre Bedürfnisse nachzuvollziehen, Feedback einzuholen oder gemeinsam an Lösungen zu arbeiten. Die wichtigste Frage, bevor Sie ein Projekt beginnen, ist deshalb immer: Wie werden Sie mit den Menschen interagieren, die Ihre Arbeit betrifft?

Obwohl die Themen leicht zugänglich sind, weisen sie auch eine überraschende Tiefe auf: Menschen haben sehr starke Gefühle und ausgeprägte Vorlieben, wenn es um ihre Frisur oder um Nudeln geht! Diese Themen erlauben Ihnen also, so tief zu gehen, wie Sie möchten: Vielleicht lädt Sie jemand zu einem gemeinsamen Ramen-Essen ein oder Sie erhalten Gelegenheit, die Haarpflege-Tradition einer anderen Kultur kennenzulernen, sodass Sie das Thema durch andere Augen betrachten können.

Diese verschiedenen Perspektiven ermöglichen Ihnen, Ihre eigene Sichtweise zu hinterfragen und sich davon überraschen zu lassen, wie wenig befriedigt die Bedürfnisse mancher Menschen hinsichtlich dieser Themen sein können. Das ist der Moment, in dem Sie wissen, dass Sie als Designerin oder Designer wertvoll und relevant sind: Sie nähern sich auf kreative Weise einem Problem, das manchen Menschen wirklich wichtig ist. Wenn Sie auf solche Gelegenheiten stoßen, werden Sie das Gefühl haben, als hätten sie nur auf Sie gewartet – wie eine Berufung.

Zu guter Letzt lassen sich beide Themen mit wenig Aufwand bearbeiten, wodurch Sie zügig Prototypen für neue Erlebnisse oder Produkte entwickeln können, ohne sich Gedanken über die technische Umsetzung machen zu müssen oder darüber, ob sich das System verändern lässt.

Erinnern Sie sich noch an das Laufrad? Es hat Sie durch diese Einstiegsprojekte begleitet, aber auch deutliche Einschränkungen gesetzt. Nachdem Sie ein oder zwei dieser Projekte durchgeführt haben, werden Sie erkennen, wie sie Sie einschränken. Zunächst sind sie sehr linear aufgebaut: Sie gehen davon aus, dass Sie bereits über alle erforderlichen Informationen verfügen und sich immer vorwärts bewegen. In längeren, nuancierteren Projekten setzen wir dagegen häufig verschiedene Methoden und Arbeitsweisen ein, um neue Erkenntnisse zu gewinnen, Vermutungen zu bestätigen, Ideen zu testen oder eine ganz andere Richtung einzuschlagen. Dann gibt es keine klare Roadmap. Wie Sie dabei Vorwärtskommen, entscheiden Sie während des Prozesses. Es ist diese Vielfalt, die Design so wahnsinnig interessant – und anspruchsvoll – macht. In den kurzen Einstiegsprojekten müssen Sie jedoch – nachdem Sie Ihre Zielgruppe definiert haben (und festgelegt haben, wie und wo Sie mit ihr interagieren) – nicht mehr viele Entscheidungen über das weitere Vorgehen treffen.

Wenn Sie *Der Haarschnitt* oder *Das Ramen-Projekt* oder beide Übungen durchgeführt haben, ist es Zeit, Ihrem Laufrad Pedale hinzuzufügen und Ihr Gleichgewicht auf einem etwas größeren Rad zu trainieren. Die beiden Folgeübungen bieten Ihnen dazu Gelegenheit. Sie erfordern mehr Zeit in der Durchführung und bringen Sie mit realen Orten und Menschen in Kontakt. (Kleines Warm-up gefällig? Dann machen Sie die Übung *Mit Fremden reden* auf Seite 32.) Diese mittelschweren Übungen sind äußerst flexibel und lassen sich leicht abgeändert auf praktisch alle Kontexte übertragen. Sie beschäftigen sich mit den Bedürfnissen von Kindern, allerdings auf sehr unterschiedliche Weise.

Beachten Sie: Es gibt nicht den einen vorgeschriebenen Weg, wie Sie diese Projekte durchführen. Sie müssen vielmehr Ihr eigenes Vorgehen entwickeln. Betrachten Sie das als kleine separate Übung – an der *d.school* nennen wir das „die eigene Designarbeit designen". Skizzieren Sie Ihr Vorgehen, stellen Sie es anderen vor, holen Sie Feedback ein – und haben Sie keine Angst, immer wieder eine Schleife zu drehen.

74 Ein Abend mit der Familie

Eine Idee von Erica Estrada-Liou

Der gemeinsame Abend stellt für Familien eine schöne Möglichkeit dar, sich auszutauschen und wertvolle Zeit miteinander zu verbringen. Gemeinsames Abendessen, Gute-Nacht-Geschichten, Zähneputzen und andere Rituale geben Kindern ein Gefühl von Liebe und Geborgenheit, was für ihre Entwicklung ganz entscheidend ist.

Für die meisten Eltern hat dieses Ideal jedoch wenig mit der Realität zu tun. Wenn beide Elternteile arbeiten, kommen sie häufig erschöpft nach Hause oder sehen sich gar nicht, weil einer von beiden Schichtdienst hat. Jedes Familienmitglied hat andere Vorstellungen, was es zum Abendessen geben soll. Die Kinder sind müde und quengelig. Manche Eltern messen dem abendlichen Beisammensein wenig Bedeutung zu, andere haben es selbst als Kind nicht erlebt. Leuchtende Bildschirme haben eben auch ihre Anziehungskraft. Aus welchen Gründen auch immer: Diese Zeit des Tages kann sehr schwierig sein.

Ihre Aufgabe ist es, den Familienabend neu zu gestalten: Was wünschen sich Eltern und Kinder? Was tut den Kindern gut? Welche Tools, Erfahrungen, Services, Produkte oder andere Lösungen könnten den Familien helfen?

Da Familienabende eine wertvolle und emotionale Zeit sind, bietet sich Ihnen hier ein reicher Problemraum.

Machen Sie sich zunächst ein Bild von einem Familienabend, zum Beispiel indem Sie eine andere Familie während dieser Zeit beobachten. Oder werfen Sie aus der Außenperspektive einen Blick auf Ihre eigene Familie: Was fällt Ihnen auf? Sprechen Sie auch mit Lehrkräften oder Expertinnen und Experten für kindliche Entwicklung.

Ihre Lösung kann ein Produkt, eine Dienstleistung, ein Experiment sein … oder was Ihnen sonst einfällt.

75 Die Dreißig-Millionen-Wörter-Lücke

Eine Idee von Ashish Goel, Alissa Murphy und Erik Olesund

Seit Jahrzehnten beschäftigen sich Lehrkräfte, Bildungsforscher und politische Entscheidungsträger mit den schulischen Leistungsunterschieden zwischen Kindern aus einkommensschwachen und Kindern aus einkommensstarken Familien, die sich regelmäßig in Lernstandserhebungen, Notendurchschnitten und vielen anderen Tests zeigen.

Diese Unterschiede sind bereits da, bevor die Kinder in den Kindergarten kommen. In den Vereinigten Staaten beginnen sozial benachteiligte Kinder ihr erstes Schuljahr mit ausgeprägten Nachteilen in Bezug auf entwickelte Fähigkeiten, Verhalten und Gesundheit. Weniger als 50 Prozent der Kinder aus armen Familien sind im Alter von fünf Jahren schulreif. In Familien mit mittlerem oder hohem Einkommen sind es dagegen 75 Prozent.

Ein wesentlicher Grund für diese Leistungsdiskrepanz ist die Tatsache, dass sozial benachteiligte Kinder weniger als ein Drittel der Wörter hören, mit denen Kinder aus einkommensstarken Familien in Berührung kommen – ein Nachteil, der langfristig zahlreiche Folgen haben kann. Wenn sie ihr viertes Lebensjahr erreichen, sind Kinder aus einkommensschwachen Familien in Gesprächen und Interaktionen mit ihren Bezugspersonen bereits 30 Millionen weniger Wörtern ausgesetzt als Kinder aus einkommensstarken Familien. Studien zeigen, dass es nicht reicht, die Kinder lediglich mehr Wörtern auszusetzen; die Qualität der Kommunikation und Sprache spielt ebenfalls eine wichtige Rolle.

Ihre Aufgabe ist es, einen neuen Ansatz dafür zu entwickeln, wie sich diese Dreißig-Millionen-Wörter-Lücke schließen lässt.

Wenn Sie sich in das Thema einarbeiten, werden Sie feststellen, dass bereits viele Menschen an einer Lösung arbeiten. Es gibt zum Beispiel politische, informatorische und forschungsbasierte Ansätze. Sie sollen hier einen menschenzentrierten Ansatz verfolgen. Betrachten Sie dazu das Problem aus Sicht der betroffenen Personen. Das liefert Ihnen vielleicht einen neuen Rahmen, der in der bisherigen Forschung fehlt.

Dieses Projekt geht auf eine Idee des Sesame Workshop zurück, der gemeinnützigen Bildungsorganisationen hinter der Fernsehserie *Sesamstraße* (*Sesame Street*). Stellen Sie sich vor, das Problem aus unterschiedlichen Blickwinkeln anzugehen: Wir würden Sie vorgehen, wenn Sie direkt mit dem Sesame Workshop zusammenarbeiten würden? Oder mit einem Kindermuseum oder dem Zoo in Ihrer Stadt? Wie würden Sie vorgehen, wenn Sie in der Schulleitung aktiv wären?

Wenn Sie Ihre Lösungen allmählich eingrenzen, überlegen Sie auch, ob die jeweilige Organisation überhaupt fähig ist, die entsprechende Lösung zu implementieren. Das bringt Sie vielleicht auf Ideen, an die Sie noch gar nicht gedacht haben.

Ein Abend mit der Familie und *Die Dreißig-Millionen-Wörter-Lücke* sind wesentlich offener gehalten als *Der Haarschnitt* oder *Das Ramen-Projekt*. In beiden Challenges geht es um Kinder, doch keine der beiden sagt, dass Kinder die Zielgruppe sein müssen, für die Sie designen.

In *Ein Abend mit der Familie* konzentrieren Sie sich auf einen Teil des Tages und treffen einige Ausgangsannahmen darüber, welche Herausforderungen Ihnen begegnen könnten. Doch es ist an Ihnen zu bestimmen, mit welcher Art von Familie Sie zusammenarbeiten möchten. Und innerhalb des weitgefassten zeitlichen Rahmens „Abend" sind dem, was Sie entdecken könnten, und der Richtung, in die Ihre Arbeit gehen könnte, keine Grenzen gesetzt.

In diesen Projekten liegt der Schlüssel zum Erfolg darin, dass Sie von Anfang an das „Wer", also Ihre Zielgruppe, genau festlegen. Nehmen Sie einige Einschränkungen vor, zum Beispiel „urbane, berufstätige Eltern" oder „Familien mit vielen Kindern". Dadurch wird das Projekt interessanter und ergiebiger und Sie können wirklich trainieren, ein aus Design-Gesichtspunkten interessantes Problem zu identifizieren. Suchen Sie nach Mustern, die Ihr Interesse wecken oder auf echte Bedürfnisse hinweisen. Das hilft Ihnen bei der Entscheidung, was Sie letztlich designen möchten.

Die Dreißig-Millionen-Wörter-Lücke setzt an einem ganz anderen Punkt an: Die Übung beschreibt ein bekanntes, komplexes Problem, das mit der Zeit entsteht. Sie müssen überlegen, wie und wo Sie das Problem „in Aktion" beobachten wollen. Nach all den gesammelten Eindrücken und den Kontexten und Menschen, mit denen Sie in Berührung gekommen sind, entscheiden Sie, worauf Sie sich bei der Entwicklung einer Lösung konzentrieren. Von Anfang an ist zwar bereits klar, dass es um einkommensschwache Familien und deren Kinder geht, aber der Problemraum ist riesig.

Damit dieses Projekt erfolgreich ist, müssen Sie zwei Vorgehensweisen miteinander kombinieren: zunächst Recherchen betreiben und mit einigen Expertinnen und Experten sprechen, um zu verstehen, wie andere das Problem bereits umrissen haben und angegangen sind; dann mithilfe der Übung *Experten und Annahmen* (Seite 146) neue Herangehensweisen finden. Überlegen Sie dabei, wo ein menschenzentrierter Ansatz die größten Erkenntnisse verspricht. Im Verlauf des Projekts müssen Sie das Problem sehr wahrscheinlich neu umreißen: Ihr Ziel ist es, die Dreißig-Millionen-Wörter-Lücke zu schließen, und je mehr Sie darüber in Erfahrung bringen, was die Betroffenen brauchen und was Sie zur Lösung beisteuern könnten, desto spezifischer und enger wird Ihr Projektrahmen.

Da es in diesem Projekt um Kinder aus einkommensschwachen Familien geht, müssen Sie sich auch damit beschäftigen, inwiefern Sie das Thema persönlich betrifft. Wenn Sie selbst aus einer einkommensschwachen Familie kommen, verfügen Sie bereits über wichtige Einblicke und haben eine starke Verbindung zu anderen Menschen, die Ähnliches erlebt haben. Wie die Betroffenen Ihnen ihre Geschichte erzählen, könnte deshalb anders sein, als wenn Sie aus besseren Verhältnissen kommen. Vielleicht haben Sie auch schon einige vorgefertigte Lösungsideen im Kopf. Schieben Sie diese ganz bewusst zur Seite, um sich dem Problem mit frischem Blick zu nähern. Wenn Sie dagegen aus einer einkommensstarken Familie kommen, bietet Ihnen das Projekt Gelegenheit, sich zu fragen, was einerseits Sie durch die Beschäftigung mit diesem Thema gewinnen könnten und wie anderseits Menschen, die weniger einflussreich oder privilegiert sind, von Ihrer Arbeit profitieren könnten. Überlegen Sie, welche ethischen Ansätze Sie verfolgen möchten und wie Sie die möglichen Folgen (beabsichtigte und unbeabsichtigte) Ihrer Arbeit bewerten können.

Um das Problem zu umreißen, können Sie sich zwei Drehknöpfe vorstellen, mit denen Sie die Enge oder Weite Ihres Fokus festlegen. Mit dem einen Knopf bestimmen Sie, für wen Sie designen, und mit dem anderen legen Sie ihren Problemraum fest. Sind beide Knöpfe voll aufgedreht, gibt es zu viele Möglichkeiten; Sie wissen nicht, wo Sie beginnen oder auf welches Problem Sie sich konzentrieren sollen. Sind beide Knöpfe dagegen ganz zugedreht, gibt es keinen Raum für Entdeckungen. Indem Sie mit der Einstellung der beiden Knöpfe experimentieren, können Sie den Grad an Mehrdeutigkeit in Ihrem Projekt regulieren.

Wenn Sie die Einschränkungen minimal halten, werden Sie grundsätzlich das meiste lernen – darüber, wie Sie Ihre Designkompetenzen stärken, und darüber, wie Sie den Kern des Problems oder der Chance stärken – denn Sie müssen während des Prozesses Entscheidungen treffen (statt bereits in der Planungsphase), um ihren endgültigen Fokus zu finden. Dazu ist es erforderlich, auch in Richtungen zu gehen, für die Sie sich am Ende nicht entscheiden. Dabei lernen sie viel über die Bandbreite der Designmöglichkeiten und finden heraus, warum die eine Richtung besser ist als die andere. Das ist eine anspruchsvolle Aufgabe, trainiert aber ihre Urteilskraft.

Hätten die Gründerinnen und Gründer von Noora Health engere und konkretere Vorgaben über ihre Zielgruppe gehabt, hätten sie wahrscheinlich eine Lösung für die Ärzte oder die Patienten entwickelt. Verbesserungen im Gesundheitswesen setzen in der Regel bei einer dieser beiden Gruppen an. Vielleicht wäre das hilfreich gewesen. Aber dadurch, dass das „Wer" nicht genau vorgegeben war, hatte das Team die Chance, auf die bislang nicht wahrgenommenen, aber sehr wichtigen Bedürfnisse der Familien der Patienten aufmerksam zu werden. Wie Sie sich erinnern, haben die Studierenden dabei Erkenntnisse in viele Richtungen gewonnen, die sie am Ende jedoch nicht weiterverfolgt haben. Zudem gab es eine schwierige Phase, etwa als das Team entscheiden musste, welche dieser Bedürfnisse am wichtigsten waren. Das war eine großartige Lernerfahrung, die zu einem großartigen Ergebnis geführt hat.

Vielleicht konzentrieren Sie sich in den Übungen eher auf die Erfahrung oder auf das Ergebnis. Wenn Sie eher an der Lernerfahrung interessiert sind, Ihre Kompetenzen weiterentwickeln möchten und nicht unbedingt innerhalb einer bestimmten Zeit ein konkretes Ergebnis erreichen wollen, können Sie die Übungen zu Folgendem nutzen: (1) Empathie für eine größere Bandbreite an Menschen entwickeln und Erkenntnisse über sie gewinnen, (2) am Anfang weniger Einschränkungen und Struktur dahingehend vorgeben, für wen Sie designen, und (3) den Lösungsraum enger ziehen. Oder Sie geben sich mehr Raum, um die Komplexität, die Form und das Medium zu erkunden, in dem Ihre Lösung entsteht. In diesem Fall sollten Sie das Problem nicht so eng umreißen.

Nachdem Sie eines oder beide Projekte durchgeführt haben, verstehen Sie langsam, welche Zutaten für ein exzellentes Designprojekt notwendig sind.

Die vier folgenden Übungen sind noch fortgeschrittener. Darin lernen Sie den Umgang mit Problemen, die aufgrund ihres historischen Kontexts kompliziert sind oder verschiedene Systeme oder Stakeholder umfassen und einige der ethischen Fragen berühren, die mit sensiblen Themen einhergehen. Um diese Challenges gut zu bewältigen, müssen Sie sich vielleicht mit anderen Menschen und/oder Organisationen vor Ort zusammentun. Dadurch entstehen Beziehungen, die Ihnen später helfen, Ihre Lösung zu implementieren.

Die folgenden Übungen sind für einen bestimmten Kontext konzipiert worden. Ich habe ihre Besonderheiten bewusst beibehalten, da es wichtig ist, etwas über die Situationen und die Fragen zu wissen, die solche Projekte umfassen. Sie zeigt Ihnen, wie Sie Ideen entwickeln, wie Sie sie abändern und auf Ihre private oder berufliche Situation anpassen können. Betrachten Sie die Übungen als Inspiration und Ausgangspunkt, um Design-Challenges zu entwickeln, die genauer auf die konkreten Chancen oder Probleme zugeschnitten sind, denen Sie begegnen – welche das auch immer sein mögen.

76 Die Organspende

Eine Idee von Taylor Cone, Ashish Goel und Adam Selzer

Eine der schmerzhaftesten Erfahrungen im medizinischen Bereich ist die Organtransplantation. Wenn ich Patientinnen und Patienten auf die Warteliste für eine Organtransplantation – Herz, Leber, Niere – setze, beginnt damit eine quälende Zeit des Wartens, die lange dauern kann. Es ist ein Kampf gegen die Zeit: Während sich der Gesundheitszustand der Patientin immer weiter verschlechtert, haben wir die qualvolle Hoffnung, dass ein anderer Mensch zeitnah stirbt und eine Transplantation möglich wird. Im Falle der Nierenspende, die auch durch einen lebenden Spender erfolgen kann, ist dies die verzweifelte Hoffnung darauf, dass jemand dieses große persönliche Opfer erbringt. Einige meiner Patientinnen und Patienten sind während des Wartens verstorben, was traurigerweise nicht unüblich ist. Schätzungen zufolge sterben täglich 18 Menschen, die auf der Warteliste für ein Spenderorgan stehen.

– *Dr. med. Danielle Ofri*

In vielen Ländern basiert die Organspende auf einer Zustimmungslösung. Dabei wird davon ausgegangen, dass sich Menschen aus moralischen Gründen als Organspender registrieren lassen. Dieses Verfahren kann den Bedarf an Spenderorganen jedoch nicht decken. Der US-Regierung zufolge befürworten zwar 90 Prozent der Erwachsenen die Organspende, doch nur 60 Prozent sind auch als Organspender registriert.

In den Vereinigten Staaten ist es üblich, die eigene Spendenbereitschaft über den Führerschein zu erklären. In diesem Zusammenhang befürchten einige Expertinnen und Experten, dass durch die Zunahme von Fahrgemeinschaften und anderen alternativen Formen der Fortbewegung die Zahl der Führerscheinbesitzer und damit die Zahl der registrierten Organspender sinkt.

Die meisten Menschen beschäftigen sich nicht viel mit dem Thema Organspende. Doch wenn Sie jemanden kennen, der damit bereits in Berührung gekommen ist, wissen Sie, wie wichtig diese Angelegenheit ist. Tatsächlich kann ein Spender acht Menschenleben retten.

Ihre Aufgabe ist es, ein Produkt oder einen Service zu entwickeln, der das Organspende-Erlebnis in Ihrem Land verbessert mit dem Ziel, die Zahl der registrierten Organspender zu erhöhen. Dabei können Sie sich auf verschiedene Aspekte konzentrieren: den tatsächlichen Registrierungsprozess, was nach der Registrierung passiert, die Organspende an sich, die Rolle, die Familie und Freunde dabei spielen oder etwas ganz anderes.

Informieren Sie sich dazu zunächst über die gesetzlichen, infrastrukturellen und medizinischen Hürden, die in Ihrer Stadt oder Region besonders relevant sein könnten. Vergessen Sie darüber aber nicht, das Problem vor allem unter menschlichen Gesichtspunkten zu betrachten.

Warum spenden Menschen Organe? Welche ethischen oder religiösen Überlegungen spielen dabei eine Rolle? Recherchieren Sie, welche Zielgruppe besonders interessant und inspirierend sein könnte, zum Beispiel Studierende, YouTuber, Menschen aus Südostasien, Sportlerinnen und Sportler oder Jugendliche. Haben Sie die Möglichkeit, Menschen einzubeziehen, die tatsächlich auf ein Spenderorgan warten?

Wenn Sie nicht vorhaben, eine eigene Firma oder Organisation zu gründen, sollten Sie nach einem Umsetzungspartner Partner Ausschau halten. Sie müssen Kontakte knüpfen, damit Sie dann, wenn Ihre Lösung getestet oder als Pilot gestartet werden kann, in der Lage sind, dies gemeinsam mit anderen zu tun.

Dieses Thema ist äußerst anspruchsvoll, was unter anderem den Reiz der Übung ausmacht. Es ist ein schönes Beispiel für ein Mysterium menschlichen Verhaltens, weshalb Design bei der Lösungsfindung extrem hilfreich ist. Immer, wenn Sie einen Widerspruch feststellen zwischen dem, was Menschen sagen (hier: die Organspende befürworten) und dem, was sie tun (sich nicht voll und ganz auf ihre Rolle als Organspender einlassen), wissen Sie, dass Design Abhilfe schaffen kann.

Das Problem ist breit gefächert und komplex. Sie müssen mit Expertinnen und Experten sprechen und viel recherchieren (Bücher, Artikel, Podcasts etc.), um die politischen Rahmenbedingungen und das Gesundheitssystem Ihres Landes, die in das Problem mit hineinspielen, zu verstehen. Das Projekt bietet Ihnen Gelegenheit, viele verschiedene Kompetenzen anzuwenden. Probieren Sie deshalb ein Tool zum Designen von Systemen aus, etwa *Stakeholder-Mapping* (Seite 149) oder *Die 30-Meter-Erfahrungslandkarte* (Seite 138).

Als Nächstes möchte ich Ihnen ein ortsspezifisches Projekt vorstellen: Jedes Jahr arbeiten einige Studierende der *d.school* in Teams an Design-Challenges, die verschiedene Servicebeschäftigte am Stanford-Campus einbeziehen, zum Beispiel Hausmeister, Polizei, Wartungspersonal, Cafeteria-Angestellte und Brandschutzbeauftragte. Die Studierenden haben in der Regel bis dahin wenig Notiz von der Arbeit dieser Menschen genommen, weshalb die Übung einerseits ein Augenöffner ist und andererseits Gelegenheit bietet, die eigenen Designkompetenzen zum Wohl von Menschen einzusetzen, die sich sonst um das Wohl anderer kümmern. Im Folgenden präsentiere ich Ihnen ein Beispiel für dieses Projekt und mache dann Vorschläge, wie Sie es auf Ihren Kontext übertragen können.

77 Das Stanford-Community-Programm

Eine Idee von Nell Turner Garcia und Joan Dorsey, inspiriert von Jim Patell und Erica Estrada-Liou

Das Transportation Department der Stanford University hat die anspruchsvolle Aufgabe, die vielen verschiedenen Transportmöglichkeiten zu steuern, die Menschen zum und vom Campus weg bringen. Ob Fahrräder, Autos, der Shuttle-Service zwischen Bahnhof und Campus oder Hunderte von Charter- und Reisebussen täglich: Für all das ist die Transportabteilung zuständig.

Das Transportation Department kümmert sich auch darum, dass sich Studierende mit Mobilitätseinschränkungen sicher auf dem Campus bewegen können. Das betrifft sowohl Menschen, die dauerhaft mobilitätseingeschränkt und etwa an einen Rollstuhl gebunden sind, als auch Personen, die sich zum Beispiel ein Bein gebrochen haben. Das Programm existierte bereits viele Jahre, bevor es in den Verantwortungsbereich des Transportation Department überging.

Ihre Aufgabe besteht darin, mit den Mitarbeiterinnen und Mitarbeitern des Transportation Department zusammenzuarbeiten und in Erfahrung zu bringen, wie das Programm funktioniert. Im nächsten Schritt überlegen Sie, wie es ausgeweitet werden könnte, um alle Personen zu integrieren, die Hilfe bei der Fortbewegung auf dem Campus benötigen (stellen Sie sich das wie einen campuseigenen Beförderungsservice vor). Dabei gibt es viel zu bedenken: von der Koordination der Onlineanfragen bis hin zu der Garantie, dass alle, die Unterstützung brauchen, diese auch erhalten.

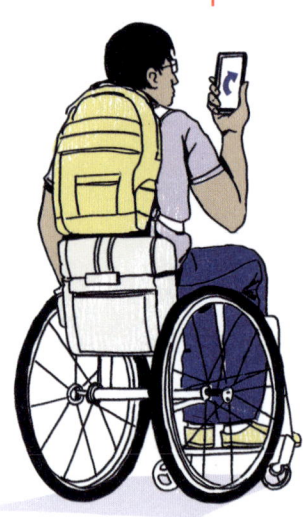

Das Stanford-Community-Programm ist eines der vielen Projekte, die entwickelt wurden, damit die Studierenden lernen, mit einem Projektpartner zusammenzuarbeiten. Dabei erstellt die jeweilige Abteilung der Stanford University eine Wunschliste mit Herausforderungen, die die Studierenden bearbeiten können. Das sind entweder bereits abgeschlossene Veränderungsprojekte (etwa ein Programm in eine andere Abteilung eingliedern) oder solche, die erstrebenswert sind. Changeprozesse stellen einen hervorragenden Katalysator für Design dar, da die Beteiligten Veränderungen eher offen gegenüberstehen. Doch die Zusammenarbeit mit Projektpartnern verändert auch die Rolle der Designerin oder des Designers auf anspruchsvolle und produktive Weise: Die verschiedenen Stakeholder in der Abteilung könnten zum Beispiel unterschiedliche Vorstellungen davon haben, wie die Arbeit vonstattengehen soll. Macht- und Hierarchiefragen spielen eine Rolle. Und eventuell sind nicht alle Lösungen gleichermaßen umsetzbar.

Wie könnten Sie den Ansatz des *Stanford-Community-Programms* auf Ihren Kontext übertragen, um sinnvolle Bereiche für Ihre Designarbeit zu identifizieren? Überlegen Sie, welche Gruppen in Ihrem Umfeld Dienstleistungen erbringen, aber wenig Unterstützung erfahren. Könnten Sie dies als Gelegenheit nutzen, Ihre Kompetenzen auszubauen und gleichzeitig anderen zu helfen? Welche Formen der Kooperation und Unterstützung sind nötig, damit alle von diesem Projekt profitieren?

78 Kredite für Katastrophenopfer

Eine Idee von Seamus Yu Harte, Bruce Cahan, Eli Woolery und Emily Callaghan

In den Jahren 2018, 2019 und 2020 haben Waldbrände im nördlichen und südlichen Kalifornien zahlreiche Städte, Viertel, Unternehmen und Leben verwüstet oder zerstört. Infolge des Klimawandels kommt es leider immer häufiger zu schweren Naturkatastrophen.

Nachdem die Einsatzkräfte ihre Arbeit getan haben, machen sich die betroffenen Gemeinden sowie Banken, Versicherungen und Regierungsbehörden daran, die Finanzierung des Wiederaufbaus zu organisieren. Dabei müssen sich die Überlebenden, deren Ziel es ist, ihre Städte widerstandsfähiger aufzubauen, mit uneinheitlichen oder sogar widersprüchlichen Fristen auseinandersetzen. Häufig fehlt es an Transparenz hinsichtlich Versicherungsansprüchen, Bauplänen und -genehmigungen sowie Bankkrediten. Die verschiedenen Parteien scheinen keinen Anreiz zu haben, zusammenzuarbeiten und die Dinge zu koordinieren. Hinzu kommen Ungleichheiten bei Einkommen und Finanzwissen sowie andere situationsspezifische Herausforderungen, die bereits vor der Katastrophe bestanden. Manche Viertel können nie wieder aufgebaut werden.

Bankverantwortliche spielen bei Entscheidungen zur Finanzierung des Wiederaufbaus systembedingt eine besonders wichtige Rolle. Wie könnten Sie die Kreditvergabe einer Bank strukturierter und empathischer gestalten?

Ihre Aufgabe ist es, die Finanzierung für Hilfen nach Katastrophen neu zu designen.

Dafür müssen Sie mit Bankverantwortlichen, Regulierungsbehörden und Kreditnehmerinnen und -nehmern sprechen, um die Kreditvergabe für Katastrophenopfer aus verschiedenen Blickwinkeln zu beleuchten und zu visualisieren. Ziel ist es, bessere Designchancen zu identifizieren. Angesichts der Komplexität des Designraums bieten sich zahlreiche Mapping-Tools an (etwa Erfahrungslandkarten oder Stakeholder-Mapping), um sich dem Thema zu nähern und es zu durchdringen. Wenn Sie eine Chance identifiziert haben, die Sie weiterverfolgen möchten, überlegen Sie, wie Sie neue Lösungen und Ideen in diesem komplexen Designraum zum Leben erwecken können. Oder nutzen Sie das Projekt als Übung, um völlig neue Zukunftsszenarien für die Kreditvergabe zu entwickeln und veranschaulichen Sie diese mithilfe von Storytelling, Visualisierungen oder anderen Medien.

Wenn Sie sich entscheiden, dieses Projekt durchzuführen oder an Ihren Kontext anzupassen, werden Sie feststellen, dass es unter anderem deshalb so herausfordernd ist, weil Sie mit unter Schock stehenden oder traumatisierten Menschen zu tun haben. Ihre Verantwortung als Mensch besteht darin, Empathie zu zeigen und die Bedürfnisse Ihres Projekts zu keinem Zeitpunkt über die (körperliche und seelische) Sicherheit der Beteiligten zu stellen. Überlegen Sie, ob Sie einen Berater oder eine Therapeutin hinzuziehen möchten. Lassen Sie sich aber auf jeden Fall im Vorfeld dazu zu geeigneten Gesprächsansätzen beraten.

Dieses Projekt erfordert eine besondere Art der Vorbereitung. Um sich besser in die Situation hineinzuversetzen und stärkere Empathie für die von den Waldbränden Betroffenen zu entwickeln, sollten Sie mithilfe der Übung *Eintauchen und Einblicke gewinnen* (Seite 38) überlegen, welche Erfahrung Sie analog durchleben könnten. Um das Machtverhältnis zwischen Ihnen und den Betroffenen zu verändern, bietet sich die Übung *Empathie in Bewegung* (Seite 66) an. Wenn Sie befürchten, Ihre eigene vorgefertigte Meinung – über die Betroffenen oder die Bankmitarbeiter – könnte Ihre Arbeit negativ beeinflussen, hilft Ihnen *Bewusst machen, anerkennen, hinterfragen* (Seite 78), sich Ihre Vorurteile oder Verzerrungen bewusst zu machen.

Sorgen Sie von Anfang an für Transparenz: Soll Ihre Lösung unmittelbar den Betroffenen zugutekommen oder versprechen Sie sich davon eher eine Verbesserung für Menschen, die zukünftig von einer Katastrophe betroffen sind? Arbeiten Sie direkt mit einem Finanzdienstleister zusammen, um die Lösungen zu implementieren, oder machen Sie sich im Laufe des Projekts Gedanken dazu, wie Ihre Ideen umgesetzt werden könnten?

Wenn Sie in einer Region leben, die von anderen natürlichen oder von Menschen verursachten Katastrophen betroffen ist, überlegen Sie, wie Sie das Framework dieser Übung auf diesen Kontext anpassen können.

Wenn Sie einige oder alle Übungen in diesem Abschnitt durchgearbeitet haben, werden Sie besser verstehen, wie sehr der Rahmen und Umfang des Projekts Ihre Designarbeit beeinflussen.

Um die neu gewonnenen Erkenntnisse noch besser zu verinnerlichen, lade ich Sie auf Seite 270 dazu ein, Ihre eigene Challenge zu planen. Das ist beinahe die letzte Übung in diesem Buch, doch es könnte der erste Schritt dahin sein, wirklich Verantwortung für die eigene Designarbeit zu übernehmen. Danach werden Sie den Wind in Ihren Haaren spüren, wenn Sie Ihren künftigen kreativen Abenteuern entgegenreiten.

79 Verantwortung übernehmen

Eine Idee von Liz Ogbu

Liz Ogbu nutzt ihre „Zwei-Parteien-Brille", um ihren moralischen Kompass auszurichten und ihren Fokus zu justieren. Als Architektin und Designerin betrachtet sie es als ihre Aufgabe zu prüfen, wo sich die Bedürfnisse der verschiedenen Parteien kreuzen und überlappen. Das heißt jedoch nicht, dass alle Parteien vom selben Punkt aus starten. Häufig sind die Menschen, die mit dem Ergebnis unserer Designarbeit leben müssen, nicht anwesend. Liz verpflichtet sich deshalb nicht nur dazu, Lösungen zu entwickeln, die einer Gruppe nicht schaden und der anderen nutzen, sondern Vorteile für Menschen zu realisieren, denen Schaden zugefügt wurde.

Ihr Ansatz spiegelt die Tatsache wider, dass Design immer mit einem Machtgefälle einhergeht, bei dem eine Partei in einer stärkeren Position ist als die andere. Wenn Sie Ihre kreativen Fähigkeiten einsetzen, besitzen Sie ein gewisses Maß an Macht: Sie können darauf einwirken, wie Menschen bestimmte Dinge erleben, und vielleicht sogar ihr Leben beeinflussen. Vielleicht sind Sie nicht der Akteur mit der größten Macht, aber wahrscheinlich auch nicht der mit der geringsten. Wie gehen Sie damit um?

Denken Sie an Ihr letztes kreatives Projekt zurück, und beantworten Sie die folgenden Fragen:

Wem gegenüber und wofür fühlten Sie sich verantwortlich?
Gab es Spannungen? Welcher Art?
Wie sind Sie mit diesen konkurrierenden Bedürfnissen umgegangen?
Was haben Sie gelernt? Würden Sie in Zukunft etwas anders machen?

In jedem Projekt gibt es zwei Parteien.

Ich habe Verantwortung gegenüber den Menschen, die mich für meine Designarbeit bezahlen, sowie gegenüber den Menschen, die mit den Ergebnissen meiner Designarbeit leben müssen.

– Liz Ogbu

80 Eine eigene Challenge planen

Eine Idee von Thomas Both

Diese Übung lädt Sie zum Träumen ein: Woran wollten Sie schon immer einmal arbeiten?

In der vorletzten Übung dieses Buches planen Sie Ihr eigenes Designprojekt. Sie bietet sich an, wenn Sie ein konkretes Problem angehen und sicherstellen möchten, dass Sie genügend Raum für Kreativität lassen.

Hier planen Sie ein Projekt mit offenem Ausgang: eine Challenge, bei der die Lösung oder die Art der Lösung nicht vorgegeben ist. Achten Sie darauf, sich nicht zu stark einzuschränken. Viele Menschen, die diese Übung zum ersten Mal durchführen, packen die Lösung bereits in das Challenge-Statement. Vielleicht haben Sie ein sehr begrenztes Budget, wenig Zeit oder eine schwierige Zielgruppe. Ziehen Sie dennoch vielfältige Lösungsmöglichkeiten in Betracht.

Das ist die Kunst der Projektdefinition: Sie müssen sich einerseits eine machbare Richtung geben, andererseits aber genügend Raum für Entdeckungen lassen. Es geht nicht darum, Ambiguität zu vermeiden, sondern ein gewisses Maß im kreativen Prozess zuzulassen. Nur unter Ambiguität sind neue Entdeckungen möglich.

Der Umfang Ihres Projekts nimmt früher oder später zwangsläufig Gestalt an – entweder vor oder während des Projekts. Es kann effizienter sein, den Umfang vorab festzulegen (weil Sie dadurch Ihre Forschungen eingrenzen und Zeit sparen), es kann aber auch sinnvoll sein, ihn während des Projekts festzulegen (dann stellen Sie den Menschen in den Mittelpunkt, was zu bedeutenderen und ergiebigeren Lösungen führt).

Sie sollten weder vorschnell Lösungsideen entwickeln noch davon ausgehen, dass Sie die Bedürfnisse der Betroffenen kennen, bevor Sie mit ihnen gesprochen haben. Geben Sie sich den Raum, die konkreten Probleme zu identifizieren, die Sie angehen möchten. Sie wissen, dass Sie etwas Wichtiges entdeckt haben, wenn die Erkenntnis ohne die Beschäftigung mit der Challenge nicht möglich gewesen wäre.

Berücksichtigen Sie bei der Planung des Projektumfangs auch den Faktor Begeisterung. Designen Sie eine Challenge, die genügend Tiefe aufweist, damit Sie

durch Ihre Gespräche und Beobachtungen spannende, neue Informationen gewinnen können. Suchen Sie sich ein Projekt, das Sinn stiftet und Sie motiviert.

So geht's

Verwenden Sie das folgende Framework, um den Umfang Ihres Projekts zu definieren. Durch das Anpassen der Lücken können Sie den Rahmen verändern.

Gestalten Sie das _____-Erlebnis für _____ neu, indem Sie _____ berücksichtigen.

Das Framework hilft Ihnen, sich auf die Zielgruppe und ihre Erfahrungen zu konzentrieren, anstatt das „Ding" im Fokus zu haben, das Sie entwickeln. Halten Sie sich wortwörtlich daran, solange es Ihnen hilft. Wenn Sie feststellen, dass die Struktur zu starr ist und Sie blockiert, können Sie einzelne Formulierungen ändern oder Lücken verschieben.

Beachten Sie: Das, was Sie in die Lücken eintragen, kann den Umfang Ihres Projekts deutlich verändern (sowohl das Thema als auch, wie breit oder eng Sie es betrachten). Stecken Sie das Feld also ab, lassen Sie aber genügend Raum für Entdeckungen.

Mit den folgenden Fragen können Sie den ersten Entwurf Ihrer Challenge beurteilen:

Handelt es sich bei Ihrem Projekt um ein menschliches, subjektives Problem, bei dem es erfolgsentscheidend ist, Menschen zu verstehen?

Hat Ihr Projekt zum Ziel, Neues zu entdecken (oder geht es darum, Bestehendes zu verbessern)?

Beinhaltet Ihr Projektrahmen bereits eine Lösung? (Falls ja, verabschieden Sie sich von ihr!)

Geht Ihr Projektrahmen davon aus, dass Sie die Bedürfnisse der Zielgruppe bereits kennen? (Falls ja, was gibt es dann noch zu entdecken?)

Liegt Ihnen diese Challenge am Herzen? (Falls nicht, warum beschäftigen Sie sich überhaupt damit?)

EINE EIGENE CHALLENGE PLANEN

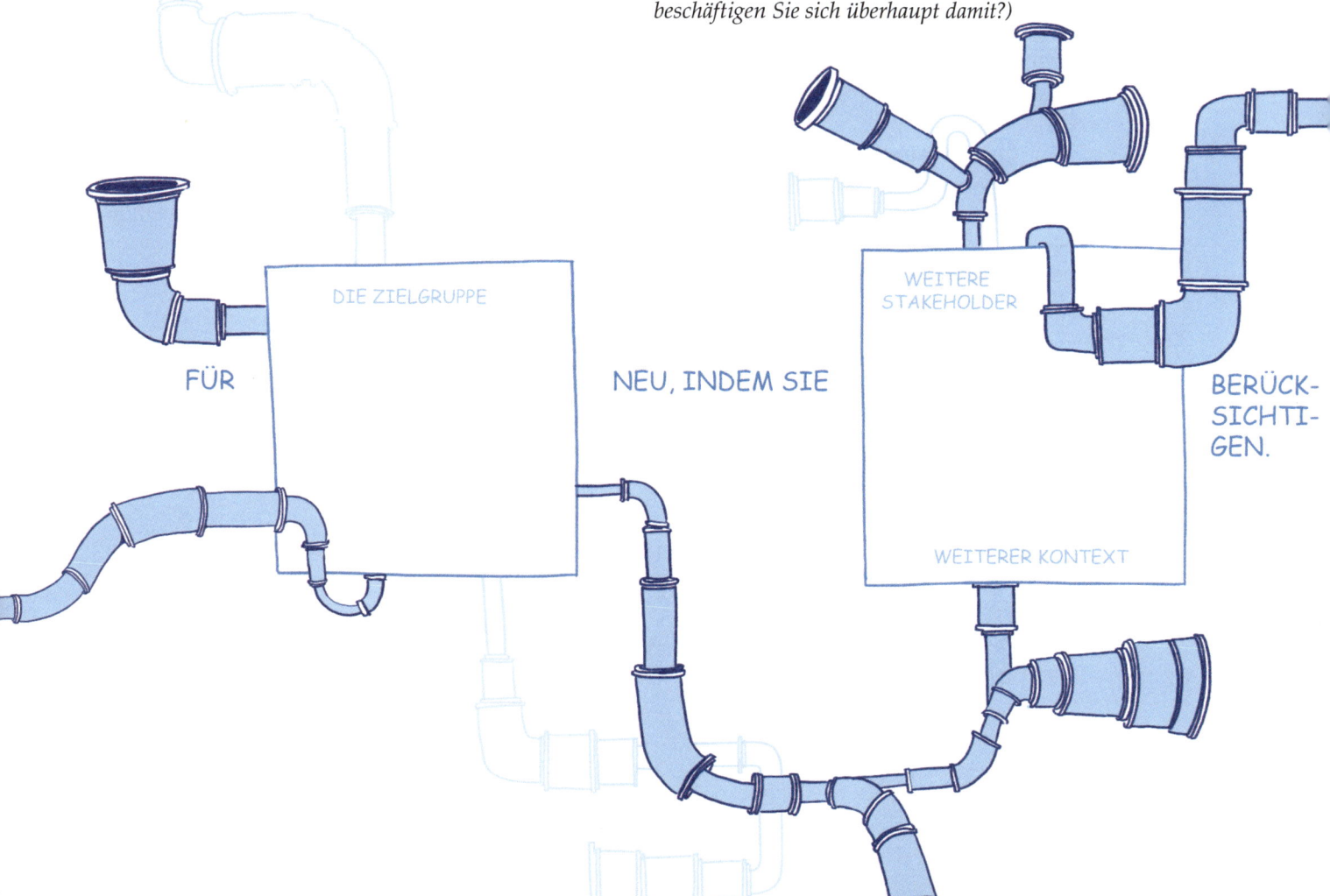

81 Früher dachte ich – heute denke ich

Eine Idee von Megan Stariha und Mark Grundberg, inspiriert von Richard F. Elmore

Indem Sie beobachten und dokumentieren, wie sich Ihr eigenes Denken im Verlauf der Zeit verändert, machen Sie sich Ihre Lern- und Entwicklungsfortschritte bewusst.

Diese Übung geht auf das Buch *I Used to Think…and Now I Think…* zurück. Darin beschreiben Bildungsreformexpertinnen und -experten, wie sich ihre Meinung zum Thema im Laufe ihres Berufslebens verändert hat (oder wie sich ihre Überzeugungen teilweise verfestigt haben).

Heutzutage ist es äußerst selten, dass Fachleute – oder Menschen überhaupt – zugeben, ihre Meinung geändert zu haben. Veränderungen vollziehen sich langsam – vor allem wenn es um Ideen, Verhaltensweisen oder Vorstellungen unseres Selbst geht. Es kann schwierig sein, Veränderungen überhaupt zu erkennen. Doch wenn Sie die in diesem Buch vorgestellten kreativen Methoden und Mindsets verinnerlichen möchten – oder gerade eine andere Lernerfahrung oder Veränderung in Ihrem Leben durchlaufen –, hilft Ihnen diese Übung, schrittweise Veränderungen wahrzunehmen und Ihre neuen Fähigkeiten zu festigen und auszubauen. Dadurch konkretisiert sich am Ende die Richtung, in die Sie sich bewegen möchten.

So geht's

Machen Sie zunächst eine beliebige Übung in diesem Buch.

Nehmen Sie dann ein Blatt Papier und teilen Sie es in zwei Spalten.

Beschriften Sie die erste Spalte mit „Früher dachte ich …" und die andere mit „Heute denke ich …".

Notieren Sie in der ersten Spalte Ihre Vorstellungen und Annahmen zur Übung oder zum Thema und in der zweiten Spalte Ihre Gedanken dazu, nachdem Sie die Übung durchgeführt haben.

Obwohl die Übungen in diesem Buch jeweils zu einem bestimmten Zweck konzipiert wurden, gibt es keine Garantie, dass Sie aus ihnen auch das mitnehmen, was beabsichtigt ist. Je nach Lebenssituation und Vor-

erfahrungen ziehen Sie vielleicht ganz andere Schlüsse. Eines der Ziele *dieser* Übung ist deshalb, dass Sie sich von meinen Annahmen über den Nutzen einer bestimmten Übung freimachen und sich den Nutzen, den die Übung für Sie hatte, vor Augen führen und mit eigenen Worten formulieren.

Sie können dieses Framework auf jegliche Lernerfahrung übertragen, die Sie allein oder gemeinsam mit anderen machen. Setzen Sie sie zum Beispiel nach einer Konferenz ein, die Sie mit Kolleginnen und Kollegen besucht haben, oder nach einem Teambuilding-Event. Im Freundes- oder Familienkreis eignet sie sich, um eine politische Entwicklung oder ein emotionales Ereignis zu verarbeiten. Und irgendwann geht die Formulierung „Früher dachte ich …, heute denke ich …" vielleicht in Ihren Alltagswortschatz über, und Sie beschreiben damit, wie Sie sich als Person und als Designer verändert und weiterentwickelt haben.

FRÜHER DACHTE ICH – HEUTE DENKE ICH

Creative Acts:
Hinter den Kulissen

Mein Vater ist handwerklich äußerst begabt. Er ist nicht nur professioneller Fotograf, sondern auch ein begnadeter Bäcker, Näher, Tischler, Gärtner und ein mehr als fähiger Klempner und Elektriker. Als Kind habe ich ihn ständig bastelnd und tüftelnd erlebt. Alle diese Fähigkeiten hat er sich selbst angeeignet – durch Lesen, Ausprobieren und Gespräche mit Profis, aber vor allem dadurch, dass er Dinge hergestellt hat. Er hat sogar eine Dissertation darüber verfasst, welche positiven Auswirkungen es auf Kinder hat, wenn ihre Eltern handwerklich aktiv sind. Ich kann mit Stolz sagen, dass ich der lebende (und glückliche) Beweis dafür bin. Mittlerweile ist mein Vater in Rente und engagiert sich ehrenamtlich in der größten Werkzeugbibliothek in Portland, Oregon, wo er defekte Werkzeuge repariert und wieder in Umlauf bringt, sodass andere sie ausleihen und nutzen können. In vielerlei Hinsicht war das, was ich von meinem Vater gelernt habe, die wichtigste Ausbildung meines Lebens – und die längste.

Während ich ihn an seiner Werkbank im Keller unseres Hauses in Philadelphia beobachtete, lernte ich, dass man für Tischlerarbeiten (und alle anderen kreativen Tätigkeiten) mehr Werkzeuge braucht als die, die üblicherweise im Baumarkt erhältlich sind. Dazu gehört zum Beispiel eine Säge- oder Bohrschablone, die das, woran man arbeitet, fixiert und einem das Führen des Werkzeugs (Säge oder Bohrer) erleichtert, sodass man das Holz wie gewünscht bearbeiten kann. Häufig gibt es ein solches Gerät nicht zu kaufen. Will man später genau das Ergebnis erhalten, das man sich wünscht, muss man es selbst herstellen – und zwar indem man die Konturen der gewünschten Form definiert oder festlegt, wie weit die Säge sägen soll. Für komplexe Arbeiten sind solche Schablonen wichtig, wenn nicht sogar essenziell.

Jede Übung in diesem Buch entspricht einer „Lernschablone" – einem spezifischen Tool, das geschaffen wurde, um Ihnen dabei zu helfen, zu lernen und Dinge, Ideen, Geschichten, Beziehungen, Karten und Kompetenzen zu entwickeln. Die Lernschablonen lenken Ihren Fokus jeweils auf einen bestimmten Bereich und leiten Sie an, damit Sie Ihre natürlichen Fähigkeiten auf neuartige Weise einsetzen können.

Noch bevor ich anfing, dieses Buch zu schreiben, wusste ich, dass es darin nicht lediglich um Designmethoden gehen sollte. Vielmehr wollte ich ganz gezielte Lernerfahrungen anbieten. Diese Erfahrungen wurden – häufig in präzisen Zeit- und Detailabstufungen – von den Hunderten Designerinnen, Dozenten, Wissenschaftlerinnen und Experten entwickelt, die in den vergangenen 15 Jahren ihre Zeit und Expertise in Kurse an der *d.school* investiert haben. Sie sind eine außergewöhnliche Truppe und die Konzeption jeder einzelnen Übung ist an sich schon ein äußerst kreativer Akt. Die Übungen entstehen aus dem Bedürfnis heraus, eine Kompetenz oder einen Ansatz auf persönlichere, kollaborativere oder experimentellere Weise vermitteln zu wollen und entwickeln sich durch das Feedback der Studierenden, durch Iterationen und durch die Interpretationen der vielen anderen Dozentinnen und Dozenten weiter, die die Übungen übernehmen und auf ihren Kontext anpassen.

Wir alle verdienen gute Lehrer. Indem Sie die Übungen in diesem Buch durchführen, haben Sie Gelegenheit, bei einigen der Dozentinnen und Dozenten in die Lehre zu gehen, deren Ideen in diesem Buch vorgestellt werden. Das ist sozusagen die Light-Version dessen, was Sie erleben würden, wenn Sie direkt an einem ihrer Kurse teilnähmen. An der *d.school* treffen viele verschiedene Sichtweisen und Ideen aufeinander. Einige werden bei Ihnen sofort auf Resonanz stoßen, andere regen Sie hoffentlich auf neuartige und unerwartete Weise zum Denken, Tun und Handeln an. Kein Ansatz ist dabei universell. Die Übungen stehen – ähnlich wie die vielen verschiedenen Disziplinen der *d.school* – in regem Austausch miteinander.

Mitwirkende

Viele Personen haben ihre Zeit und ihr Herzblut in dieses Buch gesteckt. Zu den Mitwirkenden zählen alle, deren Ideen in mindestens einer Übung vorgestellt werden. In einigen Fällen haben sie das gesamte Konzept entwickelt; in anderen haben sie die Ideen aufgespürt, angepasst und innerhalb der *d.school* publik gemacht. Im Folgenden sind ebenfalls all diejenigen aufgeführt, die Ideen und Einblicke während Gesprächen beigesteuert haben, sowie diejenigen, die die Übungen und Texte geprüft und verbessert haben. Sie alle haben also auf ihre Weise zum Entstehen dieses Buches beigetragen.

Adam Royalty
Adam Selzer
Akshay Kothari
Aleta Hayes
Alex Kazaks
Alex Ko
Alex Lofton
Alissa Murphy
Andrea Small
Anja Svetina Nabergoj
Ariam Mogos
Ariel Raz
Ashish Goel
Barry Svigals
Ben Knelman
Bernie Roth
Bill Burnett
Bill Guttentag
Bob Sutton
Bruce Cahan
Carissa Carter
Caroline O'Connor
Charlotte Burgess-Auburn
Chris Rudd
Claire Jencks
Dan Klein
Dave Baggeroer
Dave Evans
David Clifford

David Janka
David M. Kelley
Dennis Boyle
Devon Young
Durell Coleman
Edith Elliot
Eli Woolery
Emilie Wagner
Emily Callaghan
Enrique Allen
Erica Estrada-Liou
Erik Olesund
Eugene Korsunskiy
Frederik G. Pferdt
George Kembel
Gina Jiang
Glenn Fajardo
Grace Hawthorne
Hannah Jones
Henry Lee
Jen Walcott Goldstein
Jeremy Utley
Jessica Brown
Jessica Munro
Jessie Liu
Jill Vialet
Jim Patell
Joan Dorsey
John Cassidy
Jules Sherman

Julian Gorodsky
Justin Ferrell
Kareem Collie
Karen Ingram
Karin Forssell
Kathryn Segovia
Katie Krummeck
Katy Ashe
Kelly Schmutte
Kerry O'Connor
Kyle Williams
Larry Choiceman
Laura McBain
Lena Selzer
Leticia Britos Cavagnaro
Lia Siebert
Libby Johnson
Lisa Kay Solomon
Lisa Rowland
Liz Ogbu
Louie Montoya
Manish Patel
Mark Grundberg
Matt Rothe
Maureen Carroll
McKinley McQuaide
Meenu Singh
Megan Stariha
Melissa Pelochino
Michael Barry

Michael Brennan
Michelle Jia
Molly Wilson
Nell Turner Garcia
Nicole Kahn
Nihir Shah
Patricia Ryan Madson
Perry Klebahn
Peter Worth
Rachelle Doorley
Rich Crandall
Richard Cox Braden
sam seidel
Scott Cannon
Scott Doorley
Scott Witthoft
Seamus Yu Harte
Shahed Alam
Shelley Goldman
Stephanie Szabó
Stuart Coulson
Susie Wise
Tania Anaissie
Taylor Cone
Terry Winograd
Thomas Both
Tina Seelig
Tom Maiorana
Yusuke Miyashita
Zaza Kabayadondo

Zur Auswahl des Materials

Um eine Sammlung an Methoden zusammenzustellen, die 15 Jahre überspannt und viele verschiedene Stimmen umfasst, braucht es jemanden, der in der Lage ist, ein großes Forschungsprojekt zu stemmen. Die Person muss Gespräche führen, das Wichtigste herausarbeiten und jede noch so kleine Aktivität dokumentieren. Diesen jemand habe ich in Amalia Rothschild-Keita gefunden. Sie hat zahlreiche Fakultätsmitglieder, Studierende und Alumni interviewt und alle Erkenntnisse akribisch festgehalten. Als Designforscherin ist es Amalia gelungen, viele wichtige Muster zu identifizieren, die die Grundlage dieses Buches bilden. Ich weiß nicht, wie es ohne ihre hemdsärmelige, sorgfältige und hervorragende Arbeit hätte entstehen können.

Danach begann die schwierige Phase der Entscheidung, welche der vielen Hundert zur Auswahl stehenden Übungen denn nun in das Buch aufgenommen werden sollten. Wichtig war mir, Themen und Übungen anzubieten, die es Ihnen als Leserinnen und Lesern erlauben würden, eine breite Palette an Kompetenzen zu erwerben und zu verfeinern sowie ganz unterschiedliche emotionale Erfahrungen zu machen.

Neben ihren eigentlichen Ideen haben viele Mitwirkende ihr Feedback zu der Art und Weise beigesteuert, wie ich ihre Methoden vom Unterrichtsraum zwischen die Deckel dieses Buches transferiert habe. Dank ihrer Hilfe sind die Ideen nun noch stärker, die Übungen noch geschmeidiger und die Erkenntnisse, die Sie daraus ziehen können, noch wertvoller. Andere Mitwirkende haben die erklärenden Texte zwischen den Übungen geprüft und mir hilfreiches, ermutigendes und dankbares Feedback gegeben. Dazu zählen: Bernie Roth, Carissa Carter, Gordon Cruikshank, Jennifer Brown, Laura McBain, Leticia Britos Cavagnaro, sam seidel, Thomas Both und Tom Maiorana. Und was wäre ein Buch ohne seinen Titel? Hier standen mir Bob Sutton und Debbe Stern genau im richtigen Moment zur Seite und haben mich auf die zündende Idee gebracht.

Carissa Carter hat den Begriff „Citizen Creator" geprägt und setzt sich an der *d.school* für eine aktive und lebhafte Diskussion über die beabsichtigten und unbeabsichtigten Folgen von Design ein. Viele ausführliche Gespräche mit Chris Adkins von der University of Notre Dame haben mein Verständnis von der Wissenschaft der Empathie erweitert und zentrale Konzepte zur amoralischen Natur von Empathie beeinflusst, auf die ich im Abschnitt *Den Blick weiten* eingehe. Die Arbeit des Dozentenduos Leticia Britos Cavagnaro und sam seidel, das sich mit der Frage beschäftigt, wie wir lernen zu lernen, bildet die Grundlage des Kapitels *Lernen mit Gefühl(en)*. Und die heldenhaften Bemühungen von Thomas Both, anderen die geheimnisvolle Kunst der Projektumfang- und -rahmenplanung näherzubringen, sind der rote Faden in *Die Teile zusammenfügen*.

Die Übungen vorzustellen und zu erläutern, ohne dabei auf die Energie eines Unterrichtsraums mit echten Menschen zurückgreifen zu können, war eine kreative Herausforderung an sich. Doch die wunderbaren Illustrationen von Mike Hirshon visualisieren die Übungen noch eindrucksvoller, als ich je gedacht hätte. Sie bringen ihre emotionalen Merkmale auf strukturierte, humorvolle und menschliche Weise zum Ausdruck. Die Illustrationen sind voller Witz und Detail, und auch wenn man sie schon oft betrachtet hat, entdeckt man immer noch etwas Neues. Die Zusammenarbeit mit Mike war vom allerersten Moment an ein großer Spaß und sehr ergiebig: Mike ist ein perfekter Prototyper. Häufig machte er drei, vier oder manchmal sogar sechs verschiedene Visualisierungsvorschläge, die wir dann gemeinsam durchgingen, um zu entscheiden, welche er weiter ausarbeiten sollte. Zu sehen, wie die Ideen in den Übungen durch seine Feder zum Leben erweckt werden, macht sie noch unwiderstehlicher.

Danksagungen

Diese Methodensammlung spiegelt die Arbeit der *d.school*-Community wider – einer Community, die ihre Existenz den Menschen zu verdanken hat, die die *d.school* entwickelt und in den Anfangsjahren geleitet haben. Ich spreche hier vor allem von der Vision und dem unternehmerischen Ansatz von David M. Kelley und George Kembel. Dass dieses ungewöhnliche Experiment überhaupt begonnen wurde, ist der Güte und Weitsicht von Jim Plummer, Dean der School of Engineering der Stanford University, zu verdanken. Neben all den Fakultätsmitgliedern, die bei der Gründung dabei waren, gilt mein ganz persönlicher Dank Jim Patell, der seine Studierenden mit tiefer Hingabe unterrichtet, gemischt mit ein wenig Hitzköpfigkeit und viel Klebeband. Bernie Roth, heute Academic Director der *d.school*, ist unser Beispiel für einen Menschen, der sein Leben mit unbändiger Neugier, Liebe und dem grenzenlosen Potenzial des Wörtchens „und" lebt.

Besonders bedanken möchte ich mich bei folgenden Fakultätsmitgliedern und akademischen Beraterinnen und Beratern der Stanford University: Drew Endy, James Landay, Jay Hamilton, Jen Dionne, Jennifer Widom, Jeremy Weinstein, John Dabiri, Kate Maher, Fiorenza Micheli, John Mitchell, Michele Elam, Nicole Ardoin, Persis Drell, Rob Reich, Tina Selig, Sarah Soule, Sheri Sheppard und Tom Kenny.

Meine Lektorin, Julie Bennett, hatte stets die Bedürfnisse und Interessen der Leserinnen und Leser im Blick. Sie hat mitgeholfen, meine wildesten und verschlungensten Gedanken zu entwirren und einen Weg gefunden, 15 Jahre kunstvoll entwickelte, auf Präsenzunterricht zugeschnittene Lernerfahrungen in ein völlig neues Format zu bringen. Ihr und dem gesamten unglaublichen Team von Ten Speed Press – im Besonderen Annie Marino und Kelly Booth – gilt mein herzlicher Dank.

Danke auch an die Literaturagentinnen und -agenten der *d.school*, Christy Fletcher und Eric Lupfer. Sie waren mit die Ersten, die unseren Traum von der Veröffentlichung eines Buches teilten. Ihre Ratschläge haben uns geholfen, dieses Werk auf den Weg zu bringen. Sie haben uns davon überzeugt, nicht nach New York zu fahren, und bei vielen wichtigen Entscheidungen und Wendepunkten begleitet.

Scott Doorley ist unser Aushängeschild dafür, was „fertige" Arbeit an der *d.school* bedeutet. Er ist einer der wenigen Menschen, dessen Geist ein riesiges Spektrum zwischen dem kleinsten, genauesten Detail und dem größten, abstraktesten Konzept umspannt. Er kann Stunden an einer unsichtbaren, partikelgroßen Komponente tüfteln, die im fertigen Zustand dafür sorgt, dass sich alles andere wie von selbst zusammenfügt; nur um dann im nächsten Moment eine Gruppe von Menschen mit einer blickwinkelerweiternden Metapher zu inspirieren. Seine Führung als Creative Director der *d.school* ist einzigartig. Ohne Scott wären unsere physische Umgebung, unser Lehrplan, unsere Bildsprache sowie unsere Werte und Fähigkeiten als Bildungseinrichtung – die auch in der Zusammenstellung der Übungen und Ideen in diesem Buch zum Ausdruck kommen – nicht das, was sie sind. Natürlich ist niemand perfekt. Das erste Mal habe ich 2006 mit Scott zusammengearbeitet. Wir waren Studierende und wurden für ein Designprojekt zum Thema Kaffee zufällig derselben Gruppe zugeteilt. Wir haben uns schwergetan, einen kohärenten Fokus zu finden, und das Projekt ist grandios gescheitert. Scott, ich denke, seitdem sind wir als Team deutlich gewachsen.

Dass Sie dieses Buch überhaupt in den Händen halten, ist vor allem Charlotte Burgess-Auburn zu verdanken. Es ist schwer in Worte zu fassen, wie wichtig Charlotte für dieses Vorhaben und viele andere Unterfangen an der *d.school* war und ist. Sie hat die besondere Gabe zu wissen, wie man ein Projekt auf den Weg bringt, und verfügt über einen riesigen Wissensschatz zu allen möglichen Themen (Kostümdesign, wo man feuerhemmendes Papier kaufen kann, mit welcher Siebdrucktechnik man T-Shirts gestaltet, wie sich der Nebel in San Francisco verhält, welche Software unseren temperamentvollen Schneideplotter beruhigt, wie man 100 Drachen an den Deckenbalken eines Raumes anbringt …) und Tausend andere Dinge, bei denen man nie gedacht hätte, dass man sie je bräuchte. Sie besitzt eine unbändige Neugier und ihr Gehirn ist unheimlich aufnahmefähig. Alles, was sie tut, tut sie mit viel guter Laune, Humor und Freundschaft. Die Arbeit an diesem Buch war für mich, als würden wir zwei Jahre lang ein Duett über unsere kreative Zusammenarbeit singen. Ich bin ihr sehr dankbar.

Viele Menschen haben die Art und Weise, wie ich über Lernen denke, stark beeinflusst. Einige davon zählen zu den großzügigsten und kreativsten Lehrerinnen und Lehrern in meinem Leben, vor allem Carol Corson, John Harkins, Will Terry, Meg Goldner Rabinowitz, Bill Koons, Dick Wade und Paul Dawson.

Zwei andere Menschen haben mir geholfen, meinen Kompass hinsichtlich der Koordinaten Hingabe, Einfallsreichtum und Fairness zu justieren, und mich gelehrt, dass ich jeden Studierenden als individuellen Lernenden betrachten sollte, der zu Großem fähig ist, wenn man seine Bedürfnisse berücksichtigt: mein Bruder und meine Mutter. Meine Mutter war den Großteil ihres Berufslebens Mathematiklehrerin an einer Middle School und hat eine wegweisende Methode eingesetzt, bei der ihre Schülerinnen und Schüler nach jeder Mathestunde ihre Lernerfahrungen in einem Tagebuch festhielten. Sie galt als streng, aber was ihre Schützlinge nicht erkannten, war, wie sehr sie sich bemühte, jede und jeden Einzelnen von ihnen zu verstehen. Sie ist die Tagebuchnotizen ihrer Schülerinnen und Schüler akribisch durchgegangen und hat jeden Monat mehrere Stunden damit verbracht herauszufinden, wo sich das jeweilige Kind leicht- bzw. schwertat. Ich sehe die Tagebücher – über unseren gesamten Esszimmertisch verteilt – noch vor mir. Meine Mutter kannte die Bedürfnisse ihrer Schülerinnen und Schüler genau und wusste, wie sie dem jeweiligen Kind ein neues Konzept näherbringen konnte. Das hat meinen Bruder nachhaltig beeinflusst, sodass er die Familientradition fortsetzte und sich ebenfalls in Bildungseinrichtungen engagierte; heute entwickelt er als innovativer Lehrer neue Modelle des interdisziplinären, schülerorientierten, forschend-entdeckenden Lernens. Ich bin wirklich stolz, Teil dieser lernorientierten Pädagogen-Familie zu sein.

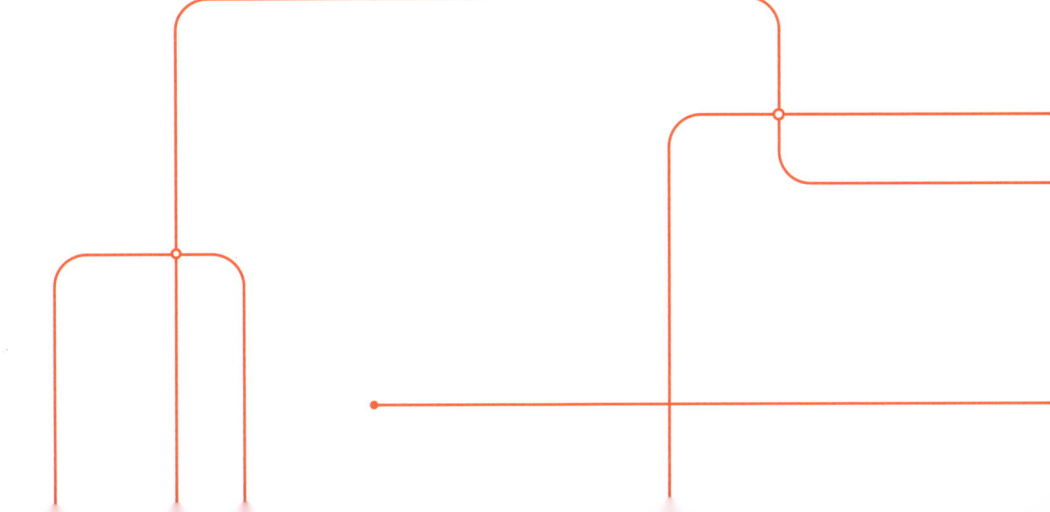

Der Haarschnitt: Eine Design-Challenge

Eine Idee von Ashish Goel, Taylor Cone, Adam Selzer, Katie Krummeck und Eugene Korsunskiy

Ob Beehive, Bob, Bowl, Comb-Over, Dreadlocks, Pompadour, Pixie, Beach Waves oder Irokesenschnitt – die Geschichte hat immer wieder neue Frisuren hervorgebracht. Für manche Menschen ist ihr Hairstyling Ausdruck ihrer Persönlichkeit, wenn nicht sogar ein Akt der Rebellion – Frisuren können sinnstiftender und persönlicher sein, als Sie vielleicht denken. Für andere ist Haareschneiden dagegen ein notwendiges Übel, das sie über sich ergehen lassen, um den Wildwuchs auf ihrem Kopf unter Kontrolle zu halten. Das Angebot an Produkten und Dienstleistungen in der Hairstyling-Branche ist riesig: von Barbershops bis Friseursalons, von Trockenshampoos bis zu Rasierpinseln aus Wildschweinborsten. Die US-amerikanische Haarpflege-Industrie erzielt jährlich einen Umsatz von mehr als 85 Milliarden US-Dollar – weltweit sind es noch viel, viel mehr.

Ihre Aufgabe in dieser Übung ist es, ein Produkt oder einen Service für ein neuartiges Haarschneide-Erlebnis zu entwickeln. Die Arbeitsvorlage ab Seite 281 führt Sie Schritt für Schritt durch den Prozess. Sie stellt keinesfalls die einzige Möglichkeit dar, zu designen oder an diesem Thema zu arbeiten. Aber sie ist ein guter Anfang.

Die Vorlage dient Ihnen als Anleitung sowie zur Dokumentation und Präsentation Ihrer Arbeit. Sie können entweder direkt in das Buch schreiben oder die Arbeitsanweisungen in ein Notizbuch übertragen und dort arbeiten. Folgen Sie dabei dem Motto: „Was Sie nicht dokumentieren, ist nicht passiert." Achten Sie auch darauf, *wie* Sie arbeiten, und nicht bloß auf das Ergebnis. Halten Sie sowohl Ihren Designprozess als auch Ihre Erkenntnisse fest. Stellen Sie sich dazu vor, Sie müssten Ihre fertige Arbeit jemandem vorstellen, der von Ihnen lernen möchte. Da ist es hilfreich, wenn Sie später noch wissen, wie sich Ihre Ideen entfaltet und entwickelt haben.

Wie geben den Studierenden für dieses Projekt 1 Woche Zeit und gehen davon aus, dass sie 10 bis 15 Stunden daran arbeiten. Sie können mehr (oder weniger) Zeit einplanen, sollten sich aber auf jeden Fall eine Deadline setzen und sie einhalten. In dieser Übung geht es nicht darum, jeden einzelnen Schritt perfekt auszuführen. Sie sollen vielmehr erkennen, wie die verschiedenen Ansätze ineinandergreifen.

Bewerten Sie am Ende Ihre Arbeit. Berücksichtigen Sie dabei die Breite und Tiefe Ihrer Dokumentation, den Umfang Ihres Designprozesses (mit wem Sie gesprochen haben, wie tief die Bedürfnisse sind, die Sie identifiziert haben, und wie groß die Bandbreite der berücksichtigten Ideen ist) sowie den Innovationsgrad der Lösung, für die Sie sich schließlich entscheiden.

1 Die Recherche vorbereiten und loslegen

Die Zielgruppe definieren

Ihre erste Aufgabe besteht darin festzulegen, für wen Sie designen. Je präziser Sie Ihre Zielgruppe definieren, desto zielgerichteter und potenziell innovativer werden Ihre Lösungen sein. Hier einige Beispiele für Zielgruppen: vielbeschäftigte Väter, Pflegebedürftige, die in einem Heim leben, Sportler, die sich auf einen Wettkampf vorbereiten, angehende Schauspielerinnen oder Menschen, dir vor kurzem in Ihr Land eingewandert sind. Sie können auch Personen wählen, die extreme Ansichten zum Thema Frisur haben, etwa Menschen, die beruflich „etwas mit Haaren machen", oder Personen, die seit Jahren nicht beim Friseur waren. Wichtig dabei: Sie wollen nicht mit „jedem und jeder" sprechen und nicht wissen, was die Personen „im Allgemeinen" erlebt haben. Ihnen geht um Spezifität. Wenn Sie etwas entwickeln, das die Bedürfnisse einer kleinen Gruppe von Menschen erfüllt, werden Sie feststellen, dass häufig auch die größere Allgemeinheit Ihrer Lösung positiv gegenübersteht.

Beobachten

Verbringen Sie mindestens 90 Minuten in einem Friseursalon oder Barbershop (stellen Sie vorab sicher, dass Ihre Anwesenheit niemanden stört). Achten Sie darauf, wie die Menschen miteinander, mit verschiedenen Gegenständen und mit ihrer Umgebung interagieren. Welche Muster fallen Ihnen auf? Was überrascht Sie? Machen Sie Skizzen und Fotos und notieren Sie Ihre Beobachtungen.

Gespräche führen

Identifizieren Sie mindestens zwei Personen aus Ihrer Zielgruppe, die zu einem ausführlichen Gespräch über ihr Haarschneide-Erlebnis bereit sind. Interviewen Sie jede Person mindestens 1 Stunde lang. Bei einem Gespräch dieser Länge müssen Sie wahrscheinlich im Vorfeld einen Termin vereinbaren. Finden Sie heraus, welche Gefühle und Einstellungen die Person zum Thema Haareschneiden hat: Was erwartet sie? Was hat ihr besonders gut bzw. überhaupt nicht gefallen? Warum?

Dabei sollten Sie vor allem zuhören und so viel in Erfahrung bringen wie möglich. Treiben Sie das Gespräch voran, indem Sie Fragen stellen, die dem Ganzen Farbe geben und die Unterhaltung auf neue Themen lenken, die die Person interessieren. Helfen Sie Ihrem Gegenüber, seine Erfahrungen und Gedanken in Worte zu fassen.

Alles dokumentieren

Besorgen Sie sich ein Notizbuch, das Sie gern bei sich tragen. Jeder hat da andere Vorlieben: liniert oder unliniert, harter oder weicher Einband, groß der klein. Machen Sie sich im Verlauf des Projekts eifrig Notizen zu Ihren Gedanken und Entscheidungen, zu den Personen, die Sie treffen, den Interviews, die Sie führen, und den Dingen, die Sie beobachten.

Geeignete Methoden nutzen

Greifen Sie während des Projekts immer wieder auf geeignete Übungen aus diesem Buch zurück. In der Recherchephase helfen Ihnen vor allem *Grundlagen der Gesprächsführung* (Seite 56), *Reflexion und Offenbarung* (Seite 94) und *Sich an einen Ort ketten* (Seite 168). Experimentieren Sie bei der Ideengenerierung mit *Mit Buchstaben zeichnen* (Seite 92) und *Bisoziation* (Seite 102). *Protobot* (Seite 144), *Die Lösung existiert bereits* (Seite 114) und *Lösungs-Tic-Tac-Toe* (Seite 171) helfen Ihnen, Ihre Ideen auszugestalten und zu verfeinern. Wenn Sie so weit sind, Ihre Ideen zu testen, werden Ihnen *Der Schweige-Test* (Seite 193) und *Hohe Wiedergabetreue, geringe Auflösung* (Seite 202) nützliche Dienste erweisen. Ihre Voreingenommenheit können Sie jederzeit mit *Bewusst machen, anerkennen, hinterfragen* (Seite 78) auf den Prüfstand stellen.

Wenn Sie alternative Ansätze ausprobieren möchten, bieten sich für diese Challenge folgende Übungen an: In *Metaphern verwenden* (Seite 81) setzen Sie verschiedene Brillen auf, um zu erkunden, was Frisuren für Menschen bedeuten. In *Experten und Annahmen* (Seite 146) hinterfragen Sie Konventionen. Und in *Den Designraum kartieren* (Seite 106) führen Sie sich das gesamte Haarschneide-Ökosystem vor Augen.

2 Das Gelernte einordnen

Gehen Sie Ihre Notizen nach der Interview- und Beobachtungsphase durch und notieren Sie alle neuen Gedanken, die Ihnen während des Durchlesens in den Sinn kommen. Halten Sie hier auf der Seite einige Höhepunkte bildlich oder verbal fest: Was hat Sie am meisten überrascht, gepackt, verwirrt oder bewegt? Drucken Sie sich Ihre Notizen aus, kleben Sie sie ein, und kommentieren Sie sie. Nutzen Sie den Platz auf dieser Seite, um wichtige Punkte festzuhalten, die relevant sein könnten, auch wenn Sie noch nicht genau wissen, inwiefern. Sie können auch ganze Seiten aus Ihrem Notizbuch einkleben oder anheften.

3 Neue Erkenntnisse gewinnen

Betrachten Sie das, was Sie aus Ihrem Notizbuch übertragen haben, und kreisen Sie die interessantesten Fotos, Zitate oder Beobachtungen ein. Was fasziniert Sie am meisten? Was ist besonders unerwartet oder spannend?

Leiten Sie anhand dieser „Häppchen" mindestens fünf Erkenntnisse aus Ihren Recherchearbeiten ab. Erkenntnisse ergeben sich aus den Schlussfolgerungen zu den Informationen, die Sie im Zuge des Sich-Hineinversetzens in Ihre Zielgruppe zusammengetragen haben. Die besten Erkenntnisse sind die, die Sie überraschen. Es sollten Aussagen der Personen sein, die Sie interviewt haben, Bedürfnisse, die Sie identifiziert haben, oder neue Blickwinkel, aus denen Sie das Haarschneide-Erlebnis betrachten. Mit anderen Worten: Was fällt Ihnen besonders auf?

Meine fünf Erkenntnisse:

1.

2.

3.

4.

5.

Hören Sie auf Ihr Bauchgefühl
Gibt es eine oder mehrere Erkenntnisse, die Sie auch vor Beginn des Projekts schon hätten formulieren können? Wenn ja, betrachten Sie Ihre Notizen noch genauer und fördern Sie weniger offensichtliche Erkenntnisse zutage.

4 Den eigenen Standpunkt definieren

Nun ist es Zeit, Ihrem Projekt eine klare Richtung zu geben. Sehen Sie sich dazu noch einmal die aufgeschriebenen Erkenntnisse und die Notizen an, die Sie als besonders relevant markiert haben. Fragen Sie sich, warum sie wichtig sind. Sie helfen Ihnen, mehr Klarheit zu gewinnen. Denn jetzt geht es darum, Ihren Fokus einzugrenzen. Dabei wird es Ihnen vielleicht leidtun, einen Menschen, den Sie kennengelernt, oder eine spannende Erkenntnis, die Sie gewonnen haben, zurückzulassen. Doch sich zu fokussieren ist ein entscheidender Teil des Prozesses. Sie müssen sich genauso klar darüber sein, für wen Sie *nicht* designen oder welche Bedürfnisse Sie *nicht* berücksichtigen, wie darüber, für wen und wofür Sie designen.

Für wen designen Sie?

Hierüber haben Sie sich bereits Gedanken gemacht, als Sie Ihre Zielgruppe für die Gespräche definiert haben. Nun geht es darum, diese Gruppe auf Basis Ihrer gewonnenen Erkenntnisse weiter einzugrenzen. Beschreiben Sie auf sehr, sehr, sehr präzise Weise, für wen Sie designen. Dabei spielt es keine Rolle, ob das eine bestimmte Person oder eine größere demografische Gruppe ist. Je spezifischer Sie sind, desto mehr Klarheit gewinnen Sie – was häufig zu kreativeren und ungewöhnlicheren Lösungen führt. Spezifika können sein: Alter, Geschlecht, Erfahrung, Emotionalität, Herkunft, Einstellung zu Frisuren, bestimmte Lebenserfahrungen, einzigartige Hobbys und die konkrete Situation („lebt weit entfernt von seiner/ihrer Familie" oder „bereitet sich auf ein wichtiges Vorstellungsgespräch vor").

Was braucht die Zielgruppe?

Notieren Sie im Folgenden mindestens 20 Bedürfnisse dieser Person, und zwar in Verbform. (Ein Mädchen braucht keine Leiter; sie muss etwas erreichen können.)

1.
2.
3.
4.
5.
6.
7.
8.
9.
10.

11.
12.
13.
14.
15.
16.
17.
18.
19.
20.

Standpunkte formulieren

Formulieren Sie mithilfe dieser Vorlage mindestens drei Standpunkte.

__Ein gestresster Vater von drei Kindern, der täglich viele Aufgaben zu erledigen hat,__ muss
Person oder Gruppe

__seine Kinder bespaßen, während er beim Friseur ist__ , weil __er mittlerweile selbst bei der Körperpflege keinen Moment mehr für sich hat__ .
Bedürfnis _Erkenntnis_

_____ muss
Person oder Gruppe

_____ , weil _____ .
Bedürfnis _Erkenntnis_

_____ muss
Person oder Gruppe

_____ , weil _____ .
Bedürfnis _Erkenntnis_

_____ muss
Person oder Gruppe

_____ , weil _____ .
Bedürfnis _Erkenntnis_

Die Standpunkte bewerten

Halten Sie inne und überlegen Sie, wo Sie dieses Projekt begonnen haben. Einen Standpunkt zu definieren ist häufig der Moment, wenn Sie eine gegebene Challenge neu umreißen. Indem Sie ein Problem auf einzigartige oder nicht naheliegende Weise neu umrahmen, schaffen Sie Möglichkeiten für Kreativität und Innovation.

Ein gut formulierter Standpunkt veranlasst Sie dazu, sich wirklich um die beschriebene Person zu sorgen und ihr Problem lösen zu wollen. Er enthält keine Lösung, definiert aber einige Einschränkungen, die Ihnen das Vorwärtskommen erleichtern. Wie bewerten Sie Ihre Standpunkte unter diesen Gesichtspunkten? Entscheiden Sie sich für einen und kreisen Sie ihn ein.

Wenn Ihre jetzige Problemstellung Sie in eine andere Richtung führt als am Anfang, ist das sehr gut. Dann haben Sie wahrscheinlich eine Erkenntnis integriert, die Sie zu Beginn des Projekts noch nicht haben konnten.

5 Ideen generieren

In diesem Schritt geht es darum, auf Basis Ihres Standpunkts eine große Bandbreite verschiedener Lösungsideen zu entwickeln. Dabei sollten Sie verschiedene Arten von Ideen generieren: physische, digitale, Services, Erlebnisse usw.

Konkrete Absprungpunkte schaffen

Brechen Sie zunächst den in Schritt 4 ausgewählten Standpunkt auf umsetzbare Fragen herunter. Für das Beispiel mit dem gestressten Vater könnte das folgendermaßen aussehen:

Wie könnten wir das Warten beim Friseur zu einem spannenden, kindgerechten Erlebnis machen?

Wie könnten wir Kinder in das Erlebnis integrieren?

Wie könnte sich das Erlebnis speziell an Väter mit Kindern richten statt an Eltern allgemein?

Konzepte entwickeln

Entwickeln Sie nun für einige *Wie könnten wir?*-Fragen verschiedene Lösungen. Es sollten mindestens 50 Ideen sein. Notieren Sie diese aber nicht einfach, sondern skizzieren Sie einige und kommentieren Sie sie.

Formulieren Sie mindestens 10 *Wie könnten wir?*-Fragen

1.
2.
3.
4.
5.
6.
7.
8.
9.
10.

Auswählen und verfeinern

Begrenzen Sie sich bei Ihrer Auswahl nicht auf Lösungen, die realistisch sind oder von denen Sie denken, Sie wüssten, wie sie sich umsetzen lassen. Für diese Art Filter ist es hier noch zu früh. Wählen Sie interessante Ideen aus, die Sie weiterverfolgen möchten; nicht konventionelle, die Sie für machbar halten.

Entscheiden Sie sich für 5 sehr verschiedene Ideen, und konkretisieren Sie sie, indem Sie einige Details durchdenken. Skizzieren Sie die einzelnen Ideen in Ihrem Notizbuch, und nummerieren Sie sie. Für jede Skizze haben Sie 5 Minuten Zeit. Bitten Sie eine Freundin oder einen Freund um ein kurzes Feedback und wählen Sie gemeinsam einige Ideen aus, die zu Prototypen weiterentwickelt werden sollen. Halten Sie die Reaktionen der Person und Ihre neuen Richtungen hier fest, um diesen Meilenstein zu dokumentieren.

6 Prototypen bauen

Nun heißt es: Ihre Ideen greifbar machen, damit andere Menschen mit ihnen interagieren, sie erleben und ausprobieren können. Angesichts des vorgegebenen Themas können Ihre Ideen Produkte, Dienstleistungen, Erlebnisse oder sogar Technologien sein. Lassen Sie sich von möglichen Zweifeln hinsichtlich Umsetzbarkeit und Markttauglichkeit nicht verunsichern. In diesem Projekt geht es darum, ein Konzept zu entwickeln, das andere Menschen begeistert oder ein Bedürfnis befriedigt.

Bauen

Erstellen Sie auf Basis Ihrer Lieblingsideen und des Feedbacks Ihrer Freundin bzw. Ihres Freundes mindestens 5 Prototypen aus Papier, Klebeband, alten Verpackungen, Wertstoffen, Bastelmaterialien und anderen Dingen, die Sie in die Hände bekommen. Für jeden Prototyp haben Sie 5 Minuten Zeit. Entwickeln Sie dann einen dieser Prototypen innerhalb von 20 Minuten zu einem feiner ausgearbeiteten Prototyp.

Fotografieren Sie Ihre Prototypen und kleben Sie die Fotos oben ein. Kommentieren Sie sie.

Testen

Nehmen Sie erneut Kontakt zu den Personen auf, mit denen Sie zu Beginn des Projekts gesprochen haben (oder ähnlichen Personen). Sie sollen die Prototypen testen und Ihnen Feedback geben. Wählen Sie mindestens 3 Testpersonen aus.

Händigen Sie ihnen die Prototypen aus (oder laden Sie sie in Ihre Prototypen ein). Finden oder schaffen Sie einen Kontext und ein Szenario, das möglichst authentisches Feedback ermöglicht. Denken Sie daran: Dies ist kein Pitch! Sie sollen nicht Ihre Idee verkaufen oder erklären, sondern vor allem beobachten und zuhören.

Fotografieren Sie, wie Ihre Testpersonen mit den Prototypen interagieren, kleben Sie die Bilder hier ein und kommentieren Sie sie. Notieren Sie kurz, was funktioniert hat und was nicht, und halten Sie eine neue Idee zur Verfeinerung Ihres Konzeptes fest. Wenn Sie mehr Platz brauchen, arbeiten Sie in Ihrem Notizbuch.

7 Das Konzept festzurren

Jetzt ist es Zeit, all das Gelernte zusammenzuführen und Ihre Lösung anhand der Erkenntnisse, die Sie während der Prototypentests gewonnen haben, zu optimieren.

Iterieren

Bauen Sie einen finalen Prototyp. Fotografieren Sie ihn und kleben Sie das Bild hier ein.

Beschreiben Sie Ihre Lösung und notieren Sie ihre Vorteile in ein bis zwei Sätzen. Inwiefern erfüllt Ihre Lösung die Bedürfnisse, die sie angetreten ist zu erfüllen?

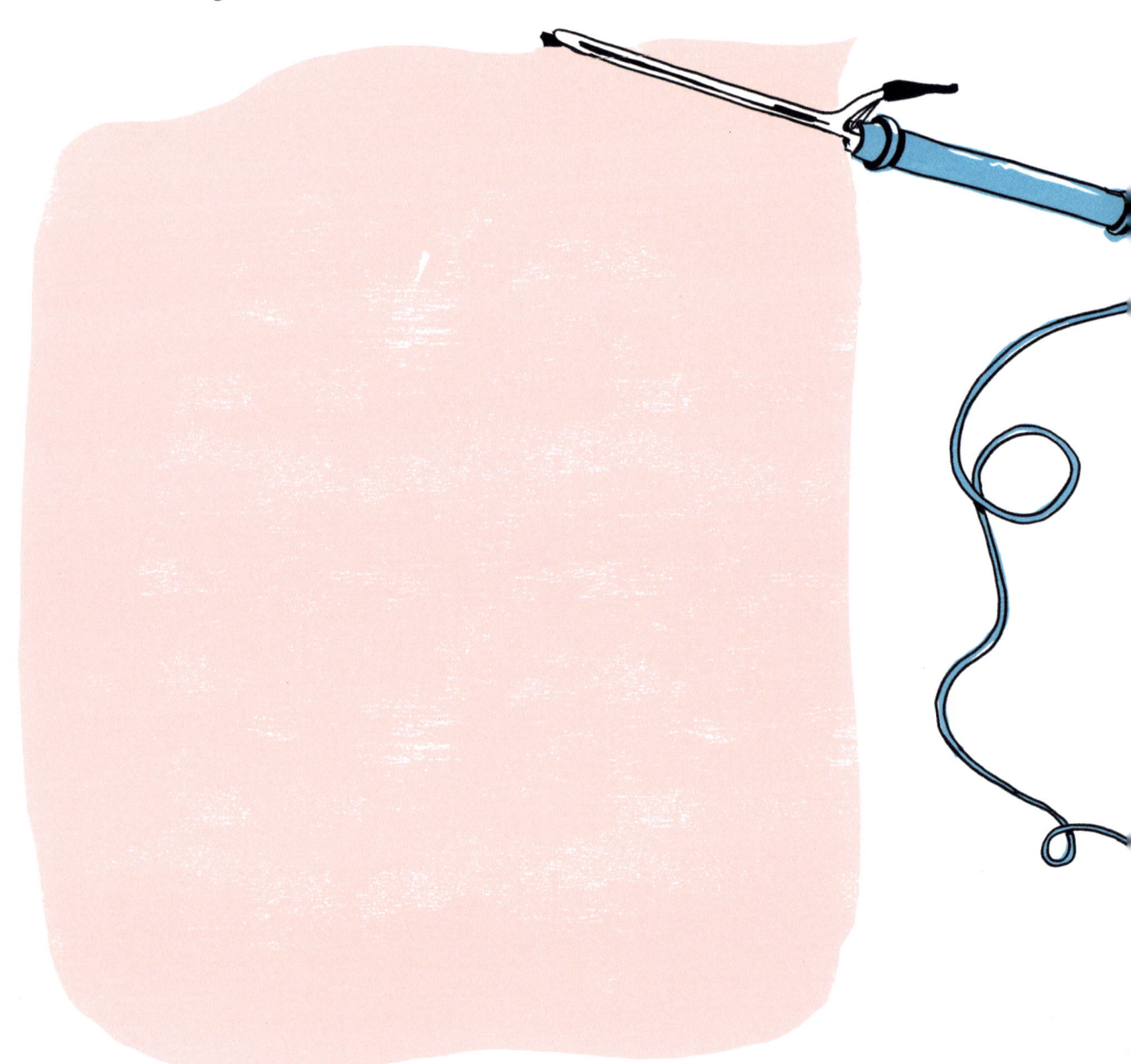

8 Reflektieren

Sie haben es fast geschafft! Doch bevor Sie das Projekt abschließen, halten Sie noch fest, was Sie währenddessen gelernt haben. Das ist vielleicht der wichtigste Schritt von allen. Nehmen Sie sich deshalb mindestens 30 Minuten Zeit zum Nachdenken und halten Sie Ihre Gedanken hier fest.

Welcher Teil der Übung hat Ihnen am besten gefallen? Warum?
Wo sind Sie ins Stolpern geraten oder haben festgesteckt? Woran könnte das gelegen haben?
Was würden Sie das nächste Mal anders machen?

Index

A
Achtsamkeitsübungen 154
Analogie 114
Annahmen 146
Assumption Storming 148
Aufwärmübungen 54

B
Bananen-Challenge 152
Bedürfnisse, explizite 94
Bedürfnisse, implizite 94
Beobachten 68
Beobachtungsgabe 168
Beziehungen 51
Bias 78
Bisoziation 102
Blickwinkel, unterschiedliche 124
Blindzeichnen 30
Bodystorming 187
Brainstorming 86, 102

D
Denkhürden 207
Dérive 34
Designentscheidungen 38
Design, menschenzentriertes 119
Design-Mindset 75
Designprojekt, eigenes 270
Designprozess 38

Designraum 106
Design, technologiebasiertes 119
Distribution 185
Distributionskanal 186
Distributions-Prototyping 184

E
Einfühlungsvermögen 41
Empathie 66, 119, 156
Entwicklung 184
Erfahrungslandkarte 138
Expertenblick 70
Expertenwissen 146

F
Feedback 188, 196
Feedback, konstruktives 130
Flexibilität 181
Framing 56, 98

G
Gedankenexperiment 86
Gefühle 36
Geisteshaltungen, verschiedene 188
Gesprächsführung, Grundlagen 56
Grundbedürfnisse 51
Grundprinzipien 44
Gruppenzusammenhalt 61

H
Heatmap (Wärmebild) 226
Herausforderungen, komplexe 146

I
Ideenfindung 102, 152
Innovationskraft 51

K
Kommunikationsfähigkeit, visuelle 133
Komplexität 138
Konzept 130
Konzeption 184
Körpersprache 178
Kreativität 116

L
Learning by Doing 133
Lernen 74, 161
Lernen mit Gefühl(en) 160
Lernlandkarten 246
Lernprozess 73
Lernsituationen, verschiedene 74
Lösungen, kreative 114
Lösungs-Tic-Tac-Toe 171

M
Machtdynamiken 56
Metaphern 81, 181
Monsun-Challenge 89
Motivation 156

N
Neugier 84

O
Offenbarung 94

P
Perspektivübernahme 121, 124
Productive Struggle 208, 209, 210
Projekte, reale 251
Protobot 144
Prototyp 144
Prototyping 136, 190, 202
Psychologische Sicherheit 116

R
Rahmen 130
Ramen-Projekt 255
Rapid Prototyping 136
Reflection-on-Action 209
Reflektieren 59
Reflexion 94, 200
Reflexionskompetenz 200
Reflexionsmethoden 200
Reframing 99
Rollen 48

S
Scaffolding 210
Schweige-Test 193
Shadowing 41

Stakeholder 149
Stakeholder-Mapping 149
Standpunkt 174
Stanford-Community-Programm 264
Stereotypen 78
Storyboard 134
Story-Prototyping 217
Systeme 138
Systeme, komplexe 149
System, Funktionsweise 139
Systemveränderung 139

T
Tiefeninterviews 56

U
Überzeugung 156

V
Verhalten, prosoziales 122
Verhaltensweisen 156
Vertrauen 61
Verzerrung, kognitive 78
Video 133
Visualisieren 92, 140
Vorstellungskraft 125, 136

W
Wahrnehmung 70

Z
Zeichnen 92
Zukunftsrad 221
Zusammenarbeit 104

ISBN Print: 978 3 8006 6979 0
ISBN e-Book: 978 3 8006 6980 6

© 2023 Verlag Franz Vahlen GmbH, Wilhelmstr. 9, 80801 München

Satz: Fotosatz Buck
Zweikirchener Str. 7, 84036 Kumhausen

Druck und Bindung: DZS Grafik, Ljubljana

Umschlaggestaltung: Ralph Zimmermann – Bureau Parapluie (in Anlehnung an die Originalausgabe)

CO_2 neutral
vahlen.de/nachhaltig

Gedruckt auf säurefreiem, alterungsbeständigem Papier

(hergestellt aus chlorfrei gebleichtem Zellstoff)

Acquiring editor: Hannah Rahill | Project editor: Julie Bennett
Designer: Annie Marino | Art director: Kelly Booth
Production designers: Mari Gill and Faith Hague
Production and prepress color manager: Jane Chinn
Copyeditor: Kristi Hein | Proofreader: Lisa D. Brousseau | Indexer: Ken DellaPenta
Publicists: Jana Branson and David Hawk | Marketers: Windy Dorresteyn and Daniel Wikey
d.school creative team: Charlotte Burgess-Auburn, Scott Doorley, and Nariman (Nadia) Gathers
Research: Amalia Rothschild-Keita